# 涂料与颜料标准汇编

## 颜料产品和试验方法

### 颜料卷
### 2016

全国涂料和颜料标准化技术委员会
中 国 石 油 和 化 学 工 业 联 合 会　编
中国标准出版社

中国标准出版社

北　京

**图书在版编目(CIP)数据**

涂料与颜料标准汇编.2016.颜料产品和试验方法.颜料卷/全国涂料和颜料标准化技术委员会编.—北京:中国标准出版社,2016.6
ISBN 978-7-5066-8257-4

Ⅰ.①涂… Ⅱ.①全… Ⅲ.①涂料—标准—汇编—中国②颜料—标准—汇编—中国 Ⅳ.①TQ63-65 ②TQ62-65

中国版本图书馆CIP数据核字(2016)第096126号

中国标准出版社出版发行
北京市朝阳区和平里西街甲2号(100029)
北京市西城区三里河北街16号(100045)

网址 www.spc.net.cn
总编室:(010)68533533 发行中心:(010)51780238
读者服务部:(010)68523946
中国标准出版社秦皇岛印刷厂印刷
各地新华书店经销

*

开本 880×1230 1/16 印张 34 字数 1 029 千字
2016年6月第一版 2016年6月第一次印刷

*

定价 170.00 元

# 出版说明

涂料是现代合成材料和新材料的一个重要分支。涂料产品虽不是一种主体材料，但在国民经济各行业发展过程中发挥着十分重要的作用。涂料的应用范围广泛，几乎遍及所有的工业和民用领域，在航空航天、国防军事、核电设施等方面也发挥着不可替代的作用。2015 年我国涂料总产量已达 1 710 万吨，位居世界第一。

"十二五"是我国经济重要的结构调整和转型时期，人们对环境和健康安全更加关注，与环境保护、健康安全相关的标准和标准化工作引起人们的高度重视。"十二五"期间，全国涂料和颜料标准化技术委员会共组织完成 166 项国家标准和化工行业标准的制修订。经过多年的不断努力，目前已形成了涵盖 400 余项国家标准和化工行业标准组成的较为完整的涂料和颜料标准体系，基本满足了各类涂料和颜料在生产、应用以及国内外贸易中的使用需求，在提高产品质量、规范市场秩序方面正发挥着积极的作用，促进了涂料和颜料产业结构调整和优化升级，为建设环境友好型、资源节约型社会做出了应有的贡献，在我国涂料和颜料行业发展进程中发挥了极为重要的作用。

为使涂料相关单位及时了解标准内容，特重新编辑出版《涂料与颜料标准汇编　2016》。本套汇编按照系统完整的原则汇集了现行涂料颜料产品与试验方法标准，是同类标准汇编中的最新版本，是相关涂料、颜料研究机构、生产企业、涂料用户、检验机构等非常适用的首选工具书。

本套汇编将分为 9 册陆续出版，包括：

《涂料与颜料标准汇编　涂漆前底材处理及涂装技术规范　涂装卷　2016》

《涂料与颜料标准汇编　涂料有害物质限量及测试方法　有害物质限量卷　2016》

《涂料与颜料标准汇编　涂料产品及试验方法　建筑涂料卷　2016》

《涂料与颜料标准汇编　涂料试验方法　通用卷　2016》

《涂料与颜料标准汇编　涂料产品　专用涂料卷　2016》

《涂料与颜料标准汇编　涂料产品　通用涂料卷　2016》

《涂料与颜料标准汇编　涂料试验方法　液体和施工性能卷　2016》

《涂料与颜料标准汇编　涂料试验方法　涂膜性能卷　2016》

《涂料与颜料标准汇编　颜料产品和试验方法　颜料卷　2016》

本卷为《涂料与颜料标准汇编　颜料产品和试验方法　颜料卷　2016》，共收录截至2015年12月底批准发布的国家标准及行业标准80项。其中国家标准41项，行业标准39项。

本汇编收集的国家标准与行业标准的属性已在目录上标明(GB或GB/T或HG/T等)，年代号用4位数字表示。鉴于部分标准是在标准清理整顿前出版的，现尚未修订，故正文部分仍保留原样；读者在使用这些标准时，其属性以目录上标明的为准(标准正文“引用标准”中的属性请读者注意查对)。

本套汇编收录的标准，由于出版的年代不同，其格式、计量单位乃至术语不尽相同，本次汇编只对原标准中技术内容上的错误以及其他明显不当之处做了更正。

编　者

2016年2月

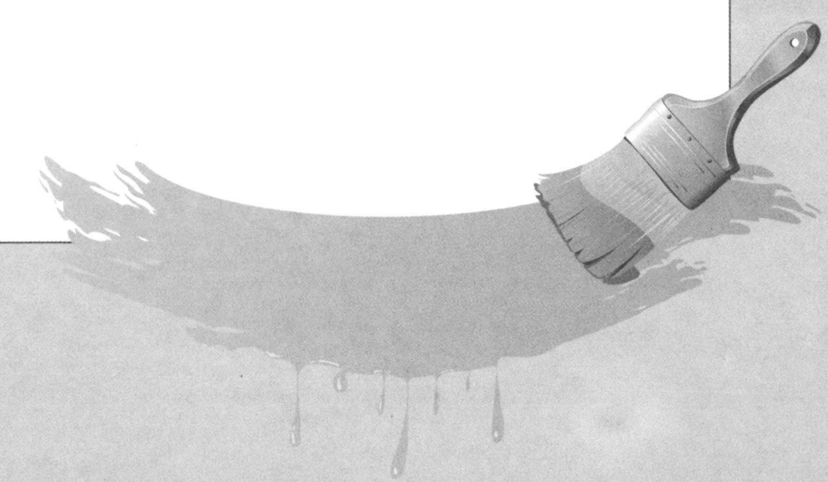

# 2012年版出版说明

涂料是现代合成材料和新材料的一个重要分支。涂料产品虽不是一种主体材料，但在国民经济各行业发展过程中发挥着十分重要的作用。涂料的应用范围广泛，几乎遍及所有的工业和民用领域，在航空航天、国防军事、核电设施等方面也发挥着不可替代的作用。2008年我国涂料总产量已达639万吨，仅次于美国位居世界第二，2009年我国涂料总产量首次突破700万吨大关，首次超过美国，这意味着我国已成为全球涂料总产量最多的国家。

"十一五"期间是我国标准化工作跨越式发展的重要时期，如此良好的发展机遇为涂料颜料标准化工作营造了广阔的拓展空间。按照国家标准委实施标准化战略和快速提升我国标准化水平的要求，在紧密跟踪研究国际和国外先进标准的基础上，根据涂料颜料行业的需要，全国涂料和颜料标准化技术委员会及时组织制定或修订了近200项国家标准和化工行业标准，进一步建立健全了涂料颜料标准体系。为使涂料相关单位及时了解标准内容，特重新编辑出版《涂料与颜料标准汇编》。本套汇编按照系统完整的原则汇集了全部现行涂料颜料产品与试验方法标准，是同类标准汇编中的最新版本，是相关涂料颜料生产企业、涂料用户、检验机构等非常适用的首选工具书。

本套汇编将分为7册陆续出版，包括：

《涂料与颜料标准汇编　涂料产品　建筑涂料卷》

《涂料与颜料标准汇编　涂料产品　通用涂料卷》

《涂料与颜料标准汇编　涂料产品　专用涂料卷》

《涂料与颜料标准汇编　颜料产品和试验方法　颜料卷》

《涂料与颜料标准汇编　涂料试验方法　涂膜性能卷》

《涂料与颜料标准汇编　涂料试验方法　液体和施工性能卷》

《涂料与颜料标准汇编　涂料试验方法　通用卷》

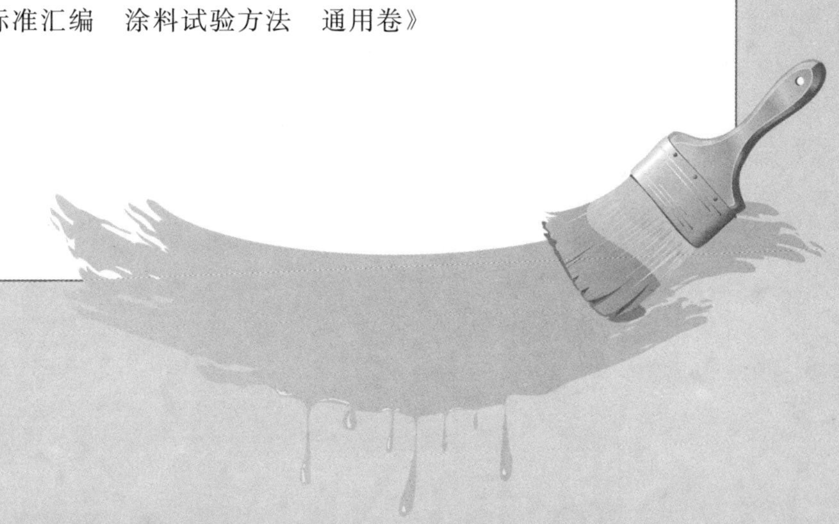

本汇编收集的国家标准的属性已在目录上标明(GB 或 GB/T),年代号用 4 位数字表示。鉴于部分国家标准是在国家标准清理整顿前出版的,现尚未修订,故正文部分仍保留原样;读者在使用这些国家标准时,其属性以目录上标明的为准(标准正文"引用标准"中的属性请读者注意查对)。

标准号中括号内的年代号,表示在该年度确认了该项标准,但没有重新出版。

本套汇编包括的标准,由于出版的年代不同,其格式、计量单位乃至术语不尽相同,本次汇编只对原标准中技术内容上的错误以及其他明显不当之处做了更正。

编　者

2012 年 5 月

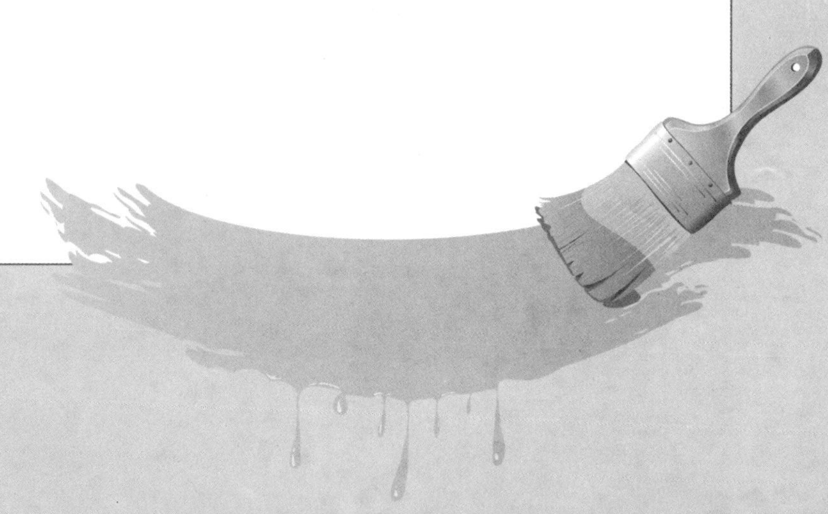

# 目　录

## 第一部分　颜料基础与通用方法

# 第二部分　颜料产品

# 第一部分
# 颜料基础与通用方法

ICS 87.060.10
G 53

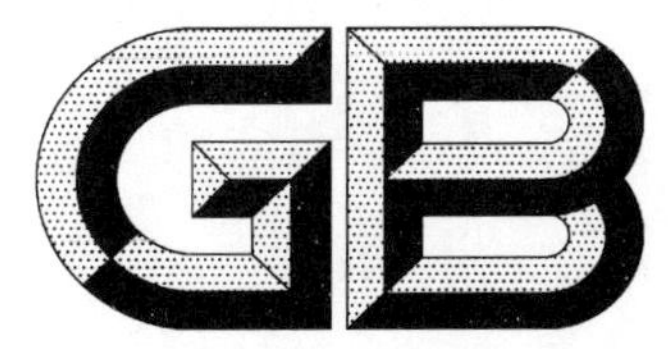

# 中华人民共和国国家标准

GB/T 1710—2008
代替 GB/T 1710—1979

# 同类着色颜料耐光性比较

**Comparison of resistance to light of coloured pigments of similar types**

(ISO 787/15:1986,General methods of test for pigments and extenders—Part 15:Comparison of resistance to light of coloured pigments of similar types,MOD)

2008-05-14 发布　　　　2008-10-01 实施

中华人民共和国国家质量监督检验检疫总局
中国国家标准化管理委员会　发布

# 前　言

本标准修改采用国际标准 ISO 787/15:1986《颜料和体质颜料的通用试验方法　第 15 部分:同类着色颜料耐光性比较》(英文版)。

本标准在采用国际标准时进行了修改,这些技术性差异用垂直单线标识在它们所涉及的条款的页边空白处。在附录 A 中给出了技术性差异及其原因一览表以供参考。

本标准与国际标准 ISO 787/15:1986 相比,主要技术性差异为:

——本标准引用已等同采用相应国际标准的现行国家标准;

——本标准引用"ISO 4892-2:2006《塑料——实验室光源暴露试验方法——第 2 部分:氙弧灯》";

——本标准引用"ISO 11341:2004《涂料和树脂——人工老化和暴露在人工照射下——暴露在经滤光的氙弧灯照射》";

——本标准引用"CIE 出版物 No. 85:1989《日光的光谱辐照度》";

——本标准增加了"有关双方商定的其他适宜于制备试验样板的底材";

——本标准增加了"有关双方商定的其他合适的施涂设备和膜厚";

——本标准增加了"用测色仪分别测试并给出试验样板和商定的参照样的暴露部分和未暴露部分的色差值 $\Delta E^*$;

——本标准删除了国际标准的前言;

——本标准编辑国际标准的引言为本标准的引言。

本标准代替 GB/T 1710—1979《颜料耐光性测定法》。

本标准与 GB/T 1710—1979 相比,主要技术差异为:

——本标准 6.1 中采用"有关双方商定的参照颜料与试样的耐光性比较试验",原标准仅对试样进行耐光性试验;

——本标准 4.7 中在天然曝晒法中增加了对玻璃的透射率要求,并规定了玻璃的最长使用时间;

——本标准在 4.8 人造日光曝晒法中增加了对设备和光源的具体技术要求,原标准仅规定使用功率为 1.5 kW 的日晒牢度机;

——本标准用商定的基料(介质)、分散体组成及分散方法制备试样和商定的参照颜料的分散体,原标准则对试样和试板的制备均作了具体规定;

——本标准增加了"将商定参照颜料的变化量等于灰度色标的 4 级和 3 级坚牢度时对试样进行结果的评定";

——本标准增加了"用测色仪分别测试并给出试验样板和商定的参照样的暴露部分和未暴露部分的色差值 $\Delta E^*$"。

本标准的附录 A 和附录 B 为资料性附录。

本标准由中国石油和化学工业协会提出。

本标准由全国涂料和颜料标准化技术委员会归口。

本标准主要起草单位:上海市涂料研究所、中化建常州涂料化工研究院。

本标准参加起草单位:上海市质量监督检验技术研究院、江苏双乐化工颜料有限公司、镇江市金阳颜料化工有限公司、上虞市东海化工有限公司、浙江百合化工控股集团、昆山市世名科技开发有限公司。

本标准主要起草人:冯登荣、曹海华、费敏霞、赵玲、季小沛、曹晓东、石一磊。

本标准于 1979 年首次发布,本次为第一次修订。

# 引　言

术语“耐光性”(或色坚牢度)是指材料暴露在光线下，抵抗其外观变化的性能。外观变化(如有的话)的大小受射到材料上光的数量和光的质量所影响，同时也受材料本身的性质和组成所影响。两个混合物，其组分相同，但比例不同，耐光性不同；两个混合物其组成比例相同，但组分相似而不是同一组分，则耐光性也不同。

当暴露于自然光时，因为存在很多可变因素(例如自然光的强度和光谱分布、温度、相对湿度和大气污染物的数量和性质)，试验条件会不断地变化，所以试验结果与在其他场合进行的类似试验的结果不可能有关系。因此仅仅把结果表示为时间的函数是不可取的。

上面所述的这些理由形成了某着色颜料两个不同的样品耐光性比较的基础。每个样品以相同的比例加到其他方面都相同的组分中去，而这两种混合物(以适当的方式)经相同数量和性质的光线暴露后，再检验它们在外观变化的任何差异。为了符合这些暴露条件，必须将这些混合物同时并排放置在同一光源下暴露相同的时间周期。

此外，颜料的耐光性还受如二氧化钛等其他颜料存在的影响，本标准提供了这个重要的方面，使用商定的基料(介质)来构成一颜料的分散体，试验程序按如下所述。

在耐光性比较前确定让曝晒变化进行到什么程度是重要的。当变化仅仅相当于开始可觉察到的变化时来评定暴露是不实际的，而等到发生很大变化时来评定也不可取。因此建议当已知耐光性颜料(商定的参照颜料)的变化量达到 GB 250—1995 中的 4 级和 3 级时进行外观变化的比较。

对于任一特定应用而言，本标准中所规定的试验方法必须要用以下的补充内容来完善，这些内容应该部分或全部来自有关待试产品的国家(行业)标准或其他文件，或如合适，应由有关双方商定：

1)　商定参照颜料的类型和名称；
2)　分散试样和商定的参照颜料用的基料(介质)以及分散体组成的细节；
3)　所使用的分散方法；
4)　试验是天然曝晒(A 法)还是用人造光暴露(B 法)；
5)　如使用 A 法，试板和玻璃盖板的角度；
6)　如使用 B 法，设备和人造光源的细节。

# 同类着色颜料耐光性比较

## 1 范围

本标准规定了对同类型着色颜料(商定的参照颜料和试验样品)耐光性比较的通用试验方法。

规定了两种暴露方法。A 法,颜料样板在玻璃下暴露于自然光;B 法,颜料样板直接暴露于人造光。

注:当这两种通用方法(A 法或 B 法)用于指定颜料时,只要在有关该颜料的国家(行业)标准中列入参照适用方法的条目,并注明由于所涉及颜料的某些特性而需作的任何变更的详情。仅当此通用方法中规定的方法不适用于某特定颜料时,才应另外规定一个方法来比较耐光性。

## 2 规范性引用文件

下列文件中的条款通过本标准的引用而成为本标准的条款。凡是注日期的引用文件,其随后所有的修改单(不包括勘误的内容)或修订版均不适用于本标准,然而,鼓励根据本标准达成协议的各方研究是否可使用这些文件的最新版本。凡是不注日期的引用文件,其最新版本适用于本标准。

GB 250—1995 评定变色用灰色样卡(idt ISO 105 /A02:1993 Textiles tests for colour fastness—Part A02:Grey scale for assessing change in colour)

GB/T 3186—2006 色漆、清漆和色漆与清漆用原材料 取样(ISO 15528:2000,IDT)

ISO 4892-2:2006 塑料 实验室光源暴露试验方法 第 2 部分:氙弧灯

ISO 11341:2004 色漆和清漆 人工气候老化和人工辐射曝露 滤过的氙弧辐射

CIE 出版物 No. 85:1989 日光的光谱辐照度

## 3 原理

试验样品和商定的参照颜料分别分散在相同的商定基料(介质)中制成分散体,将这两种分散体施涂在底材上并干燥,然后在规定条件下,将它们暴露于已采取防雨措施的天然日光下(A 法)或暴露于人造日光下(B 法)。

通过比较试验样品和商定的参照颜料的颜色变化评定耐光性。

## 4 仪器和材料

4.1 底材

a) 铝板或硬纸板,尺寸与所用的漆膜涂布器相配,供涂漆表面为涂覆有白色、高光泽、耐光、无吸收性的表面;

b) 纸,用作本色油墨的底材;

c) 有关双方商定的其他适宜于制备试验样板的底材,但应在试验报告中注明。

4.2 施涂设备

a) 适用于并排施涂湿膜厚度为 50 μm～100 μm 的两个膜的漆膜涂布器;

b) 用于制备厚约 1.5 μm 的本色油墨的合适设备;

c) 有关双方商定的其他合适的施涂设备和膜厚,但应在试验报告中注明。

4.3 遮盖层:其材料为铝箔或其他合适的不透明材料。

4.4 评定颜色变化用灰色样卡:符合 GB 250—1995。

4.5 商定的参照颜料:用作与试样比较,应由有关双方商定并且在组成上应与试样相同。

4.6 基料(介质):由有关双方商定,应按照待试验颜料的应用范围选择基料(介质)。

4.7 在玻璃下曝晒于自然光的曝晒箱(用于A法)

曝晒箱应有玻璃盖并应有进行预计数目试验所要求的足够尺寸。

曝晒箱由金属、木材或其他能防止涂过分散体的试验底材(试验样板)遭到雨水及类似的气候影响的材料制成,还应有适当的通风装置使空气在试验样板上自由流动。

玻璃盖应为单片透明玻璃,厚度为2 mm~3 mm,应无气泡或其他缺点。玻璃的透射率在360 nm处和整个可见光谱区域内应为约90%,在300 nm和更短的波长下透射率降至1%以下。为了保持这些特性应该定期清洁玻璃。更换玻璃的周期不得超过2年。

曝晒箱需要安装支架以使试验样板放置在不低于玻璃盖下50 mm,并处在与玻璃盖平行的平面上,曝晒箱放置的位置应使它整天能晒到直射阳光而没有邻近物体的阴影落到箱体上,如将曝晒箱放在地面上,则曝晒箱底部与地面之间的距离要足够,以避免在暴露期间与生长的草或植物相接触带来不良影响。玻璃盖和试验样板应朝赤道倾斜,和水平面的角度近似地等于曝晒试验地的纬度,也可以用其他的角度如45°,但应在试验报告中注明所用的角度。

4.8 暴露于人造日光的设备(用于B法)

设备是装有滤光系统的。光源为具有一层或多层石英罩的氙弧灯(见ISO 4892-2:2006),氙弧灯放射包括从低于270 nm的紫外光谱到整个可见光谱及红外光谱,滤光片用于模拟日光通过窗玻璃,使得短于310 nm波长的辐照度变得最小。另外,使用滤光片除去红外线辐射,可防止试验样品经历在室外曝晒期间不会经历的热降解。

在表1中给出UV范围内相对光谱辐照度的最小和最大水平。

设备应在以下条件进行操作:

——在300 nm~400 nm范围内辐照度应为50 W/m$^2$±2 W/m$^2$;

——在波长420 nm的辐照度应为1.10 W/(m$^2$·nm)±0.02 W/(m$^2$·nm);

——通风的程度应使试验样板维持黑标准温度计的温度为65℃±3℃,相对湿度50%±10%;

注:在高温下基料(介质)可能会出现降解,导致粉化和失光,在颜色变化试验中,使得颜色变化的准确评定发生困难可商定采用ISO 11341:2004中9.2的规定,使用黑标准温度55℃±2℃或黑板温度50℃±2℃。

——箱室温度为38℃±3℃;

——不用水喷雾。

**表1 经窗玻璃过滤的氙弧灯的相对光谱辐照度**

| 光谱带<br>λ/nm | 最小值/<br>(W/m$^2$) | CIE No.85:1989表4<br>窗玻璃下的效率 | 最大值/<br>(W/m$^2$) |
|---|---|---|---|
| λ≤300 | | | 0.2 |
| 300<λ≤320 | 0.1 | ≤1 | 2.0 |
| 320<λ≤360 | 23.8 | 33.1 | 35.0 |
| 360<λ≤400 | 62.4 | 66.0 | 76.0 |

## 5 取样

按GB/T 3186—2006中规定,采取待试验颜料的代表样。

## 6 方法

### 6.1 试验样板的制备

用有关双方商定的基料(介质)(4.6)及商定的分散方法分别制备试样和商定的参照颜料(4.5)的分散体。用施涂设备(4.2),将两种分散体的连续膜并排涂在底材(4.1)上,每个分散体的连续膜至少有25 mm宽。将其置于水平位置在室温下在漫射的日光下干燥24 h。如果商定使用烘干型基料(介质),

则按基料(介质)规定的条件烘烤。

注：附录B给出了丙烯酸聚氨酯色漆的制备方法供参考。

从施涂了分散体的试验样板上切下一块，其大小适宜于放置在曝晒架上。如果切割，要使两种分散体膜的分界线在中央。切下第二块试样，将它在室温下保存于暗处，供以后与受试的试验样板作比较。

**6.2 试验样板的曝晒**

6.2.1 将试验样板放在设备(4.7或4.8)中。把遮盖层(4.3)横向固定于试验样板中间三分之一处，放置遮盖层时必须注意，既不能让遮盖层变形或起皱，又可在检查涂膜时掀开它，随后还要在相同位置上更换遮盖层。

6.2.2 将试验样板暴露于光源下，按适当的时间间隔检查。掀开商定的参照样的遮盖层检查涂膜，确定其暴露部分和未暴露部分之间是否发生变化。每次检查后立即将遮盖层放回到原来的位置。

继续进行试验样板暴露试验，直至商定的参照样的暴露部分与未暴露部分的对比度等于灰色样卡4级。参照灰色样卡对试验样板的暴露部分和未暴露部分的对比度进行评定，然后再放回遮盖层。

将另一个遮盖层(4.3)放在试验样板上，使试验样板的三分之一保持暴露状态。继续进行暴露试验，直至商定的参照样的中间未暴露部分和完全暴露部分的对比度等于灰色样卡3级。

**6.3 试验样板的评定**

6.3.1 对按6.2曝晒的试验样板的中间未暴露部分和完全暴露部分的对比度用灰色样卡进行评定，比较试验样板和商定的参照样的耐光性。

6.3.2 用测色仪分别测试试验样板和商定的参照样的暴露部分和未暴露部分的色差值$\Delta E^*$，给出试验样板和商定的参照样暴露前后的$\Delta E^*$值。

6.3.3 未经暴露试验的试验样板(见6.1)与经暴露的试验样板和商定的参照样的未暴露部分进行比较。原始样板与暴露试板的未暴露部分外观上的差异表示材料已受到除光照以外的其他因素影响，如热、湿气或大气中的活性气体，这种外观的变化应在试验报告里加以说明。

## 7 试验报告

试验报告至少应包括如下内容：

a) 受试产品和商定的参照颜料的类型和名称；

b) 注明本标准编号；

c) 所使用的商定基料(介质)、组成和所用分散方法的详情；

d) 使用A法还是B法，如用A法，则说明玻璃盖和试板与水平面形成的曝晒角度(见4.7)；如用B法，则说明设备、光源及滤光器类型的详情；

e) 在试验的不同阶段，试验样板涂膜外观的变化是大于、等于或小于商定的参照颜料涂膜外观的变化，或比较$\Delta E^*$值的大小；

f) 材料是否受光线以外的其他因素的影响；

g) 由商定或其他原因造成的与本标准规定的不同；

h) 试验周期。

# 附 录 A
# （资料性附录）
# 本标准与ISO 787/15:1986的技术性差异及其原因

表A.1给出了本标准与ISO 787/15:1986的技术性差异及其原因的一览表。

**表A.1 本标准与ISO 787/15:1986的技术性差异及其原因**

| 本标准的章条编号 | 技术性差异 | 原 因 |
|---|---|---|
| 2 | 引用了采用国际标准的我国标准，而非国际标准 | 适合我国国情 |
| 2<br>4.8 | 引用"ISO 4892.2:2006"，而非ISO 787/15:1986中的ISO 4892:1981中5.1.2，改变了设备使用条件 | ISO 787/15:1986中引用的ISO 4892:1981已被ISO 4892:2006替代，用新版国际标准使设备使用条件跟上国际标准的变化 |
| 2<br>4.8表1 | 引用"CIE出版物No.85:1989日光的光谱辐照度"，而非CIE出版物No.20(TC-2.2) | ISO 4892:2006中所引用 |
| 2<br>4.8注 | 增加引用"ISO 11341:2004"中的9.2，可商定使用"黑标准温度55℃±2℃，或黑板温度50℃±2℃" | 考虑到基料(介质)的热降解，根据基料(介质)可耐受温度，可商定使用更低的温度。另外，增加黑板温度，因有些老化机没有黑标准温度只有黑板温度 |
| 4.1 c) | 增加"有关双方商定的其他适宜于制备试验样板的底材" | 更切合颜料的实际使用情况 |
| 4.2 c) | 增加"有关双方商定的其他合适的施涂设备和膜厚" | 更切合颜料的实际使用情况 |
| 6.1注 | 增加"附录B给出了丙烯酸聚氨酯色漆的制备方法供参考" | 考虑到颜料生产厂使用本标准时制备分散体的困难，在本标准的附录中增加分散体制备的参考方法 |
| 6.3.2 | 增加"对按6.2曝晒的试验样板的未暴露部分和完全暴露部分进行色差值$\Delta E^*$的测定。给出试验样板和商定的参照样暴露前后的$\Delta E^*$值" | 用测色仪测试，可对结果进行量化描述，提高结果评定的准确度 |

# 附　录　B
（资料性附录）
分散体制备的参考性资料

## B.1　导言

着色颜料在不同领域里应用时其分散用基料（介质）不同、制成分散体的组成及其比例不同，耐光性不同。

对于任何具体应用本标准所述的试验方法的各方，应按颜料使用范围从与此颜料有关的国家标准或其他文件中得到分散体制备的详情。

使用范围不明确，或颜料分散用基料（介质）不明确，或分散体组成及其比例不明确的使用本标准的各方，可参考使用本附录中所提供的分散体制备方法。

本附录是用涂料领域中保光、保色性较好的双组分聚氨酯树脂为分散体系用基料（介质）制备丙烯酸聚氨酯色漆。

## B.2　分散体的组成和比例

基料（介质）：羟基丙烯酸树脂约 40 g～60 g（根据颜料的吸油量调节颜料和树脂的比例）；

颜料：有机 5 g～10 g，或无机约 30 g；

分散剂：颜料量的 40%；

玻璃珠：直径 1 mm～2 mm，100 g；

溶剂：二甲苯（或醋酸丁酯或其他合适的溶剂）以基料、颜料、分散剂、溶剂的总量为 100 g 计，添加适当量的溶剂；

固化剂：六亚甲基二异氰酸酯（HDI）缩二脲。

## B.3　分散体的制备

**B.3.1**　把上述组分按树脂、颜料、分散剂、溶剂，依次加入合适的容器，搅匀，加入玻璃珠，用振荡磨或其他合适的分散机械分散该混合物至 15 μm 以下，用 45 μm 滤网过滤，制成色浆备用。

**B.3.2**　以有机颜料颜基比 1∶3，无机颜料颜基比 1∶1（或其他使漆膜耐光性能最优的适当的颜基比），计算上述已分散至 15 μm 的色浆需添加羟基丙烯酸树脂的量，并添加到该混合物中，搅匀。

**B.3.3**　根据树脂与固化剂（OH∶NCO ＝ 1∶1）的质量比计算固化剂的添加量，加入固化剂，立即搅拌均匀并按 6.1 规定制板。

中华人民共和国国家标准

# 颜料在烘干型漆料中热稳定性的比较

Comparison of heat stability of pigments in stoving medium

GB 1711—89

代替 GB 1711—79

本标准等效采用国际标准 ISO 787/21—1979《颜料和体质颜料通用试验方法　第二十一部分：使用烘干型漆料对颜料进行热稳定性比较》。

## 1　主题内容与适用范围

本标准规定了与标准样品对比来比较颜料的热稳定性的通用试验方法。

本标准也适用于测定颜料的耐热性。

当本通用方法不适用于某特定产品时，应规定一个专用方法比较其热稳定性。

## 2　引用标准

GB 9285　色漆和清漆用原材料　取样

GB 9761　色漆和清漆　色漆的目视比色

## 3　仪器与材料

3.1　样板，任何一种合适的轻型金属板或产品标准规定的其他合适样板，规格150 mm×100 mm×(0.2～0.3) mm。

3.2　漆料，烘干型，在产品标准中规定。

3.3　烘箱，有良好通风，并能保持在规定温度。

## 4　取样

按 GB 9285的规定取试验颜料的代表样品。

## 5　操作步骤

用产品标准规定的方法及漆料制备试验颜料(单独的或者冲淡到规定的颜色)的分散体。包括进一步添加规定漆料或溶剂，使分散体冲稀至适宜的稠度。

以同样方法，相同的漆料制备标准样品的分散体。

用规定的方法将试验颜料的分散体施涂于试验样板的整个表面，以得到厚度为75～120 μm 的湿膜。用相同的方法将标准样品的分散体施涂在另一样板的整个表面。

让涂复的样板在23±2 ℃及($50^{+5}_{-5}$)%相对湿度下保持30 min(也可在室温无灰尘处放置30 min)。然后将样板放入烘箱内在100±1 ℃下烘烤30 min，取出冷却至室温，切割成宽度不小于30 mm 的窄条。

注：留出一窄条作为对比用的标准样板。

中华人民共和国化学工业部1989-03-01批准　　　　1990-01-01实施

将涂过试验样品的样板及标准样品的样板的窄条在规定的温度与时间里进行烘烤，冷却至室温。

按GB 9761的规定，在散射日光下，把在较高温度下烘烤的试验颜料和标准样品的样板同相应的在低温下烘烤的标准样板作比较。如果不能利用日光，则在标准光源下进行比较。

如果需要，48 h后再进行比较。

## 6 结果表示

试验颜料的热稳定性：(以颜料的变色程度表示)是小于、等于、还是大于标准样品的变色程度，并记录各块样板的烘烤温度和时间。

注：如需要并经商定，可应用适宜的色度计来测定色差。

## 7 试验报告

试验报告至少应包括下列内容：

a. 试验颜料的类型与名称；

b. 注明参照本国家标准；

c. 产品标准规定的详细条款，包括颜料浓度，所用的参照颜料，使用的漆料，试验漆膜的施涂方法与固化条件；

d. 与本试验规定操作的差异；

e. 注明是在天然日光下还是在标准光源下进行比较；

f. 试验结果：热稳定性(以颜色变化来表征)是小于、等于或大于标准样品的颜色变化；

g. 试验日期。

---

**附加说明：**

本标准由全国涂料和颜料标准化技术委员会归口。

本标准由上海市涂料研究所负责起草。

本标准主要起草人石兆松。

ICS 87.060.10
G 53

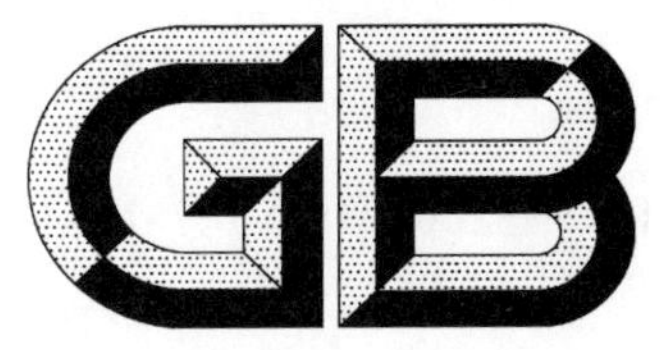

# 中华人民共和国国家标准

GB/T 1713—2008/ISO 787-10:1993
代替 GB/T 1713—1989

# 颜料密度的测定　比重瓶法

**Determination of density of pigments—Pyknometer method**

(ISO 787-10:1993, General methods of test for pigments and extenders—Part 10: Determination of density—Pyknometer method, IDT)

2008-06-04 发布　　2008-12-01 实施

中华人民共和国国家质量监督检验检疫总局
中国国家标准化管理委员会　发布

# 前　言

本标准等同采用 ISO 787-10:1993《颜料和体质颜料通用试验方法　第 10 部分:密度的测定　比重瓶法》(英文版)。

本标准作了下列编辑性修改:

——删除了国际标准前言;

——标准名称作了改动。

本标准代替 GB/T 1713—1989《颜料密度的测定　比重瓶法》。

本标准与前版 GB/T 1713—1989 的主要技术差异为:

——前版系非等效采用 ISO 787-10:1981;

——删除了“终沸点超过 170℃的高沸点芳香族烃类溶剂可作为置换液体”的规定;

——增加了方法 B。

本标准由中国石油和化学工业协会提出。

本标准由全国涂料和颜料标准化技术委员会归口。

本标准起草单位:中海油常州涂料化工研究院。

本标准主要起草人:沈苏江、吴志平。

本标准于 1979 年首次发布,1989 年第一次修订。

# 颜料密度的测定　比重瓶法

## 1　范围

本标准规定了采用比重瓶测定颜料或体质颜料样品密度的通用试验方法。

注：当本方法不适用于某一特定产品时，应规定一专用方法来测定密度。

## 2　规范性引用文件

下列文件中的条款通过本标准的引用而成为本标准的条款。凡是注日期的引用文件，其随后所有的修改单(不包括勘误的内容)或修订版均不适用于本标准，然而，鼓励根据本标准达成协议的各方研究是否可使用这些文件的最新版本。凡是不注日期的引用文件，其最新版本适用于本标准。

GB/T 3186　色漆、清漆和色漆与清漆用原材料　取样(GB/T 3186—2006，ISO 15528:2000，IDT)

GB/T 6005—1997　试验筛　金属丝编织网、穿孔板和电成型薄板　筛孔的基本尺寸(eqv ISO 565:1990)

## 3　准备工作

### 3.1　置换液体

3.1.1　选择一种不溶解试样，有良好润湿性及在真空下挥发速度较低的液体。终沸点超过 170℃ 的高沸点脂肪族烃类溶剂均可适用。

注：除有机液体外，也可以选用加有润湿剂的水。

3.1.2　如果测定的是碳黑，在选择液体时必须特别精心，所选择的液体对碳黑应具有特别好的润湿性。

注：四氯化碳是适用的。

### 3.2　测定温度

测定温度对所使用的置换液体的密度影响是明显的，但对试验样品的密度没有影响。为了便于在实验室中进行测定，测定温度至少应高于室温 5℃。

## 4　取样

按 GB/T 3186 的规定选取试验颜料的代表性样品。

## 5　方法 A

### 5.1　仪器

普通的实验室仪器、玻璃器皿以及下列仪器：

5.1.1　比重瓶：盖氏比重瓶(Gay-Lussac 型)，容量为 25 mL 或 50 mL 并配有塞子(见图 1)或其他合适类型的比重瓶。

5.1.2　真空设备：由 5.1.2.1 和 5.1.2.2 构成。

注：其他类型设计合理的真空设备也可以使用，在这种情况下 5.2.3 中所述的操作步骤可能需要更改。

5.1.2.1　真空干燥器：装有一个带两个孔的塞子，其中一个孔装带有三通活塞的玻璃管，并使干燥器与真空泵(5.1.2.2)相连接，而另一个孔装滴液漏斗。

5.1.2.2　真空泵或其他能使压力减少至 2 kPa 以下的设备。

5.1.3　水浴：恒温控制，在温度 25℃～30℃(或商定温度)范围内保持在±0.1℃之内。

5.1.4　筛子：筛孔孔径为 500 μm，符合 GB/T 6005 的要求。

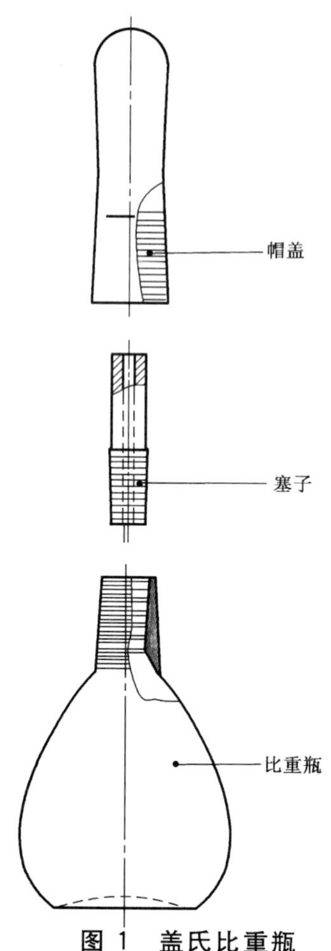


图 1 盖氏比重瓶

5.1.5 天平:精确至 1 mg 或更高的精确度。

5.2 测定

进行两份试样的平行测定。

5.2.1 比重瓶体积

5.2.1.1 清洗并干燥比重瓶(5.1.1)。用置换液体(3.1)装满比重瓶,按 5.2.3.3 所述使比重瓶达到水浴(5.1.3)温度后,塞上塞子,擦去塞子外的过量液体,并擦干比重瓶。将比重瓶移至天平玻璃罩(5.1.5)内,静置 15 min 后称量,精确至 1 mg。

注:如果置换液体的密度是已知的(如以前曾测定过),就不必对装满置换液体的比重瓶进行称量。

5.2.1.2 倒空比重瓶中的液体,清洗并干燥比重瓶,然后装满蒸馏水,按 5.2.1.1 所述重复操作。

注:如果装满比重瓶的水的质量已测定过几次,就不需要在每次使用比重瓶时进行重复测定。

5.2.2 试样的制备

充分混合试样并用筛子(5.1.4)筛取足够的量(见 5.2.3.1)。将试样在(105±2)℃下干燥 2 h,然后在干燥器中冷却至室温。

对于在所述条件下干燥时发生分解的物质,应选择避免其分解的温度和时间。

5.2.3 操作步骤

5.2.3.1 洗涤、干燥比重瓶并称量,精确至 1 mg。用一干燥漏斗,将适量(视密度而定,当使用 25 mL 比重瓶时,取 1 g~10 g,使用 50 mL 比重瓶时,取 2 g~20 g)干燥过的试样装入比重瓶,装入量不超过瓶的一半,再称量带塞子的比重瓶。

5.2.3.2 将装有试样的比重瓶放入真空干燥器(5.1.2.1)中,并装好滴液漏斗,使漏斗的流出管插入比重瓶中,关闭滴液漏斗的活塞和连通干燥器与真空泵(5.1.2.2)的三通活塞,启动泵并缓慢地打开连接泵的三通活塞。

将置换液体(3.1)装入滴液漏斗,当干燥器中压力降至 2 kPa 以下 15 min 后,关闭三通活塞,渐渐打开漏斗的活塞,缓慢加入置换液体,直至液面高于试样表面约 15 mm。关闭漏斗活塞,再次打开连通泵的三通活塞,注意避免因抽力而造成损失。将比重瓶在负压条件下(不大于 2 kPa)在干燥器中保持 4 h 或者直至液体中看不见气泡,不时轻敲干燥器以助于去除试样中夹带的空气。停泵并慢慢地开启三通活塞使空气进入干燥器直至压力恢复到常压。

5.2.3.3 从干燥器中取出比重瓶,用置换液体装满比重瓶并将其放入温度保持在选定试验温度的±0.1℃(3.2)的水浴(5.1.3)中。为了使比重瓶达到水浴的温度,将比重瓶在水浴中保持至少 30 min,然后小心地塞上塞子,以使液体刚好充满毛细管,擦去塞子外面过量的液体。从水浴中取出比重瓶,并小心地擦干比重瓶。将比重瓶移至天平玻璃罩(5.1.5)中,使其静置 15 min 后称重,精确至 1 mg。

5.2.3.4 如平行测定的结果之差大于 0.03 g/mL,则应重新测定。

## 6 方法 B

### 6.1 仪器

普通的实验室仪器、玻璃器皿以及下列仪器:

6.1.1 5.1 中所规定的仪器,真空干燥器(5.1.2.1)除外。

6.1.2 真空装置:如图 2 所示,将滴液漏斗的流出管封入一根玻璃管里,密封的程度要足以经受住漏斗的使用与抽真空操作,玻璃管应与比重瓶的颈部具有相同的内径,滴液漏斗的流出管应比伸向比重瓶的玻璃管长出约 10 mm,用橡胶管将比重瓶与玻璃管连上,使滴液漏斗的流出管进入比重瓶的颈部,并使比重瓶的颈和该玻璃管之间留有约 4 mm 的间隔,以便于比重瓶的晃动。

### 6.2 测定

进行两份试样的平行测定。

#### 6.2.1 比重瓶体积

按照 5.2.1 所述方法测定比重瓶的体积。

#### 6.2.2 试样的制备

按照 5.2.2 制备试样。

#### 6.2.3 操作步骤

6.2.3.1 按照 5.2.3.1 所述进行操作。

6.2.3.2 将比重瓶连到 6.1.2 所述的真空装置上,启动真空泵(5.1.2.2),慢慢关闭空气入口活塞,使压力降到 2 kPa 以下。在这种压力下保持 15 min,然后小心地打开预先装有置换液体的滴液漏斗的活塞。

缓慢地加入置换液体,直至液面高出试样表面约 15 mm。关闭漏斗的活塞并保持此真空度,直至已湿润的试样不再有气泡逸出。小心摇动比重瓶以助于去除夹带的空气。

6.2.3.3 逐渐打开空气入口活塞,使空气进入比重瓶,直至恢复到常压。取下比重瓶,将其装满置换液体并将其置于保持在选定的试验温度的±0.1℃(3.2)的水浴(5.1.3)中。

为使比重瓶达到水浴的温度,将比重瓶在水浴中保持至少 30 min,然后小心地塞上塞子,使液体刚好充满毛细管,擦去塞子外面过量的液体。从水浴中取出比重瓶,并小心地擦干比重瓶。将比重瓶移至天平玻璃罩(5.1.5)中,使其静置 15 min 并称量,精确至 1 mg。

6.2.3.4 如平行测定的结果之差大于 0.03 g/mL,则应重新测定。

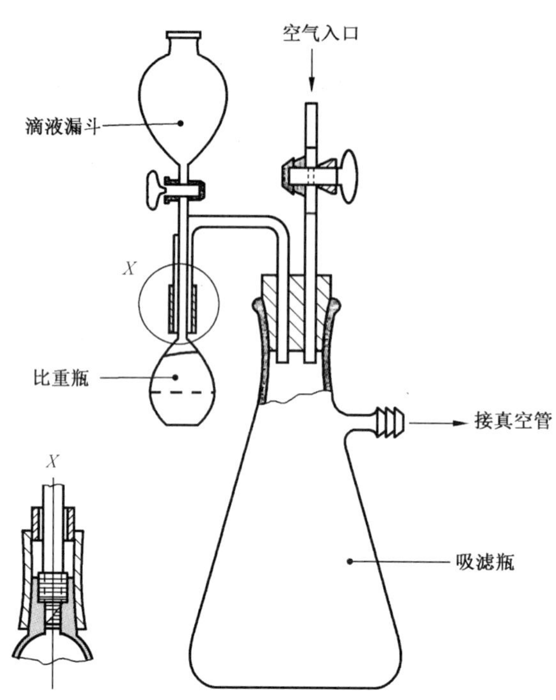


图 2　真空装置

## 7　结果的表示

对于方法 A 和方法 B 按式(1)计算在测定温度下置换液体的密度 $\rho_1$，以 g/mL 表示：

$$\rho_1 = \frac{m_4 - m_1}{m_5 - m_1} \times \rho_0 \quad \cdots\cdots (1)$$

按式(2)计算受试样品的密度 $\rho_m$，以 g/mL 表示：

$$\rho_m = \frac{\rho_1 (m_2 - m_1)}{(m_4 - m_1) - (m_3 - m_2)} \quad \cdots\cdots (2)$$

式中：

$\rho_0$——在测定温度下水的密度(见表 1)，单位为克每毫升(g/mL)；

$m_1$——比重瓶和塞子的质量，单位为克(g)；

$m_2$——比重瓶、塞子和试样的质量，单位为克(g)；

$m_3$——比重瓶、塞子、试样和置换液体的质量，单位为克(g)；

$m_4$——比重瓶、塞子和置换液体的质量，单位为克(g)；

$m_5$——比重瓶、塞子和蒸馏水的质量，单位为克(g)。

计算两次测定结果的平均值，记录试验结果至两位小数，作为该样品在测定温度下的密度。

表 1　不同温度下水的密度

| 水的温度/℃ | 水的密度 $\rho_0$/(g/mL) |
|---|---|
| 15 | 0.999 1 |
| 20 | 0.998 2 |
| 25 | 0.997 0 |
| 30 | 0.995 6 |

## 8 试验报告

试验报告至少应包括下列内容：

a) 识别受试产品所需的所有细节；

b) 注明本标准编号与所使用的方法(方法 A 或方法 B)；

c) 按第 7 章表示的试验结果；

d) 所使用的置换液体(3.1)和测定温度(3.2)的详细说明；

e) 与规定试验方法的任何不同之处；

f) 试验日期。

中华人民共和国国家标准

UDC 667.622
:543.06

# 颜料水悬浮液pH值的测定

GB 1717—86

**Determination of pH value of an aqueous suspension of pigments**

代替 GB 1717—79

本标准规定了测定颜料水悬浮液pH值的通用试验方法。

本标准等效采用国际标准ISO 787/9—1981《颜料和体质颜料通用试验方法——第九部分：水悬浮液pH值的测定》。

注：当本通用方法适用于指定颜料或体质颜料时，只要在该颜料或体质颜料的产品标准中列入参照本方法的条款，并注明由于产品的特性需作的变更。仅当本通用方法不适用于某特定产品时，才应规定一个专用方法测定水悬浮液的pH值。

## 1 试剂

新鲜蒸馏水或用其他方法制备的至少有同等纯度的水。

将水在耐化学腐蚀玻璃容器中煮沸5～10min，冷却，冷却后的水应用碱石棉管或类似装置保护，以避免接触空气。宜立即使用，且存放时间不应超过30min。

## 2 仪器

**2.1** 玻璃容器，容积为50ml，由耐化学腐蚀玻璃制成，带磨口玻璃塞或橡皮塞。

容器在第一次使用前，必须用沸稀盐酸浸泡，然后用蒸馏水充分淋洗。

**2.2** pH测量装置，能测量到0.1单位，在试验温度下用已知pH值的缓冲液进行校正。

**2.3** 天平，精确至0.01g或有更高精确度。

## 3 试验步骤

在室温下进行两份试样的平行试验。

在玻璃容器（2.1）中，用蒸馏水（第1章）制备10%（*m*/*m*）颜料悬浮液，用塞子塞住容器，激烈地振荡1 min，然后静置5 min，移去塞子，测定悬浮液的pH值，准确到0.1单位。

如果颜料在水中不易分散，可使用润湿剂[1)]。当颜料不溶于乙醇时，可使用无水乙醇作润湿剂，其用量应尽可能少，最多为5 ml。当颜料溶于乙醇时，可使用中性非离子型润湿剂。如10ml 0.01%（*m*/*m*）氧化乙烯缩合物，用空白试验测定润湿剂是否中性，如果使用润湿剂，应当减少水的体积，以保持得到10%（*m*/*m*）悬浮液。

注：对于密度较低的颜料，浓度应低于10%（*m*/*m*），且在试验报告中说明。

记录pH值，准确到0.1单位，记录悬浮液温度，准确到1℃。如果两份平行试样测定的pH值的差值大于0.3单位，则应重新测定。

## 4 结果的表示

计算两次测定值的平均值，准确到0.1单位。

---

采用说明：

1）ISO 787/9规定使用中性的且不含吡啶的乙醇，本标准使用无水乙醇。

国家标准局1986-08-26发布　　　　1987-08-01实施

## 5 试验报告

试验报告至少应包括下列内容：

a. 试验颜料的类型及名称；

b. 悬浮液温度和按第4章表示的试验结果；

c. 如果使用了润湿剂，则写明润湿剂的名称和用量；

d. 与本试验规定操作的差异；

e. 试验日期。

---

**附加说明：**

本标准由中华人民共和国化学工业部提出，由全国涂料和颜料标准化技术委员会归口。

本标准由颜料检验方法标准分技术委员会第14工作组起草。

本标准主要起草人张立云。

ICS 87.060.10
G 53

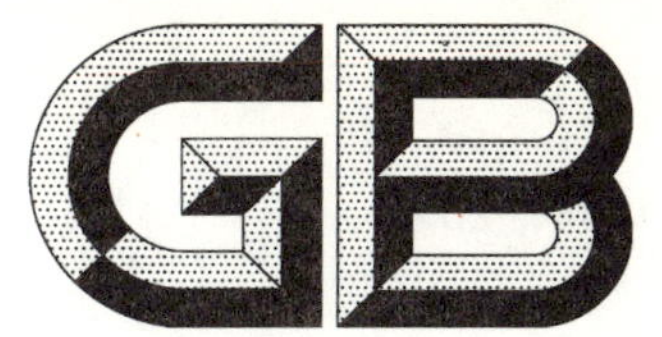

# 中华人民共和国国家标准

GB/T 1864—2012
代替 GB/T 1864—1989

# 颜料和体质颜料通用试验方法 颜料颜色的比较

**General methods of test for pigments and extenders—Comparison of colour of pigments**

(ISO 787-1:1982,General methods of test for pigments and extenders—Part 1:Comparison of colour of pigments,MOD)

2012-12-31 发布　　2013-08-01 实施

中华人民共和国国家质量监督检验检疫总局
中国国家标准化管理委员会　发布

# 前　言

本标准按照 GB/T 1.1—2009 给出的规则起草。

本标准代替 GB/T 1864—1989《颜料颜色的比较》，与 GB/T 1864—1989 相比，除编辑性修改外主要技术变化如下：

——前版为等效采用 ISO 787-1:1982《颜料和体质颜料通用试验方法　第 1 部分：颜料颜色的比较》，本版本为修改采用 ISO 787-1:1982；

——分散介质由“材料：精制亚麻仁油”改为“基料：由有关方面商定。如未商定，建议使用符合 ISO 150 要求的精制亚麻仁油”（见第 3 章和 1989 版的第 3 章）；

——增加了“用手工研磨器或调刀制备颜料分散体”的步骤（见 6.2）；

——试验结果的表示方法作了修改（见第 7 章和 1989 版的第 7 章）。

本标准使用重新起草法修改采用国际标准 ISO 787-1:1982。

本标准与 ISO 787-1:1982 相比存在技术性差异，这些差异涉及的条款已通过在其外侧页边空白位置的垂直单线（|）进行了标示，附录 A 中给出了相应技术性差异及其原因的一览表。

本标准还做了下列编辑性修改：

——为与现有国家标准编号方式一致，将标准名称改为《颜料和体质颜料通用试验方法　颜料颜色的比较》；

——增加了资料性附录 A；

——第 1 章、第 6 章和第 8 章中文字表述作了修改。

本标准由中国石油和化学工业联合会提出。

本标准由全国涂料和颜料标准化技术委员会(SAC/TC 5)归口。

本标准起草单位：中海油常州涂料化工研究院、江苏双乐化工颜料有限公司、山东东佳集团股份有限公司、百合花集团有限公司、嘉宝莉化工集团股份有限公司。

本标准主要起草人：沈苏江、毛顺明、李化全、王峰、林霞。

本标准所代替标准的历次版本发布情况为：

——GB/T 1864—1980、GB/T 1864—1989。

# 颜料和体质颜料通用试验方法
# 颜料颜色的比较

## 1 范围

本标准规定了颜料的颜色与同类型商定参照颜料的颜色进行比较的通用试验方法。

本标准第6章提供了两种制备分散体的方法，用自动研磨机制备分散体的方法为仲裁法。

本标准适用于颜料与同类型商定参照颜料颜色的比较。

当本通用方法不适用于某特定颜料时，应规定一个专用方法来进行颜色的比较。

## 2 规范性引用文件

下列文件对于本文件的应用是必不可少的。凡是注日期的引用文件，仅注日期的版本适用于本文件。凡是不注日期的引用文件，其最新版本(包括所有的修改单)适用于本文件。

GB/T 3186 色漆、清漆和色漆与清漆用原材料 取样(GB/T 3186—2006,ISO 15528:2000,IDT)

GB/T 9761 色漆和清漆 色漆的目视比色(GB/T 9761—2008,ISO 3668:1998,IDT)

ISO 150 色漆和清漆用生、精制的和熟亚麻仁油 规范和试验方法(Raw,refined and boiled linseed oil for paints and varnishes—Specifications and methods of test)

## 3 基料

由有关方面商定。如未商定，建议使用符合ISO 150要求的精制亚麻仁油。

## 4 仪器

4.1 调刀：钢制，锥形刀身，长约140 mm～150 mm，最宽处为20 mm～25 mm，最窄处不小于12.5 mm。

4.2 底材：无色透明玻璃板，尺寸为150 mm×150 mm或其他合适尺寸。

4.3 吸管：容量1 mL的注射器。

4.4 自动研磨机：带有磨砂玻璃磨盘，直径为180 mm～250 mm，使用时施加的压力最大约1 000 N，磨盘转速为70 r/min～120 r/min。有每25转为一挡的计数装置。最好可通冷却水，如果自动研磨机不能通冷却水，应保证在研磨过程中温度不变。

4.5 手工研磨器。

4.6 平板：磨砂玻璃板或大理石板，当没有研磨机可用时使用。

4.7 天平：精度1 mg。

4.8 湿膜制备器：湿膜100 μm。

## 5 取样

按GB/T 3186的规定取受试颜料的代表性样品。

## 6 步骤

### 6.1 用自动研磨机制备颜料分散体

#### 6.1.1 试验颜料量

所取颜料的量要使其与足够量的基料混合，得到的分散体形成的浆状物足以铺展到研磨机板的边上，称取试验颜料量应精确至 1 mg。

注：建议试验颜料量为 0.5 g～2.0 g。

#### 6.1.2 颜料分散体的制备

将试验颜料(6.1.1)置于研磨机(4.4)下层玻璃板的中间，用吸管(4.3)吸取一定量的基料放在颜料中，用调刀(4.1)慢慢地将颜料和基料混合均匀。将浆状物在下层板上铺展成约 50 mm 宽的条带，该条带大约在下层板的边缘至中心的中间处，在上层板上交替抹擦来清除调刀上的浆状物，合上玻璃板，施加约 1 000 N 的力，以每遍 50 转研磨浆状物，每遍操作后用同一调刀收集浆状物至板中间，再铺展成约 50 mm 宽的条带，置于下层板的边缘至中心的中间处。研磨结束后可根据需要再加少量基料，用调刀调和以得到合适的稠度。合上玻璃板，再研磨 25 转，收集浆状物贮存于合适容器中备用。

注：建议研磨 4 遍，研磨机施加的力和研磨的遍数取决于试验颜料，如果发现研磨机施加的力和研磨转数不合适时可作调整，但试验颜料和商定参照颜料必须在相同条件下进行。

称取相同量的商定参照颜料，以相同方法制备分散体。

#### 6.1.3 颜色的比较

将试验颜料和商定参照颜料两个浆状物以同一方向用湿膜制备器(4.8)刮涂在底材(4.2)上制成不透明条带，其宽度不小于 25 mm，接触边长不小于 40 mm，刮涂后立即在散射日光下观察不透明条带表面的颜色差异，或经有关双方商定按 GB/T 9761 的规定通过玻璃板比较其颜色差异。若无法利用良好的日光，则可在人造日光下按 GB/T 9761 规定的操作进行比较。

注：经有关双方商定，也可用一合适的测色仪来比较颜色。

### 6.2 用手工研磨器或调刀制备颜料分散体

#### 6.2.1 试验颜料量

根据试验颜料的吸油量，称取 0.1 g～1.0 g 试验颜料，精确至 1 mg。

#### 6.2.2 颜料分散体的制备

将试验颜料(6.2.1)置于平板(4.6)上，用吸管(4.3)滴加数滴基料到颜料中，用调刀将颜料和基料混合。当颜料已被基料均匀润湿时，用调刀或手工研磨器来回研磨，研磨时混合物铺展的面积约为 200 mm×75 mm。研磨 100 次后(1 次包括 1 次向前和 1 次向后的运动)把混合物刮在板的中间，并确保调刀上没有未研磨的颜料。再研磨 100 次，并再滴加适量基料使其混匀得到一合适稠度的浆状物。收集浆状物贮存于合适容器中备用。

称取相同量的商定参照颜料，以相同方法制备分散体。

#### 6.2.3 颜色的比较

按 6.1.3 规定的方法比较试验颜料和商定参照颜料的颜色。

## 7 结果的表示

试验结果以试验颜料和商定参照颜料的颜色差异程度表示。可以用试验颜料的颜色等于或不等于商定参照颜料的颜色来表示。

注：颜色差异程度也可以采用其他合适的术语或仪器测定得到的色差值等来表示。例如可以用近似、微、稍、较四个等级来描述，其中微、稍、较之后需列入色相及鲜、暗的评语。对于白色颜料，还可以用优于、等于或差于等术语来描述。

## 8 试验报告

试验报告至少应包括下列内容：

a) 试验颜料的类型和名称；

b) 本标准编号；

c) 制备颜料分散体所使用的分散介质(精制亚麻仁油或其他材料)；

d) 所采用的操作步骤(6.1 或 6.2)；

e) 比较颜色时所用的方法(光源、观察方向等)；

f) 与本试验方法规定操作的差异；

g) 试验结果；

h) 试验日期。

# 附　录　A
## （资料性附录）
## 本标准与 ISO 787-1:1982 技术性差异及其原因

表 A.1 给出了本标准与 ISO 787-1:1982 的技术性差异及其原因的一览表。

**表 A.1　本标准与 ISO 787-1:1982 技术性差异及其原因**

| 本标准的章条编号 | 技术性差异 | 原因 |
|---|---|---|
| 2 | “ISO 842”改为与其修订版 ISO 15528 对应的我国文件“GB/T 3186”,“ISO 3668”改为与之对应的我国文件“GB/T 9761” | 采用国家标准使用更方便 |
| 4 | “滴管:1 mL 基料约为 35 滴”改为“吸管:容量 1 mL 的注射器”,增加了 4.7 和 4.8 | 更切合实际应用 |
| 6 | 删除了国际标准 6.1.2 和 6.2.2 中制备商定参照颜料分散体时“为达到与试验颜料分散体相当稠度,可以适当增减基料用量”的描述 | 便于操作;<br>所用基料如油或树脂大多数是有色的,其用量增减会影响试验结果 |
| 7 | 增加了“第 7 章　结果的表示”,国际标准中第 7 章改为本标准的第 8 章 | 表述更加清晰并满足实际应用 |

中华人民共和国国家标准

# 颜料分类、命名和型号

GB/T 3182—1995

**Classification, nomenclature and type for pigments**

代替 GB 3182—82

## 1 主题内容与适用范围

本标准规定了颜料的分类、命名、型号构成与划分的原则和方法。

本标准适用于对颜料进行分类、命名和型号的管理工作，也适用于识别颜料的类型及其差异。

本标准不适用于炭黑类黑色颜料。

## 2 分类

2.1 颜料按颜色或特性分类，并以两个相应的大写汉语拼音字母组成的类别代号表示。如表1所示。

表 1 颜料类别代号

| 颜色或特性 | 红 | 橙 | 黄 | 绿 | 蓝 | 紫 | 棕 | 黑 | 白 | 灰 | 金属 | 发光 | 珠光 | 体质 |
|---|---|---|---|---|---|---|---|---|---|---|---|---|---|---|
| 类别代号 | HO | CH | HU | LU | LA | ZI | ZO | HE | BA | HI | JS | FG | ZH | TZ |

2.2 颜料根据其化学组成分为无机颜料和有机颜料两大体系。

2.2.1 每类无机颜料按其化学属类又分为若干品种系列，并在类别代号之后，用一组两位阿拉伯数字01～49表示。如表2所示。

表 2 无机颜料品种系列代号

| 品种系列代号 | 化学属类 | 品种系列代号 | 化学属类 |
|---|---|---|---|
| 01 | 氧化物 | 08 | 磷酸盐 |
| 02 | 铬酸盐 | 09 | 铁氰酸盐 |
| 03 | 硫酸盐 | 10 | 氢氧化物 |
| 04 | 碳酸盐 | 11 | 硫化物 |
| 05 | 硅酸盐 | 12 | 元素 |
| 06 | 硼酸盐 | 13 | 金属 |
| 07 | 钼酸盐 | 40 | 其他 |

2.2.2 每类有机颜料按其结构属类又分为若干品种系列，并在类别代号之后，用一组两位阿拉伯数字51～99表示。如表3所示。

国家技术监督局1995-12-21批准　　1996-08-01实施

表 3　有机颜料品种系列代号

| 品种系列代号 | 结构属类 | 品种系列代号 | 结构属类 |
| --- | --- | --- | --- |
| 51 | 亚硝基类 | 59 | 二噁嗪类 |
| 52 | 单偶氮类 | 60 | 还原类 |
| 53 | 多偶氮类 | 61 | 酞菁类 |
| 54 | 偶氮色淀类 | 62 | 异吲哚啉酮类 |
| 55 | 偶氮缩合类 | 63 | 三芳甲烷类 |
| 56 | 碱性染料色淀类 | 64 | 苯并咪唑酮类 |
| 57 | 酸性染料色淀类 | 90 | 其他 |
| 58 | 喹吖啶酮类 | | |

## 3　命名

3.1　颜料命名基本上沿用国内现行习惯名称，同时也采用部分国际通用名称。

3.2　有机颜料的名称结尾可用字母符号表示色相、特性及结构等含义。在色相与特性字母符号之前有时还用阿拉伯数字表示其程度。符号的含义如附录 A 所示。

## 4　型号

4.1　颜料型号用于区别具体颜料品种，它位于颜料名称之前。

4.2　颜料型号由两个汉语拼音字母和两组阿拉伯数字组成。字母表示颜料类别代号，位于型号的最前部；第一组两位阿拉伯数字表示颜料的品种系列代号；第二组两位阿拉伯数字表示颜料序号；两组阿拉伯数字之间加有半字线“-”，把品种系列代号和序号分开。

4.2.1　颜料类别代号如表 1 所示。

4.2.2　颜料品种系列代号如表 2 和表 3 所示。

4.2.3　颜料序号(01～99)用于区分同类、同品种系列的不同颜料品种。

4.2.3.1　无机颜料的序号用于区分同类、同一化学属类中分子式不同的颜料，或相同分子式而生产工艺、晶型、色相等不同的颜料。

4.2.3.2　有机颜料的序号用于区分同类、同一结构属类中不同化学结构式、组成、色相等的颜料。

**a.**　01～49 为单一化学结构式的不同品种；

**b.**　51～79 为两种有机颜料混合的品种；

**c.**　81～99 为无机颜料与有机颜料复合的品种；

**d.**　品种系列代号为 54、56、57 的有机颜料有单一组分与混合组分之分，故对这三品种系列的序号另规定如下：

01～25　单一色淀

26～49　单一色原

51～75　混合色淀

76～99　混合色原

4.3　型号名称举例

| 型号 | 名称 | 型号 | 名称 |
| --- | --- | --- | --- |
| HO01-01 | 氧化铁红 | HO52-01 | 甲苯胺红 |
| HU02-02 | 中铬黄 | CH53-02 | 永固橙 HG |
| LA09-01 | 铁蓝 | HU64-01 | 永固黄 HS2G |
| BA01-01 | 二氧化钛 | LA61-02 | 酞菁蓝 BGS |
| JS13-01 | 铝粉 | ZI58-01 | 喹吖啶酮紫 |
| TZ03-01 | 沉淀硫酸钡 | FG90-01 | 荧光桔红 |

修改过的型号名称新旧对照表见附录 B。

## 5 命名手续

5.1 已经批量生产的颜料，需要申请型号、名称时，由生产厂向全国涂料和颜料标准化技术委员会所属涂料、颜料基础标准分技术委员会提出申请。申请时，必须报送下列产品技术资料：

a. 产品的组成(分子式或结构式)，特性和用途；

b. 产品对应的类似染料索引(Colour Index)号；

c. 产品的规格标准或主要技术指标；

d. 产品的应用报告。

5.2 经审查(必要时组织有关人员讨论)通过后，将确定的统一型号名称通知申请单位，并报化学工业部备案。

## 附 录 A
## 有机颜料名称结尾符号含义
（补充件）

| 符号 | 含义 |
|---|---|
| R | 红相 |
| G | 黄相或绿相[1] |
| B | 蓝相 |
| X | 着色强度良好 |
| H | 耐热 |
| L | 日耐牢度 |
| S | 稳定型 |
| N | 发展品种 |

注：1）系指带黄相的绿色颜料、带黄相的红色颜料或带绿相的黄色颜料。

## 附 录 B
## 修改过的型号名称新旧对照表
（补充件）

| 新型号名称 | 被替代的旧型号名称 |
|---|---|
| HO01-40 红丹 | HO01-10 红丹 |
| HO11-22 银硃 | HO11-02 银硃 |
| HU02-36 碱式铬酸锌钾 | HU02-06 碱式锌黄 |
| HU02-37 四盐基铬酸锌 | HU02-07 四盐基锌黄 |
| HU02-48 铬酸锶 | HU02-08 锶黄 |
| HU02-59 铬酸钡 | HU02-09 钡黄 |
| HU02-70 铬酸钙 | HU02-10 钙黄 |
| HU02-81 锶钙黄 | HU02-11 锶钙黄 |
| HU11-12 镉钡黄 | HU11-02 镉钡黄 |
| LA01-12 群青 | LA01-02 群青 |
| ZO01-13 锌铁棕 | ZO01-03 锌铁棕 |
| HE01-22 铬铁黑 | HE01-02 铬铁黑 |
| BA01-34 氧化锌 | BA01-04 氧化锌 |
| BA01-35 氧化锌 | BA01-05 氧化锌 |
| BA01-36 含铅氧化锌 | BA01-06 含铅氧化锌 |
| BA11-07 锌钡白（立德粉） | 含 ZnS40%未处理（新增品种） |

续表

| 新型号名称 | 被替代的旧型号名称 |
| --- | --- |
| BA11-08 锌钡白(立德粉) | 含 ZnS40%后处理(新增品种) |
| HI01-03 云母氧化铁灰 | HE01-03 云母氧化铁黑 |
| JS13-03 铝粉浆 | JS13-03 铝粉 |
| JS13-04 铝粉浆 | JS13-04 铝粉 |
| JS13-35 铜粉 | JS13-05 铜粉 |
| ZH04-01 珠光铅白 | BA04-01 珠光铅白 |

**附加说明：**

本标准由中华人民共和国化学工业部提出。

本标准由全国涂料和颜料标准化技术委员会归口。

本标准由化学工业部常州涂料化工研究院负责起草。

本标准主要起草人吴良骏。

ICS 87.060.10
G 53

# 中华人民共和国国家标准

GB/T 5211.1—2003/ISO 787-8:2000
代替 GB/T 5211.1—1985

# 颜料水溶物测定 冷萃取法

## Determination of matter soluble in water of pigments—Cold extraction method

(ISO 787-8:2000(E),General methods of test for pigments and extenders—Part 8:Determination of matter soluble in water—Cold extraction method,IDT)

2003-07-03 发布 2004-01-01 实施

中华人民共和国
国家质量监督检验检疫总局 发布

# 前　言

本标准等同采用国际标准 ISO 787-8:2000《颜料和体质颜料通用试验方法　第 8 部分:水溶物的测定　冷萃取法》。

本标准代替 GB/T 5211.1—1985《颜料水溶物测定　冷萃取法》。

本标准与 GB/T 5211.1—1985 的主要技术差异为:

——原标准系参照采用 ISO 787-8:1979;

——本标准中增加了"薄膜过滤器";

——本标准中增加了"离心分离步骤";

——本标准中明确规定了"湿润剂的使用条件";

——本标准中增加了"对结果保留的要求"。

GB/T 5211 由下列各标准构成:

——GB/T 5211.1　颜料水溶物测定　冷萃取法

——GB/T 5211.2　颜料水溶物测定　热萃取法

——GB/T 5211.3　颜料在 105℃挥发物的测定

——GB/T 5211.4　颜料装填体积和表观密度的测定

——GB/T 5211.5　颜料耐水性测定法

——GB/T 5211.6　颜料耐酸性测定法

——GB/T 5211.7　颜料耐碱性测定法

——GB/T 5211.8　颜料耐油性测定法

——GB/T 5211.9　颜料耐溶剂性测定法

——GB/T 5211.10　颜料耐石蜡性测定法

——GB/T 5211.11　颜料水溶硫酸盐、氯化物和硝酸盐的测定

——GB/T 5211.12　颜料水萃取液电阻率的测定

——GB/T 5211.13　颜料水萃取液酸碱度的测定

——GB/T 5211.14　颜料筛余物的测定　机械冲洗法

——GB/T 5211.15　颜料吸油量的测定

——GB/T 5211.16　白色颜料消色力的比较

——GB/T 5211.17　白色颜料对比率(遮盖力)的比较

——GB/T 5211.18　颜料筛余物的测定　水法　手工操作

——GB/T 5211.19　着色颜料的相对着色力和冲淡色的测定　目视比较法

本标准自实施之日起,同时代替 GB/T 5211.1—1985。

本标准由中国石油和化学工业协会提出。

本标准由全国涂料和颜料标准化技术委员会归口。

本标准主要起草单位:中国化工建设总公司常州涂料化工研究院。

本标准主要起草人:沈苏江、赵　玲。

本标准于 1978 年首次发布,1985 年第一次修订。

# 颜料水溶物测定　冷萃取法

## 1　范围

本标准规定了测定颜料样品在冷水中可溶物含量的通用试验方法。

GB/T 5211.2 规定了用热萃取法测定水可溶物含量的方法。对于多数颜料和体质颜料而言，这两种试验方法将给出不同的试验结果，因此在技术要求中应明确注明所采用的方法，并在试验报告中指出所用的方法。

注：本方法通常适用于任何颜料和体质颜料。因此在颜料或体质颜料的产品标准中需指出参照本方法标准，并应注明由于该材料的特性而需作的任何详细的变更。仅当此通用方法不适用于某一特定材料时，才规定一种不同的方法来测定水溶物。

## 2　规范性引用文件

下列文件中的条款通过本标准的引用而成为本标准的条款。凡是注日期的引用文件，其随后所有的修改单(不包括勘误的内容)或修订版均不适用于本标准，然而，鼓励根据本标准达成协议的各方研究是否可使用这些文件的最新版本。凡是不注日期的引用文件，其最新版本适用于本标准。

GB 9285—1988　色漆和清漆用原材料　取样(eqv ISO 842:1984)

## 3　试剂

水：新鲜二次蒸馏水或去离子水，冷至室温，pH 为 6～7。仅当有关双方同意时，才可使用其他类型的水。

## 4　仪器

4.1　单刻度容量瓶：容积 250 mL。

4.2　薄膜过滤器。

注 1：当有关双方同意时，也可使用其他型号的过滤器。

注 2：当使用慢速滤纸可得到清澈透明滤液时，也可使用慢速滤纸过滤。

注 3：可使用适用于水溶液体系的混合纤维素微孔滤膜，其他材质的滤膜如果适用也可使用。

4.3　蒸发皿：平底，玻璃、铂金、上釉瓷或硅石制，干燥至恒重。

4.4　水浴蒸发器。

4.5　烘箱：能维持温度(105±2)℃。

4.6　天平：精度为 0.001 g。

4.7　干燥器：内盛有效干燥剂。

## 5　取样

按 GB 9285 规定，取受试颜料的代表性样品。

## 6　步骤

### 6.1　总则

平行测定两次。

### 6.2　试样

称量(2～20)g(精确至 0.01 g)样品($m_0$)于一烧杯中。

根据颜料的类型和颜料中水溶物的含量来决定试样的用量，这对于含有大量水溶物的颜料是特别重要的。任何情况下，重复试验或在几个不同实验室之间的试验所取的试样量应一致。

### 6.3 测定

用几毫升水(第3章，以下同)润湿烧杯中的试样。加200 mL水，在室温下连续搅拌1 h。移入容量瓶(4.1)中，并用水稀释至刻度。采取翻转摇动来达到充分混合，立即用薄膜过滤器(4.2)过滤，将滤液返回至过滤器中直至滤液清澈。

注：如果颜料不易分散于水中，可使用湿润剂。在颜料不溶于乙醇的情况下，可加入合适体积的乙醇；在颜料溶于乙醇的情况下，可使用非离子湿润剂(如10 mL0.01%环氧乙烷冷凝液溶液)。如果湿润剂在试验条件下是非挥发性的，那么必须进行空白试验(对结果)作适当校正。

过滤困难的悬浮液可进行离心分离。

移取100 mL完全清澈的滤液或离心分离液于一预先干燥并称量的蒸发皿(4.3)中，然后在水浴蒸发器(4.4)上蒸发。

在烘箱(4.5)中于(105±2)℃下烘干蒸发皿中残余物，在干燥器(4.7)中冷却后称量(精确至1 mg)，重复加热和冷却，直至最后两次水溶物值，相差不大于最终值的10%为止，加热时间间隔至少为30 min，记录残余物质量($m_1$)，以最后两次称量值中的较低值来计算水溶物。

## 7 结果的表示

用下式计算水溶物(冷萃取法)$w_{ws.c}$，以质量分数表示：

$$w_{ws.c} = \frac{m_1 \times 2.5}{m_0} \times 100 \quad \cdots\cdots(1)$$

式中：

$m_0$——试样质量，单位为克(g)；

$m_1$——残余物质量，单位为克(g)。

如果两次平行测定结果差值不大于较低值的10%，计算并报告算术平均值。如果上述差值大于10%，则进行第三次测定并报告三次测定结果之算术平均值。

如果第三次测定的结果与其他测定值之平均值的差值也大于较低值的10%，应在试验报告说明此情况并注明单个试验结果。

结果报告至1位小数。

## 8 试验报告

试验报告应至少包括下列信息：

a) 注明参照本国家标准；
b) 识别受试产品所需的所有细节；
c) 试验结果，如第7章中所指明；
d) 所用试样量；
e) 所用水的类型；
f) 加入湿润剂的类型和体积；
g) 所用过滤器的类型，或悬浮液是否被离心分离；
h) 与规定试验方法的任何不同之处；
i) 试验日期。

---

ICS 87.060.10
G 53

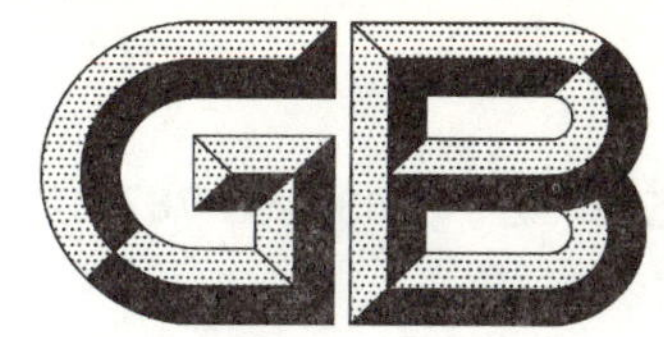

# 中华人民共和国国家标准

GB/T 5211.2—2003/ISO 787-3:2000
代替 GB/T 5211.2—1985

# 颜料水溶物测定　热萃取法

**Determination of matter soluble in water of pigments—Hot extraction method**

(ISO 787-3:2000(E),General methods of test for pigments and extenders—Part 3:Determination of matter soluble in water—Hot extraction method,IDT)

2003-07-03 发布　　2004-01-01 实施

中华人民共和国
国家质量监督检验检疫总局　发布

# 前　言

本标准等同采用国际标准 ISO 787-3:2000《颜料和体质颜料通用试验方法　第3部分:水溶物的测定　热萃取法》。

本标准代替 GB/T 5211.2—1985《颜料水溶物测定　热萃取法》。

本标准与 GB/T 5211.2—1985 的主要技术差异为:

——原标准系参照采用 ISO 787-3:1979;

——本标准中增加了"薄膜过滤器";

——本标准中增加了"离心分离步骤";

——本标准中明确规定了"湿润剂的使用条件";

——本标准中增加了"对结果保留的要求"。

GB/T 5211 由下列各标准构成:

——GB/T 5211.1　颜料水溶物测定　冷萃取法

——GB/T 5211.2　颜料水溶物测定　热萃取法

——GB/T 5211.3　颜料在105℃挥发物的测定

——GB/T 5211.4　颜料装填体积和表观密度的测定

——GB/T 5211.5　颜料耐水性测定法

——GB/T 5211.6　颜料耐酸性测定法

——GB/T 5211.7　颜料耐碱性测定法

——GB/T 5211.8　颜料耐油性测定法

——GB/T 5211.9　颜料耐溶剂性测定法

——GB/T 5211.10　颜料耐石蜡性测定法

——GB/T 5211.11　颜料水溶硫酸盐、氯化物和硝酸盐的测定

——GB/T 5211.12　颜料水萃取液电阻率的测定

——GB/T 5211.13　颜料水萃取液酸碱度的测定

——GB/T 5211.14　颜料筛余物的测定　机械冲洗法

——GB/T 5211.15　颜料吸油量的测定

——GB/T 5211.16　白色颜料消色力的比较

——GB/T 5211.17　白色颜料对比率(遮盖力)的比较

——GB/T 5211.18　颜料筛余物的测定　水法　手工操作

——GB/T 5211.19　着色颜料的相对着色力和冲淡色的测定　目视比较法

本标准自实施之日起,同时代替 GB/T 5211.2—1985。

本标准由中国石油和化学工业协会提出。

本标准由全国涂料和颜料标准化技术委员会归口。

本标准主要起草单位:中国化工建设总公司常州涂料化工研究院。

本标准主要起草人:沈苏江、赵　玲。

本标准于1978年首次发布,1985年第一次修订。

# 颜料水溶物测定　热萃取法

## 1　范围

本标准规定了测定颜料样品在沸水中可溶物含量的通用试验方法。

GB/T 5211.1 规定了用冷萃取法测定冷水中可溶物含量的方法。对于多数颜料和体质颜料而言，这两种试验方法将给出不同的试验结果，因此在技术要求中应明确注明所采用的方法，并在试验报告中指出所用的方法。

注：本方法通常适用于任何颜料和体质颜料。因此在颜料或体质颜料的产品标准中需指出参照本方法标准，并应注明由于该材料的特性而需作的任何详细的变更。仅当此通用方法不适用于某一特定材料时，才规定一种不同的方法来测定水溶物。

## 2　规范性引用文件

下列文件中的条款通过本标准的引用而成为本标准的条款。凡是注日期的引用文件，其随后所有的修改单(不包括勘误的内容)或修订版均不适用于本标准，然而，鼓励根据本标准达成协议的各方研究是否可使用这些文件的最新版本。凡是不注日期的引用文件，其最新版本适用于本标准。

GB 9285—1988　色漆和清漆用原材料　取样(eqv ISO 842:1984)

## 3　试剂

水：新鲜二次蒸馏水或去离子水，pH 为 6～7。仅当有关双方同意时，才可使用其他类型的水。

## 4　仪器

4.1　单刻度容量瓶：容积 250 mL。

4.2　薄膜过滤器。

注 1：当有关双方同意时，也可使用其他型号的过滤器。

注 2：当使用慢速滤纸可得到清澈透明滤液时，也可使用慢速滤纸过滤。

注 3：可使用适用于水溶液体系的混合纤维素微孔滤膜，其他材质的滤膜如果适用也可使用。

4.3　蒸发皿：平底，玻璃、铂金、上釉瓷或硅石制，干燥至恒重。

4.4　水浴蒸发器。

4.5　烘箱：能维持温度(105±2)℃。

4.6　天平：精度为 0.001 g。

4.7　干燥器：内盛有效干燥剂。

## 5　取样

按 GB 9285 规定，取受试颜料的代表性样品。

## 6　步骤

### 6.1　总则

平行测定两次。

### 6.2　试样

称量(2～20)g(精确至 0.01 g)样品($m_0$)于一烧杯中。

根据颜料的类型和颜料中水溶物的含量来决定试样的用量，这对于含有大量水溶物的颜料是特别重要的。任何情况下，重复试验或在几个不同实验室之间的试验所取的试样量应一致。

### 6.3 测定

用几毫升水（第3章，以下同）润湿烧杯中的试样。加200 mL水并搅拌，煮沸悬浮液5 min（除非另有规定）。如果悬浮液呈现半胶体性质的，可以使用絮凝剂，只要所选择的絮凝剂不影响随后的水萃取液酸碱度的测定，并且使用最小量。

将悬浮液迅速冷却至室温，移入容量瓶（4.1）中，用水稀释至刻度。采取翻转摇动来达到充分混合，立即用薄膜过滤器（4.2）过滤，将滤液返回至过滤器中直至滤液清澈。

注：如果颜料不易分散于水中，可使用湿润剂。在颜料不溶于乙醇的情况下，可加入合适体积的乙醇；在颜料溶于乙醇的情况下，可使用非离子湿润剂（如10 mL0.01%环氧乙烷冷凝液溶液）。如果湿润剂在试验条件下是非挥发性的，那么必须进行空白试验（对结果）作适当校正。

过滤困难的悬浮液可进行离心分离。

移取100 mL完全清澈的滤液或离心分离液于一预先干燥并称量的蒸发皿（4.3）中，然后在水浴蒸发器（4.4）上蒸发。

在烘箱（4.5）中于（105±2）℃下烘干蒸发皿中残余物，在干燥器（4.7）中冷却后称量（精确至1 mg），重复加热和冷却，直至最后两次水溶物值，相差不大于最终值的10%为止，加热时间间隔至少为30 min，记录残余物质量（$m_1$），以最后两次称量值中的较低值来计算水溶物。

## 7 结果的表示

用下式计算水溶物（热萃取法）$w_{ws.h}$，以质量分数表示：

$$w_{ws.h} = \frac{m_1 \times 2.5}{m_0} \times 100 \qquad \cdots\cdots(1)$$

式中：

$m_0$——试样质量，单位为克（g）；

$m_1$——残余物质量，单位为克（g）。

如果两次平行测定结果差值不大于较低值的10%，计算并报告算术平均值。如果上述差值大于10%，则进行第三次测定并报告三次测定结果之算术平均值。

如果第三次测定的结果与其他测定值之平均值的差值也大于较低值的10%，应在试验报告说明此情况并注明单个试验结果。

结果报告至1位小数。

## 8 试验报告

试验报告应至少包括下列信息：

a） 注明参照本国家标准；

b） 识别受试产品所需的所有细节；

c） 试验结果，如第7章中所指明；

d） 所用试样量；

e） 所用水的类型；

f） 加入湿润剂的类型和体积；

g） 所用过滤器的类型，或悬浮液是否被离心分离；

h） 与规定试验方法的任何不同之处；

i） 试验日期。

---

中华人民共和国国家标准

UDC 667.622
:667.613.4

GB 5211.3—85

# 颜料在105℃挥发物的测定

# Determination of matter volatile of pigments at 105℃

本标准规定了测定颜料样品在105℃下挥发物百分数的通用试验方法。

本标准适用于在105℃稳定的颜料。

本标准系等效采用ISO 787/2—1981《颜料和体质颜料通用试验方法——第2部分：在105℃挥发物的测定》。

注：当本方法适用于指定颜料或体质颜料时，只要在该颜料或体质颜料的产品标准中列入参照本方法的条款，并注明由于产品的特性需作的变更，仅当本通用方法不适用于某特定产品时，才应规定一个专用方法来测定挥发物。

## 1 仪器

**1.1** 称量瓶：扁形。

**1.2** 烘箱：能维持在105±2℃。

**1.3** 天平：精确到1 mg或有更高的精确度。

**1.4** 干燥器：内装有效干燥剂。

## 2 试验步骤

进行两份样品的平行测定。

### 2.1 试样

打开称量瓶（1.1）的盖子，放在105±2℃烘箱（1.2）中加热2 h，放入干燥器（1.4）中冷却。盖上盖子，称量准确到1 mg。

在称量瓶的底部均匀地铺放10±1g的样品层，盖上盖子，称量准确到1 mg。

注：有较大松散体积的颜料必须减少试样的称量。若试样比规定用量少时，应在试验报告中注明。

### 2.2 测定

移去盖子，将称量瓶和样品在105±2℃烘箱中，至少加热1 h。在干燥器中冷却。盖上盖子，称量准确至1mg。再次加热至少30min，在干燥器中冷却。盖上盖子，再称量，准确到1 mg。重复操作直至连续两次称量的差值不超过5 mg。记录较低的称量值。

如果两份样品测定差值超过较高值的10%，则需要重复整个操作（第2章）。

注：如果试样在105℃下是不稳定的，则试验条件应由有关双方商定，并在试验报告中注明。

## 3 结果的表示

挥发物质量百分数（$X$）按下式计算：

$$X=\frac{(m_0-m_1)}{m_0}\times 100$$

式中：$m_0$——试样的质量，g；

$m_1$——残余物的质量，g。

取两次测定的平均值，报告试验结果到一位小数。

国家标准局1985-07-16发布　　　　1986-03-01实施

## 4 试验报告

试验报告至少应包括下列内容：

a. 试验颜料的类型和名称；

b. 按第 3 章表示的试验结果；

c. 与本试验规定操作的差异，特别要说明采用的温度；

d. 试验日期。

---

附加说明：

本标准由中华人民共和国化学工业部提出，由全国涂料和颜料标准化技术委员会归口。

本标准由颜料检验方法标准分技术委员会第 8 工作组负责起草。

本标准主要起草人郑文娟、张秀云。

中华人民共和国国家标准

UDC 667.622:531
.73＋531.75

# 颜料装填体积和表观密度的测定

GB 5211.4—85

**Determination of tamped volume and apparent density of pigments**

本标准规定颜料样品装填体积和表观密度的测定。装填体积为每百克颜料样品装填后的毫升数；表观密度为装填后每毫升颜料样品的克数。

本标准系等效采用ISO 787/11—1981《颜料和体质颜料通用试验方法——第十一部分：装填体积和表观密度的测定》。本标准中筛子的孔径为0.4mm。

注：当本通用方法适用于指定颜料或体质颜料时，只要在该颜料或体质颜料的产品标准中列入参照本方法的条款，并注明由于产品的特性需作的变更，仅当本通用方法不适用于某特定产品时，才应规定一个专用方法测定装填体积和表观密度。

## 1 仪器

**1.1** 筛子：直径200mm，孔径尺寸为0.4mm。

**1.2** 装填体积测定器见下图。

国家标准局1985－07－16发布　　1986－03－01实施

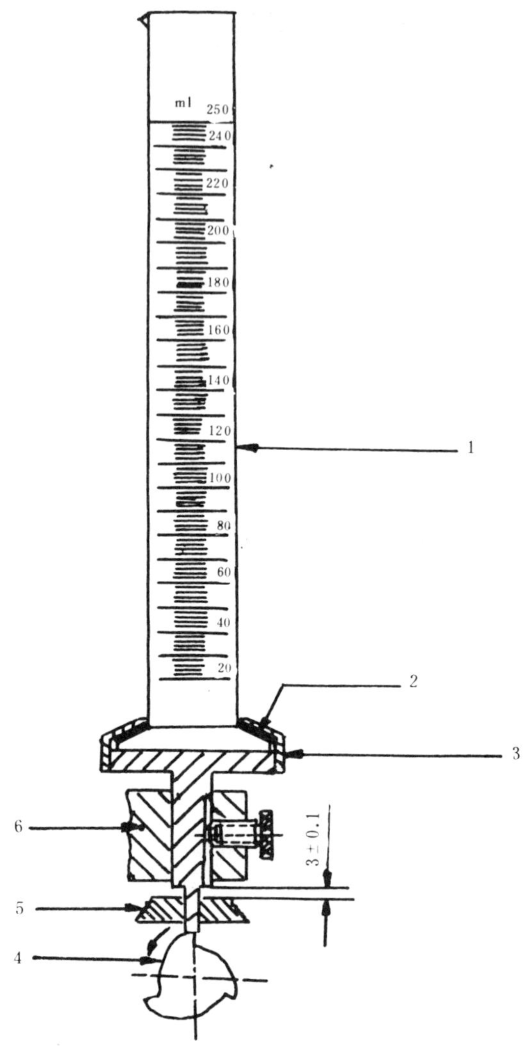


装填体积测定器

1—带刻度的测量量筒； 2—橡皮垫； 3—量筒座架； 4—凸轮； 5—铁砧； 6—轴套

**1.2.1** 量筒：容量为250ml，配备一个合适的塞子，刻度间隔为2ml。

**1.2.2** 量筒座架（带轴）：量筒、塞子和量筒座架的总量应为670±45g。

**1.2.3** 凸轮：每旋转120°能把量筒座架升起一次，其震动频率为250±15次/min。

**1.2.4** 铁砧：安装位置应使升起的轴端离铁砧3±0.1mm高处落到该砧上。

**1.2.5** 电子计数器：计算量筒的座架震动次数。

**1.2.6** 轴套：用合适的材料制成，使轴套与轴之间的磨擦系数最小。

注：仪器各部件之间不应有过多的自由活动，轴套与轴之间在不使用润滑剂的情况下，其磨擦应尽可能小。

**1.3** 烘箱：能维持在105±2℃。

**1.4** 天平：精确至0.5g或者有更高的精确度。

**1.5** 干燥器：内装有效的干燥剂。

## 2 试验步骤

进行两份试样的平行测定。

**2.1** 取足够进行两次测定的样品（约500ml），在105±2℃的烘箱（1.3）中烘2h，然后让其在干燥器（1.5）中冷却。

将干燥的样品过筛（1.1）使聚集物完全分散，再把它加入有刻度的量筒（1.2.1）（预先称量准确至0.5g）中，加入样品的同时倾斜量筒并相对于轴线作转动，以避免形成空隙。

加入200±10ml样品后，称取量筒加样品的重量，准确至0.5g，轻拍量筒使样品的表面接近水平，塞上塞子。

**2.2** 测定

把量筒放到装填体积测定器（1.2）的座架上，使量筒震动约1250次后读取样品的体积，准确至1ml（如震动后样品表面不呈水平，仍然可以估计出准确至 1 ml 的体积）。

继续震动，每遍约1250次，每遍震动后读出样品的体积，直到连续两遍震动后的体积差小于2ml为止，记录装填后样品的最终体积。

如两份试样测定之差大于10ml/100g，则重复整个操作（第 2 章）。

## 3 结果的表示

装填体积按式（1）计算：

$$V_t = \frac{100V}{m_1 - m_0} \qquad (1)$$

表观密度按式（2）计算：

$$\rho_t = \frac{100}{V_t} = \frac{m_1 - m_0}{V} \qquad (2)$$

式中：$m_0$——空量筒的质量，g；

$m_1$——量筒和试样的质量，g；

$V$——装填后试样的体积，ml；

$V_t$——试样的装填体积，ml/100g；

$\rho_t$——试样的表观密度，g/ml。

取两份试样测定值的平均值，记录结果分别准确到1ml/100g、0.01g/ml。

## 4 试验报告

试验报告至少应包括下列内容：

a. 试验颜料的类型和名称；

b. 按第 3 章表示的试验结果；

c. 经商定或其他原因造成的与本试验规定试验步骤的任何不同之处；

d. 试验日期。

---

**附加说明：**

本标准由中华人民共和国化学工业部提出，由全国涂料和颜料标准化技术委员会归口。

本标准由颜料检验方法标准分技术委员会第11工作组负责起草。

本标准主要起草人夏忠昭、郑文娟。

ICS 87.060.10
G 53

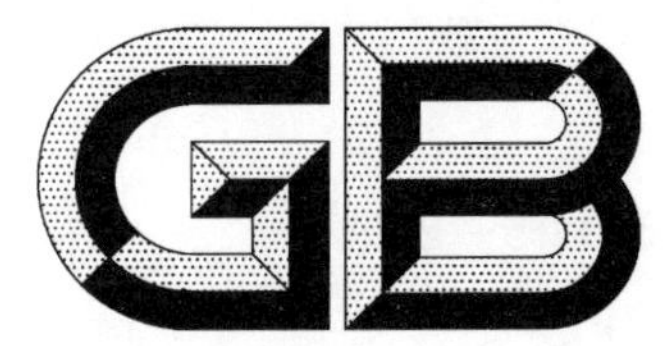

# 中华人民共和国国家标准

GB/T 5211.5—2008
代替 GB/T 5211.5～5211.10—1985

# 颜料耐性测定法

# Method for the determination of resistance to materials of pigments

2008-06-04 发布　　　　2008-12-01 实施

中华人民共和国国家质量监督检验检疫总局
中国国家标准化管理委员会　发布

# 前　　言

GB/T 5211 是颜料试验方法系列标准，下面列出了系列标准的构成：

——第 1 部分：颜料水溶物测定　冷萃取法

——第 2 部分：颜料水溶物测定　热萃取法

——第 3 部分：颜料在 105℃挥发物的测定

——第 4 部分：颜料装填体积和表观密度的测定

——第 5 部分：颜料耐性测定法

——第 11 部分：颜料水溶硫酸盐、氯化物和硝酸盐的测定

——第 12 部分：颜料水萃取液电阻率的测定

——第 13 部分：颜料水萃取液酸碱度的测定

——第 14 部分：颜料筛余物的测定　机械冲洗法

——第 15 部分：颜料吸油量的测定

——第 16 部分：白色颜料消色力的比较

——第 17 部分：白色颜料对比率（遮盖力）的比较

——第 18 部分：颜料筛余物的测定　水法　手工操作

——第 19 部分：着色颜料的相对着色力和冲淡色的测定　目视比较法

——第 20 部分：在本色体系中白色、黑色和着色颜料颜色的比较　色度法

本部分为 GB/T 5211 的第 5 部分。

本部分代替 GB/T 5211.5—1985《颜料耐水性测定法》、GB/T 5211.6—1985《颜料耐酸性测定法》、GB/T 5211.7—1985《颜料耐碱性测定法》、GB/T 5211.8—1985《颜料耐油性测定法》、GB/T 5211.9—1985《颜料耐溶剂性测定法》和 GB/T 5211.10—1985《颜料耐石蜡性测定法》六项标准。

本部分与 GB/T 5211.5—1985、GB/T 5211.6—1985、GB/T 5211.7—1985、GB/T 5211.8—1985、GB/T 5211.9—1985 和 GB/T 5211.10—1985 相比，主要技术差异为：

——耐水性、耐酸性、耐碱性和耐溶剂性测定中增加了用手工振荡法制备试液的方法；

——增加了范围、规范性引用文件和参考文献等内容；

——除按 GB/T 1.1 要求进行编辑性修改外，还对其内容进行了整合。

本部分由中国石油和化学工业协会提出。

本部分由全国涂料和颜料标准化技术委员会（SAC/TC 5）归口。

本部分主要起草单位：中海油常州涂料化工研究院、昆山市世名科技开发有限公司。

本部分主要起草人：沈苏江、石一磊。

本部分被整合的六项标准均于 1985 年首次发布，本次为第一次整合修订。

# 颜料耐性测定法

## 1 范围

本部分规定了测定颜料耐水性、耐酸性、耐碱性、耐油性、耐溶剂性和耐石蜡性的通用试验方法。

## 2 规范性引用文件

下列文件中的条款通过GB/T 5211的本部分的引用而成为本部分的条款。凡是注日期的引用文件,其随后所有的修改单(不包括勘误的内容)或修订版均不适用于本部分,然而,鼓励根据本部分达成协议的各方研究是否可使用这些文件的最新版本。凡是不注日期的引用文件,其最新版本适用于本部分。

GB 250 评定变色用灰色样卡(GB 250—1995,idt ISO 105/A02:1993,Textiles—Tests for colour fastness—Part A02:Grey scale for assessing change in colour)

GB 251 评定沾色用灰色样卡(GB 251—1995,idt ISO 105/A03:1993,Textiles—Tests for colour fastness—Part A03:Grey scale for assessing staining)

GB/T 254 半精炼石蜡

GB/T 1864—1989 颜料颜色的比较(eqv ISO 787-1:1982,General methods of test for pigments and extenders—Part 1:Comparison of colour of pigments)

GB/T 1914 化学分析滤纸

GB/T 6682 分析实验室用水规格和试验方法(GB/T 6682—2008,ISO 3696:1987,MOD)

GB/T 10335.1 涂布纸和纸板 涂布美术印刷纸(铜版纸)

## 3 术语和定义

下列术语和定义适用于本部分。

3.1

**耐水性 resistance to water**

颜料和水接触后,由于颜料微溶于水,会造成水的沾色,颜料耐水性指颜料对抗水的溶解而造成水沾色的性能。

3.2

**耐酸性 resistance to acid**

颜料和酸溶液接触后,由于颜料和酸作用,会造成酸溶液的沾色和颜料本身的变色,颜料耐酸性指颜料对抗酸的作用而造成酸溶液沾色和颜料变色的性能。

3.3

**耐碱性 resistance to alkali**

颜料和碱溶液接触后,由于颜料和碱作用,会造成碱溶液的沾色和颜料本身的变色,颜料耐碱性指颜料对抗碱的作用而造成碱溶液沾色和颜料变色的性能。

3.4

**耐油性 resistance to oil**

颜料和油接触后,由于某些颜料微溶于油,会造成油的沾色,颜料耐油性指颜料对抗油的溶解而造成油沾色的性能。

3.5

**耐溶剂性 resistance to solvent**

颜料和溶剂接触后，由于某些颜料溶于溶剂，会造成溶剂的沾色，颜料耐溶剂性指颜料对抗溶剂的溶解而造成溶剂沾色的性能。

3.6

**耐石蜡性 resistance to paraffin**

颜料和石蜡接触后，由于某些颜料溶于石蜡，会造成石蜡的沾色，颜料耐石蜡性指颜料墨浆在熔融石蜡中对抗石蜡的溶解而造成石蜡沾色的性能。

## 4 材料和仪器设备

4.1 蒸馏水：符合 GB/T 6682 规定的纯度至少为三级的水。

4.2 盐酸：化学纯，2%溶液。

4.3 氢氧化钠：化学纯，2%溶液。

4.4 精制亚麻仁油：颜色（铁钴比色计）不大于 9 级；黏度（涂-4）（25℃），24 s～28 s；酸值（以 KOH 计）为 3 mg/g～4 mg/g；密度（23℃）小于 0.932 g/mL。

4.5 溶剂：化学纯。

4.6 调墨油：4 号，纯亚麻仁油制，颜色（铁钴比色计）不大于 8 级；黏度（25℃），2 600 mPa·s～2 800 mPa·s；酸值（以 KOH 计）不大于 8 mg/g。

4.7 燥油：外观为米白色膏状物，精制亚麻仁油制，含有钴、锰、铅催干剂，细度不大于 25 μm。

4.8 石蜡：58 号，符合 GB/T 254 要求。

4.9 试管：容量 25 mL，带磨口塞。

4.10 电动振荡器：振荡频率为（280±5）次/min，振荡幅度为（40±2）mm。

4.11 细孔坩埚：容量 25 mL。

注：如需要，可用玻璃滤器。

4.12 抽滤瓶：容量 125 mL。

4.13 滤纸：符合 GB/T 1914 规定。

4.14 比色皿：厚度 0.5 cm。

4.15 比色架：比色架应有两个孔，恰好插入二支比色皿，背景为白色。

4.16 评定变色用灰色样卡：符合 GB 250 要求。

4.17 评定沾色用灰色样卡：符合 GB 251 要求。

4.18 画报印刷纸：100 g/m$^2$，符合 GB/T 10335.1 要求。

4.19 天平：精确至 0.001 g 和 0.2 g。

4.20 注射器：容量 1 mL。

4.21 烧杯：容量 50 mL。

4.22 电热恒温水浴锅：可控制温度在±1℃内。

4.23 调刀：钢制，锥形刀身，长为 140 mm～150 mm，最宽处为 20 mm～25 mm，最窄处不小于12.5 mm。

4.24 自动研磨机：带有磨砂玻璃磨盘，直径为 180 mm～250 mm，使用时施加的压力最大约 1 000 N，磨盘转速为 70 r/min～120 r/min。有计数装置。最好可通冷却水，如果自动研磨机不能通冷却水，应保证在研磨过程中温度不变。

4.25 无色光学透明玻璃：尺寸适宜。

## 5 测定方法及结果的表示

### 5.1 耐水性

#### 5.1.1 总则

需做两份平行试验。

#### 5.1.2 试液的制备

##### 5.1.2.1 使用冷水

称取颜料样品 0.5 g(精确至 0.001 g)放入试管(4.9)中,加入 20 mL 蒸馏水(4.1),盖紧磨口塞,水平固定在电动振荡器(4.10)上或手工剧烈振荡 5 min,然后静置 30 min。将悬浮液倒入铺设 3 层滤纸(4.13)的细孔坩埚(4.11)中,真空抽滤直至得到清澈滤液。

##### 5.1.2.2 使用热水

称取颜料样品 0.5 g(精确至 0.001 g)放入试管(4.9)中,加入 20 mL 煮沸的蒸馏水(4.1),充分润湿颜料后,在沸腾的水浴中加热 10 min,取出冷却至室温,将悬浮液倒入铺设 3 层滤纸(4.13)的细孔坩埚(4.11)中,真空抽滤直至得到清澈滤液。

#### 5.1.3 沾色级别的评定

将蒸馏水和按 5.1.2.1 或 5.1.2.2 制得的清澈滤液分别注满两个比色皿(4.14),将比色皿放入比色架(4.15)中,在朝北自然光照下,入射光与被观察物成 45°角,观察方向垂直于被观察物表面,对照评定沾色用灰色样卡(4.17)目视评定滤液的沾色级别。

#### 5.1.4 结果的表示

颜料耐水性以滤液的沾色级别表示。

滤液的沾色级别最好为 5 级,最差为 1 级,滤液的沾色程度介于两级之间,以 4～5、3～4、2～3 和 1～2表示。

平行试验结果应相同,否则重新进行试验。

### 5.2 耐酸性

#### 5.2.1 总则

需做两份平行试验。

#### 5.2.2 试液和滤饼的制备

称取两份颜料样品,每份 0.5 g(精确至 0.001 g),分别放入两支试管(4.9)中,其中一支加入 20 mL 蒸馏水(4.1),另一支加入 20 mL 盐酸溶液(4.2),盖紧磨口塞,水平固定在电动振荡器(4.10)上或手工剧烈振荡 5 min,然后将悬浮液分别倒入铺设 3 层滤纸(4.13)的细孔坩埚(4.11)中,真空抽滤直至得到清澈滤液,并保留所得滤饼。

#### 5.2.3 沾色和变色级别的评定

##### 5.2.3.1 沾色级别的评定

将盐酸溶液(4.2)和按 5.2.2 中加入盐酸溶液所制得的清澈滤液分别注满两个比色皿(4.14),将比色皿放入比色架(4.15)中,在朝北自然光照下,入射光与被观察物成 45°角,观察方向垂直于被观察物表面,对照评定沾色用灰色样卡(4.17)目视评定滤液的沾色级别。

##### 5.2.3.2 变色级别的评定

将按 5.2.2 所制得的滤饼并列放在白瓷板上,压上无色光学透明玻璃(4.25),用与 5.2.3.1 中相同的方法对照评定变色用灰色样卡(4.16)目视评定滤饼的变色级别。

#### 5.2.4 结果的表示

颜料耐酸性以滤液的沾色级别、滤饼的变色级别或同时以滤液的沾色级别和滤饼的变色级别表示。

滤液的沾色级别、滤饼的变色级别最好为 5 级,最差为 1 级,滤液的沾色程度介于两级之间,以 4～5、3～4、2～3 和 1～2 表示。滤饼的变色程度介于两级之间,以 4/5、3/4、2/3 和 1/2 表示。如同时以滤液的沾色级别和滤饼的变色级别表示时，表示为 A[B]，A 表示滤液的沾色级别，[B]表示滤饼的变色级别。

示例 1：某颜料耐酸性试验时滤液的沾色级别为 5 级，滤饼的变色级别为 4/5，若同时以滤液的沾色级别和滤饼的变色级别表示时，表示为 5[4/5]。

平行试验结果应相同，否则重新进行试验。

### 5.3 耐碱性

#### 5.3.1 总则

需做两份平行试验。

#### 5.3.2 试液和滤饼的制备

称取两份颜料样品，每份 0.5 g(精确至 0.001 g)，分别放入两支试管(4.9)中，其中一支加入 20 mL 蒸馏水(4.1)，另一支加入 20 mL 氢氧化钠溶液(4.3)，盖紧磨口塞，水平固定在电动振荡器(4.10)上或手工剧烈振荡 5 min，然后将悬浮液分别倒入铺设 3 层滤纸(4.13)的细孔坩埚(4.11)中，真空抽滤直至得到清澈滤液，并保留所得滤饼。

#### 5.3.3 沾色和变色级别的评定

##### 5.3.3.1 沾色级别的评定

将氢氧化钠溶液(4.3)和按 5.3.2 中加入氢氧化钠溶液所制得的清澈滤液分别注满两个比色皿(4.14)，将比色皿放入比色架(4.15)中，在朝北自然光照下，入射光与被观察物成 45°角，观察方向垂直于被观察物表面，对照评定沾色用灰色样卡(4.17)目视评定滤液的沾色级别。

##### 5.3.3.2 变色级别的评定

将按 5.3.2 所制得的滤饼并列放在白瓷板上，压上无色光学透明玻璃(4.25)，用与 5.3.3.1 中相同的方法对照评定变色用灰色样卡(4.16)目视评定滤饼的变色级别。

#### 5.3.4 结果的表示

颜料耐碱性以滤液的沾色级别、滤饼的变色级别或同时以滤液的沾色级别和滤饼的变色级别表示。

滤液的沾色级别、滤饼的变色级别最好为 5 级，最差为 1 级，滤液的沾色程度介于两级之间，以 4～5、3～4、2～3 和 1～2 表示。滤饼的变色程度介于两级之间，以 4/5、3/4、2/3 和 1/2 表示。如同时以滤液的沾色级别和滤饼的变色级别表示时，表示为 A[B]，A 表示滤液的沾色级别，[B]表示滤饼的变色级别。

示例 2：某颜料耐碱性试验时滤液的沾色级别为 5 级，滤饼的变色级别为 4/5，若同时以滤液的沾色级别和滤饼的变色级别表示时，表示为 5[4/5]。

平行试验结果应相同，否则重新进行试验。

### 5.4 耐油性

#### 5.4.1 总则

需做两份平行试验。

#### 5.4.2 色浆的制备

称取颜料样品 0.2 g(精确至 0.001 g)置于自动研磨机(4.24)下层玻璃板上，用注射器(4.20)吸取表 1 中规定量的精制亚麻仁油(4.4)加入，用调刀(4.23)将颜料和油混合均匀，按 GB/T 1864 规定方法制备色浆，研磨转数见表 1。

表 1

| 颜料类型 | 用油量/mL | 每遍研磨转数 | 研磨遍数 |
|---|---|---|---|
| 无机颜料 | 0.3 | 25 | 3 |
| 色淀颜料 | 0.4 | 25 | 4 |
| 有机颜料 | 0.6～0.8 | 50 | 4～6 |

5.4.3 试件的制作

5.4.3.1 渗圈滤纸的制作

将上述色浆全部置于滤纸(4.13)中心,待渗圈渗至由色浆的边缘至渗圈外缘的距离为 2 cm 时,剪去色浆部分。

5.4.3.2 空白试验滤纸的制作

将 2 滴精制亚麻仁油(4.4)滴于滤纸(4.13)上,作评级对比用。

5.4.4 沾色级别的评定

将渗圈滤纸和空白试验滤纸并列置于滤纸上,在朝北自然光照下,入射光与被观察物成 45°角,观察方向垂直于被观察物表面,对照评定沾色用灰色样卡(4.17)目视评定渗圈的沾色级别。

5.4.5 结果的表示

颜料耐油性以渗圈的沾色级别来表示。

渗圈的沾色级别最好为 5 级,最差为 1 级,沾色程度介于两级之间,以 4～5、3～4、2～3 和 1～2 表示。

平行试验结果应相同,否则重新进行试验。

5.5 耐溶剂性

5.5.1 总则

需做两份平行试验。

5.5.2 试液的制备

称取颜料样品 0.5 g(精确至 0.001 g)放入试管(4.9)中,加入 20 mL 溶剂(4.5),盖紧磨口塞,水平固定在电动振荡器(4.10)上或手工剧烈振荡 1 min。将悬浮液倒入铺设 3 层滤纸(4.13)的细孔坩埚(4.11)中,真空抽滤直至得到清澈滤液,收集滤液并用溶剂稀释至 20 mL,摇匀备用。

5.5.3 沾色级别的评定

将溶剂(4.5)和按 5.5.2 制得的清澈试液分别注满两个比色皿(4.14),将比色皿放入比色架(4.15)中,在朝北自然光照下,入射光与被观察物成 45°角,观察方向垂直于被观察物表面,对照评定沾色用灰色样卡(4.17)目视评定试液的沾色级别。

5.5.4 结果的表示

颜料耐溶剂性以试液的沾色级别表示。

试液的沾色级别最好为 5 级,最差为 1 级,试液的沾色程度介于两级之间,以 4～5、3～4、2～3 和 1～2表示。

平行试验结果应相同,否则重新进行试验。

5.6 耐石蜡性

5.6.1 总则

需做两份平行试验。

5.6.2 试样条的制备

将调墨油(4.6)和燥油(4.7)以 85 : 15(质量比)混合调匀,称取适量颜料样品置于自动平磨机(4.24)下层玻璃板上,用注射器(4.20)吸取一定量的混合油加入,用调刀(4.23)将颜料和油混合均匀,按 GB/T 1864 规定方法制备色浆。将制得的颜料浆置于画报印刷纸(4.18)上,刮涂成均匀的墨条,自然干燥至以手指接触无沾染即可。

将制得的样纸裁成 20 mm×40 mm 的样条,有墨部分和无墨部分各为 20 mm×20 mm。

5.6.3 浸蜡试验

5.6.3.1 试样条的浸蜡试验

称取石蜡(4.8)20 g(精确至 0.2 g),放入烧杯(4.21)中,将烧杯置于电热恒温水浴锅(4.22)上加热,当石蜡温度达到 80℃±1℃时,将样条全部浸入熔融的石蜡中,5 min 后,用不锈钢镊子夹住样条有墨部分的上端，轻轻晃动数次，垂直取出，待样条冷却后作评级用。

5.6.3.2 空白纸条的浸蜡试验

取 20 mm×40 mm 的空白画报印刷纸按 5.6.3.1 方法作浸蜡试验，待纸条冷却后留作评级对比用。

5.6.4 沾色级别的评定

将浸过蜡的样条和空白纸条并列置于画报印刷纸上，在朝北自然光照下，入射光与被观察物成 45°角，观察方向垂直于被观察物表面，对照评定沾色用灰色样卡(4.17)目视评定无墨部分的沾色级别。

5.6.5 结果的表示

颜料耐石蜡性以样条无墨部分的沾色级别来表示。

沾色级别最好为 5 级，最差为 1 级，沾色程度介于两级之间，以 4～5、3～4、2～3 和 1～2 表示。

平行试验结果应相同，否则重新进行试验。

## 6 试验报告

试验报告至少应包括以下内容：

a) 试验样品的类型及名称；

b) 注明本部分编号；

c) 耐水性试验应注明用冷水还是热水；

d) 耐溶剂性试验应注明所用溶剂名称；

e) 耐水性、耐酸性、耐碱性和耐溶剂性试验时应注明用电动振荡器还是手工振荡；

f) 试验过程中发生的异常现象；

g) 试验结果；

h) 试验日期。

ICS 87.060.10
G 53

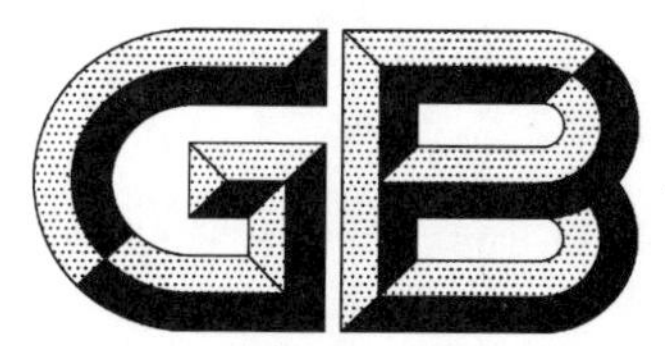

# 中华人民共和国国家标准

GB/T 5211.11—2008/ISO 787-13:2002
代替 GB/T 5211.11—1986

# 颜料水溶硫酸盐、氯化物和硝酸盐的测定

## Determination of water-soluble sulfates, chlorides and nitrates of pigments

(ISO 787-13:2002, General methods of test for pigments and extenders—Part 13: Determination of water-soluble sulfates, chlorides and nitrates, IDT)

2008-06-04 发布　　　　2008-12-01 实施

中华人民共和国国家质量监督检验检疫总局
中国国家标准化管理委员会　发布

# 前　言

本部分等同采用 ISO 787-13:2002《颜料和体质颜料通用试验方法　第 13 部分:水溶硫酸盐、氯化物和硝酸盐的测定》(英文版)。

GB/T 5211 是颜料试验方法系列标准,下面列出了系列标准的构成:

——第 1 部分:颜料水溶物测定　冷萃取法

——第 2 部分:颜料水溶物测定　热萃取法

——第 3 部分:颜料在 105℃挥发物的测定

——第 4 部分:颜料装填体积和表观密度的测定

——第 5 部分:颜料耐性测定法

——第 11 部分:颜料水溶硫酸盐、氯化物和硝酸盐的测定

——第 12 部分:颜料水萃取液电阻率的测定

——第 13 部分:颜料水萃取液酸碱度的测定

——第 14 部分:颜料筛余物的测定　机械冲洗法

——第 15 部分:颜料吸油量的测定

——第 16 部分:白色颜料消色力的比较

——第 17 部分:白色颜料对比率(遮盖力)的比较

——第 18 部分:颜料筛余物的测定　水法　手工操作

——第 19 部分:着色颜料的相对着色力和冲淡色的测定　目视比较法

——第 20 部分:在本色体系中白色、黑色和着色颜料颜色的比较　色度法

本部分为 GB/T 5211 的第 11 部分。

本部分代替 GB/T 5211.11—1986《颜料水溶硫酸盐、氯化物和硝酸盐的测定》。

本部分与前版 GB/T 5211.11—1986 的主要技术差异为:

——改变了盐酸的浓度;

——在 6.1 和 8.1 中改变了盐酸的加入体积。

本部分由中国石油和化学工业协会提出。

本部分由全国涂料和颜料标准化技术委员会(SAC/TC 5)归口。

本部分起草单位:中海油常州涂料化工研究院。

本部分主要起草人:陈刚。

本部分于 1986 年首次发布。

# 颜料水溶硫酸盐、氯化物和硝酸盐的测定

## 1 范围

本部分规定了测定颜料样品在水中可溶硫酸盐、氯化物和硝酸盐的通用试验方法。

注：当本通用试验方法适用于指定颜料或体质颜料时，只要在该颜料或体质颜料产品标准中列入参照本部分的条款，并注明由于产品的特性需要做的变更。仅当此通用方法不适用于某特定的产品时，才应规定某一专用方法来测定。

## 2 规范性引用文件

下列文件中的条款通过 GB/T 5211 的本部分的引用而成为本部分的条款。凡是注日期的引用文件，其随后所有的修改单(不包括勘误的内容)或修订版均不适用于本部分，然而，鼓励根据本部分达成协议的各方研究是否可使用这些文件的最新版本。凡是不注日期的引用文件，其最新版本适用于本部分。

GB/T 3186 色漆、清漆和色漆与清漆用原材料 取样(GB/T 3186—2006,ISO 15528:2000,IDT)

## 3 试剂

所用试剂均为分析纯，应用蒸馏水或与蒸馏水纯度相当的水。

3.1 盐酸：$\rho$=1.18 g/mL。

3.2 硝酸银：0.01 mol/L 标准溶液。

3.3 氯化铵溶液：17.2 mg/L。

3.4 氢氧化钠溶液：200 g/L。

3.5 氯化钡溶液：50 g/L。

3.6 铬酸钾溶液：50 g/L。

3.7 德瓦尔达(Devarda)合金粉末。

3.8 奈斯勒(Nessler)试剂，按方法 a)或 b)制备：

a) 在 3.5 mL 水中溶解 5 g 碘化钾，加入冷饱和氯化汞($HgCl_2$)溶液，搅拌直至生成淡红色沉淀为止，继续搅拌下加入 40 mL 氢氧化钾(500 g/L)，用水稀释至 100 mL，混合均匀，静置，倾取上层清液，贮存于暗处。

b) 在 80 mL 水中溶解 3.5 g 碘化钾和 1.25 g 氯化汞($HgCl_2$)，加入冷饱和氯化汞($HgCl_2$)溶液，摇荡到有微红色沉淀生成，然后加入 12 g 氢氧化钠，摇荡至溶解，最后加入少许饱和氯化汞溶液，并用水稀释至 100 mL，在数日内不时摇动，然后让其静置，试验时取上层清液。

## 4 仪器

除常规仪器外，尚需下列仪器：

4.1 烧结二氧化硅坩埚式过滤器，孔隙度 P10 或 P16(孔径 4 μm～16 μm)。

注：也可用孔隙度相近的玻璃过滤器。

4.2 奈斯勒(Nessler)比色管，容量 50 mL。

4.3 蒸馏设备。

## 5 取样

按 GB/T 3186 的规定取受试样品的代表性样品。

## 6 硫酸盐的测定

### 6.1 步骤

吸取按颜料水溶物测定(热萃取法或冷萃取法)所得的清澈萃取液 50 mL,于 250 mL 烧杯中,加 3 mL盐酸(3.1)酸化,并将溶液充分煮沸,要小心避免溶液飞溅而损失,逐滴加氯化钡溶液(3.5)溶液到此热溶液中,稍过量,将此溶液静置过夜。倾析上层清液通过预先恒重过的过滤器(4.1),将沉淀洗涤至无氯化物,小心灼烧,烧至赤热,在干燥器中冷却,称量,精确到 1 mg。

注:当用玻璃过滤器时,在(150±2)℃下干燥器皿和沉淀至恒重。

### 6.2 结果表示

按式(1)计算水溶硫酸盐的含量 $w(SO_4^{2-})$,以质量分数(%)表示:

$$w(SO_4^{2-}) = \frac{206m_1}{m_0} \qquad \cdots\cdots(1)$$

式中:

$m_0$——水溶物测定所使用的颜料质量,单位为克(g);

$m_1$——硫酸钡沉淀的质量,单位为克(g)。

计算结果保留两位小数。

## 7 氯化物的测定

### 7.1 步骤

吸取按颜料水溶物测定(热萃取法或冷萃取法)所得的清澈萃取液 50 mL,于 250 mL 烧杯中,加 1 mL铬酸钾溶液(3.6),在缓慢而有力的摇动下,用硝酸银(3.2)滴定,直到生成浅红棕色且不褪色为止。

进行空白试验。加 1 mL 铬酸钾溶液到 50 mL 水中,用硝酸银溶液滴定到颜色与前面滴定的一致为止,允许有一定程度的乳白色或浑浊。

注:滴定终点亦可用电位指示法确定。

### 7.2 结果表示

按式(2)计算水溶性氯化物含量 $w(Cl^-)$,以质量分数(%)表示:

$$w(Cl^-) = 0.1773 \times \frac{(V_1 - V_0)}{m} \qquad \cdots\cdots(2)$$

式中:

$V_0$——空白试验所消耗的 0.01 mol/L 硝酸银溶液的体积,单位为毫升(mL);

$V_1$——试验时所消耗的 0.01 mol/L 硝酸银溶液的体积,单位为毫升(mL);

$m$——水溶物测定所用颜料的质量,单位为克(g)。

计算结果保留到两位小数。

## 8 硝酸盐的测定

### 8.1 步骤

吸取按颜料水溶物测定(热萃取法或冷萃取法)所得的清澈萃取液 50 mL,放入蒸馏烧瓶(4.3)中,并稀释到 150 mL,加 3 g 德瓦尔达合金粉末(3.7)和 30 mL 氢氧化钠溶液(3.4),立刻接上蒸馏设备,在接收瓶中加入 2 mL 盐酸(3.1)和 30 mL 水。

缓慢加热烧瓶到反应开始,使反应温和地进行 0.5 h 左右,继续蒸馏出大约 70 mL 液体,在这过程中接收瓶必须用流水保持冷却。

馏出液加水稀释至 250 mL,取 5 mL 置于奈斯勒比色管(4.2)中稀释至 50 mL,加 1 mL 奈斯勒试剂(3.8)混合后,使试液显色。用滴定管加入不同体积的氯化铵溶液(3.3)于若干个奈斯勒比色管中,按试液显色过程相同的方法制备标准系列,从中得出某个与试液颜色相似的标准溶液。

取 50 mL 蒸馏水进行空白试验。

### 8.2 结果表示

按式(3)计算水溶性硝酸盐含量 $w(NO_3^-)$,以质量分数(%)表示:

$$w(NO_3^-) = 0.5 \times \frac{(V_1 - V_0)}{m} \qquad (3)$$

式中:

$V_0$——空白试验所需的氯化铵溶液的体积,单位为毫升(mL);

$V_1$——试验所需的氯化铵溶液的体积,单位为毫升(mL);

$m$——水溶物测定所用颜料的质量,单位为克(g)。

计算结果保留两位小数。

## 9 试验报告

试验报告应包括下列内容:

a) 注明本标准编号;

b) 识别受试产品所需的所有细节;

c) 与上述规定试验步骤的任何不同之处;

d) 试验所用水萃取液的获得的方法,热萃取法还是冷萃取法;

e) 注明 6.2、7.2 和 8.2 的试验结果;

f) 试验日期。

ICS 87.060.10
G 53

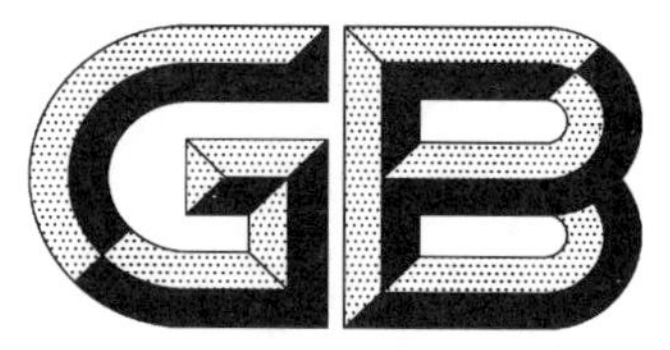

# 中华人民共和国国家标准

GB/T 5211.12—2007
代替 GB/T 5211.12—1986

# 颜料水萃取液电阻率的测定

**Determination of resistivity of aqueous extract pigments**

(ISO 787-14:2002, General methods of test for pigments and extenders—Part 14: Determination of resistivity of aqueous extract, MOD)

2007-09-11 发布　　2008-04-01 实施

中华人民共和国国家质量监督检验检疫总局
中国国家标准化管理委员会　发布

# 前　言

本部分修改采用ISO 787-14:2002《颜料和体质颜料通用试验方法　第14部分:水萃取液电阻率的测定》(英文版)。

本部分在采用国际标准时进行了修改,这些技术性差异用垂直单线标识在它们所涉及的条款的页边空白处。在附录A中给出了技术性差异及其原因的一览表以供参考。

本部分与ISO 787-14:2002的主要技术差异为:

——增加了"用电导率仪测定电导率的步骤和结果的换算关系"。

GB/T 5211为颜料试验方法系列标准,该系列标准分为20个部分:

——第1部分:颜料水溶物测定　冷萃取法;

——第2部分:颜料水溶物测定　热萃取法;

——第3部分:颜料在105℃挥发物的测定;

——第4部分:颜料装填体积和表观密度的测定;

——第5部分:颜料耐水性测定法;

——第6部分:颜料耐酸性测定法;

——第7部分:颜料耐碱性测定法;

——第8部分:颜料耐油性测定法;

——第9部分:颜料耐溶剂性测定法;

——第10部分:颜料耐石蜡性测定法;

——第11部分:颜料水溶硫酸盐、氯化物和硝酸盐的测定;

——第12部分:颜料水萃取液电阻率的测定;

——第13部分:颜料水萃取液酸碱度的测定;

——第14部分:颜料筛余物的测定　机械冲洗法;

——第15部分:颜料吸油量的测定;

——第16部分:白色颜料消色力的比较;

——第17部分:白色颜料对比率(遮盖力)的比较;

——第18部分:颜料筛余物的测定　水法　手工操作;

——第19部分:着色颜料的相对着色力和冲淡色的测定　目视比较法;

——第20部分:在本色体系中白色、黑色和着色颜料颜色的比较　色度法。

本部分为GB/T 5211的第12部分。

本部分代替GB/T 5211.12—1986《颜料水萃取液电阻率的测定》。

本部分与前版GB/T 5211.12—1986的主要技术差异为:

——前版系等效采用ISO 787-14:1973;

——删除了"用电导仪测定溶液电导的步骤"和"颜料水萃取液电导率的计算";

——增加了"用电导率仪测定电导率的步骤和结果的换算关系"。

本部分的附录A为资料性附录。

本部分由中国石油和化学工业协会提出。

本部分由全国涂料和颜料标准化技术委员会归口。

本部分起草单位:中国化工建设总公司常州涂料化工研究院。

本部分主要起草人:沈苏江。

本部分于1986年首次发布,本次为第一次修订。

本部分由全国涂料和颜料标准化技术委员会负责解释。

# 颜料水萃取液电阻率的测定

## 1 范围

本部分规定了颜料水萃取液电阻率(比电阻)测定的通用试验方法。本方法适用于所有的颜料和体质颜料(明显溶于水的颜料除外)。

必须指出,颜料水萃取液电阻率作为颜料的一种性质,它与水溶物的数量无关,如经商定可以采用冷萃取法,但需要在报告中注明。

测定的标准温度为23℃,经有关方面协商也可使用不同的温度,但必须考虑温度差异并作出必要的校正。

注:当本通用方法适用于指定颜料时,在该颜料的产品标准中应指出本方法,并注明由于颜料的特性而需做的任何详细的变更。仅当此通用方法不适用于某特定颜料时,才规定一特殊方法来测定水萃取液的电阻率。

## 2 规范性引用文件

下列文件中的条款通过本部分的引用而成为本部分的条款。凡是注日期的引用文件,其随后所有的修改单(不包括勘误的内容)或修订版均不适用于本部分,然而,鼓励根据本部分达成协议的各方研究是否可使用这些文件的最新版本。凡是不注日期的引用文件,其最新版本适用于本部分。

GB/T 3186—2006 色漆、清漆和色漆与清漆用原材料 取样(ISO 15528:2000,IDT)

## 3 试剂

所用试剂均为分析纯。

3.1 纯水:电阻率不低于2 500 Ω·m。

3.2 甲醇:电阻率不低于2 500 Ω·m。

3.3 氯化钾溶液:0.02 mol/L。

## 4 仪器

4.1 离心机或高速离心机(必要时用)。

4.2 滤纸:细质,以纯水洗至滤出液电阻率大于2 000 Ω·m。

注:滤纸直径视颜料的表观密度而定,某些有机颜料需要直径至少为185 mm的滤纸才能满足过滤的需要。

4.3 圆筒(烧杯):直径约35 mm,深约125 mm,或其他适合于与电导电极配套的容器。

4.4 温度计:最小分度为0.2℃。

4.5 电桥或电导率仪。

4.6 电导电极:电导池常数$K$约为1。

## 5 取样

按GB/T 3186—2006的规定取受试颜料的代表性样品。

## 6 电导池常数的测定

6.1 制备氯化钾标准工作液的方法是用纯水把氯化钾溶液(3.3)稀释到已知浓度。用电导电极(4.6)按7.2.2所述在23℃测定此标准工作溶液的电阻$R$(也可在商定的另一温度下测定并进行适当的校正)。

6.2 按式(1)计算电导池常数 $K$:

$$K=\frac{R}{\rho} \quad \cdots\cdots(1)$$

式中:

$R$——测得的电阻,单位为欧姆(Ω);

$\rho$——所用浓度下的氯化钾溶液在23℃时的电阻率,单位为欧姆·米(Ω·m)(0.002 mol/L溶液电阻率是34.4 Ω·m,见图1);

如果采用不同浓度的氯化钾溶液,从图1中找出相应的 $\rho$ 用于计算电导池常数。

一般来讲,改变氯化钾溶液浓度对电导池常数影响不大,但为了高度精确,必须使用一定浓度的氯化钾溶液,其电阻率与待测溶液相似,并且测量值应处在电导仪刻度盘中间1/3部位。

## 7 步骤

### 7.1 颜料的水润湿性试验

取少量颜料,加入煮沸的蒸馏水,观察其是否被水润湿。如样品不易被水很好地润湿,则表明是疏水性的,按7.3操作方法进行;如颜料样品极易被水润湿,则按7.2操作方法进行。

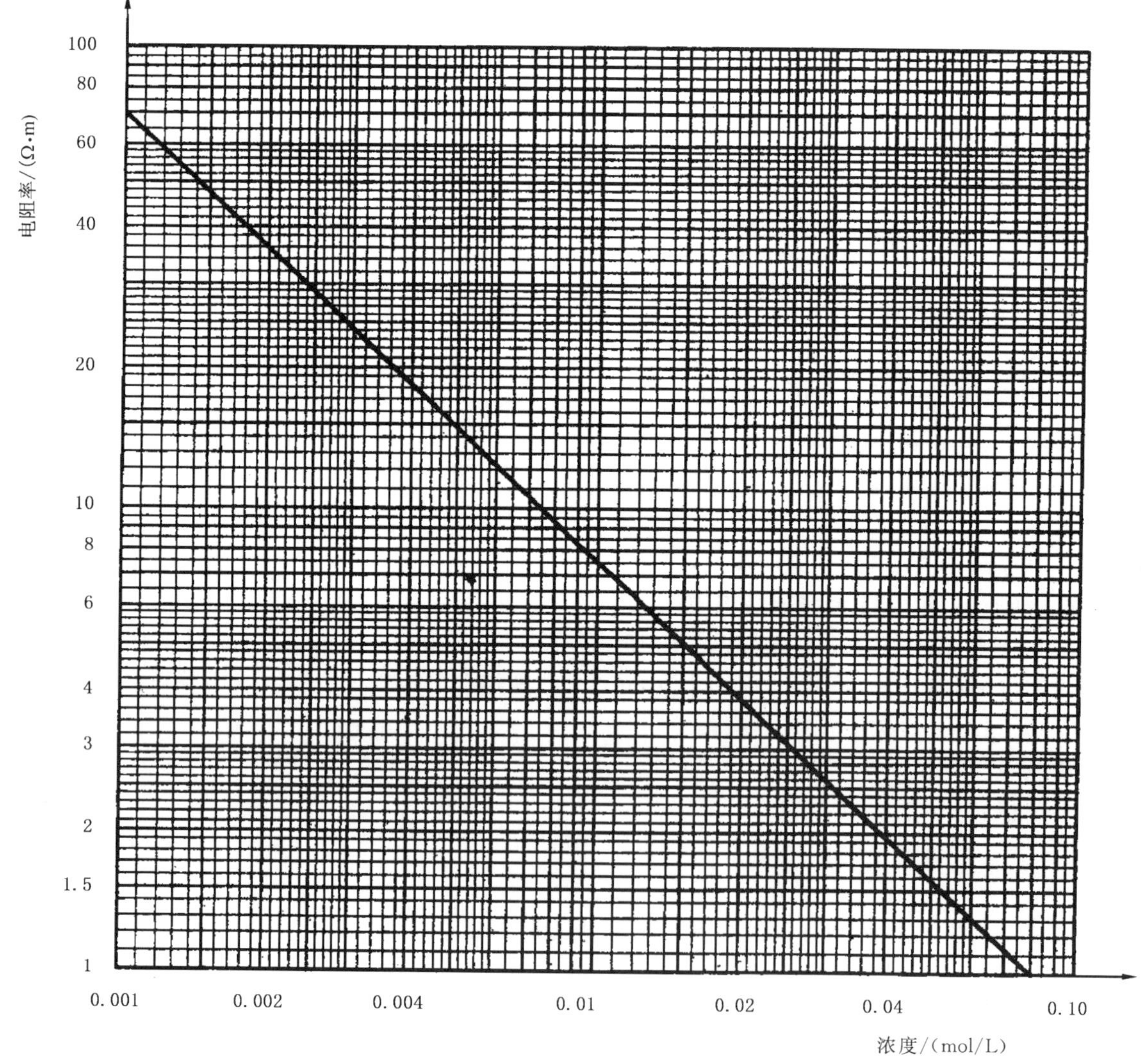


图1 氯化钾在23℃时的电阻率

### 7.2 亲水性颜料

7.2.1 称取(20±0.01)g颜料样品,置于一合适容积的已称重的带搅拌棒的烧杯中。

注:一般来说,对于易被水润湿的颜料来说20 g样品是足够的。250 mL烧杯对于白色颜料来说是适用的。然而对一些易起泡沫和能沿壁蠕动的白色颜料最好使用400 mL烧杯。20 g有机颜料试样通常需要用600 mL烧杯,以防止煮沸时泡沫溢出。

加入180 g煮沸的纯水,在不断搅拌下缓慢煮沸5 min,冷却至约60℃,补加水至净重200 g,搅匀,直接用滤纸过滤,或者用离心机或高速离心机来分离固体,此时要清洗并干燥试管或以少量浆液冲洗试管,然后将上层清液通过滤纸过滤。不管上述哪一种情况,都要弃去最先的10 mL滤液。

7.2.2 把滤液冷却至约20℃。圆筒(烧杯)(4.3)及电导电极(4.6)都首先要用纯水淋洗,然后用滤液淋洗。在圆筒(烧杯)中装入滤液,再把电导电极放入。上下移动电导电极来驱除空气泡。慢慢调整滤液温度至23℃,并将电导电极浸入液面下约10 mm处,其位置是直立在圆筒(烧杯)正中部,用带有放大装置的电桥或电导率仪(4.5)在温度为(23±0.5)℃下至少测定5次,用电桥测定时读取值为电阻,读数值要靠近刻度盘的中间,并根据仪器提供的说明,使仪器达到平衡,用电导率仪测定时,仪器上有电导池常数调节装置,读取值为电导率$L_t$。

重复上述整个操作。

### 7.3 疏水性颜料

对那些不易被水润湿的有机颜料,7.2方法需作适当的改变。

称取(20±0.01)g颜料样品置于一个已经称重的并带有搅棒的1 000 mL烧杯中,用刚好能使其润湿的量的甲醇(3.2)(4 g～16 g)润湿,以配成均匀的湿的浆状物,然后用煮沸的纯水稀释至总量为200 g。按7.2.2规定进行测定。

重复上述整个操作。

## 8 结果的表示

用电桥测定时按式(2)计算在指定温度$t$(℃)下颜料水萃取液的电阻率$\rho_t$(Ω·m):

$$\rho_t = \frac{\overline{R_t}}{K} \qquad \cdots\cdots(2)$$

式中:

$\overline{R_t}$——所测量电阻值的平均值,单位为欧姆(Ω);

$K$——电导池常数。

用电导率仪测定时,颜料水萃取液的电阻率$\rho_t$(Ω·m)可通过式(3)换算得到:

$$\rho_t = \frac{1}{L_t} \times 10^4 \qquad \cdots\cdots(3)$$

式中:

$L_t$——颜料水萃取液的电导率,单位为微西门子每厘米(μS/cm)。

取二次测定的平均值,结果精确到所得值的1%。

## 9 试验报告

试验报告应包括下列内容:

a) 注明本部分编号;

b) 鉴别试验产品所需的全部细节;

c) 经商定或其他方式规定的与本试验方法规定操作的差异;

d) 颜料是亲水性颜料还是疏水性颜料;

e) 按第8章所述的试验结果;

f) 试验日期。

# 附　录　A
## （资料性附录）
## 本部分与 ISO 787-14:2002 技术性差异及其原因

表 A.1 给出了本部分与 ISO 787-14:2002 的技术性差异及其原因的一览表。

表 A.1　本部分与 ISO 787-14:2002 技术性差异及其原因

| 本部分的章条编号 | 技术性差异 | 原因 |
| --- | --- | --- |
| 4.5 | 增加了电导率仪。 | 国内电导率仪的应用已相当普遍，增加此方法给用户提供了方便，使标准更具实用性。 |
| 7.2.2 | 增加了用电导率仪测定电导率的步骤。 | |
| 8 | 增加了用电导率仪测定得到的电导率结果与电阻率的换算关系。 | |

中华人民共和国国家标准

UDC 667.622
:543.06

# 颜料水萃取液酸碱度的测定

GB 5211.13—86

Determination of acidity or alkalinity of the aqueous extract of pigments

本标准规定了测定颜料样品水萃取液酸碱度的通用试验方法。

本标准等效采用国际标准ISO 787/4—1981《颜料和体质颜料通用试验方法——第四部分：水萃取液酸碱度的测定》。

注：当本通用方法适用于指定颜料或体质颜料时，只要在该颜料或体质颜料的产品标准中列入参照本方法的条款，并注明由于产品的特性而需作的变更。仅当此通用方法不适用于某特定的产品时，才应规定一个专用方法来测定酸碱度。

## 1 试剂

所用的试剂均为分析纯。用蒸馏水或与蒸馏水纯度相当的水。

**1.1** 盐酸标准溶液，0.05mol/L。

**1.2** 氢氧化钠标准溶液，0.05mol/L。或氢氧化钾标准溶液，0.05mol/L。

**1.3** 甲基红指示剂，1g/L，60%（$V/V$）乙醇溶液。

## 2 仪器

除常规实验室仪器外，尚需下列仪器。

**2.1** 滴定管，容量为50ml。

**2.2** pH测量装置，能测量到0.1单位，在试验温度下用已知pH的缓冲溶液校正。

## 3 试验步骤

需进行两份样品的平行测定。

**3.1** 试验溶液

按照GB 5211.2—85《颜料水溶物的测定 热萃取法》所规定的操作进行，试样量按产品标准规定。

注：如有规定或经商定，可按GB 5211.1—85《颜料水溶物的测定 冷萃取法》操作进行，在此情况下，搅拌的时间应减少至5 min。

**3.2** 测定

**3.2.1** 指示剂法

在100ml试验溶液（3.1）中加5滴甲基红指示剂（1.3）。

如果溶液呈橙色，则认为是中性的。

如果溶液呈黄色（碱性），用盐酸溶液（1.1）滴定至橙色为终点。

如果溶液呈红色（酸性），用氢氧化钠或氢氧化钾溶液（1.2）滴定至橙色为终点。

注：① 经有关双方商定，也可使用另一种指示剂。

② 如果滤液带色，就不宜用指示剂法（3.2.1），应该用电位滴定法（3.2.2）。

**3.2.2** 电位滴定法

把pH测量装置的电极插入100ml试验溶液（3.1）中并读取pH值。

国家标准局1986-08-26发布　　1987-08-01实施

如果pH值在4～8之间，则认为溶液为中性。

如果pH值大于8（碱性），用盐酸溶液（1.1）滴定至刚小于8。

如果pH值小于4（酸性），用氢氧化钠或氢氧化钾溶液（1.2）滴定至pH值刚大于4。

**3.2.3** 重复测定

如果平行测定的两份试样的结果之差超过较高值的5％，则需重复试验步骤（第3章）。

## 4 结果表示

按下式计算酸（碱）度：

$$A = 125 \times \frac{V}{m}$$

式中：$A$——酸（碱）度，中和100g产品的萃取液所需要的0.1mol/L碱（盐酸）溶液的毫升数表示；

$m$——制备试验溶液（3.1）所取样品的质量，g；

$V$——氢氧化钠、氢氧化钾溶液（1.2）或盐酸溶液（1.1）的体积，ml。

报告两次测定的平均值。

如果萃取液是中性的，报告结果是“中性”。

## 5 试验报告

试验报告至少应包括下列内容：

a. 试验颜料的类型及名称；

b. 试验溶液制备是采用冷萃取法还是热萃取法；

c. 说明用指示剂法还是电位滴定法；

d. 按第4章所表示的试验结果；

e. 与本试验规定操作的差异；

f. 试验日期。

---

附加说明：

本标准由中华人民共和国化学工业部提出，由全国涂料和颜料标准化技术委员会归口。

本标准由颜料检验方法标准分技术委员会第15工作组起草。

本标准主要起草人索缊霞、纪军。

中华人民共和国国家标准

# 颜料筛余物的测定 机械冲洗法

**Determination of residue on sieve of pigment —Mechanical flushing procedure**

UDC 667.622
:667.612

GB 5211.14—88

本标准等效采用ISO 787/18—1983《颜料和体质颜料通用试验方法——第18部分：筛余物的测定——机械冲洗法》。

## 1 主题内容与适用范围

本标准规定了以机械冲洗法测定颜料筛余物的通用试验方法之一。

本方法适用于在水中分散的颜料或体质颜料，也能用于水中不溶的其他粉末或颗粒，不适用于水难润湿的或造粒成球的颜料和体质颜料。

注：当本通用方法适用于指定颜料或体质颜料时，只要在该颜料或体质颜料的产品标准中列入参照本方法的条款，并注明由于产品的特性需要的变更。仅当此通用方法不适用于某特定产品时，才应规定一个专用方法测定筛余物。

## 2 引用标准

GB 9285 色漆和清漆用原材料 取样

## 3 定义

筛余（$R$）：根据本标准进行试验时，在规定筛子孔径的筛子上留下的粗颗粒的质量与所称样品质量之比，以百分数表示。

## 4 原理

在试验装置中，分散在水中的试验颜料或体质颜料，由旋转水流带动作离心运动，水将细粒冲洗过筛，粗粒留在筛上，筛上粗粒经干燥后称量。

## 5 材料

**5.1** 自来水：经过滤，加压至300±20kPa。

注：可用泵加压，也可将水贮于密闭槽中用压缩空气、钢瓶氮气或二氧化碳气加压。[1]

**5.2** 润湿剂：例如95%($V/V$) 的乙醇或磺酸盐等，用以润湿水难以润湿的颜料和体质颜料。润湿剂的选择应同有关双方商定，并在试验报告中加以说明。

## 6 仪器

常用实验室仪器和下列仪器：

**6.1** 机械冲洗装置（见图）：由以下各部件组成。

---

采用说明：

1〕国际标准无此注。

中华人民共和国化学工业部1988-04-19批准 1989-01-01实施

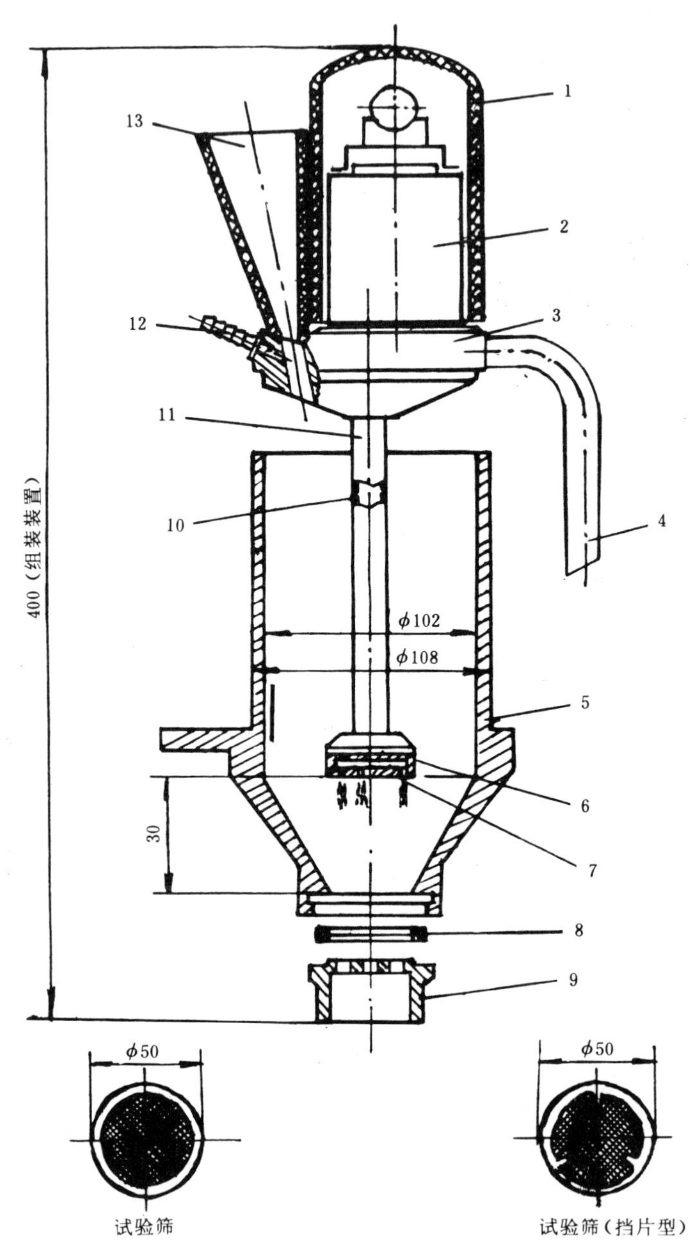


机械冲洗装置

1—保护罩；2—驱动电机；3—盖；4—把手和溢流管；
5—容器；6—喷头；7—喷嘴；8—筛子；9—筛座；
10—喷水口；11—空心轴；12—供水管；13—加料漏斗

**6.1.1** 容器。

**6.1.2** 上盖：由保护罩、驱动电机、空心轴、喷头、供水管、加料漏斗、手柄和溢流管组成。空心轴上有两个直径为 1 ±0.2mm的喷水孔，喷头下部有3个直径为 1 ±0.2mm的喷水孔。

注：在规定压力和喷嘴直径下操作，水流量为5L/min左右。建议定期检验喷水孔径。要用不腐蚀喷嘴材料的化学物质溶解喷水口的钙质沉淀物，不应用机械手段。

**6.1.3** 筛子：在金属或塑料框上绷上磷青铜或不锈钢制试验筛网。

注：① 也可使用有三个挡片的筛子，挡片的作用是为了分散聚集粒子。

② 通常使用45μm的筛子，应经常检查筛网，以检验筛网是否损坏。

③ 如果使用塑料框的筛子，所选用塑料的软化点要高于烘干筛余所用的温度。在第一次使用前，应在105℃下烘至恒量。

**6.1.4** 筛座。

**6.2** 烘箱：温度能维持在105±2℃。

**6.3** 天平：精确至0.1mg。

**6.4** 干燥器：内有有效干燥剂。

## 7 操作步骤

需进行两份试样的平行试验。

**7.1** 试验样品

按GB 9285取试验颜料的有代表的样品。

称取一定量的样品$m_0$，精确至0.1%，置入适当容积的烧杯中。试样量一般5～50g，筛余少时，试样量增大，但不超过300g。

**7.2** 分散体的制备[1]

在烧杯中加入适量的水，水中加入润湿分散剂（5.2条），搅匀，加入试样。以磁力搅拌器或电动玻璃搅拌器搅拌30min，将试样分散成自由流动的悬浮体。

注：如颜料在水中能很好润湿分散，也可不加润湿分散剂。

**7.3** 测定

**7.3.1** 开启机械冲洗装置（6.1条）电机，调节水压至300±20kPa。经漏斗慢慢将分散体（7.1条）移入装置中，并用水冲净烧杯和漏斗。持续冲洗达10min，以快速水流打碎聚集体，并将细粒冲过筛网。如流水硬度大，最后用蒸馏水冲洗装置。

注：某些颜料不必持续冲10min，即可使流过筛子的水清澈，则可由预备试验来确定冲洗时间。如果冲洗时间不到10min，则应在试验报告中写明。

**7.3.2** 关掉电机，然后切断水流，从冲洗装置上取下筛子，移入105±2℃烘箱（6.2条）中干燥1h后在干燥器（6.4条）中冷却，然后称量，称准至0.1mg（$m_1$）。用细毛刷刷掉筛余物，称得空筛质量（$m_2$）。

注：如果筛余物熔点低于110℃，就应使用较低的干燥温度，并在试验报告中写明。

**7.3.3** 如果平行试验结果的绝对值之差超过0.1%，就应重复上述操作步骤，如果重复操作两个结果之差仍超过0.1%，则应在试验报告中写明四个测定值，作为产品不均匀性的校核。

**7.4** 检验筛余物

检验筛余物中是否存在分散不完全的颜料，如有不完全分散物，则应用别的润湿分散剂，重复整个操作步骤（第7章）。

## 8 结果表示

按下式计算机械冲洗法的筛余：

$$R=\frac{m_1-m_2}{m_0}\times 100$$

式中：$R$——以质量百分数表示的筛余；

---

采用说明：

1] 制分散体步骤与国际标准有差异。

$m_0$—— 试样质量，g；

$m_1$—— 筛加筛余物质量，g；

$m_2$—— 空筛质量，g。

如结果小于0.01％，其结果表示为“小于0.01％”。

## 9 试验报告

试验报告至少包括下列内容：

a. 试验颜料的类型及名称；

b. 按第 8 章表示的试验结果；

c. 所用筛网孔径；

d. 试样量；

e. 所用润湿分散剂的名称和数量；

f. 筛余物的类型和状态；

g. 与规定操作的差异；

h. 试验日期。

---

附加说明：

本标准由全国涂料和颜料标准化技术委员会归口。

本标准由化学工业部涂料工业研究所负责起草。

本标准主要起草人朱养。

ICS 87.060.10
G 53

# 中华人民共和国国家标准

GB/T 5211.15—2014
代替 GB/T 5211.15—1988

# 颜料和体质颜料通用试验方法 第15部分:吸油量的测定

**General methods of test for pigments and extenders—Part 15:Determination of oil absorption value**

(ISO 787-5:1980,General methods of test for pigments and extenders—Part 5:Determination of oil absorption value,MOD)

2014-07-08 发布 2014-12-01 实施

中华人民共和国国家质量监督检验检疫总局
中国国家标准化管理委员会 发布

# 前　言

GB/T 5211《颜料和体质颜料通用试验方法》分为以下几部分：

——第 1 部分：水溶物的测定 冷萃取法；

——第 2 部分：水溶物的测定 热萃取法；

——第 3 部分：105 ℃挥发物的测定；

——第 4 部分：装填体积和表观密度的测定；

——第 5 部分：耐性测定法；

——第 11 部分：水溶硫酸盐、氯化物和硝酸盐的测定；

——第 12 部分：水萃取液电阻率的测定；

——第 13 部分：水萃取液酸碱度的测定；

——第 14 部分：筛余物的测定 机械冲洗法；

——第 15 部分：吸油量的测定；

——第 16 部分：白色颜料消色力的比较；

——第 17 部分：白色颜料对比率(遮盖力)的比较；

——第 18 部分：筛余物的测定 水法 手工操作；

——第 19 部分：着色颜料的相对着色力和冲淡色的测定 目视比较法；

——第 20 部分：在本色体系中白色、黑色和着色颜料颜色的比较 色度法。

其中第 5 部分是对 GB/T 5211.5—1985《颜料耐水性测定法》、GB/T 5211.6—1985《颜料耐酸性测定法》、GB/T 5211.7—1985《颜料耐碱性测定法》、GB/T 5211.8—1985《颜料耐油性测定法》、GB/T 5211.9—1985《颜料耐溶剂性测定法》和 GB/T 5211.10—1985《颜料耐石蜡性测定法》六项标准的整合修订，并于 2008 年代替了以上六项标准。

本部分为 GB/T 5211 的第 15 部分。

本部分按照 GB/T 1.1—2009 给出的规则起草。

本部分代替 GB/T 5211.15—1988《颜料吸油量的测定》，与前版 GB/T 5211.15—1988 相比主要技术差异如下：

——前版为等效采用 ISO 787-5:1980，本版为修改采用 ISO 787-5:1980；

——规范性引用文件中"GB 9285"改为其修订版"GB/T 3186"；增加了文件"ISO 150"(见第 2 章，1988 年版的第 2 章)；

——增加了"天平"和"小滴瓶"(见第 5 章，1988 年版的第 5 章)；

——增加了用小滴瓶滴加油的方式(见 7.2，1988 年版的 7.2)；

——修改了结果的计算公式(见第 8 章，1988 年版的第 8 章)。

本部分使用重新起草法修改采用国际标准 ISO 787-5:1980《颜料和体质颜料通用试验方法 第 5 部分：吸油量的测定》。

本部分与 ISO 787-5:1980 相比存在技术性差异，这些差异涉及的条款已通过在其外侧页边空白位置的垂直单线(｜)进行了标示，附录 A 中给出了相应技术性差异及其原因的一览表。

本部分还做了下列编辑性修改：

——为与现有标准编号方式一致，将标准名称改为《颜料和体质颜料通用试验方法 第 15 部分：吸油量的测定》；

——增加了资料性附录 A；

——将第 7 章悬置段内容(进行两份试样的平行测定)放到 7.2 中。

本部分由中国石油和化学工业联合会提出。

本部分由全国涂料和颜料标准化技术委员会(SAC/TC 5)归口。

本部分起草单位:中海油常州涂料化工研究院、上海一品颜料有限公司、山东东佳集团股份有限公司、百合花集团有限公司、安庆菱湖涂料有限公司、浙江飞鲸漆业有限公司、广州秀珀化工股份有限公司、杜邦中国集团有限公司。

本部分主要起草人:沈苏江、沈琴华、李化全、王峰、龙毛明、严杰、李国荣、周纯。

本部分所代替标准的历次版本发布情况为:

——GB/T 5211.15—1988;

——GB/T 1712—1979。

# 颜料和体质颜料通用试验方法
# 第15部分:吸油量的测定

## 1 范围

GB/T 5211—2014 的本部分规定了测定颜料和体质颜料吸油量的通用试验方法。

注:当本通用方法不适用于某特定的产品时,应规定一个专用方法来测定吸油量。

## 2 规范性引用文件

下列文件对于本文件的应用是必不可少的。凡是注日期的引用文件,仅注日期的版本适用于本文件。凡是不注日期的引用文件,其最新版本(包括所有的修改单)适用于本文件。

GB/T 3186 色漆、清漆和色漆与清漆用原材料 取样(GB/T 3186—2006,ISO 15528:2000,IDT)

ISO 150 色漆和清漆用生、精制的和熟亚麻仁油 规范和试验方法(Raw, refined and boiled linseed oil for paints and varnishes—Specifications and methods of test)

## 3 定义

下列术语和定义适用于本文件。

3.1

**吸油量 oil absorption value**

颜料样品在规定条件下所吸收的精制亚麻仁油量。

注:可用体积/质量(mL/100 g)或质量/质量(g/100 g)表示。

## 4 试剂

精制亚麻仁油:符合 ISO 150 要求,酸值(以 KOH 计)为 5.0 mg/g~7.0 mg/g。

## 5 仪器

5.1 平板:磨砂玻璃或大理石制,尺寸不小于 300 mm×400 mm。

5.2 调刀:钢制,锥形刀身,长约 140 mm~150 mm,最宽处为 20 mm~25 mm,最窄处不小于 12.5 mm。

5.3 小滴瓶:合适大小,体积一般不超过 100 mL。

5.4 滴定管:容量为 10 mL,分度值为 0.05 mL。

5.5 天平:精确至 0.01 g 或更高的精确度。

## 6 取样

按 GB/T 3186 的规定取受试颜料的代表性样品。

## 7 步骤

### 7.1 试样

根据不同颜料吸油量的范围，建议按表1规定称取适量的试样。

表1 试样的质量

| 预计吸油量/(mL/100 g) | 试样质量/g |
|---|---|
| <10 | 20 |
| ≥10 且<30 | 10 |
| ≥30 且<50 | 5 |
| ≥50 且≤80 | 2 |
| >80 | 1 |

### 7.2 测定

进行两份试样的平行测定。

将试样(见7.1)置于平板(见5.1)上，用小滴瓶(见5.3)或滴定管(见5.4)滴加精制亚麻仁油，每次加油量为4滴～5滴，加完后用调刀用力压研，使油渗入受试样品，继续缓慢滴加至油和试样形成团块为止。从此时起，每加一滴油后需用调刀充分研磨，当形成稠度均匀的膏状物，恰好不裂不碎，又能粘附在平板上，即为终点。

全部操作应在20 min～25 min内完成，在此期间操作者应尽量用力研磨受试样品。记录所消耗油的质量或体积。

## 8 结果的表示

### 8.1 用小滴瓶滴加精制亚麻仁油时结果的计算

吸油量 $x_1$ 以每100 g颜料产品所需油的质量表示，即单位为g/100 g时，按式(1)计算：

$$x_1 = \frac{m_2 - m_1}{m} \times 100 \qquad \cdots\cdots(1)$$

式中：

$m$ ——试样质量，单位为克(g)；

$m_1$——盛有油的小滴瓶使用后的质量，单位为克(g)；

$m_2$——盛有油的小滴瓶使用前的质量，单位为克(g)。

吸油量 $x_2$ 以每100 g颜料产品所需油的体积表示，即单位为mL/100 g时，按式(2)换算得到：

$$x_2 = \frac{x_1}{\rho} \qquad \cdots\cdots(2)$$

式中：

$\rho$——试验温度下油的密度，单位为克每毫升(g/mL)。

注：油的密度可测定得到。试验温度为23 ℃时，油密度约为0.93 g/mL。

### 8.2 用滴定管滴加精制亚麻仁油时结果的计算

吸油量 $x_3$ 以每100 g颜料产品所需油的体积表示，即单位为mL/100 g时，按式(3)计算：

$$x_3 = \frac{V}{m} \times 100 \quad \cdots\cdots (3)$$

式中：

$m$ ——试样质量，单位为克(g)；

$V$ ——测定所消耗油的体积，单位为毫升(mL)。

吸油量 $x_4$ 以每 100 g 颜料产品所需油的质量表示，即单位为 g/100 g 时，按式(4)换算得到：

$$x_4 = x_3 \times \rho \quad \cdots\cdots (4)$$

式中：

$\rho$——试验温度下油的密度，单位为克每毫升(g/mL)。

**注**：油的密度可测定得到。试验温度为 23 ℃时，油密度约为 0.93 g/mL。

如果两次平行测定结果的相对误差大于 10%，则应重新进行测定。

## 9 试验报告

试验报告至少应包括下列内容：

a) 试验颜料的类型和名称；

b) 本部分编号；

c) 试验结果；

d) 与本试验方法规定操作的差异；

e) 试验日期。

# 附　录　A
（资料性附录）
# 本部分与ISO 787-5:1980的技术性差异及其原因

表A.1给出了本部分与ISO 787-5:1980的技术性差异及其原因的一览表。

**表A.1　本部分与ISO 787-5:1980的技术性差异及其原因**

| 本部分的章条编号 | 技术性差异 | 原因 |
| --- | --- | --- |
| 2 | 删除了文件“ISO/R 385 滴定管”；<br>“ISO 842”改为与其修订版ISO 15528对应的我国文件“GB/T 3186” | 标准文本中未涉及；<br>采用国家标准使用更方便 |
| 5.3 | 增加了“小滴瓶” | 标准中增加了用小滴瓶滴加油的方式 |
| 5.5 | 天平精度改为“精确至0.01 g或更高的精确度” | 明确规定天平精度便于规范操作 |
| 7.1 | 增加了表题“表1 试样的质量”；<br>“10～30”“30～50”和“50～80”分别改为“≥10且<30”“≥30且<50”和“≥50且≤80” | 描述更加清晰 |
| 7.2 | 增加了用小滴瓶滴加油的方式 | 满足实际应用要求 |
| 7.2 | 删除了“当要求与该产品的商定样品的吸油量进行比较时则采用同样方法对商定样品重复试验”内容 | 表述更简洁 |
| 8 | 修改了结果的计算公式 | 结果计算与操作方式相对应，表述更严谨清晰 |
| 8 | 增加了平行测定误差要求 | 满足实际应用要求 |

ICS 87.060.10
G 53

# 中华人民共和国国家标准

GB/T 5211.16—2007/ISO 787-17:2002
代替 GB/T 5211.16—1988

# 白色颜料消色力的比较

## Comparison of lightening power of white pigments

(ISO 787-17:2002,General methods of test for pigments and extenders—Part 17:Comparison of lightening power of white pigments,IDT)

2007-09-11 发布　　2008-04-01 实施

中华人民共和国国家质量监督检验检疫总局
中国国家标准化管理委员会　发布

# 前　言

本部分等同采用ISO 787-17:2002《颜料和体质颜料通用试验方法　第17部分:白色颜料消色力的比较》(英文版)。

GB/T 5211为颜料试验方法的系列标准,该系列标准分为20个部分:

——第1部分:颜料水溶物测定　冷萃取法;

——第2部分:颜料水溶物测定　热萃取法;

——第3部分:颜料在105℃挥发物的测定;

——第4部分:颜料装填体积和表观密度的测定;

——第5部分:颜料耐水性测定法;

——第6部分:颜料耐酸性测定法;

——第7部分:颜料耐碱性测定法;

——第8部分:颜料耐油性测定法;

——第9部分:颜料耐溶剂性测定法;

——第10部分:颜料耐石蜡性测定法;

——第11部分:颜料水溶硫酸盐、氯化物和硝酸盐的测定;

——第12部分:颜料水萃取液电阻率的测定;

——第13部分:颜料水萃取液酸碱度的测定;

——第14部分:颜料筛余物的测定　机械冲洗法;

——第15部分:颜料吸油量的测定;

——第16部分:白色颜料消色力的比较;

——第17部分:白色颜料对比率(遮盖力)的比较;

——第18部分:颜料筛余物的测定　水法　手工操作;

——第19部分:着色颜料的相对着色力和冲淡色的测定　目视比较法;

——第20部分:在本色体系中白色、黑色和着色颜料颜色的比较　色度法。

本部分为GB/T 5211的第16部分。

本部分代替GB/T 5211.16—1988《白色颜料消色力的比较》。

本部分与前版GB/T 5211.16—1988的主要技术差异为:

——前版系等效采用ISO 787-17:1973;

——增加了“用手工研磨器或调刀混合白颜料和蓝浆”的步骤。

本部分由中国石油和化学工业协会提出。

本部分由全国涂料和颜料标准化技术委员会归口。

本部分主要起草单位:中国化工建设总公司常州涂料化工研究院。

本部分主要起草人:沈苏江。

本部分于1988年首次发布,本次为第一次修订。

本部分由全国涂料和颜料标准化技术委员会负责解释。

# 白色颜料消色力的比较

## 1 范围

本部分规定了比较白色颜料与同类型商定颜料消色能力的通用试验方法。

标准中描述了两个方法(A 和 B),方法 A 比方法 B 快,适合单个颜料样品的试验;对于多个样品的试验,方法 B 更好些,特别是对于未知消色力的颜料样品。

注:当本通用方法适用于指定颜料时,在该颜料的产品标准中应指出本方法,并注明由于颜料的特性而需做的任何详细的变更。仅当本通用方法不适用于某特定颜料时,才规定一特殊方法来比较白色颜料的消色力。

## 2 规范性引用文件

下列文件中的条款通过本部分的引用而成为本部分的条款。凡是注日期的引用文件,其随后所有的修改单(不包括勘误的内容)或修订版均不适用于本部分,然而,鼓励根据本部分达成协议的各方研究是否可使用这些文件的最新版本。凡是不注日期的引用文件,其最新版本适用于本部分。

GB/T 3186—2006 色漆、清漆和色漆与清漆用原材料 取样(ISO 15528:2000,IDT)

ISO 788 群青颜料

## 3 试剂

3.1 蓝浆,组成如下:

——蓖麻油(药用):500 g;

——沉淀硫酸钙 $CaSO_4 \cdot 2H_2O$:475 g;

——群青(符合 ISO 788 规定):5 g;

——处理过的天然土[1]:20 g。

按下列方法制备蓝浆:

将天然土置于烧杯中与足够量的蓖麻油混合制成均匀的浆状物,在搅拌下将剩余蓖麻油加入,将混合物加热至 50℃保温 15 min,然后在搅拌下分批少量加入群青和硫酸钙,再通过辗磨机或其他适当机械使浆状物彻底分散,并进行搅拌使浆状物充分均匀,如有必要可以加热。

把浆状物置于密闭容器中,最好采用螺旋盖。

## 4 仪器

4.1 调刀:钢制;锥形刀身,长为(140～150)mm,最宽处为(20～25)mm,最窄处不小于 12.5 mm。

4.2 玻璃板:无色透明,尺寸为 150 mm×150 mm 或其他合适尺寸。

4.3 自动研磨机:带有磨砂玻璃磨盘,直径为(180～250)mm,使用时施加的压力最大约1 000 N,磨盘转速为(70～120)r/min。有每 25 转为一挡的计数装置。最好可通冷却水,如果自动研磨机不能通冷却水,应保证在研磨过程中温度不变。

4.4 平板:磨砂玻璃板或大理石板,当没有研磨机可用时使用。

4.5 天平:精确至 0.001 g。

4.6 手工研磨器。

1) 合适的材料有处理过的膨润土。

## 5 取样

按 GB/T 3186—2006 的规定取受试颜料的代表性样品。

## 6 操作

### 6.1 方法 A

#### 6.1.1 用自动研磨机混合白颜料和蓝浆

称取 5 g 蓝浆(3.1)(精确至 1 mg)置于研磨机(4.3)下层板的中间，按表 1 称取一定量的商定参照颜料($m_0$)(精确至 1 mg)放在蓝浆中，用调刀(4.1)慢慢地将其调匀。将浆状物在下层板分成距板中心约 50 mm 直径的圆，在上层板上交替抹擦来清除调刀上的浆状物，合上玻璃板，施加约 1 000 N 的力，研磨 4 遍，每遍为 25 转，每遍操作后用同一调刀将浆状物收集至板中间。

研磨完成后将浆状物移至调色板上保存。

#### 6.1.2 用手工研磨器或调刀混合白颜料和蓝浆

称取 5 g 蓝浆(精确至 1 mg)置于平板上(4.4)，按表 1 称取一定量商定参照颜料($m_0$)(精确至 1 mg)也置于板上，先加少量蓝浆用调刀或手工研磨器研磨 5 min，尽量使其混匀。再分批少量地加入其余蓝浆，用调刀或手工研磨器研磨，并经常用调刀将其翻起以保证混合均匀。

把制备好的浆状物移至调色板上保存。

表 1

| (商定)参照颜料 | 称样量($m_0$)/g |
|---|---|
| 氧化锌或 30%锌钡白 | 0.500 |
| 高级硫化锌 | 0.200 |
| 二氧化钛 | 0.100 |

#### 6.1.3 比色步骤

按照 6.1.1 或 6.1.2 相同的方法处理试验颜料，并确定与商定参照颜料色浆颜色强度相同时所需用的试验颜料量($m_1$)。

将商定参照颜料和试验颜料两个浆状物以同一方向用合适规格的湿膜制备器刮在玻璃板(4.2)上使成不透明条带，其宽度不小于 25 mm，接触边长不小于 40 mm，刮后立即在散射日光下通过玻璃板，检查两者表面的颜色强度。若无法利用良好的日光，则可在人造日光下进行比较。

### 6.2 方法 B

#### 6.2.1 用自动研磨机混合白颜料和蓝浆

按以下操作步骤制备一系列商定参照颜料的标准色浆。

称取 5 g 蓝浆(3.1)(精确至 1 mg)置于研磨机(4.3)下层板的中间，按表 2 称取规定量之一的商定参照颜料(精确至 1 mg)，放在蓝浆中，用调刀(4.1)慢慢调匀。将浆状物在下层板分成距板中心约 50 mm直径的圆，在上层板上将调刀抹擦干净，合上研磨机，施加最大的力，研磨 4 遍，每遍 25 转。每遍操作后用同一调刀将浆状物收集至板中间。

研磨完成后将浆状物移至调色板上保存。

按表 2 依次称取其他规定量的白颜料，重复上述操作，并将浆状物保存于调色板上。

#### 6.2.2 用手工研磨器或调刀混合白颜料和蓝浆

称取 5 g 蓝浆(精确至 1 mg)置于平板上(4.4)，按照表 2 称取规定量之一的商定参照颜料(精确至 1 mg)，也置于板上，先加少量蓝浆用调刀或手工研磨器研磨 5 min，尽量使其混匀，再分批少量地加入其余蓝浆，用调刀或手工研磨器研磨，并经常用调刀将其翻起以保证其均匀。

把制备好的浆状物移至调色板上保存。

按照表 2 依次称取其他规定量的白颜料，重复上述操作，并将浆状物保存于调色板上。

表 2

| 商定参照颜料称取量/g | | | 试验颜料相对消色力/% |
|---|---|---|---|
| 氧化锌或锌钡白(30%ZnS) | 高级硫化锌 | 二氧化钛 | |
| 0.400 | 0.160 | 0.080 | 80 |
| 0.450 | 0.180 | 0.090 | 90 |
| 0.500 | 0.200 | 0.100 | 100 |
| 0.550 | 0.220 | 0.110 | 110 |
| 0.600 | 0.240 | 0.120 | 120 |

### 6.2.3 比色步骤

按照 6.2.1 或 6.2.2 相同的方法处理试验颜料，称样量如下：

——氧化锌或 30%锌钡白，0.500 g；

——高级硫化锌，0.200 g；

——二氧化钛，0.100 g。

从制成的一系列商定参照颜料浆状物中选择与试验颜料浆状物颜色强度最接近的二个。

把试验颜料浆状物与这两个浆状物以同一方向用合适规格的湿膜制备器刮在玻璃板(4.2)上，其不透明条带的宽度不小于 25 mm，接触边长不小于 40 mm，刮后立即在散射日光下通过玻璃板，检查其表面的颜色强度。若无法利用良好的日光，则可在人造光源下进行比较。

## 7 结果的表示

### 7.1 方法 A

以商定参照颜料为 100，试验颜料的相对消色力 X，数值以%表示，按下式计算

$$X = \frac{100m_0}{m_1}$$

式中：

$m_0$——商定参照颜料的质量，单位为克(g)；

$m_1$——与商定参照颜料色浆颜色强度相同时所用试验颜料的质量，单位为克(g)。

### 7.2 方法 B

7.2.1 从表 2 的最后一栏中，根据试验颜料浆状物与商定参照颜料浆状物颜色强度相当时所用的参照颜料的量可读出试验颜料相对消色力。

示例：假定受试颜料为二氧化钛，按照 6.2.3 制备试验颜料浆状物时使用了 0.100 g 二氧化钛，如果浆状物正好与 0.120 g 商定参照颜料制成标准浆状物的颜色强度相当，那么试验颜料的相对消色力就等于 120%即[(100×0.120)/0.100]。

7.2.2 如果试验颜料浆状物的颜色强度不能与商定参照颜料制成的标准浆状物中其中之一的颜色强度相近，可用内插法估计它与二个标准浆状物之间最接近的相对消色力。

## 8 试验报告

试验报告应包括下列内容：

a) 注明本部分编号和说明使用方法 A 或方法 B；

b) 鉴别试验产品所需的全部细节；

c) 与本试验方法规定操作的差异；

d) 试验结果；

e) 试验日期。

中华人民共和国国家标准

# 白色颜料对比率（遮盖力）的比较

# Comparison of contrast ratio (hiding power) of white pigments

UDC 667.622:667.61
GB 5211.17—88

本标准参照采用国际标准ISO 2814—1973《色漆和清漆——同一类型和颜色的色漆的对比率（遮盖力）的比较方法》。

## 1 主题内容与适用范围

本标准规定了比较同类白色颜料对比率（遮盖力）的通用试验方法。

当本通用方法不适用于某特定产品时，应规定一个专用方法来进行对比率的比较。

## 2 引用标准

GB 9285 色漆和清漆用原材料 取样

## 3 原理

用同一种漆料把试样和标样以相同的配方和方法制成漆浆，用旋转涂漆器在聚酯膜上制得厚度基本相同的涂膜，以反射率仪测得黑底上的反射率和白底上的反射率，并以黑底上反射率除以白底上的反射率求得对比率。比较试样和标样的对比率以评定其优劣。

## 4 材料

**4.1** 亚麻仁油改性甘油醇酸树脂：油度55%，含量50%。

**4.2** 200号油漆溶剂油。

**4.3** 环烷酸铅、环烷酸钴、环烷酸锰、环烷酸锌、环烷酸钙混合催干剂。

## 5 仪器

**5.1** 油漆调制机：装入调制机的玻璃瓶每分钟振荡680～690次，距离16mm，摆动角度30°。

**5.2** 刮板细度计：0～50μm。

**5.3** 杠杆千分卡：量程0～25mm。

**5.4** 玻璃板：表面平整，长130mm，宽100mm。

**5.5** 聚酯膜：厚20～40μm，长120mm，宽90mm。

**5.6** 旋转涂漆器：转速可调。

**5.7** 反射率仪：精度在1%以内。

## 6 取样

按GB 9285的规定取试验颜料的代表性样品。

## 7 试验步骤

全部试验应在温度23±2℃，相对湿度（50±5）%的条件下进行。

**7.1** 漆浆的制备

中华人民共和国化学工业部1988-08-01批准 1989-04-01实施

在油漆调制机的玻璃瓶（5.1）中称入100g玻璃珠，称取12g试样置入瓶中，再加入37g醇酸树脂（4.1），视需要加入适量200号油漆溶剂油。将装有物料的玻璃瓶置于油漆调制机的座架孔中，开动调制机振荡，用刮板细度计（5.2）检查，其研磨细度小于20μm时，加入适量的混合催干剂(4.3)，搅匀备用。

**7.2** 涂膜的制备

以杠杆千分卡（5.3）测定聚酯膜的厚度，测上下左右4个点。

在平整的玻璃板（5.4）上滴几滴乙醇，立即将聚酯膜（5.5）铺于其上，膜下不得存在气泡。将玻璃板固定在旋转涂漆器（5.6）的正中，在玻璃板中央加5g左右的漆浆，以选定的稳定转速旋转30s，制成均匀的涂膜；改变转速，再制若干涂膜。每一转速制两张涂膜。

**7.3** 涂膜的干燥

将带有涂膜的玻璃板（7.2）水平放置进行干燥，干燥时间至少48h，但不得超过168h。

**7.4** 膜厚测定

从玻璃板上取下涂膜，以杠杆千分卡（5.3）测定上下左右4个点的厚度，求出涂膜的平均厚度。

**7.5** 反射率的测定

将干燥后的涂膜覆盖在反射率仪（5.7）所附的白瓷板上，在涂膜和瓷板之间加几滴乙醇，排除空气，使达光学接触。以反射率仪测定上下左右4个点的反射率，并求出其平均值。然后将涂膜覆盖于黑瓷板上，以同样方法测定，并求出其平均值。

标样也按第7章的试验步骤制漆、制膜，并求得其平均反射率。

## 8 结果的表示

各涂膜的对比率（遮盖力）按下式计算，并以百分数表示：

$$\text{对比率（遮盖力）} = \frac{R_B}{R_W} \times 100$$

式中：$R_B$ —— 涂膜在黑底上的反射率；

$R_W$ —— 涂膜在白底上的反射率。

求取两张厚度基本相同（平均厚度差不超过2μm）的涂膜的平均对比率值，并与厚度基本相同的标样的平均对比率值比较，评定其优劣。

## 9 试验报告

试验报告至少应包括下列内容：

a. 试验用颜料样品及标样的类型及名称；

b. 所得漆浆的细度，μm；

c. 比较对比率的涂膜的厚度，μm；

d. 试样及标样的平均对比率；

e. 经商定与上述试验步骤的差异；

f. 试验日期。

---

附加说明：

本标准由全国涂料和颜料标准化技术委员会归口。

本标准由化学工业部涂料工业研究所负责起草。

本标准主要起草人朱养、张秀云。

ICS 87.060.10
G 53

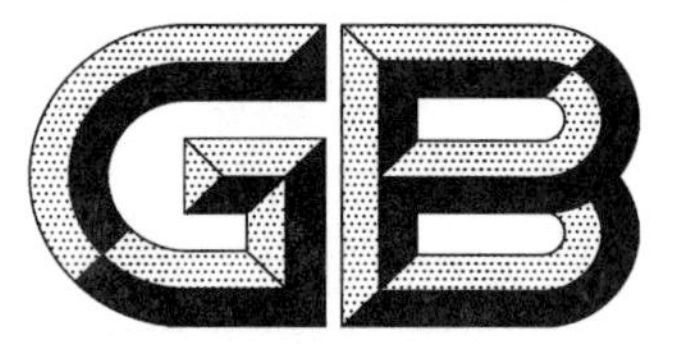

# 中华人民共和国国家标准

GB/T 5211.18—2015
代替 GB/T 5211.18—1988

# 颜料和体质颜料通用试验方法 第18部分:筛余物的测定 水法(手工操作)

**General methods of test for pigments and extenders—Part 18:Determination of residue on sieve—Water method(Manual procedure)**

(ISO 787-7:2009,General methods of test for pigments and extenders—Part 7:Determination of residue on sieve—Water method—Manual procedure,MOD)

2015-05-15 发布　　2015-10-01 实施

中华人民共和国国家质量监督检验检疫总局
中国国家标准化管理委员会　发布

# 前　言

GB/T 5211《颜料和体质颜料通用试验方法》分为以下几部分：

——第1部分：水溶物的测定　冷萃取法；

——第2部分：水溶物的测定　热萃取法；

——第3部分：105 ℃挥发物的测定；

——第4部分：装填体积和表观密度的测定；

——第5部分：耐性测定法；

——第11部分：水溶硫酸盐、氯化物和硝酸盐的测定；

——第12部分：水萃取液电阻率的测定；

——第13部分：水萃取液酸碱度的测定；

——第14部分：筛余物的测定　机械冲洗法；

——第15部分：吸油量的测定；

——第16部分：白色颜料消色力的比较；

——第17部分：白色颜料对比率(遮盖力)的比较；

——第18部分：筛余物的测定　水法(手工操作)；

——第19部分：着色颜料的相对着色力和冲淡色的测定　目视比较法；

——第20部分：在本色体系中白色、黑色和着色颜料颜色的比较　色度法。

其中第5部分是对GB/T 5211.5—1985《颜料耐水性测定法》、GB/T 5211.6—1985《颜料耐酸性测定法》、GB/T 5211.7—1985《颜料耐碱性测定法》、GB/T 5211.8—1985《颜料耐油性测定法》、GB/T 5211.9—1985《颜料耐溶剂性测定法》和GB/T 5211.10—1985《颜料耐石蜡性测定法》六项标准的整合修订，并于2008年代替了以上六项标准。

本部分为GB/T 5211的第18部分。

本部分按照GB/T 1.1—2009给出的规则起草。

本部分代替GB/T 5211.18—1988《颜料筛余物的测定　水法　手工操作》，与GB/T 5211.18—1988相比，主要技术变化如下：

——前版为非等效采用ISO 787-7:1981，本版为修改采用ISO 787-7:2009；

——增加了规范性引用文件“GB/T 3186、GB/T 6005、GB/T 11415”，删除了规范性引用文件“GB/T 6003”(见第2章，1988年版的第2章)；

——增加了取样的规定(见第3章)；

——在仪器的规定中，增加了天平、干燥器和洗瓶的内容(见第4章，1988年版的第3章)；

——修改了试样量的规定，由“10 g”改为“10 g～100 g或更多量”(见5.2，1988年版的4.1)；

——修改了分散体的制备方式，对制备试样分散体时采用的搅拌方式和用水量规定更加灵活，增加了“如经有关方商定，也可将试样不经过预先分散直接放入筛网中”的规定(见5.3，1988年版的4.2)；

——测定步骤中增加了“样品易分散于水中时可用自来水冲洗”的规定(见5.4)；

——删除了筛余物处理方法中c)规定的使用称量瓶的方法(见1988年版的4.3)；

——在试验报告的规定中，增加了“本部分编号、分散方法和有无使用刷子粉碎筛网上的结块”内容(见第7章，1988年版的第6章)。

本部分使用重新起草法修改采用国际标准ISO 787-7:2009《颜料和体质颜料通用试验方法　第7

部分:筛余物的测定　水法　手工操作》。

本部分与 ISO 787-7:2009 相比存在技术性差异,这些差异涉及的条款已通过在其外侧页边空白位置的垂直单线(|)进行了标示,附录 A 中给出了相应技术性差异及其原因的一览表。

本部分还做了下列编辑性修改:

——为与现有标准编号方式一致,将标准名称改为《颜料和体质颜料通用试验方法　第 18 部分:筛余物的测定　水法(手工操作)》;

——增加了资料性附录 A;

——删除了"6.2 精密度";

——第 1 章、第 4 章和第 5 章中文字表述作了修改。

本部分由中国石油和化学工业联合会提出。

本部分由全国涂料和颜料标准化技术委员会(SAC/TC 5)归口。

本部分起草单位:中海油常州涂料化工研究院有限公司、上海一品颜料有限公司、山东东佳集团股份有限公司、江苏双乐化工颜料有限公司、北京碧海舟腐蚀防护工业股份有限公司、升华集团德清华源颜料有限公司、宣城亚邦化工有限公司 、深圳广田装饰集团股份有限公司、商南县青山矿业有限责任公司。

本部分主要起草人:沈苏江、张雷、王丹英、李化全、毛顺明、刘小平、李金花、殷守华、郭晓燕、朱新峰。

本部分所代替标准的历次版本发布情况为:

——GB/T 5211.18—1988。

# 颜料和体质颜料通用试验方法 第18部分:筛余物的测定 水法(手工操作)

## 1 范围

GB/T 5211 的本部分规定了颜料和体质颜料样品分散在水中进行筛余物测定的通用试验方法。

GB/T 5211 的第 14 部分规定了用机械冲洗法测定颜料和体质颜料筛余物的通用试验方法。对于大多数颜料和体质颜料,用这两种方法会得到不同的结果,因此,应在产品标准中明确指出选用哪一种方法,并在试验报告中注明。

注:当本通用方法不适用于某特定产品时,应规定一个专用方法来测定筛余物。

## 2 规范性引用文件

下列文件对于本文件的应用是必不可少的。凡是注日期的引用文件,仅注日期的版本适用于本文件。凡是不注日期的引用文件,其最新版本(包括所有的修改单)适用于本文件。

GB/T 3186 色漆、清漆和色漆与清漆用原材料 取样(GB/T 3186—2006,ISO 15528:2000,IDT)

GB/T 6005 试验筛 金属丝编织网、穿孔板和电成型薄板 筛孔的基本尺寸(GB/T 6005—2008,ISO 565:1990,MOD)

GB/T 11415 实验室烧结(多孔)过滤器 孔径、分级和牌号(GB/T 11415—1989,ISO 4793:1980,NEQ)

## 3 取样

按 GB/T 3186 的规定取受试产品的代表性样品。

## 4 仪器

4.1 试验筛:符合 GB/T 6005 要求,应在试验报告中注明所采用试验筛的直径和孔径。

注:通常使用孔径为 45 μm 的试验筛。建议用显微镜进行定期检查筛网孔径,以确定筛孔没有堵塞和磨损。如果筛孔已损伤,筛子就应报废。

4.2 刷子:猪鬃制,尺寸约为厚 5 mm,宽 20 mm,长 35 mm。

4.3 玻璃滤器:符合 GB/T 11415 要求,牌号为 P40(孔径大于 16 μm,小于或等于 40 μm)。或 50 mL 烧杯。

4.4 烘箱:能维持在(105±2)℃。

4.5 天平:精度 0.1 g,最大称量 1 000 g。

4.6 天平:精度 1 mg。

4.7 干燥器:内装有效干燥剂。

4.8 洗瓶:内装用于分散试样的溶液。

4.9 机械搅拌器:可调节转速,使用时可升降,避免分散样品时产生漩涡。搅拌头由一个直径约为

40 mm 的黄铜盘组成，它具有四个相等切面，切割的截面是水平向上转 30°。

## 5 步骤

### 5.1 总则

进行两份试样的平行测定。

### 5.2 试样

用天平(见 4.5)称取一定量试样(精确至 0.1 g)，放入合适容量的烧杯中，所称试样的量要使试样在筛网(见 4.1)上能得到足够量的筛余物。通常需要 10 g～100 g 的试样，对于筛余物很少的产品，根据需要可称取高达 1 000 g 或更多的试样。

### 5.3 分散体的制备

将试样(见 5.2)分散于适量的水中，如有必要可加入合适的分散剂，其用量建议为试样量的 0.2%～0.5%，搅拌使试样充分分散。如产品标准中规定用机械搅拌器(见 4.9)分散试样，建议机械搅拌器的旋转速度不高于(500±50)r/min，并在试验报告中注明。

分散剂的类型和数量应由有关方商定或按产品标准规定，并在试验报告中注明。应保证制得的分散体不产生任何絮凝现象。

经有关方商定，也可将试样不经过预先分散直接放入筛网中。

### 5.4 测定

倾倒分散体(如果必要的话先倾倒部分)使通过筛子(见 4.1)，在洗瓶(见 4.8)中加入分散试样用的溶液，用它将烧杯淋洗干净，使所有淋洗液通过筛子。用同一种溶液冲洗试样直到通过筛子的洗液清澈和没有分散体。当试样易分散于水中时，也可以用自来水直接冲洗。

依据有关方的约定，可以使用刷子(见 4.2)在筛网上将结块颜料轻压粉碎，或者放弃未经处理的结块颜料。如果使用刷子，应将任何粘附在刷子上的粒子冲洗入筛子，用水冲洗筛子的筛余物，直到没有分散剂为止。

为了避免错误的试验结果，冲洗用水必须用合适的过滤器过滤。

按下列方法中的任一种方法处理筛余物：

a) 用蒸馏水将残余物冲洗到预先加热和称重过的玻璃滤器(见 4.3)中，将残余物在(105±2)℃的烘箱(见 4.4)中烘 1 h。在干燥器(见 4.7)中冷却并使用天平(见 4.6)称量，精确到 1 mg。继续在(105±2)℃的烘箱(见 4.4)中烘 30 min，重复上述操作，直至连续两次称量的差值不大于 5 mg，记录较小一次的质量。

b) 用蒸馏水将残余物移入预先加热和称量的 50 mL 烧杯(见 4.3)中，蒸发近干，并在(105±2)℃的烘箱中烘 1 h。以后操作按以上 a)所述继续进行。

如果筛网上残余物的熔点小于 110 ℃，应使用更合适的烘干温度并在试验报告中注明。

如两个测定值之差大于较大值的 10%(除非差值小于 5 mg)，应重新测定。

### 5.5 筛余物的检查

检查筛余物中是否存在没有完全分散的颜料或体质颜料，如存在，应用有关方商定的另一种分散剂重复整个操作(见第 5 章)。

如筛余物含有外来物质，应记录它的存在和性质。

## 6 结果的表示

按式(1)计算筛余物 $w_R$,以质量分数(%)表示:

$$w_R = \frac{100 \times m_1}{m_0} \quad \cdots\cdots(1)$$

式中:

$m_0$——试样的质量,单位为克(g);

$m_1$——筛余物的质量,单位为克(g)。

计算两次平行测定的平均值,报告结果至两位有效数字。如平均值小于 0.01%,报告结果为“小于 0.01%”。

## 7 试验报告

试验报告至少应包括下列内容:

a) 试验颜料的类型和名称;

b) 本部分编号;

c) 按第 6 章表示的试验结果;

d) 所用试验筛的直径和孔径;

e) 试样质量;

f) 分散方法(见 5.3),如使用分散剂和机械搅拌,应注明分散剂的类型和浓度,机械搅拌的速度;

g) 有无使用刷子粉碎筛网上的结块;

h) 筛余物类型和状态的描述(见 5.5);

i) 与本试验方法规定操作的差异;

j) 试验日期。

# 附 录 A
# （资料性附录）
# 本部分与 ISO 787-7:2009 的技术性差异及其原因

表 A.1 给出了本部分与 ISO 787-7:2009 的技术性差异及其原因的一览表。

**表 A.1 本部分与 ISO 787-7:2009 的技术性差异及其原因**

| 本部分的章条号 | 技术性差异 | 原 因 |
|---|---|---|
| 2 | 规范性引用文件中“ISO 565”改为与之对应的我国文件“GB/T 6005”,“ISO 4793”改为与之对应的我国文件“GB/T 11415”,“ISO 15528”改为与之对应的我国文件“GB/T 3186” | 采用国家标准使用更方便 |
| 2、4、5 | 删除了国际标准中的规范性引用文件“ISO 3262-9:1997”、附录 A 和 5.3 中有关机械搅拌器的描述,将相关内容在本部分中第 4 章作了具体描述 | 表述更加清晰 |
| 5.4 中 a) | 增加了文字描述“继续在(105±2)℃的烘箱(4.4)中烘 30 min,重复上述操作,直至连续两次称量的差值不大于 5 mg,记录较小一次的质量” | 用户需求 |

中华人民共和国国家标准

# 着色颜料的相对着色力和冲淡色的测定 目视比较法

**Determination of relative tinting strength and colour on reduction of coloured pigments —Visual comparison method**

UDC 667.622:667.61
GB 5211.19—88
代替 GB 1708—79

本标准系等效采用ISO 787/16—1986《颜料和体质颜料通用试验方法——第16部分：着色颜料的相对着色力（或相当着色值）和冲淡色的测定——目视比较法》。

## 1 主题内容与适用范围

本标准规定了用目视比较法测定两种同类着色颜料的相对着色力和冲淡色的通用试验方法。

当本通用方法不适用于某特定产品时，应规定一个专用方法测定颜料的冲淡色和相对着色力。

## 2 引用标准

GB 9285 色漆和清漆用原材料 取样

## 3 原理

待试样品和标准样品的分散体是用自动研磨机在一定条件下制备的，两个分散体的色浆各用一定比例的白颜料浆进行混合，将此组成的二个冲淡色浆进行着色强度和冲淡色的比较。

影响颜料着色力的主要因素如下：

a. 自动研磨机上所施加的力；

b. 分散体最佳研磨浓度的选择；

c. 分散体最佳研磨转数；

d. 冲淡比例选择；

e. 称量和操作的严格控制。

## 4 材料

### 4.1 漆基

推荐用下列两种漆基：

**4.1.1** 醇酸树脂：以63%（*m*/*m*）亚麻仁油和23%（*m*/*m*）邻苯二甲酸酐为基础的混合物，应符合下列要求：

酸值 最大15mgKOH/g；

粘度（无溶剂） 7～10Pa·s；

羟值 约40 mgKOH/g。

**4.1.2** 氨基甲酸酯改性的亚麻仁油：应符合下列要求：

亚麻仁油含量 约80%；

酸值 零；

游离异氰酸根 零；

中华人民共和国化学工业部1988-11-09批准 1989-04-01实施

游离羟基　0.8%～1.2%；

粘度（20℃）　15～18Pa·s 。

**4.2** 白色颜料浆

**4.2.1** 以醇酸树脂为基料的白浆，应具有以下组成：

a. 40质量份的R型二氧化钛；

b. 56质量份的醇酸树脂（4.1.1）；

c. 4质量份的硬脂酸钙。

用调刀将上述组分均匀混合，然后在三辊磨上研磨直至细度板上测试的细度小于15μm时止，贮于气密的容器中，最好是带螺旋帽的软管中。

**4.2.2** 以氨基甲酸酯改性的亚麻仁油为基料的白浆，应具有以下组成：

a. 40质量份的R型二氧化钛；

b. 50质量份的氨基甲酸酯改性的亚麻仁油（4.1.2）；

c. 7质量份的硬脂酸钙；

d. 3质量份的合成二氧化硅。

用调刀将上述组分均匀混合，然后在三辊磨上研磨直至细度板上测试的细度小于15μm[1]时止，贮于气密的容器中，最好是带螺旋帽的软管中。

上述两种白浆根据需要可任选一种。

## 5 仪器

**5.1** 自动研磨机：磨砂玻璃板直径为180～250mm，在研磨机上施加力约1kN，转速为70～120r/min。

**5.2** 调刀：钢制，锥形刀身，长约140～150mm，最宽处约为20～25mm，最窄处不小于12.5mm。

**5.3** 玻璃板：无色透明，尺寸约为150mm×150mm。

**5.4** 湿膜制备器：间隙50～100μm。

## 6 取样

按GB 9285的规定选取试验颜料的代表样品。

## 7 试验步骤

### 7.1 颜料分散体最佳研磨条件的确立

**7.1.1** 颜料分散体的研磨浓度

颜料与漆基的适当质量比不仅取决于颜料的吸油量，而且也取决于研磨操作时混合物的粘度。为使低漆料、中等漆料、高漆料需求量的颜料达到合适的浓度，为使每种情况都能给出约2mL的混合物，建议下列三组之用量为：

a. 3.0g颜料和1.5g的漆基；

b. 1.0g颜料和1.5g的漆基；

c. 0.5g颜料和1.5g的漆基。

注：如发现所选的混合物在研磨机上使用时太稠或太稀时，则应采用另一配比。

**7.1.2** 颜料分散体的研磨转数

称取1.5g漆基和上述适量的颜料于研磨机上加1kN力进行研磨，每遍50转，共研磨200转，取出占总体积约为1/4的浆料贮于适当的容器中，然后再继续研磨到300转和400转，分别取出如上相同的一小部分浆料。也贮于适当的容器中，放置待用。

---

采用说明：

1〕ISO 787/16研磨至5μm。

在研磨机的下层板上，放 3 ±0.01g白颜料浆（4.2）和已研磨200转的着色颜料浆，量约含0.12g的着色颜料（见注）。将两种色浆在无研磨作用下混合，再施加最小力，每遍研磨25转，共 4 遍，收集浆料放置待用。另外称取相同量的研磨了300转和400转的色浆和3.0±0.01g白浆重复上述操作。将这些制备好的冲淡色浆依次排列在无色玻璃板上，用湿膜制备器均匀地拉下，立即目视比较每个色浆的强度，评定显示最大颜色强度的色浆，并记录该色浆最合理的研磨转数为试验最佳的研磨转数。

注：含有0.12g着色颜料的着色颜料浆当与3.0g白颜料浆混合时，其冲淡比为1：10。为了产生强冲淡色以适于评定冲淡色浆的强度和色相，该比例应修正为1：5或1：20（分别适于弱的颜料或强的颜料）

**7.2　颜料分散体的制备**

根据7.1确定的条件制备颜料标样和试样的分散体。

**7.3　冲淡色浆的制备**

称取3.0±0.01g的白浆，按选定冲淡比的标准颜料分散体（7.2）的量，在施加最小力下研磨，每遍研磨25转，共研磨 4 遍，收集的冲淡色浆待用。用同样方法制备试样的冲淡色浆。

**7.4　冲淡色的比较和相对着色力的测定**

将7.3 制备好的二个冲淡色浆排列在无色玻璃板（5.3）上，用湿膜制备器（5.4）将它们拉下以形成二个宽度不小于25mm、接触边长不小于40mm的均匀厚度不透明条带，在每个色条上面用一个手指轻擦，比较擦过和没有擦过的表面色泽深度的差别，如结果有明显的差异即进行记录。继续对没有擦过的表面进行试验，立即在散射光或人造日光下通过玻璃板对二者着色强度和色相进行比较。

如颜色强度相等和色相相同时，则冲淡色是相同的，受试样品的相对着色力是100%。

然而，如着色强度相等而色相不同，则注上冲淡色的差别和它的性质。

如着色强度不同，则要估计受试样品分散体的量，称量后按7.3 制备另一冲淡色浆，而标准样品不变，再进行比较直至着色强度相等。

注：白浆的漆基应与颜料分散体漆基相一致，以免产生絮凝。

## 8　结果的表示[1]

试验样品的相对着色力用下式计算：

$$标准样品的\frac{b\times 100}{a}\%$$

式中：$a$ —— 达到与标准相同着色强度的试样质量，g；

$b$ —— 标准样品的质量，g 。

## 9　试验报告

试验报告至少应包括下列内容：

a. 受试产品及标样的类型及名称；

b. 制备着色颜料分散体所用的研磨浓度和转数；

c. 制备冲淡色浆所用的冲淡比率；

d. 在散射光或人造日光下评定试验膜；

e. 按第 8 章表示的试验结果并注上色相差异；

f. 与本试验规定操作的差异；

g. 试验日期。

---

采用说明：

1〕ISO 787/16以相对着色力和相当着色值表示结果。

附加说明：

本标准由全国涂料和颜料标准化技术委员会归口。

本标准由上海染料工业研究所负责起草。

本标准主要起草人谈桂芬。

# 前　　言

本标准是根据国际标准 ISO 787-25:1993《颜料和体质颜料通用试验方法—第 25 部分:在本色体系中白色、黑色和着色颜料颜色的比较—色度法》制定的。

本标准等效采用 ISO 787-25:1993,其不同之处在于:鉴于我国情况,醇酸树脂组成中用甘油代替三羟甲基丙烷。第 5.3 条中表 1 和表 2 的试验漆料推荐用量由原来的体积(mL)改为质量(g),有利于准确操作。

颜料颜色比较的另一种方法 GB/T 1864—1989《颜料颜色的比较》,规定了用目视法来比较颜料的颜色。由于它可能带入一定的主观性因素,所以只要有可能,采用色度法来比较颜色是更可取的。

本标准由中华人民共和国原化学工业部提出。

本标准由全国涂料和颜料标准化技术委员会归口。

本标准起草单位:化工部常州涂料化工研究院。

本标准参加起草单位:上海中南建筑材料公司、襄樊市制漆总厂、上海焦化有限公司钛白粉厂、上海铬黄颜料厂、山东龙口太行颜料公司、深圳华丰化工有限公司、上海现代环境工程研究所。

本标准主要起草人:吴良骏、郑文娟。

# ISO 前言

ISO(国际标准化组织)是一个由各国标准化团体(ISO 成员团体)组成的世界性联合机构。国际标准的制定工作一般是通过 ISO 各技术委员会来进行的。对已设立技术委员会的某专业领域感兴趣的每个成员团体均有权参加该委员会。与 ISO 有联系的政府和非政府的国际组织也可参与该专业工作。ISO 与从事电工技术标准化事务的国际电工委员会(IEC)密切合作。

技术委员会所受理的国际标准草案,应先发送给各成员团体投票表决,至少要有 75%的投票成员团体同意,才能发布为国际标准。

国际标准 ISO 787-25 是由 ISO/TC 35 色漆和清漆技术委员会,SC2 颜料和体质颜料分技术委员会制定的。

ISO 787 在《颜料和体质颜料通用试验方法》总标题下,由下列部分组成:

第 1 部分:颜料颜色的比较

第 2 部分:在 105℃挥发物的测定

第 3 部分:水溶物的测定—热萃取法

第 4 部分:水萃取液酸碱度的测度

第 5 部分:吸油量的测定

第 7 部分:筛余物的测定—水法—手工操作

第 8 部分:水溶物的测定—冷萃取法

第 9 部分:水悬浮液 pH 值的测定

第 10 部分:密度的测定—比重瓶法

第 11 部分:装填后装填体积和表观密度的测定

第 13 部分:水溶性硫酸盐、氯化物和硝酸盐的测定

第 14 部分:水萃取液电阻率的测定

第 15 部分:相同类型着色颜料耐光性的比较

第 16 部分:着色颜料相对着色力(或相当着色值)和冲淡色的比较—目视比较法

第 17 部分:白色颜料消色力的比较

第 18 部分:筛余物的测定—机械冲洗法

第 19 部分:水溶性硝酸盐的测定(水杨酸法)

第 21 部分:用烘干型漆料对颜料进行热稳定性比较

第 22 部分:颜料抗渗色性的比较

第 23 部分:密度的测定(用离心机排除夹带空气)

第 24 部分:着色颜料相对着色力和白色颜料相对散射力的测定—光度计法

第 25 部分:在本色体系中白色、黑色和着色颜料颜色的比较—色度法

第 26 部分:相对着色力和剩余冲淡色差的测定—色度法

第 13、14 和 17 部分被装订在一起作为一个文本。第 6、12 和 20 部分已被撤消。第 26 部分正在制订之中。

# 中华人民共和国国家标准

# 在本色体系中白色、黑色和着色颜料颜色的比较　色度法

GB/T 5211.20—1999
eqv ISO 787-25:1993

**Comparison of the colour, in full-shade systems, of white, black and coloured pigments—Colorimetric method**

## 1　范围

本标准规定了用色度法测定本色体系中白色、黑色和着色颜料与商定参照颜料进行颜色比较的通用试验方法。

注：当本通用方法适用于指定颜料时，要在该颜料的产品标准中列入参照本方法的条文，并注明由于产品特性而需作的任何变更的细节。只有当此通用方法不适用于某特定产品时，才应规定一个不同的光度计法来比较颜色。

## 2　引用标准

下列标准所包含的条文，通过在本标准中引用而构成为本标准的条文。本标准出版时，所示版本均为有效。所有标准都会被修订，使用本标准的各方应探讨使用下列标准最新版本的可能性。

GB 9285—1988　色漆和清漆用原材料　取样(eqv ISO 842:1984)

GB/T 11186.1—1989　涂膜颜色的测量方法　第一部分　原理(eqv ISO 7724-1:1984)

GB/T 11186.2—1989　涂膜颜色的测量方法　第二部分　颜色测量(eqv ISO 7724-2:1984)

GB/T 11186.3—1989　涂膜颜色的测量方法　第三部分　色差计算(eqv ISO 7724-3:1984)

GB/T 13451.2—1992　着色颜料相对着色力和白色颜料相对散射力的测定　光度计法(eqv ISO 787-24:1985)

## 3　定义

本标准采用下列定义。

3.1　本色体系　full-shade system

只含有一种颜料的颜料着色体系。

3.2　本色的颜色　full-shade colour

施涂成遮盖层(光学上无穷大)时的本色体系的颜色(也见 3.3 中注 1)。

注：一些透明度很高的着色颜料是不能达到遮盖的。

3.3　主色　mass tone

未施涂成遮盖层，例如施涂在白色试验底材上的本色体系的颜色。

注

1　这里主色定义与美国 ASTM D 16 以及 ASTM D 387 和 D 3022 中主色(mass color，也可称 mass-tone 和 over-tone)不同，ASTM D 16 主色定义与 3.2 本色的颜色相类同。

2　对于颜料着色体系，由于施涂层的厚度和试验底材的性质不同，可能会产生一些不同的主色。因此，只有规定了颜色体系的组成、制备方法、施工技术、漆膜厚度及试验底材时，主色才会清楚地确定。

国家质量技术监督局 1999-09-16 批准　　2000-06-01 实施

## 4 原理

采用平磨仪将试验颜料和商定参照颜料分别分散在由醇酸树脂和气相二氧化硅组成的特定试验漆料中。用这两种颜料分散体在适宜的底材上制备样板。按GB/T 11186.2规定测量样板的三刺激值，并由这些值按GB/T 11186.3规定计算相应的颜色特性(黑色和白色颜料的相对色调、色品差量和明度差；着色颜料的总色差和明度差、色调差、彩度差)。

## 5 材料

### 5.1 醇酸树脂(漆基)

醇酸树脂应含有63%(*m*/*m*)亚麻仁油、23%(*m*/*m*)邻苯二甲酸酐和14%(*m*/*m*)甘油[1]，并应符合下列要求：

酸值　　不大于15 mgKOH/g

粘度　　(7～10)Pa·s

羟值　　(30～50)mgKOH/g

### 5.2 气相二氧化硅

气相二氧化硅应符合下列要求：

比表面积(BET)　(175～225)$m^2$/g

4%水分散体的pH值　3.6～4.5

注：气相二氧化硅对于避免絮凝、控制颜料体系的流动性是必须的。

### 5.3 试验漆料的制备

推荐的试验漆料(用量见表1和表2)按下列制备：

将97份(质量)醇酸树脂(5.1)和3份(质量)气相二氧化硅(5.2)充分混合，务必不要因粉尘逸出而使二氧化硅损失。将混合物在三辊磨或其他分散设备上分散两次。

也可由有关双方商定使用其他试验漆料，但应在试验报告中说明。

表1　白色颜料与试验漆料的推荐用量

| 颜料(密度,g/mL) | 颜料质量<br>g | 试验漆料(5.3)的质量[2]<br>g |
|---|---|---|
| 二氧化钛($\rho$=4.0) | 4.0 | 3.0 |
| 硫化锌($\rho$=4.0) | 4.0 | 2.8 |
| 氧化锌(锌白)($\rho$=5.8) | 5.0 | 2.6 |

表2　着色和黑色颜料与试验漆料的推荐用量

| 颜料类型<br>(见8.1.2) | 颜料质量<br>g | 试验漆料(5.3)的质量[2]<br>g |
|---|---|---|
| a | 3.0 | 1.5 |
| b | 1.0 | 1.5 |
| c | 0.5 | 1.5 |

## 6 仪器

普通实验室仪器和玻璃器皿，以及下列仪器：

### 6.1 光度计

采用说明：

1〕国际标准ISO 787-25中规定为14%(*m*/*m*)三羟甲基丙烷。

2〕国际标准ISO 787-25中规定为体积(mL)。

6.1.1 对于着色和白色颜料

使用GB/T 11186.2中规定的光谱光度计或三刺激色度计。

6.1.2 对于黑色颜料

使用GB/T 11186.2中规定的光谱光度计或三刺激色度计,并应符合下列要求:

a) 精度

光谱光度计提供的反射率值应精确到小数点后面5位;三刺激色度计提供的三刺激值应精确到小数点后面3位。

b) 校正和零点调节

该仪器最好能采用适宜的黑标准体来调节,使三刺激值的数据接近零。如果不能进行直接调节,则应从参照样板和试验样板的三刺激测量值中减去黑标准体的三刺激读数值。

调节零点用的黑标准体应是一个高效光捕集器,如图1所示,并具有下列尺寸:

A 大于等于仪器样品口的直径+5 mm;

B 大于等于80 mm;

C 大于等于70 mm。

该黑标准体应具有无光泽的黑色内侧,底部则用黑色丝绒包覆。

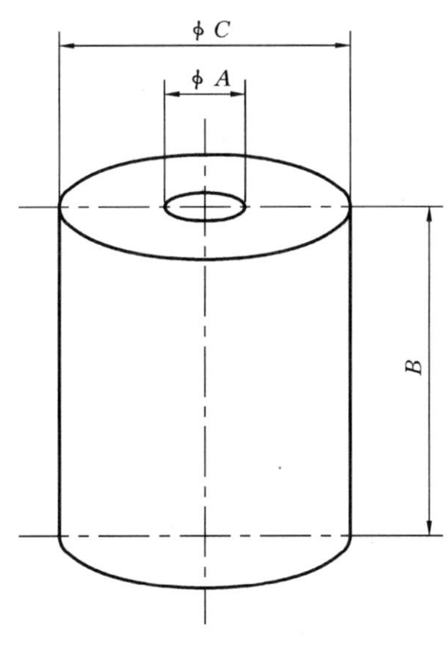


图1 黑标准体

c) 三刺激值的标准偏差

对于连续测定三刺激值的标准偏差$\sigma_r$应小于0.005。该标准偏差是由具有三刺激值Y约为0.5的试样,在不改变测试位置时测得20次三刺激值经计算而得到的。

6.2 底材 最小尺寸为150 mm×50 mm,均匀、无荧光,与所用的漆基相容,并与颜色比较的方法相适应。

可以采用钢板、黑白对比卡片、喷漆硬纸板、镀铝卡片、标准美术纸或玻璃载片。如果使用玻璃载片,则应透明、无色,而且对参照样和试样的玻璃载片厚度要相同。

6.3 漆膜制备器 把试验颜料和商定参照颜料的色浆涂布到底材上。

6.4 蜡纸卡 测量时用于覆盖湿样,厚度约为0.5 mm,具有一个直径略大于光谱光度计或三刺激色度计(6.1)样品口的圆孔;或者用玻璃片,其尺寸要足够覆盖样品,平面平行、抛光、无色,厚度约为1 mm。

6.5 平磨仪 带有磨砂玻璃板,最好有水冷却。玻璃板直径为(180~250)mm,板上应施加已知但可改变选择、高达1 kN的力。运转的玻璃板应具有(70~120)r/min的转速,仪器还应装配一个能预设转数为 25 的倍数的装置。

6.6 调刀 弹性钢或塑料片制。

## 7 取样

按 GB 9285 规定，取待试颜料的代表性样品。

## 8 试验步骤

注意在研磨过程中不能因温度升高而影响结果。如果平磨仪无水冷却装置，更要小心。如果怀疑有影响时，要做预试验进行校验。

新的平磨仪玻璃板要用颜料和适量漆基在负荷下研磨 1 000 转进行预处理，研磨后从板上取下色浆并弃去。

使用前应检查每块玻璃板表面，应具有平整、无光的外观，而且无刻痕和光面。

8.1 试样

称取足够量的颜料，使之与适量试验漆料(5.3)混合时，产生的色浆几乎能铺展到平磨仪的边缘。称量准确至 1 mg。

8.1.1 白色颜料

最好采用表 1 所示的颜料和试验漆料的推荐量(也见 8.1.2 中的注 1 和注 2)。

8.1.2 着色颜料和黑色颜料

颜料和漆基的质量比不仅取决于颜料的吸油量，而且还取决于研磨操作期间混合物的粘度。首先，可把所有颜料初步分为下列三类之一：

a 类

低漆基量要求的颜料——颜料浓度为 65%(*m*/*m*)；

b 类

中漆基量要求的颜料——颜料浓度为 40%(*m*/*m*)；

c 类

高漆基量要求的颜料——颜料浓度为 25%(*m*/*m*)。

为了在每种情况下得到约 2 mL 混合物，最好采用表 2 中提供的相应类别的推荐量。

注

1 如果发现所选择的颜料/漆基混合物在研磨时太稠或太稀，应采用表 1 或表 2 中适当的另一比例。

2 如果平磨仪玻璃板直径接近 6.5 中规定的最大值，为减少板的磨损，有必要增加规定的量。

8.2 颜料分散体的制备

取适宜量的试验漆料和商定参照颜料(8.1.1 或 8.1.2)。将试验漆料放在平磨仪(6.5)下层玻璃板的中央，将颜料撒在漆料上。用调刀(6.6)轻轻地混合成一体。使色浆在离底板中心 35 mm 距离处分布成几个点或者铺展成内径 40 mm 及外径 100 mm 的环。

注：建议用一符合要求的图形的纸环放在下层玻璃板下面作为铺展图样。

将调刀粘有的混合物尽可能地抹擦在平磨仪的上层玻璃板上。

合上平磨仪玻璃板，施加最大的力 1 kN 或有关双方商定的力，以每次 50 转研磨混合物。每次研磨后，用调刀从两块玻璃板上收集色浆，再按上面所述将色浆分布在底层板上，并按前述操作在上层板上抹擦调刀。研磨完所有要求的转数后，取下色浆并将其贮存在一合适的容器中。擦净平磨仪和调刀。

研磨混合物的总转数与按 GB/T 13451.2 规定测定分散性所需的转数相同，以确保颜料完全分散。该研磨转数应在试验报告中说明。

8.3 试验样板的制备

8.3.1 通则

试验样板的制备主要取决于施涂方法、底材和漆膜厚度，这些应根据特定颜料着色体系的特定用途来选定。

采用相同的方法，将试验颜料分散体和商定参照颜料分散体施涂成宽度至少为 40 mm 的膜。

施涂后要尽快测定湿样。

8.3.2 白色颜料

用漆膜制备器（6.3）将色浆刮涂到底材（6.2）上，制备器刮槽间隙对二氧化钛和硫化锌（100%）为 150 μm 至 200 μm（湿膜厚约为 75 μm 至 100 μm）对立德粉和氧化锌（锌白）为 500 μm（湿膜厚约为 250 μm）。

8.3.3 着色颜料和黑色颜料

8.3.3.1 对于评定本色色差的遮盖层

将试验颜料分散体和商定参照颜料分散体刮涂成遮盖层。

注：当漆膜在黑白对比底材上用目视法检测，其对比不再可见时则认为该涂层是遮盖层。

8.3.3.2 对于评定主色色差的非遮盖层

将试验颜料分散体和商定参照颜料分散体在同一刮涂过程并排涂布（如可能），并刮涂相同膜厚。

8.4 测量

按 GB/T 11186.2 规定，采用适宜的几何条件（见 GB/T 11186.1 和 GB/T 11186.3），测定由试验颜料分散体和商定参照颜料分散体制得样板的三刺激值。

本标准的目的是测试各种颜料，因此，对于要进行比较的样板的表面反射率差必须是不允许影响结果。除了很深（暗）的样板外，都可以通过采用包括镜面反射的 8/*d* 或 *d*/8 几何条件来达到。对于高光泽样板，从测量值中减去表面反射值，使其能与目视评定有更好的对比关系。45/0 或 0/45 几何条件只能用于高光泽或者完全无光的样板。对于很深（暗）的样板（例如由炭黑制备的样板或者在透明颜料主色情况下），应注意光泽差或表面纹理差异不会影响反射率值。在有些情况下，最好将分散体刮涂到玻璃板上，采用 45/0 或除去镜面反射的 *d*/8 几何条件，并透过玻璃板进行测定。

## 9 结果的表示

由测得的三刺激值，采用 GB/T 11186.3 中所列公式分别得到 9.1 和 9.2 或 9.3 所示的颜色特性。

9.1 白色颜料和黑色颜料

9.1.1 相对色调

计算下列数值：

$$\Delta a^* = a_T^* - a_R^*$$

$$\Delta b^* = b_T^* - b_R^*$$

式中：$R$——指商定参照样板；

$T$——指试验样板。

由 $\Delta a^*$ 和 $\Delta b^*$ 的正负号和 $|\Delta b^*/\Delta a^*|$ 值（两者比的绝对值）来确定相对色调。从表 3 中取得相应颜色来表示相对色调。

表 3 相对色调的名称

| $\Delta b^*$ 的正负号 | $\Delta a^*$ 的正负号 | | $\|\Delta b^*/\Delta a^*\|$ |
|---|---|---|---|
| | − | + | |
| + | 黄色（Y） | | >2.5 |
| + | 黄绿色（YG） | 黄红色（YR） | 0.4～2.5 |
| +或− | 绿色（G） | 红色（R） | <0.4 |

表 3（完）

| $\Delta b^*$的正负号 | $\Delta a^*$的正负号 | | $\lvert\Delta b^*/\Delta a^*\rvert$ |
|---|---|---|---|
| | − | + | |
| − | 蓝绿色(BG) | 蓝红色(BR) | 0.4～2.5 |
| | 蓝色(B) | | >2.5 |

9.1.2 色品差的量

用 Δs 值表示色品差的量，该值按下式计算：

$$\Delta s = \sqrt{(\Delta a^*)^2 + (\Delta b^*)^2}$$

Δs 值也可由下式计算：

$$\Delta s = \sqrt{(\Delta E_{ab}^*)^2 - (\Delta L^*)^2}$$

9.2 明度差

按下式计算明度差：

$$\Delta L^* = L_T^* - L_R^*$$

式中：$R$——指商定参照样板；

$T$——指试验样板。

9.3 着色颜料

按 CIE 1976 $L^*a^*b^*$ 色差 $\Delta E_{ab}^*$ 来表示色差，还应表明其明度差 $\Delta L^*$、色调差 $\Delta H_{ab}^*$ 和彩度差 $\Delta C_{ab}^*$（见 GB/T 11186.3）。

## 10 试验报告

试验报告至少应包括下列内容：

a）试验产品及商定参照颜料的类型及名称；

b）注明参照本国家标准；

c）研磨料的组成（见 8.1）；

d）试验样板的制备方法；

e）如使用平磨仪，说明选定的研磨转数；

f）如可能，要注明漆膜厚度、颜料浓度和底材；

g）注明是本色还是主色；

h）测色仪类型（光谱光度计或三刺激色度计）和测量采用的几何条件；

i）按第 9 章表示的试验结果；

j）与规定的试验方法任何不同之处；

k）试验日期。

中华人民共和国国家标准

UDC 667.622
:667.613

GB 9287—88

# 颜料易分散程度的比较　振荡法

# Comparison of ease of dispersion of pigments—Oscillatory shaking method

本标准等效采用ISO 787/20—1975《颜料和体质颜料通用试验方法——第20部分：分散容易程度的比较（振荡法）》。

## 1 主题内容与适用范围

本标准是适用于两种类似颜料在指定介质中的易分散程度比较的通用试验方法。试验结果是以在一专用仪器中达到规定细度所需的时间或用研磨30min后达到的细度来表示[1]。

注：当本通用方法适用于指定颜料或体质颜料时，只要在该颜料或体质颜料的产品标准中列入参照本方法的条款，并注明由于产品的特性需作的变更。仅当本通用方法不适用于某特定产品时，才应规定一个专用方法来进行易分散程度的比较。

## 2 引用标准

GB 6753.1　涂料检验方法　涂料研磨细度的测定

GB 9285　色漆和清漆用原材料　取样

## 3 原理

把试样和标样在已知条件下与选择的介质分别在油漆调制机中同时研磨，在分散过程中的一定间隔时间内用刮板细度计来测定每个样品的分散程度。根据这些结果，作出曲线。每个颜料达到要求细度所需的时间或研磨一定时间达到的细度即说明颜料的相对易分散程度。

分散程度受许多因素的影响，为了进行对比必须规定下列因素：

a. 容器的容量及尺寸；

b. 玻璃珠的性质及体积；

c. 研磨料（颜料加分散介质）的体积；

d. 分散介质的性质；

e. 研磨时间。

研磨料中颜料的浓度，应根据颜料需要的介质选择。所有颜料分为下列四种：

a. 介质需要量低的颜料——平均研磨浓度为60％（*m*/*m*）；

b. 介质需要量中等的颜料——平均研磨浓度为40％（*m*/*m*）；

c. 介质需要量高的颜料——平均研磨浓度为20％（*m*/*m*）；

d. 介质需要量很高的颜料（例如炭黑）——平均研磨浓度为10％（*m*/*m*）。

注：一般地讲，无机颜料属于*a*或*b*，有机颜料属于*c*，炭黑属于*d*。

因研磨料中颜料的浓度影响研磨效率，故要同时进行三个不同研磨浓度的试验，如研磨浓度是已

采用说明：

1〕ISO 787/20规定试验结果是以在一专用仪器中达到规定细度所需的时间来表示。本标准还规定用研磨30min后达到的细度来表示。

中华人民共和国化学工业部1988-04-19批准　　1989-01-01实施

知的，则不必做此试验。

研磨料的总体积（颜料加介质）应保持稳定。下表列出了相对密度不同的颜料及不同研磨浓度的两个组分的数量。

在给定研磨浓度时颜料和介质用量

| 研磨浓度，%（m/m） | 质量[1) ]g | 颜料相对密度 | | | | | | | |
|---|---|---|---|---|---|---|---|---|---|
| | | 1.25 | 1.5 | 2.0 | 2.5 | 3.0 | 4.0 | 5.0 | 6.0 |
| 4 | 颜料 | 1.0 | 1.0 | 1.0 | 1.0 | 1.0 | 1.0 | 1.0 | 1.0 |
| | 介质 | 24.3 | 24.4 | 24.5 | 24.7 | 24.7 | 24.8 | 24.8 | 24.9 |
| 6 | 颜料 | 1.5 | 1.5 | 1.6 | 1.6 | 1.6 | 1.6 | 1.6 | 1.6 |
| | 介质 | 24.0 | 24.2 | 24.4 | 24.5 | 24.6 | 24.7 | 24.7 | 24.8 |
| 8 | 颜料 | 2.1 | 2.1 | 2.1 | 2.1 | 2.1 | 2.1 | 2.1 | 2.1 |
| | 介质 | 23.7 | 23.9 | 24.1 | 24.3 | 24.4 | 24.6 | 24.6 | 24.7 |
| 10 | 颜料 | 2.6 | 2.6 | 2.7 | 2.7 | 2.7 | 2.7 | 2.7 | 2.7 |
| | 介质 | 23.3 | 23.6 | 23.9 | 24.1 | 24.3 | 24.4 | 24.5 | 24.6 |
| 12 | 颜料 | 3.1 | 3.2 | 3.2 | 3.3 | 3.3 | 3.3 | 3.3 | 3.3 |
| | 介质 | 22.9 | 23.3 | 23.7 | 23.9 | 24.1 | 24.3 | 24.5 | 24.5 |
| 15 | 颜料 | 4.0 | 4.0 | 4.1 | 4.2 | 4.2 | 4.3 | 4.3 | 4.3 |
| | 介质 | 22.4 | 22.8 | 23.3 | 23.6 | 23.8 | 24.1 | 24.3 | 24.4 |
| 20 | 颜料 | 5.4 | 5.5 | 5.7 | 5.8 | 5.9 | 5.9 | 6.0 | 6.0 |
| | 介质 | 21.5 | 22.0 | 22.7 | 23.1 | 23.4 | 23.8 | 24.0 | 24.2 |
| 25 | 颜料 | 6.8 | 7.0 | 7.3 | 7.5 | 7.6 | 7.8 | 7.9 | 8.0 |
| | 介质 | 20.5 | 21.1 | 22.0 | 22.5 | 22.9 | 23.4 | 23.7 | 24.0 |
| 30 | 颜料 | 8.4 | 8.7 | 9.1 | 9.4 | 9.6 | 9.8 | 10.0 | 10.1 |
| | 介质 | 19.5 | 20.3 | 21.3 | 21.9 | 22.4 | 23.0 | 23.4 | 23.6 |
| 40 | 颜料 | 11.6 | 12.2 | 13.1 | 13.7 | 14.1 | 14.7 | 15.0 | 15.3 |
| | 介质 | 17.4 | 18.3 | 19.6 | 20.5 | 21.1 | 22.0 | 22.5 | 23.0 |
| 50 | 颜料 | 15.1 | 16.2 | 17.7 | 18.8 | 19.6 | 20.7 | 21.5 | 22.0 |
| | 介质 | 15.1 | 16.2 | 17.7 | 18.8 | 19.6 | 20.7 | 21.5 | 22.0 |
| 60 | 颜料 | 18.9 | 20.6 | 23.2 | 25.1 | 26.6 | 28.7 | 30.1 | 31.1 |
| | 介质 | 12.6 | 13.7 | 15.5 | 16.8 | 17.7 | 19.1 | 20.1 | 20.7 |
| 70 | 颜料 | 23.1 | 25.6 | 29.8 | 33.0 | 35.6 | 39.5 | 42.2 | 44.2 |
| | 介质 | 9.9 | 11.0 | 12.8 | 14.2 | 15.3 | 16.9 | 18.1 | 18.9 |

注：1）如已知树脂液密度，则可以体积来代替质量。

## 4 材料

**4.1** 醇酸树脂：75%（*m/m*）溶液，其规格如下：

长油度亚麻仁油季戊四醇醇酸树脂，约含68%（*m/m*）脂肪酸及20%（*m/m*）邻苯二甲酸酐；粘度为 6～8 Pa·s（60～80 P）/20℃。

**4.2** 醇酸树脂：20%（*m/m*）溶液，系由20质量分75%树脂溶液（4.1条）与55质量分 200号油漆溶剂油配成，在使用前应过滤。

## 5 仪器

**5.1** 油漆调制机：装入调制机的玻璃瓶每分钟往复振荡680～690次，距离16mm，摆动角度30°。

**5.2** 玻璃瓶：容量约为125mL，外部尺寸高约70mm，直径60mm，带盖，用塑料薄膜作衬垫以使瓶内物料与盖隔离。

**5.3** 座架：能装 6 个玻璃瓶，并保证所有瓶的中心离轴中心线70mm。

**5.4** 玻璃珠：直径为2.5～3.2mm，在一组试验的所有瓶子中要用性质相同的玻璃珠，且玻璃珠在试验前需事先用过。

**5.5** 刮板细度计：0～50μm或 0～25μm。

## 6 试验步骤

**6.1** 按GB 9285取试验颜料的有代表的样品。

**6.2** 称取100g玻璃珠（5.4条）置于玻璃瓶（5.2条）中，玻璃珠应不超过瓶的一半容量，按表中规定称取醇酸树脂（4.2条）及颜料标样，先加入树脂液使玻璃珠润湿，然后加入颜料，用调刀小心搅拌使颜料润湿。

照此办法采用上表给出的刚好高于和低于第一瓶研磨浓度的颜料量和树脂量再制备两瓶。这三个瓶所含的颜料及树脂的数量相当于表中三个相邻的浓度。

**6.3** 试样也按上述数量制备三瓶。

注：如颜料研磨浓度是已知的，则可按已知的研磨浓度进行比较试验。

**6.4** 把座架（5.3条）夹至油漆调制机（5.1条）上，使座架的中心线在机器驱动轴的中心线上，把瓶放在座架上，运转 5 min，分别从每个瓶中取出少量颜料分散体，用刮板细度计(5.5条)按GB 6753.1测定 2 次，记录其平均值，将每个瓶放回座架原处，每隔 5 min测一次细度，总研磨时间为30 min。

**6.5** 在研磨完成后的每个瓶子中加入 2 mL 醇酸树脂(4.1条)，加料后手工搅拌半分钟，然后按加醇酸树脂顺序从每个瓶中取颜料分散体测定细度。再按上述相同的操作顺序加入 4 mL及 8 mL。并记录结果。如细度降低，亦即刮板细度计上读数增加，说明有颜料聚集体生成，采用这种浓度进行研磨是不合适的。如三个研磨浓度都不合适，则重新选择其他的研磨浓度进行试验。

## 7 结果的表示

作细度读数（μm）对研磨时间（min）的曲线，但不取研磨料中出现颜料聚集体的结果，每相邻两点用直线连结。读出每个研磨料达到规定细度所需的时间或研磨30 min后达到的细度（μm）。

取标样和试样达到规定细度所需的时间或研磨30 min后达到的细度，用以比较其易分散程度。

## 8 试验报告

试验报告应包括下列内容：

a. 试验用颜料样品及标样的类型及名称；

b. 采用的研磨浓度；

c. 作试样和标样的细度（μm）对研磨时间（min）的曲线及试验结果；

d. 经商定与上述试验步骤的差异；
e. 试验日期。

---

附加说明：

本标准由全国涂料和颜料标准化技术委员会归口。

本标准由化工部涂料工业研究所负责起草。

本标准主要起草人夏忠昭、郑文娟。

中华人民共和国国家标准

# 着色颜料相对着色力和白色颜料相对散射力的测定　光度计法

**Determination of relative tinting strength of colored pigments and relative scattering power of white pigments—Photometric methods**

**GB/T** 13451.2—92

本标准等效采用ISO 787/24—1985《颜料和体质颜料通用试验方法——第24部分：着色颜料相对着色力和白色颜料相对散射力的测定——光度计法》。

## 1　主题内容与适用范围

本标准规定了用光度计法测定两个同一类型着色颜料相对着色力和两个同一类型白色颜料相对散射力的通用试验方法。

当本通用方法不适用于某特定产品时，应规定一个专用方法测定着色颜料的相对着色力和白色颜料的相对散射力。

## 2　引用标准

GB 5211.16　白色颜料消色力比较

GB 5211.19　着色颜料相对着色力和冲淡色的测定　目视比较法

GB 9285　色漆和清漆用原材料　取样

## 3　定义

3.1　着色力：是颜料吸收入射光的能力，因此具有例如使加入这种颜料的白漆着色或颜色变暗的能力。

3.2　吸收指数 $K_P(\lambda)$：以颜料着色的漆基的光谱吸收系数除以颜料的浓度 $C_m$。

$$K_P(\lambda)=\frac{K(\lambda)}{C_m} \quad\cdots\cdots(1)$$

式中：$K(\lambda)$——光谱吸收系数，在材料中着色颜料的量度，单位是以膜厚单位的倒数表示；

$C_m$——以颜料对漆基的质量之比表示的颜料浓度。

3.3　相对着色力 $K_r(\lambda)$：试样的吸收指数 $K_{P_1}(\lambda)$和标样的吸收指数 $K_{P_2}(\lambda)$之比，以百分数表示：

$$K_r(\lambda)=\frac{K_{P_1}(\lambda)}{K_{P_2}(\lambda)}\times 100 \quad\cdots\cdots(2)$$

国家技术监督局1992-04-28批准　　1993-03-01实施

3.4 散射力：是颜料散射入射光的能力，因此具有加入这种颜料后，色漆具有不透明度和亮度的能力。

3.5 散射指数 $S_P(\lambda)$：以颜料着色的漆基的光谱散射系数，除以颜料浓度 $C_m$(3.2)。

$$S_P(\lambda) = \frac{S(\lambda)}{C_m} \quad \cdots\cdots(3)$$

式中：$S(\lambda)$——光谱散射系数，在材料中白色颜料散射力的量度，单位是以膜厚单位的倒数表示。

3.6 相对散射力 $S_r(\lambda)$：试样的散射指数 $S_{P_3}(\lambda)$ 与标样的散射指数 $S_{P_4}(\lambda)$ 之比，以百分数表示：

$$S_r(\lambda) = \frac{S_{P_3}(\lambda)}{S_{P_4}(\lambda)} \times 100 \quad \cdots\cdots(4)$$

3.7 反射因数 $R_\infty$：指色浆或漆膜在所给定立体角内，诸方面反射的辐射通量与在相同照明条件下，由完全漫反射面反射的辐射通量之比。当色浆或漆膜达到一定厚度后，即使再增加厚度，其比率也不会变化。

3.8 反射系数 $\rho_\infty$：指色浆或漆膜达到一定厚度时的反射率，即再增加膜厚反射率也不会变化。

## 4 原理

### 4.1 着色颜料和黑色颜料

相同质量的试验颜料 $P_1$ 和标准颜料 $P_2$ 分别分散在质量相同的同一种白色颜料浆中，对每个分散体的反射因数 $R_\infty$ 或反射系数 $\rho_\infty$ 在给出最小 $R_\infty$ 或 $\rho_\infty$ 的波长下进行光度学测定，用对应的 $K/S$ 值由下述公式得出试验颜料的相对着色力 $K_r$：

$$K_r = \frac{(K_{P_1}/S)}{(K_{P_2}/S)} \times 100 \quad \cdots\cdots(5)$$

式中：$K_{P_1}/S$——试验颜料 $R_\infty$ 或 $\rho_\infty$ 的 $K/S$ 值；

$K_{P_2}/S$——标准颜料 $R_\infty$ 或 $\rho_\infty$ 的 $K/S$ 值。

### 4.2 白色颜料

相同质量的试验颜料 $P_3$ 和标准颜料 $P_4$ 分别分散于相同质量的同一种黑色颜料浆中，在波长 550 nm下或用 Y 滤色片对每个分散体的反射因素 $R_\infty$ 或反射系数 $\rho_\infty$ 进行光度学测定，用对应的 $K/S$ 值由下式得出试验颜料的相对散射力 $S_r$。

$$S_r = \frac{(K/S_{P_4})}{(K/S_{P_3})} \times 100 \quad \cdots\cdots(6)$$

式中：$K/S_{P_3}$——试验颜料 $R_\infty$ 或 $\rho_\infty$ 的 $K/S$ 值；

$K/S_{P_4}$——标准颜料 $R_\infty$ 或 $\rho_\infty$ 的 $K/S$ 值。

## 5 材料

5.1 醇酸树脂 以 63%($m/m$)亚麻仁油和 33%($m/m$)邻苯二甲酸酐为基础的混合物，应符合下列要求：

酸值 不大于 15 mgKOH/g

粘度(无溶剂) 7～10 Pa·s

羟值 约 40 mgKOH/g

5.2 白色颜料浆

a. 40 质量份的 R 型二氧化钛;

b. 56 质量份的醇酸树脂(5.1);

c. 4 质量份的硬脂酸钙。

用调刀将上述组分均匀混合,然后在三辊磨上研磨直至细度板上测试的细度小于 15 μm[1]时止,贮于密闭的容器中备用,最好是带螺旋帽的软管中。

5.3 黑色颜料浆

5.3.1 用调刀将 18.7 质量份的灯黑型高色素炭黑同 81.3 质量份的醇酸树脂(5.1)混合,在三辊磨上轧 6 道,得到均匀的细分散体。

5.3.2 将按 5.3.1 规定制得的浆 3.25 g 和 91.64 g 醇酸树脂(5.1)及 5.11 g 合成二氧化硅混合,混合物经过一道三辊磨,将此黑浆贮于密闭的容器中,最好是带螺旋帽的软管中。

## 6 仪器

6.1 三辊磨

6.2 自动研磨机,磨砂玻璃板直径为 180～250 mm,在研磨机上施加力约 1 kN,转速为 70～120 r/min。

6.3 浆膜盛器,例如一合适的器皿,可为每一分散体提供厚约 250 μm 的浆膜。

6.4 光度计,能在波长 400 nm 和 700 nm 之间进行测定的分光光度计或 D 65 光源的三刺激值色度计。

如使用三刺激值色度计,要求使用对所测着色颜料适宜的滤色片,对于白色颜料则用 CIEY 滤色片。

## 7 取样

按 GB 9285 的规定选取试验颜料的代表性样品。

## 8 试验步骤

### 8.1 相对着色力的测定

8.1.1 试样分散体的制备

称取 3 g 白浆(5.2)(称准至 0.01 g)和 0.12 g 试验样品(称准至 0.000 1 g)。将白浆放在自动研磨机下层板中心处,将试验样品撒在白浆上,并用调刀轻轻调匀,合上研磨板加 1 kN 力进行研磨 4 遍,每遍 25 转,收集分散体放置待用。

注:对于不易分散的颜料可适当增加研磨转数。

8.1.2 标样分散体的制备

按照 8.1.1 的规定制备标准样品分散体。

8.1.3 试膜的制备

试样分散体和标样分散体分别移至浆膜盛器中,并保证暴露的表面均匀和水平。

8.1.4 $R_\infty$或 $\rho_\infty$的测量

用分光光度计测量每个膜的 $R_\infty$或 $\rho_\infty$(即在吸收最大时的波长下,取最小 $R_\infty$或 $\rho_\infty$值)。如果用三刺

---

采用说明:

1) 国际标准 ISO 787/24 中规定研磨至 5 μm。

激值色度计，则须选用滤色片，使测量波长限制在接近最高吸收波长，记录色度计的读数，除以 100 以得到 $R_\infty$或 $\rho_\infty$。

### 8.2 相对散射力的测定

8.2.1 白颜料试样分散体的制备

称取 2.5 g 黑浆(5.3.2)(称准至 0.01 g)和试验样品 2 g(称准至 0.01 g)。将黑浆放在自动研磨机下层板中心处，将试样和浆均匀混和，合上研磨板，加 1 kN 力进行研磨 4 遍，每遍 25 转，收集分散体放置待用。

8.2.2 白颜料标样分散体的制备

按照 8.2.1 的规定制备标准样品分散体。

8.2.3 试膜的制备

按 8.1.3 的规定进行试膜的制备。

8.2.4 $R_\infty$或 $\rho_\infty$的测量

在 550 nm 波长下，用分光光度计或带有 Y 滤色片的三刺激值色度计测量每个膜的 $R_\infty$或 $\rho_\infty$。如果用三刺激值色度计，记下读数除以 100，得到 $R_\infty$或 $\rho_\infty$值。

## 9 结果的表示

从测定的 $R_\infty$或 $\rho_\infty$值可以在附录中读取相应的 $K/S$ 值。如果测定的 $R_\infty$或 $\rho_\infty$包含光泽，在查附录的表以前应减去 0.04，用式(5)或式(6)分别算出试样的相对着色力或相对散射力。

## 10 试验报告

试验报告应包括下列内容：

a. 试验样品及标样的类型及名称；

b. 注明按照本国家标准；

c. 注明使用光度计型号和测量几何条件(包含光泽或排除光泽测量)；

d. 研磨转数如不是 100 转，写明实际转数，研磨加力如不足 1 kN，写明实际的力；

e. 经同意或其他方式商定的与本试验规定操作的差异；

f. 计算得出相对着色力或相对散射力；

g. 试验日期。

# 附 录 A
## K/S 值作为所测 $\rho_\infty$ 或 $R_\infty$ 的函数
（补充件）

注：如果在排除了高光泽样品的光泽时测量 $\rho_\infty$ 或 $R_\infty$，则本表是有效的。

表 A1

| $100\rho_\infty$ 或 $100R_\infty$ | K/S | $100\rho_\infty$ 或 $100R_\infty$ | K/S | $100\rho_\infty$ 或 $100R_\infty$ | K/S | $100\rho_\infty$ 或 $100R_\infty$ | K/S |
|---|---|---|---|---|---|---|---|
| 0.1 | 191.301 468 | 3.0 | 5.737 318 | 6.0 | 2.571 429 | 9.0 | 1.536 074 |
| 0.2 | 95.302 643 | 3.1 | 5.532 049 | 6.1 | 2.520 057 | 9.1 | 1.513 630 |
| 0.3 | 63.303 925 | 3.2 | 5.339 687 | 6.2 | 2.470 374 | 9.2 | 1.491 693 |
| 0.4 | 47.305 222 | 3.3 | 5.159 047 | 6.3 | 2.422 301 | 9.3 | 1.470 246 |
| | | 3.4 | 4.989 097 | 6.4 | 2.375 760 | 9.4 | 1.449 275 |
| 0.5 | 37.706 482 | 3.5 | 4.828 927 | 6.5 | 2.330 679 | 9.5 | 1.428 763 |
| 0.6 | 31.307 755 | 3.6 | 4.677 715 | 6.6 | 2.286 995 | 9.6 | 1.408 697 |
| 0.7 | 26.737 595 | 3.7 | 4.534 738 | 6.7 | 2.244 645 | 9.7 | 1.389 061 |
| 0.8 | 23.310 287 | 3.8 | 4.399 342 | 6.8 | 2.203 569 | 9.8 | 1.369 843 |
| 0.9 | 20.644 882 | 3.9 | 4.270 945 | 6.9 | 2.163 712 | 9.9 | 1.351 032 |
| 1.0 | 18.512 817 | 4.0 | 4.149 022 | 7.0 | 2.125 018 | 10.0 | 1.332 613 |
| 1.1 | 16.768 631 | 4.1 | 4.033 100 | 7.1 | 2.087 443 | 10.1 | 1.314 576 |
| 1.2 | 15.315 344 | 4.2 | 3.922 750 | 7.2 | 2.050 938 | 10.2 | 1.296 908 |
| 1.3 | 14.085 828 | 4.3 | 3.817 581 | 7.3 | 2.015 459 | 10.3 | 1.279 601 |
| 1.4 | 13.032 135 | 4.4 | 3.717 244 | 7.4 | 1.980 965 | 10.4 | 1.262 642 |
| 1.5 | 12.119 089 | 4.5 | 3.621 411 | 7.5 | 1.947 412 | 10.5 | 1.246 021 |
| 1.6 | 11.320 328 | 4.6 | 3.529 794 | 7.6 | 1.914 772 | 10.6 | 1.229 731 |
| 1.7 | 10.615 692 | 4.7 | 3.442 120 | 7.7 | 1.883 001 | 10.7 | 1.213 759 |
| 1.8 | 9.989 471 | 4.8 | 3.358 141 | 7.8 | 1.852 069 | 10.8 | 1.198 099 |
| 1.9 | 9.429 295 | 4.9 | 3.277 634 | 7.9 | 1.821 942 | 10.9 | 1.182 741 |
| 2.0 | 8.925 260 | 5.0 | 3.200 388 | 8.0 | 1.792 594 | 11.0 | 1.167 677 |
| 2.1 | 8.469 336 | 5.1 | 3.126 211 | 8.1 | 1.763 991 | 11.1 | 1.152 900 |
| 2.2 | 8.054 968 | 5.2 | 3.054 929 | 8.2 | 1.736 110 | 11.2 | 1.138 399 |
| 2.3 | 7.676 740 | 5.3 | 2.986 375 | 8.3 | 1.708 921 | 11.3 | 1.124 170 |
| 2.4 | 7.330 125 | 5.4 | 2.920 398 | 8.4 | 1.682 400 | 11.4 | 1.110 206 |
| 2.5 | 7.011 335 | 5.5 | 2.856 858 | 8.5 | 1.656 526 | 11.5 | 1.096 498 |
| 2.6 | 6.717 152 | 5.6 | 2.795 623 | 8.6 | 1.631 273 | 11.6 | 1.083 038 |
| 2.7 | 6.444 851 | 5.7 | 2.736 571 | 8.7 | 1.606 623 | 11.7 | 1.069 823 |
| 2.8 | 6.192 079 | 5.8 | 2.679 591 | 8.8 | 1.582 551 | 11.8 | 1.056 846 |
| 2.9 | 5.956 818 | 5.9 | 2.624 577 | 8.9 | 1.558 041 | 11.9 | 1.044 100 |

续表 A1

| $100\rho_\infty$或$100R_\infty$ | $K/S$ | $100\rho_\infty$或$100R_\infty$ | $K/S$ | $100\rho_\infty$或$100R_\infty$ | $K/S$ | $100\rho_\infty$或$100R_\infty$ | $K/S$ |
|---|---|---|---|---|---|---|---|
| 12.0 | 1.031 580 | 16.0 | 0.666 667 | 20.0 | 0.458 413 | 24.0 | 0.327 273 |
| 12.1 | 1.019 278 | 16.1 | 0.660 046 | 20.1 | 0.454 392 | 24.1 | 0.324 641 |
| 12.2 | 1.007 192 | 16.2 | 0.653 515 | 20.2 | 0.450 416 | 24.2 | 0.322 036 |
| 12.3 | 0.995 314 | 16.3 | 0.647 072 | 20.3 | 0.446 485 | 24.3 | 0.319 455 |
| 12.4 | 0.983 641 | 16.4 | 0.640 715 | 20.4 | 0.442 598 | 24.4 | 0.316 901 |
| 12.5 | 0.972 166 | 16.5 | 0.634 444 | 20.5 | 0.438 755 | 24.5 | 0.314 370 |
| 12.6 | 0.960 885 | 16.6 | 0.628 256 | 20.6 | 0.434 955 | 24.6 | 0.311 865 |
| 12.7 | 0.949 795 | 16.7 | 0.622 150 | 20.7 | 0.431 197 | 24.7 | 0.309 384 |
| 12.8 | 0.938 890 | 16.8 | 0.616 125 | 20.8 | 0.427 480 | 24.8 | 0.306 926 |
| 12.9 | 0.928 165 | 16.9 | 0.610 178 | 20.9 | 0.423 804 | 24.9 | 0.304 493 |
| 13.0 | 0.917 616 | 17.0 | 0.604 309 | 21.0 | 0.420 168 | 25.0 | 0.302 082 |
| 13.1 | 0.907 240 | 17.1 | 0.598 516 | 21.1 | 0.416 573 | 25.1 | 0.299 695 |
| 13.2 | 0.897 033 | 17.2 | 0.592 798 | 21.2 | 0.413 016 | 25.2 | 0.297 331 |
| 13.3 | 0.886 990 | 17.3 | 0.587 154 | 21.3 | 0.409 498 | 25.3 | 0.294 989 |
| 13.4 | 0.877 109 | 17.4 | 0.581 581 | 21.4 | 0.406 018 | 25.4 | 0.292 669 |
| 13.5 | 0.867 384 | 17.5 | 0.576 080 | 21.5 | 0.402 575 | 25.5 | 0.290 371 |
| 13.6 | 0.857 813 | 17.6 | 0.570 648 | 21.6 | 0.399 170 | 25.6 | 0.288 095 |
| 13.7 | 0.848 393 | 17.7 | 0.565 285 | 21.7 | 0.395 800 | 25.7 | 0.285 841 |
| 13.8 | 0.839 120 | 17.8 | 0.559 988 | 21.8 | 0.392 467 | 25.8 | 0.283 607 |
| 13.9 | 0.829 990 | 17.9 | 0.554 759 | 21.9 | 0.389 169 | 25.9 | 0.281 394 |
| 14.0 | 0.821 002 | 18.0 | 0.549 594 | 22.0 | 0.385 906 | 26.0 | 0.279 202 |
| 14.1 | 0.812 151 | 18.1 | 0.544 493 | 22.1 | 0.382 677 | 26.1 | 0.277 031 |
| 14.2 | 0.803 435 | 18.2 | 0.539 455 | 22.2 | 0.379 482 | 26.2 | 0.274 879 |
| 14.3 | 0.794 850 | 18.3 | 0.534 478 | 22.3 | 0.376 321 | 26.3 | 0.272 748 |
| 14.4 | 0.786 395 | 18.4 | 0.529 563 | 22.4 | 0.373 192 | 26.4 | 0.270 636 |
| 14.5 | 0.778 066 | 18.5 | 0.524 707 | 22.5 | 0.370 097 | 26.5 | 0.268 543 |
| 14.6 | 0.769 861 | 18.6 | 0.519 910 | 22.6 | 0.367 033 | 26.6 | 0.266 470 |
| 14.7 | 0.761 777 | 18.7 | 0.515 170 | 22.7 | 0.364 000 | 26.7 | 0.264 415 |
| 14.8 | 0.753 812 | 18.8 | 0.510 488 | 22.8 | 0.360 999 | 26.8 | 0.262 380 |
| 14.9 | 0.745 963 | 18.9 | 0.505 861 | 22.9 | 0.358 029 | 26.9 | 0.260 363 |
| 15.0 | 0.738 228 | 19.0 | 0.501 289 | 23.0 | 0.355 089 | 27.0 | 0.258 364 |
| 15.1 | 0.730 605 | 19.1 | 0.496 772 | 23.1 | 0.352 179 | 27.1 | 0.256 383 |
| 15.2 | 0.723 091 | 19.2 | 0.492 308 | 23.2 | 0.349 299 | 27.2 | 0.254 420 |
| 15.3 | 0.715 684 | 19.3 | 0.487 896 | 23.3 | 0.346 448 | 27.3 | 0.252 475 |
| 15.4 | 0.708 382 | 19.4 | 0.483 536 | 23.4 | 0.343 625 | 27.4 | 0.250 548 |
| 15.5 | 0.701 184 | 19.5 | 0.479 226 | 23.5 | 0.340 831 | 27.5 | 0.248 637 |
| 15.6 | 0.694 086 | 19.6 | 0.474 967 | 23.6 | 0.338 065 | 27.6 | 0.246 744 |
| 15.7 | 0.687 088 | 19.7 | 0.470 756 | 23.7 | 0.335 326 | 27.7 | 0.244 868 |
| 15.8 | 0.680 186 | 19.8 | 0.466 595 | 23.8 | 0.332 615 | 27.8 | 0.243 008 |
| 15.9 | 0.673 380 | 19.9 | 0.462 480 | 23.9 | 0.329 931 | 27.9 | 0.241 165 |

续表 A1

| $100\rho_\infty$或$100R_\infty$ | $K/S$ | $100\rho_\infty$或$100R_\infty$ | $K/S$ | $100\rho_\infty$或$100R_\infty$ | $K/S$ | $100\rho_\infty$或$100R_\infty$ | $K/S$ |
|---|---|---|---|---|---|---|---|
| 28.0 | 0.239 338 | 32.0 | 0.177 778 | 36.0 | 0.133 334 | 40.0 | 0.100 513 |
| 28.1 | 0.237 527 | 32.1 | 0.176 487 | 36.1 | 0.132 389 | 40.1 | 0.099 808 |
| 28.2 | 0.235 732 | 32.2 | 0.175 206 | 36.2 | 0.131 451 | 40.2 | 0.099 109 |
| 28.3 | 0.233 953 | 32.3 | 0.173 936 | 36.3 | 0.130 521 | 40.3 | 0.098 415 |
| 28.4 | 0.232 189 | 32.4 | 0.172 676 | 36.4 | 0.129 597 | 40.4 | 0.097 725 |
| 28.5 | 0.230 441 | 32.5 | 0.171 426 | 36.5 | 0.128 681 | 40.5 | 0.097 041 |
| 28.6 | 0.228 708 | 32.6 | 0.170 186 | 36.6 | 0.127 771 | 40.6 | 0.096 361 |
| 28.7 | 0.226 990 | 32.7 | 0.168 955 | 36.7 | 0.126 868 | 40.7 | 0.095 686 |
| 28.8 | 0.225 288 | 32.8 | 0.167 735 | 36.8 | 0.125 972 | 40.8 | 0.095 016 |
| 28.9 | 0.223 599 | 32.9 | 0.166 524 | 36.9 | 0.125 082 | 40.9 | 0.094 350 |
| 29.0 | 0.221 926 | 33.0 | 0.165 323 | 37.0 | 0.124 200 | 41.0 | 0.093 690 |
| 29.1 | 0.220 267 | 33.1 | 0.164 132 | 37.1 | 0.123 323 | 41.1 | 0.093 033 |
| 29.2 | 0.218 622 | 33.2 | 0.162 950 | 37.2 | 0.122 453 | 41.2 | 0.092 382 |
| 29.3 | 0.216 991 | 33.3 | 0.161 777 | 37.3 | 0.121 590 | 41.3 | 0.091 735 |
| 29.4 | 0.215 374 | 33.4 | 0.160 614 | 37.4 | 0.120 733 | 41.4 | 0.091 093 |
| 29.5 | 0.213 771 | 33.5 | 0.159 459 | 37.5 | 0.119 882 | 41.5 | 0.090 455 |
| 29.6 | 0.212 182 | 33.6 | 0.158 314 | 37.6 | 0.119 037 | 41.6 | 0.089 821 |
| 29.7 | 0.210 606 | 33.7 | 0.157 178 | 37.7 | 0.118 199 | 41.7 | 0.089 192 |
| 29.8 | 0.209 043 | 33.8 | 0.156 050 | 37.8 | 0.117 367 | 41.8 | 0.088 568 |
| 29.9 | 0.207 494 | 33.9 | 0.154 931 | 37.9 | 0.116 541 | 41.9 | 0.087 948 |
| 30.0 | 0.205 958 | 34.0 | 0.153 822 | 38.0 | 0.115 721 | 42.0 | 0.087 332 |
| 30.1 | 0.204 434 | 34.1 | 0.152 720 | 38.1 | 0.114 907 | 42.1 | 0.086 720 |
| 30.2 | 0.202 924 | 34.2 | 0.151 628 | 38.2 | 0.114 099 | 42.2 | 0.086 113 |
| 30.3 | 0.201 426 | 34.3 | 0.150 543 | 38.3 | 0.113 296 | 42.3 | 0.085 509 |
| 30.4 | 0.199 941 | 34.4 | 0.149 468 | 38.4 | 0.112 500 | 42.4 | 0.084 910 |
| 30.5 | 0.198 468 | 34.5 | 0.148 400 | 38.5 | 0.111 709 | 42.5 | 0.084 316 |
| 30.6 | 0.197 007 | 34.6 | 0.147 341 | 38.6 | 0.110 925 | 42.6 | 0.083 725 |
| 30.7 | 0.195 559 | 34.7 | 0.146 290 | 38.7 | 0.110 146 | 42.7 | 0.083 138 |
| 30.8 | 0.194 122 | 34.8 | 0.145 246 | 38.8 | 0.109 372 | 42.8 | 0.082 556 |
| 30.9 | 0.192 698 | 34.9 | 0.144 211 | 38.9 | 0.108 604 | 42.9 | 0.081 977 |
| 31.0 | 0.191 285 | 35.0 | 0.143 184 | 39.0 | 0.107 842 | 43.0 | 0.081 403 |
| 31.1 | 0.189 884 | 35.1 | 0.142 165 | 39.1 | 0.107 085 | 43.1 | 0.080 832 |
| 31.2 | 0.188 494 | 35.2 | 0.141 154 | 39.2 | 0.106 333 | 43.2 | 0.080 265 |
| 31.3 | 0.187 116 | 35.3 | 0.140 150 | 39.3 | 0.105 587 | 43.3 | 0.079 703 |
| 31.4 | 0.185 749 | 35.4 | 0.139 154 | 39.4 | 0.104 847 | 43.4 | 0.079 144 |
| 31.5 | 0.184 393 | 35.5 | 0.138 165 | 39.5 | 0.104 111 | 43.5 | 0.078 589 |
| 31.6 | 0.183 048 | 35.6 | 0.137 184 | 39.6 | 0.103 381 | 43.6 | 0.078 037 |
| 31.7 | 0.181 715 | 35.7 | 0.136 210 | 39.7 | 0.102 657 | 43.7 | 0.077 490 |
| 31.8 | 0.180 392 | 35.8 | 0.135 244 | 39.8 | 0.101 937 | 43.8 | 0.076 946 |
| 31.9 | 0.179 079 | 35.9 | 0.134 285 | 39.9 | 0.101 222 | 43.9 | 0.076 406 |

续表 A1

| 100ρ∞或 100R∞ | K/S | 100ρ∞或 100R∞ | K/S | 100ρ∞或 100R∞ | K/S | 100ρ∞或 100R∞ | K/S |
|---|---|---|---|---|---|---|---|
| 44.0 | 0.075 870 | 48.0 | 0.057 143 | 52.0 | 0.042 794 | 56.0 | 0.031 746 |
| 44.1 | 0.075 337 | 48.1 | 0.056 736 | 52.1 | 0.042 481 | 56.1 | 0.031 505 |
| 44.2 | 0.074 808 | 48.2 | 0.056 332 | 52.2 | 0.042 171 | 56.2 | 0.031 265 |
| 44.3 | 0.074 283 | 48.3 | 0.055 931 | 52.3 | 0.041 862 | 56.3 | 0.031 027 |
| 44.4 | 0.073 761 | 48.4 | 0.055 532 | 52.4 | 0.041 555 | 56.4 | 0.030 791 |
| 44.5 | 0.073 242 | 48.5 | 0.055 136 | 52.5 | 0.041 251 | 56.5 | 0.030 556 |
| 44.6 | 0.072 728 | 48.6 | 0.054 742 | 52.6 | 0.040 948 | 56.6 | 0.030 323 |
| 44.7 | 0.072 217 | 48.7 | 0.054 351 | 52.7 | 0.040 647 | 56.7 | 0.030 091 |
| 44.8 | 0.071 709 | 48.8 | 0.053 963 | 52.8 | 0.040 349 | 56.8 | 0.029 860 |
| 44.9 | 0.071 204 | 48.9 | 0.053 577 | 52.9 | 0.040 052 | 56.9 | 0.029 632 |
| 45.0 | 0.070 703 | 49.0 | 0.053 194 | 53.0 | 0.039 757 | 57.0 | 0.029 404 |
| 45.1 | 0.070 206 | 49.1 | 0.052 813 | 53.1 | 0.039 464 | 57.1 | 0.029 178 |
| 45.2 | 0.069 712 | 49.2 | 0.052 435 | 53.2 | 0.039 173 | 57.2 | 0.028 954 |
| 45.3 | 0.069 221 | 49.3 | 0.052 059 | 53.3 | 0.038 884 | 57.3 | 0.028 731 |
| 45.4 | 0.068 733 | 49.4 | 0.051 686 | 53.4 | 0.038 597 | 57.4 | 0.028 509 |
| 45.5 | 0.068 249 | 49.5 | 0.051 315 | 53.5 | 0.038 311 | 57.5 | 0.028 289 |
| 45.6 | 0.067 768 | 49.6 | 0.050 947 | 53.6 | 0.038 028 | 57.6 | 0.028 070 |
| 45.7 | 0.067 290 | 49.7 | 0.050 581 | 53.7 | 0.037 746 | 57.7 | 0.027 853 |
| 45.8 | 0.066 816 | 49.8 | 0.050 217 | 53.8 | 0.037 466 | 57.8 | 0.027 637 |
| 45.9 | 0.066 344 | 49.9 | 0.049 856 | 53.9 | 0.037 188 | 57.9 | 0.027 422 |
| 46.0 | 0.065 876 | 50.0 | 0.049 497 | 54.0 | 0.036 912 | 58.0 | 0.027 209 |
| 46.1 | 0.065 411 | 50.1 | 0.049 141 | 54.1 | 0.036 637 | 58.1 | 0.026 998 |
| 46.2 | 0.064 949 | 50.2 | 0.048 787 | 54.2 | 0.036 364 | 58.2 | 0.026 787 |
| 46.3 | 0.064 490 | 50.3 | 0.048 435 | 54.3 | 0.036 093 | 58.3 | 0.026 578 |
| 46.4 | 0.064 035 | 50.4 | 0.048 085 | 54.4 | 0.035 824 | 58.4 | 0.026 371 |
| 46.5 | 0.063 582 | 50.5 | 0.047 738 | 54.5 | 0.035 557 | 58.5 | 0.026 164 |
| 46.6 | 0.063 132 | 50.6 | 0.047 393 | 54.6 | 0.035 291 | 58.6 | 0.025 959 |
| 46.7 | 0.062 686 | 50.7 | 0.047 050 | 54.7 | 0.035 027 | 58.7 | 0.025 756 |
| 46.8 | 0.062 242 | 50.8 | 0.046 710 | 54.8 | 0.034 765 | 58.8 | 0.025 553 |
| 46.9 | 0.061 801 | 50.9 | 0.046 372 | 54.9 | 0.034 504 | 58.9 | 0.025 352 |
| 47.0 | 0.061 363 | 51.0 | 0.046 036 | 55.0 | 0.034 245 | 59.0 | 0.025 153 |
| 47.1 | 0.060 929 | 51.1 | 0.045 702 | 55.1 | 0.033 988 | 59.1 | 0.024 954 |
| 47.2 | 0.060 497 | 51.2 | 0.045 370 | 55.2 | 0.033 732 | 59.2 | 0.024 757 |
| 47.3 | 0.060 068 | 51.3 | 0.045 041 | 55.3 | 0.033 478 | 59.3 | 0.024 561 |
| 47.4 | 0.059 641 | 51.4 | 0.044 714 | 55.4 | 0.033 226 | 59.4 | 0.024 367 |
| 47.5 | 0.059 218 | 51.5 | 0.044 388 | 55.5 | 0.032 975 | 59.5 | 0.024 174 |
| 47.6 | 0.058 797 | 51.6 | 0.044 065 | 55.6 | 0.032 726 | 59.6 | 0.023 982 |
| 47.7 | 0.058 380 | 51.7 | 0.043 744 | 55.7 | 0.032 479 | 59.7 | 0.023 791 |
| 47.8 | 0.057 965 | 51.8 | 0.043 426 | 55.8 | 0.032 233 | 59.8 | 0.023 601 |
| 47.9 | 0.057 552 | 51.9 | 0.043 109 | 55.9 | 0.031 989 | 59.9 | 0.023 413 |

续表 A1

| 100$\rho_\infty$或 100$R_\infty$ | $K/S$ | 100$\rho_\infty$或 100$R_\infty$ | $K/S$ | 100$\rho_\infty$或 100$R_\infty$ | $K/S$ | 100$\rho_\infty$或 100$R_\infty$ | $K/S$ |
|---|---|---|---|---|---|---|---|
| 60.0 | 0.023 226 | 64.0 | 0.016 667 | 68.0 | 0.011 646 | 72.0 | 0.007 843 |
| 60.1 | 0.023 040 | 64.1 | 0.016 524 | 68.1 | 0.011 537 | 72.1 | 0.007 761 |
| 60.2 | 0.022 855 | 64.2 | 0.016 382 | 68.2 | 0.011 429 | 72.2 | 0.007 680 |
| 60.3 | 0.022 672 | 64.3 | 0.016 241 | 68.3 | 0.011 322 | 72.3 | 0.007 600 |
| 60.4 | 0.022 490 | 64.4 | 0.016 101 | 68.4 | 0.011 215 | 72.4 | 0.007 520 |
| 60.5 | 0.022 309 | 64.5 | 0.015 962 | 68.5 | 0.011 110 | 72.5 | 0.007 441 |
| 60.6 | 0.022 129 | 64.6 | 0.015 824 | 68.6 | 0.011 005 | 72.6 | 0.007 362 |
| 60.7 | 0.021 950 | 64.7 | 0.015 687 | 68.7 | 0.010 900 | 72.7 | 0.007 284 |
| 60.8 | 0.021 772 | 64.8 | 0.015 551 | 68.8 | 0.010 797 | 72.8 | 0.007 206 |
| 60.9 | 0.021 596 | 64.9 | 0.015 416 | 68.9 | 0.010 694 | 72.9 | 0.007 129 |
| 61.0 | 0.021 421 | 65.0 | 0.015 281 | 69.0 | 0.010 592 | 73.0 | 0.007 053 |
| 61.1 | 0.021 247 | 65.1 | 0.015 148 | 69.1 | 0.010 490 | 73.1 | 0.006 977 |
| 61.2 | 0.021 074 | 65.2 | 0.015 015 | 69.2 | 0.010 390 | 73.2 | 0.006 902 |
| 61.3 | 0.020 902 | 65.3 | 0.014 883 | 69.3 | 0.010 290 | 73.3 | 0.006 827 |
| 61.4 | 0.020 731 | 65.4 | 0.014 753 | 69.4 | 0.010 190 | 73.4 | 0.006 753 |
| 61.5 | 0.020 562 | 65.5 | 0.014 623 | 69.5 | 0.010 092 | 73.5 | 0.006 679 |
| 61.6 | 0.020 393 | 65.6 | 0.014 494 | 69.6 | 0.009 994 | 73.6 | 0.006 606 |
| 61.7 | 0.020 226 | 65.7 | 0.014 365 | 69.7 | 0.009 897 | 73.7 | 0.006 534 |
| 61.8 | 0.020 060 | 65.8 | 0.014 238 | 69.8 | 0.009 800 | 73.8 | 0.006 462 |
| 61.9 | 0.019 894 | 65.9 | 0.014 112 | 69.9 | 0.009 704 | 73.9 | 0.006 390 |
| 62.0 | 0.019 730 | 66.0 | 0.013 986 | 70.0 | 0.009 609 | 74.0 | 0.006 319 |
| 62.1 | 0.019 567 | 66.1 | 0.013 861 | 70.1 | 0.009 515 | 74.1 | 0.006 249 |
| 62.2 | 0.019 405 | 66.2 | 0.013 737 | 70.2 | 0.009 421 | 74.2 | 0.006 179 |
| 62.3 | 0.019 245 | 66.3 | 0.013 614 | 70.3 | 0.009 328 | 74.3 | 0.006 110 |
| 62.4 | 0.019 085 | 66.4 | 0.013 492 | 70.4 | 0.009 235 | 74.4 | 0.006 041 |
| 62.5 | 0.018 926 | 66.5 | 0.013 371 | 70.5 | 0.009 143 | 74.5 | 0.005 973 |
| 62.6 | 0.018 768 | 66.6 | 0.013 250 | 70.6 | 0.009 052 | 74.6 | 0.005 906 |
| 62.7 | 0.018 612 | 66.7 | 0.013 130 | 70.7 | 0.008 962 | 74.7 | 0.005 838 |
| 62.8 | 0.018 456 | 66.8 | 0.013 011 | 70.8 | 0.008 872 | 74.8 | 0.005 772 |
| 62.9 | 0.018 301 | 66.9 | 0.012 893 | 70.9 | 0.008 783 | 74.9 | 0.005 706 |
| 63.0 | 0.018 148 | 67.0 | 0.012 776 | 71.0 | 0.008 694 | 75.0 | 0.005 640 |
| 63.1 | 0.017 995 | 67.1 | 0.012 659 | 71.1 | 0.008 606 | 75.1 | 0.005 575 |
| 63.2 | 0.017 844 | 67.2 | 0.012 544 | 71.2 | 0.008 519 | 75.2 | 0.005 511 |
| 63.3 | 0.017 693 | 67.3 | 0.012 429 | 71.3 | 0.008 432 | 75.3 | 0.005 447 |
| 63.4 | 0.017 543 | 67.4 | 0.012 314 | 71.4 | 0.008 346 | 75.4 | 0.005 383 |
| 63.5 | 0.017 395 | 67.5 | 0.012 201 | 71.5 | 0.008 261 | 75.5 | 0.005 320 |
| 63.6 | 0.017 247 | 67.6 | 0.012 089 | 71.6 | 0.008 176 | 75.6 | 0.005 258 |
| 63.7 | 0.017 101 | 67.7 | 0.011 977 | 71.7 | 0.008 092 | 75.7 | 0.005 196 |
| 63.8 | 0.016 955 | 67.8 | 0.011 866 | 71.8 | 0.008 008 | 75.8 | 0.005 134 |
| 63.9 | 0.016 810 | 67.9 | 0.011 755 | 71.9 | 0.007 925 | 75.9 | 0.005 073 |

续表 A1

| $100\rho_\infty$或 $100R_\infty$ | $K/S$ | $100\rho_\infty$或 $100R_\infty$ | $K/S$ | $100\rho_\infty$或 $100R_\infty$ | $K/S$ | $100\rho_\infty$或 $100R_\infty$ | $K/S$ |
|---|---|---|---|---|---|---|---|
| 76.0 | 0.005 013 | 80.0 | 0.002 963 | 84.0 | 0.001 544 | 88.0 | 0.000 638 |
| 76.1 | 0.004 952 | 80.1 | 0.002 920 | 84.1 | 0.001 516 | 88.1 | 0.000 621 |
| 76.2 | 0.004 893 | 80.2 | 0.002 878 | 84.2 | 0.001 488 | 88.2 | 0.000 604 |
| 76.3 | 0.004 834 | 80.3 | 0.002 836 | 84.3 | 0.001 460 | 88.3 | 0.000 588 |
| 76.4 | 0.004 775 | 80.4 | 0.002 795 | 84.4 | 0.001 432 | 88.4 | 0.000 572 |
| 76.5 | 0.004 717 | 80.5 | 0.002 754 | 84.5 | 0.001 405 | 88.5 | 0.000 556 |
| 76.6 | 0.004 659 | 80.6 | 0.002 713 | 84.6 | 0.001 378 | 88.6 | 0.000 540 |
| 76.7 | 0.004 602 | 80.7 | 0.002 673 | 84.7 | 0.001 352 | 88.7 | 0.000 525 |
| 76.8 | 0.004 545 | 80.8 | 0.002 633 | 84.8 | 0.001 325 | 88.8 | 0.000 509 |
| 76.9 | 0.004 489 | 80.9 | 0.002 593 | 84.9 | 0.001 300 | 88.9 | 0.000 494 |
| 77.0 | 0.004 433 | 81.0 | 0.002 554 | 85.0 | 0.001 274 | 89.0 | 0.000 480 |
| 77.1 | 0.004 378 | 81.1 | 0.002 515 | 85.1 | 0.001 248 | 89.1 | 0.000 465 |
| 77.2 | 0.004 323 | 81.2 | 0.002 477 | 85.2 | 0.001 223 | 89.2 | 0.000 451 |
| 77.3 | 0.004 269 | 81.3 | 0.002 439 | 85.3 | 0.001 199 | 89.3 | 0.000 437 |
| 77.4 | 0.004 215 | 81.4 | 0.002 401 | 85.4 | 0.001 174 | 89.4 | 0.000 424 |
| 77.5 | 0.004 161 | 81.5 | 0.002 364 | 85.5 | 0.001 150 | 89.5 | 0.000 410 |
| 77.6 | 0.004 108 | 81.6 | 0.002 327 | 85.6 | 0.001 126 | 89.6 | 0.000 397 |
| 77.7 | 0.004 056 | 81.7 | 0.002 290 | 85.7 | 0.001 103 | 89.7 | 0.000 384 |
| 77.8 | 0.004 003 | 81.8 | 0.002 254 | 85.8 | 0.001 079 | 89.8 | 0.000 371 |
| 77.9 | 0.003 952 | 81.9 | 0.002 218 | 85.9 | 0.001 056 | 89.9 | 0.000 359 |
| 78.0 | 0.003 900 | 82.0 | 0.002 183 | 86.0 | 0.001 034 | 90.0 | 0.000 346 |
| 78.1 | 0.003 849 | 82.1 | 0.002 148 | 86.1 | 0.001 011 | 90.1 | 0.000 334 |
| 78.2 | 0.003 799 | 82.2 | 0.002 113 | 86.2 | 0.000 989 | 90.2 | 0.000 322 |
| 78.3 | 0.003 749 | 82.3 | 0.002 078 | 86.3 | 0.000 967 | 90.3 | 0.000 311 |
| 78.4 | 0.003 699 | 82.4 | 0.002 044 | 86.4 | 0.009 946 | 90.4 | 0.000 300 |
| 78.5 | 0.003 650 | 82.5 | 0.002 011 | 86.5 | 0.000 924 | 90.5 | 0.000 288 |
| 78.6 | 0.003 602 | 82.6 | 0.001 977 | 86.6 | 0.000 903 | 90.6 | 0.000 278 |
| 78.7 | 0.003 553 | 82.7 | 0.001 944 | 86.7 | 0.000 883 | 90.7 | 0.000 267 |
| 78.8 | 0.003 505 | 82.8 | 0.001 911 | 86.8 | 0.000 862 | 90.8 | 0.000 257 |
| 78.9 | 0.003 458 | 82.9 | 0.001 879 | 86.9 | 0.000 842 | 90.9 | 0.000 246 |
| 79.0 | 0.003 411 | 83.0 | 0.001 847 | 87.0 | 0.000 822 | 91.0 | 0.000 236 |
| 79.1 | 0.003 364 | 83.1 | 0.001 815 | 87.1 | 0.000 802 | 91.1 | 0.000 227 |
| 79.2 | 0.003 318 | 83.2 | 0.001 784 | 87.2 | 0.000 783 | 91.2 | 0.000 217 |
| 79.3 | 0.003 272 | 83.3 | 0.001 753 | 87.3 | 0.000 764 | 91.3 | 0.000 208 |
| 79.4 | 0.003 227 | 83.4 | 0.001 722 | 87.4 | 0.000 745 | 91.4 | 0.000 199 |
| 79.5 | 0.003 182 | 83.5 | 0.001 692 | 87.5 | 0.000 727 | 91.5 | 0.000 190 |
| 79.6 | 0.003 137 | 83.6 | 0.001 661 | 87.6 | 0.000 708 | 91.6 | 0.000 181 |
| 79.7 | 0.003 093 | 83.7 | 0.001 632 | 87.7 | 0.000 690 | 91.7 | 0.000 173 |
| 79.8 | 0.003 049 | 83.8 | 0.001 602 | 87.8 | 0.000 673 | 91.8 | 0.000 164 |
| 79.9 | 0.003 006 | 83.9 | 0.001 573 | 87.9 | 0.000 655 | 91.9 | 0.000 156 |

续表 A1

| $100\rho_\infty$或$100R_\infty$ | $K/S$ | $100\rho_\infty$或$100R_\infty$ | $K/S$ | $100\rho_\infty$或$100R_\infty$ | $K/S$ | $100\rho_\infty$或$100R_\infty$ | $K/S$ |
|---|---|---|---|---|---|---|---|
| 92.0 | 0.000 149 | 93.0 | 0.000 082 | 94.0 | 0.000 036 | 95.0 | 0.000 009 |
| 92.1 | 0.000 141 | 93.1 | 0.000 077 | 94.1 | 0.000 032 | 95.1 | 0.000 007 |
| 92.2 | 0.000 134 | 93.2 | 0.000 071 | 94.2 | 0.000 029 | 95.2 | 0.000 006 |
| 92.3 | 0.000 127 | 93.3 | 0.000 066 | 94.3 | 0.000 026 | 95.3 | 0.000 004 |
| 92.4 | 0.000 120 | 93.4 | 0.000 061 | 94.4 | 0.000 023 | 95.4 | 0.000 003 |
| 92.5 | 0.000 113 | 93.5 | 0.000 057 | 94.5 | 0.000 020 | 95.5 | 0.000 002 |
| 92.6 | 0.000 106 | 93.6 | 0.000 052 | 94.6 | 0.000 017 | 95.6 | 0.000 001 |
| 92.7 | 0.000 100 | 93.7 | 0.000 048 | 94.7 | 0.000 015 | 95.7 | 0.000 001 |
| 92.8 | 0.000 094 | 93.8 | 0.000 044 | 94.8 | 0.000 013 | 95.8 | 0.000 000 |
| 92.9 | 0.000 088 | 93.9 | 0.000 040 | 94.9 | 0.000 011 | | |

**附加说明：**

本标准由中华人民共和国化学工业部提出。

本标准由全国涂料和颜料标准化技术委员会归口。

本标准由上海市染料研究所负责起草。

本标准主要起草人谈桂芬、应忠明。

ICS 87.060.10
G 53

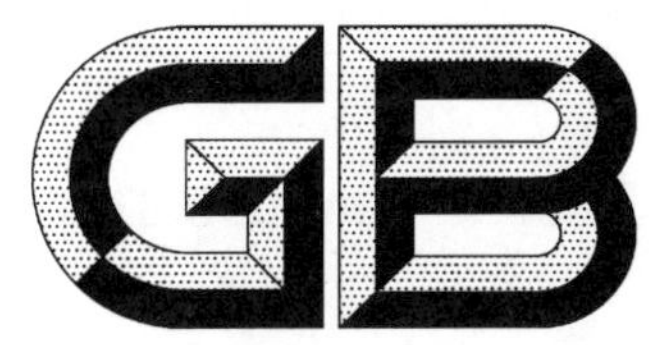

# 中华人民共和国国家标准

GB/T 21867.1—2008/ISO 8781-1:1990

---

# 颜料和体质颜料　分散性的评定方法 第1部分:由着色颜料的着色力变化进行评定

**Pigments and extenders—Methods of assessment of dispersion characteristics—Part 1:Assessment from the change in tinting strength of coloured pigments**

(ISO 8781-1:1990,IDT)

2008-05-14 发布　　2008-10-01 实施

中华人民共和国国家质量监督检验检疫总局
中国国家标准化管理委员会　发布

# 前　言

本部分等同采用国际标准ISO 8781-1:1990《颜料和体质颜料——分散性的评定方法——第1部分:由着色颜料的着色力变化进行评定》(英文版)。

本部分是GB/T 21867《颜料和体质颜料　分散性的评定方法》系列国家标准之一,下面列出了系列国家标准的结构及其对应的国际标准:

——第1部分:由着色颜料的着色力变化进行评定(ISO 8781-1:1990);

——第2部分:由研磨细度的变化进行评定(ISO 8781-2:1990);

——第3部分:由光泽的变化进行评定(ISO 8781-3:1990)。

本部分为GB/T 21867的第1部分。

下面列出了与本部分密切相关的GB/T 21868《颜料和体质颜料　评定分散性用的分散方法》系列国家标准的结构及其对应的国际标准:

——第1部分:总则(ISO 8780-1:1990);

——第2部分:用振荡磨分散(ISO 8780-2:1990);

——第3部分:用高速搅拌机分散(ISO 8780-3:1990);

——第4部分:用砂磨分散(ISO 8780-4:1990);

——第5部分:用自动平磨机分散(ISO 8780-5:1990);

——第6部分:用三辊磨分散(ISO 8780-6:1990)。

本部分的附录A为规范性附录。

本部分由中国石油和化学工业协会提出。

本部分由全国涂料和颜料标准化技术委员会归口。

本部分起草单位:中化建常州涂料化工研究院、昆山市世名科技开发有限公司。

本部分主要起草人:沈苏江、黄逸东、石一磊、吴志平。

本部分由全国涂料和颜料标准化技术委员会负责解释。

# 颜料和体质颜料　分散性的评定方法<br>第1部分:由着色颜料的着色力变化<br>进行评定

## 1　范围

本部分规定了根据着色力来评定着色颜料的分散性的评定方法。本部分应与GB/T 21868.1—2008一起阅读。

本方法一般适用于同类颜料的比较,例如试验颜料与商定的参照颜料进行比较。

## 2　规范性引用文件

下列文件中的条款通过GB/T 21867的本部分的引用而成为本部分的条款。凡是注日期的引用文件,其随后所有的修改单(不包括勘误的内容)或修订版均不适用于本部分,然而,鼓励根据本部分达成协议的各方研究是否可使用这些文件的最新版本。凡是不注日期的引用文件,其最新版本适用于本部分。

GB/T 1706—2006　二氧化钛颜料(ISO 591-1:2000, Titanium dioxide pigments for paints—Part 1:Specifications and methods of test, MOD)

GB/T 6151—1997　纺织品　色牢度试验　试验通则(eqv ISO 105-A01:1994, Textiles—Tests for colour fastness—Part A01:General principles of testing)

GB/T 13451.2—1992　着色颜料相对着色力和白色颜料相对散射力的测定　光度计法(eqv ISO 787-24:1985)

GB/T 21868.1—2008　颜料和体质颜料　评定分散性用的分散方法　第1部分:总则(ISO 8780-1:1990, IDT)

GB/T 21868.2—2008　颜料和体质颜料　评定分散性用的分散方法　第2部分:用振荡磨分散(ISO 8780-2:1990, IDT)

GB/T 21868.3—2008　颜料和体质颜料　评定分散性用的分散方法　第3部分:用高速搅拌机分散(ISO 8780-3:1990, IDT)

GB/T 21868.4—2008　颜料和体质颜料　评定分散性用的分散方法　第4部分:用砂磨分散(ISO 8780-4:1990, IDT)

GB/T 21868.5—2008　颜料和体质颜料　评定分散性用的分散方法　第5部分:用自动平磨机分散(ISO 8780-5:1990, IDT)

GB/T 21868.6—2008　颜料和体质颜料　评定分散性用的分散方法　第6部分:用三辊磨分散(ISO 8780-6:1990, IDT)

## 3　定义

GB/T 21868.1—2008确立的以及下列术语和定义适用于GB/T 21867的本部分。

3.1

**着色颜料浆　coloured pigment paste**

着色颜料在漆基体系中的分散体。

3.2

**白色颜料浆　white pigment paste**

白色颜料在漆基体系中的分散体。

3.3

**冲淡浆　reduced paste (reduction paste)**

由着色颜料浆(3.1)和白色颜料浆(3.2)混合而制得的色浆。

## 4　原理

在规定的条件下将试验颜料和商定的参照颜料分别分阶段地分散于商定的漆基体系中。在每个分散阶段,取出一部分研磨料并且分别与白色颜料浆混合,形成冲淡浆。

按 GB/T 13451.2—1992 规定的方法测得每个冲淡浆的着色力($K/S$ 值),计算两个分散体之间着色力增加的百分数来评定颜料的分散难易程度。另一方面还可绘制得到着色力的递增曲线图。

## 5　需要补充的资料

本部分所规定的试验方法需要用补充资料来加以完善。补充资料的内容在附录 A 中列出。

## 6　材料

### 6.1　白色颜料

所用白色颜料的类型应由有关双方商定,并且应与制备着色颜料浆所用的漆基体系相适应。

除非另有商定,应使用符合 GB/T 1706—2006 要求的 R2 型二氧化钛颜料。

### 6.2　白色颜料浆

将白色颜料(6.1)分散在分散试验颜料所商定的漆基体系中,制成白色颜料浆。颜料浓度应商定。

注:对于低黏度的浆,浆中含 20%(质量分数)的二氧化钛颜料是适宜的。对于高黏度的浆,浆中含 40%(质量分数)的二氧化钛颜料是适宜的(例如,GB/T 13451.2—1992 中 5.2 所规定的浆)。

## 7　仪器

普通实验室仪器和玻璃器皿,以及下列仪器。

7.1　天平:精确至 0.1 mg。

7.2　漆膜涂布器:用于制备合适厚度的冲淡浆漆膜(8.2)。

7.3　底材:用于冲淡浆的涂布。涂漆卡片或玻璃板均适用。

7.4　黑白卡片(纸):用于检查涂布的冲淡浆的合适厚度(8.2)。

7.5　自动平磨机:用于使用高黏度漆基体系时冲淡浆的制备;玻璃或塑料烧杯:用于使用低黏度漆基体系时冲淡浆的制备。

7.6　光谱光度计:能在波长 400 nm 至 700 nm 之间进行测定;或者带有对试验颜料适宜的滤色片的光度计;或者三刺激值色度计。

7.7　纸卡模板:厚度约 0.5 mm～0.8 mm,带有与光度计(7.6)测试孔相同直径的圆形孔,用于湿膜的测定。

## 8　操作步骤

### 8.1　冲淡浆的制备

8.1.1　从 GB/T 21868 系列方法中选择一个合适的分散方法来制备颜料分散体。取出选定的各分散阶段(10.1)的着色颜料浆。

8.1.2 称取适量的着色颜料浆和白色颜料浆(6.2)混合得到适当颜色深度的冲淡浆。按照8.1.3所述步骤进行混合。

注:可参考的颜色深度为纺织品在1/3和1/25之间的颜色深度(GB/T 6151—1997中第12章)(例如反射率或反射因子在15%至50%之间)。

8.1.3 选用下列步骤之一进行混合操作:

a) 对于低黏度的浆,可将着色颜料浆和白色颜料浆放在烧杯(7.5)中,用玻璃棒或调刀搅拌混合,直至混合均匀。搅动时应避免剪切过大,并应定时返回粘附到玻璃棒或调刀上的大量混合浆料。

b) 对于高黏度的浆,可使用自动平磨机(7.5)混合着色颜料浆和白色颜料浆,混合时上层板不施加载荷。称取一定量的着色颜料浆和白色颜料浆放置在自动平磨机的下层板上(注1),用调刀混合调匀,把浆分布在下层板离中心约35 mm处的几个点上或者将其铺成内径为40 mm、外径为100 mm的环带(注2)。将上层板合下后,不施加载荷,以每遍25转来研磨混合物,共研磨4遍。每遍研磨后,用调刀将浆状物收集再如前所述铺展开来。

不要将高黏度浆与低黏度浆混合。

注1:建议将颜料浆称量在透明的塑料薄片上,用调刀将大部分浆转移到平磨机的下层板上,将塑料薄片上剩余的浆擦到平磨机的上层板上。

注2:最好用一符合要求图形的纸环贴在玻璃板下面作为铺展样的图样。

8.1.4 用商定的参照颜料以相同的操作步骤制备冲淡浆。

### 8.2 冲淡浆的评定

将冲淡浆涂布在黑白卡纸(7.4)上进行试验,目视测定其完全遮盖黑白卡纸所需的最小厚度。用漆膜涂布器(7.2)以至少最小的厚度把试样和商定参照颜料的冲淡浆分别快速地涂布在底材(7.3)上,制得均匀厚度的湿膜。厚度大于100 μm的湿膜会出现发花和浮色现象,因此,为使分离(发花、浮色)减至最小程度,如果100 μm厚的湿膜不能获得不透明膜,则可进行第二次刮涂,如有必要可进行第三次刮涂,但必须在前一道膜干后再进行刮涂。

当膜开始变黏时,应进行以下擦拭试验(注3)。用手指轻轻擦拭每个膜的一部分。目视比较擦过与未擦过表面之间在颜色深度上的差别(注4)。

如有规定,应让膜按照商定或规定的条件进行干燥。否则继续按第9章中规定进行操作。用光度计对各冲淡浆进行光度学测量(第9章),这些冲淡浆已在相同各试验系列内相继制得(即这些冲淡浆具有大约相同的分散时间)。

注3:擦拭试验测定是否出现了颜料分离(例如发花、浮色或絮凝)。

注4:用高速剪切工艺(例如,喷枪或喷射器)涂布成的冲淡浆湿膜,可预料比用棒式涂布器制成的膜呈现较低的擦拭效果。

## 9 光度计测量

按GB/T 13451.2—1992中8.1.4规定的操作步骤测量膜的未擦拭表面的反射因数或反射系数。

如果使用光谱光度计,在400 nm至700 nm之间改变波长进行测定,直至得到最小$\rho_\infty$或$R_\infty$,并在此波长下进行测量。

如果使用带有滤色片的光度计或三刺激值色度计,则须选用滤色片,以使测量波长限制在接近最大吸收的波长。

在一组比较试验中，应使用相同的波长或滤色片，该波长或滤色片是根据商定的参照颜料冲淡浆有最高的分散程度而选取的。记录测得的 $\rho_\infty$ 值和 $R_\infty$ 值，从测得的 $\rho_\infty$ 值和 $R_\infty$ 值在 GB/T 13451.2—1992 的附录 A 中读取相应的 $K/S$ 值。

注：在某些情况下，可能对用光度计测量擦拭过的表面感兴趣。这些应由有关双方商定。

## 10 结果的表示

在本章中，$t_i$ 是表示分散直到最终 $i$ 级阶段所作功的量。它可以用时间，分散设备的转数，通过三辊磨的遍数或简单地以阶段数为单位来表示。

### 10.1 着色力的增加

选择两个商定的分散阶段 1 和 2，其中阶段 2 接近最大着色力。用式(1)来计算这两个阶段之间着色力的增加值，准确至整数：

$$\mathrm{IS}=\left[\frac{(K/S)_2}{(K/S)_1}-1\right]\times 100 \qquad (1)$$

式中：

IS——着色力的增加值，以%表示；

$(K/S)_1$——阶段 1 结束时的 $K/S$ 值；

$(K/S)_2$——阶段 2 结束时的 $K/S$ 值。

当比较不同颜料着色力的增加值时，应使用相同的阶段 1 和阶段 2，这些阶段应在试验报告中加以说明。

### 10.2 着色力递增曲线图

绘制按照第 9 章测得的 $K/S$ 值对 $t_i$ 函数的曲线图。

注：着色力递增图一般对于详细评定分散难易程度是有用的，尤其是对于在这方面还未做过试验的颜料更有用。例如，如果发生了研磨过度、絮凝或重结晶现象，着色力递增图会出现最大值(或者 $K/S$ 和 $t_i$ 的倒数图上出现一个最小值)。由于倒数图能得到大约的线性关系，所以它是可取的。将线外推至 $1/t_i=0(t_i=\infty)$ 可得到试样的最大着色力。

斜率小表示为容易分散，斜率大(即着色力增加很大)表示为难分散。

## 11 结果的含义

如果试样与商定参照颜料的着色力增加值 IS 的范围在 0 和 20 之间，其差值大于 7，则认为两者之间的分散性差异是显著的。

如果试样与商定参照颜料的着色力增加值 IS 的范围在 20 和 50 之间，其差值大于 9，则认为两者之间的分散性差异是显著的。

如果试样与商定参照颜料的着色力增加值 IS 的范围在 50 和 100 之间，其差值大于 12，则认为两者之间的分散性差异是显著的。

## 12 试验报告

试验报告至少应包括以下内容：

a) 识别受试产品所需的全部细节；

b) 注明本部分编号和参照的相关标准编号；

c) 附录 A 中所涉及的补充资料条款；

d) 注明测量的是湿膜还是干膜；

e) 着色力增加值 IS 和相应于$(K/S)_1$ 和$(K/S)_2$ 的分散阶段的识别(10.1),并说明由着色力增加值 IS 观察到的分散性差异情况(第 11 章);

f) 注明冲淡浆的涂布和擦拭试验之间的时间,在擦拭试验中是否观察到发花、絮凝或浮色现象;

g) 与本试验方法规定的操作步骤的任何不同之处;

h) 试验日期。

# 附　录　A
（规范性附录）
需要补充的资料

以下内容最好由有关双方商定，可以全部或部分地取自与受试产品有关的国际标准、国家标准或其他文件。

a）分散的方法（GB/T 21868/ISO 8780）；

b）白色颜料的型号（6.1）和白色颜料浆的组成（6.2）；

c）冲淡比（8.1）；

d）漆膜涂布的方法（8.2）；

e）结果（用数字或用曲线图）的表示方法；

f）参照颜料。

ICS 87.060.10
G 53

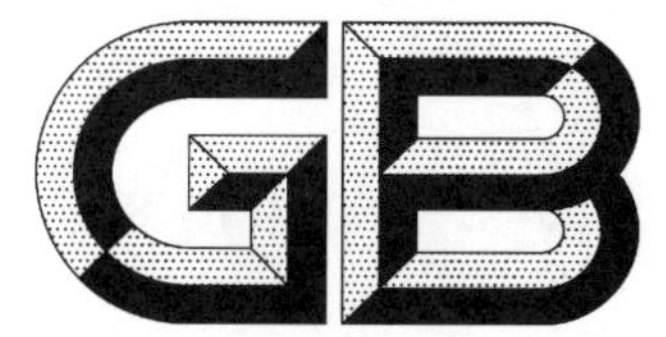

# 中华人民共和国国家标准

GB/T 21867.2—2008/ISO 8781-2:1990

# 颜料和体质颜料　分散性的评定方法 第2部分：由研磨细度的变化进行评定

**Pigments and extenders—Methods of assessment of dispersion characteristics—Part 2: Assessment from the change in fineness of grind**

(ISO 8781-2:1990,IDT)

2008-05-14 发布　　2008-10-01 实施

中华人民共和国国家质量监督检验检疫总局
中国国家标准化管理委员会　发布

# 前　言

本部分等同采用国际标准 ISO 8781-2:1990《颜料和体质颜料　分散性的评定方法　第 2 部分:由研磨细度的变化进行评定》(英文版)。

本部分是 GB/T 21867《颜料和体质颜料　分散性的评定方法》系列国家标准之一,下面列出了系列国家标准的结构及其对应的国际标准:

——第 1 部分:由着色颜料的着色力变化进行评定(ISO 8781-1:1990);

——第 2 部分:由研磨细度的变化进行评定(ISO 8781-2:1990);

——第 3 部分:由光泽的变化进行评定(ISO 8781-3:1990)。

本部分为 GB/T 21867 的第 2 部分。

下面列出了与本部分密切相关的 GB/T 21868《颜料和体质颜料　评定分散性用的分散方法》系列国家标准的结构及其对应的国际标准:

——第 1 部分:总则(ISO 8780-1:1990);

——第 2 部分:用振荡磨分散(ISO 8780-2:1990);

——第 3 部分:用高速搅拌机分散(ISO 8780-3:1990);

——第 4 部分:用砂磨分散(ISO 8780-4:1990);

——第 5 部分:用自动平磨机分散(ISO 8780-5:1990);

——第 6 部分:用三辊磨分散(ISO 8780-6:1990)。

本部分的附录 A 为规范性附录。

本部分由中国石油和化学工业协会提出。

本部分由全国涂料和颜料标准化技术委员会归口。

本部分起草单位:中化建常州涂料化工研究院、昆山市世名科技开发有限公司。

本部分主要起草人:沈苏江、黄逸东、石一磊。

本部分由全国涂料和颜料标准化技术委员会负责解释。

# 颜料和体质颜料　分散性的评定方法 第2部分:由研磨细度的变化进行评定

## 1　范围

本部分规定了根据研磨细度来评定颜料分散性的方法。本部分应与GB/T 21868.1—2008一起阅读。

本方法一般适用于同类颜料的比较,例如试验颜料与商定的参照颜料进行比较。

## 2　规范性引用文件

下列文件中的条款通过GB/T 21867的本部分的引用而成为本部分的条款。凡是注日期的引用文件,其随后所有的修改单(不包括勘误的内容)或修订版均不适用于本部分,然而,鼓励根据本部分达成协议的各方研究是否可使用这些文件的最新版本。凡是不注日期的引用文件,其最新版本适用于本部分。

GB/T 6753.1—2007　色漆、清漆和印刷油墨　研磨细度的测定(ISO 1524:2000,IDT)

GB/T 21868.1—2008　颜料和体质颜料　评定分散性用的分散方法　第1部分:总则(ISO 8780-1:1990,IDT)

GB/T 21868.2—2008　颜料和体质颜料　评定分散性用的分散方法　第2部分:用振荡磨分散(ISO 8780-2:1990,IDT)

GB/T 21868.3—2008　颜料和体质颜料　评定分散性用的分散方法　第3部分:用高速搅拌机分散(ISO 8780-3:1990,IDT)

GB/T 21868.4—2008　颜料和体质颜料　评定分散性用的分散方法　第4部分:用砂磨分散(ISO 8780-4:1990,IDT)

GB/T 21868.5—2008　颜料和体质颜料　评定分散性用的分散方法　第5部分:用自动平磨机分散(ISO 8780-5:1990,IDT)

GB/T 21868.6—2008　颜料和体质颜料　评定分散性用的分散方法　第6部分:用三辊磨分散(ISO 8780-6:1990,IDT)

## 3　原理

在规定的条件下将试验颜料和商定的参照颜料分别分阶段地分散在商定的漆基体系中。在每个分散阶段,取出一部分研磨料,按GB/T 6753.1—2007规定的方法测定研磨细度。绘制研磨细度对分散阶段(以研磨时间,研磨转数等表示)的函数的曲线图。由图可以确定获得商定研磨细度所需的分散阶段。

## 4　需要补充的资料

本部分所规定的试验方法需要用补充资料来加以完善。补充资料的内容在附录A中列出。

## 5　仪器

普通实验室仪器和玻璃器皿,以及下列仪器。

### 5.1　研磨细度计

符合GB/T 6753.1—2007要求的细度计,槽最大深度为50 μm或100 μm。

### 5.2 刮刀

## 6 操作步骤

### 6.1 分散

从GB/T 21868系列方法中选择一种分散方法按商定的浓度将每种颜料分散至商定的漆基体系中。至少进行四个阶段的研磨分散，并选择基本上按几何级数区分的中间阶段。

最终研磨阶段应选择在使颜料的研磨细度好于或等于商定的研磨细度值。中间研磨阶段应相当于达到最终研磨阶段所需阶段(时间或转数)的一半。

如果待试验的颜料在给定条件下分散的难易程度是未知的，不能确定其最佳的分散阶段，那么应按最初的探索试验确定。为此，建议至少测定两个分散阶段的颜料研磨细度。对两个座标轴采用计算尺绘制研磨细度值的曲线图，再把连接这些值的线外推得到适宜的分散性指标。然后选择适宜的中间分散阶段。

注：已证实研磨细度为5 μm是一个适宜的分散性指标，不过就不易分散的颜料而言，研磨细度为10 μm～20 μm也是可接受的。

### 6.2 研磨细度的测定

在每个分散阶段后用刮刀(5.2)从研磨料中取少量样品，然后按GB/T 6753.1—2007中规定的方法测定每个分散阶段样品的研磨细度。如果在规定分散阶段的最后一个阶段后研磨细度还未达到商定的指标，则按7.2规定进行。

## 7 结果的表示

7.1 对两个坐标轴采用计算尺绘制按6.2测得的，以微米(μm)表示的研磨细度读数对逐步加强的各分散阶段(可用研磨时间、转数等表示)函数的图。用一条平滑曲线连接这些点。

注：通常按这种方法可得到近似的线型曲线，因此可借助内插法评定。

采用内插法由曲线图可确定达到规定研磨细度指标值所需的分散阶段，如以研磨时间、自动研磨机的研磨转数等表示。

7.2 对不能达到商定的研磨细度的情况，则报告最终分散阶段之后测得的研磨细度作为实际可得到的最高研磨细度。

## 8 试验报告

试验报告至少应包括下列内容：

a) 识别受试产品所需的全部细节；
b) 注明本标准编号和参照的相关标准编号；
c) 附录A中所涉及的补充资料条款；
d) 分散阶段(7.1)和相应的研磨细度指标，或者如果没有达到商定的指标，那么注明达到最高研磨细度及达到该研磨细度所需的分散阶段(7.2)；
e) 表示研磨细度变化的曲线图(7.1)；
f) 与本试验方法规定的操作步骤的任何不同之处；
g) 试验日期。

# 附 录 A
## (规范性附录)
## 需要补充的资料

以下内容最好由有关双方商定,可以全部或部分地取自与受试产品有关的国际标准、国家标准或其他文件。

a) 分散的方法(GB/T 21868/ISO 8780);

b) 漆基的类型及牌号;

c) 研磨细度指标;

d) 参照颜料。

ICS 87.060.10
G 53

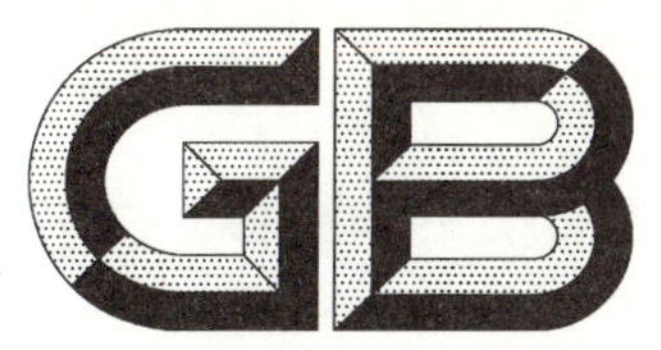

# 中华人民共和国国家标准

GB/T 21867.3—2008/ISO 8781-3:1990

# 颜料和体质颜料　分散性的评定方法
# 第3部分:由光泽的变化进行评定

**Pigments and extenders—Methods of assessment of dispersion characteristics—Part 3:Assessment from the change in gloss**

(ISO 8781-3:1990,IDT)

2008-05-14 发布　　2008-10-01 实施

中华人民共和国国家质量监督检验检疫总局
中国国家标准化管理委员会　发布

# 前言

本部分等同采用国际标准 ISO 8781-3:1990《颜料和体质颜料　分散性的评定方法　第3部分:由光泽的变化进行评定》(英文版)。

本部分是 GB/T 21867《颜料和体质颜料　分散性的评定方法》系列国家标准之一,下面列出了系列国家标准的结构及其对应的国际标准:

——第1部分:由着色颜料的着色力变化进行评定(ISO 8781-1:1990);

——第2部分:由研磨细度的变化进行评定(ISO 8781-2:1990);

——第3部分:由光泽的变化进行评定(ISO 8781-3:1990)。

本部分为 GB/T 21867 的第3部分。

下面列出了与本部分密切相关的 GB/T 21868《颜料和体质颜料　评定分散性用的分散方法》系列国家标准的结构及其对应的国际标准:

——第1部分:总则(ISO 8780-1:1990);

——第2部分:用振荡磨分散(ISO 8780-2:1990);

——第3部分:用高速搅拌机分散(ISO 8780-3:1990);

——第4部分:用砂磨分散(ISO 8780-4:1990);

——第5部分:用自动平磨机分散(ISO 8780-5:1990);

——第6部分:用三辊磨分散(ISO 8780-6:1990)。

本部分的附录A为规范性附录。

本部分由中国石油和化学工业协会提出。

本部分由全国涂料和颜料标准化技术委员会归口。

本部分起草单位:中化建常州涂料化工研究院、昆山市世名科技开发有限公司。

本部分主要起草人:沈苏江、黄逸东、石一磊。

本部分由全国涂料和颜料标准化技术委员会负责解释。

# 颜料和体质颜料　分散性的评定方法
# 第3部分:由光泽的变化进行评定

## 1　范围

本部分规定了根据镜面光泽来评定颜料分散性的方法。本部分应与GB/T 21868.1—2008一起阅读。

本方法一般适用于同类颜料的比较,例如试验颜料与商定的参照颜料进行比较。

## 2　规范性引用文件

下列文件中的条款通过GB/T 21867的本部分的引用而成为本部分的条款。凡是注日期的引用文件,其随后所有的修改单(不包括勘误的内容)或修订版均不适用于本部分,然而,鼓励根据本部分达成协议的各方研究是否可使用这些文件的最新版本。凡是不注日期的引用文件,其最新版本适用于本部分。

GB/T 9754—2007　色漆和清漆　不含金属颜料的色漆漆膜的20°、60°和85°镜面光泽的测定(ISO 2813:1994,IDT)

GB/T 21868.1—2008　颜料和体质颜料　评定分散性用的分散方法　第1部分:总则(ISO 8780-1:1990,IDT)

GB/T 21868.2—2008　颜料和体质颜料　评定分散性用的分散方法　第2部分:用振荡磨分散(ISO 8780-2:1990,IDT)

GB/T 21868.3—2008　颜料和体质颜料　评定分散性用的分散方法　第3部分:用高速搅拌机分散(ISO 8780-3:1990,IDT)

GB/T 21868.4—2008　颜料和体质颜料　评定分散性用的分散方法　第4部分:用砂磨分散(ISO 8780-4:1990,IDT)

GB/T 21868.5—2008　颜料和体质颜料　评定分散性用的分散方法　第5部分:用自动平磨机分散(ISO 8780-5:1990,IDT)

GB/T 21868.6—2008　颜料和体质颜料　评定分散性用的分散方法　第6部分:用三辊磨分散(ISO 8780-6:1990,IDT)

## 3　原理

在规定条件下,将试验颜料和商定的参照颜料分别分阶段地分散在商定的漆基体系中。在每个分散阶段,取出一部分研磨料,制成涂料,涂布在底材上,干燥或烘烤。

按GB/T 9754—2007规定的方法测定每种干膜的镜面光泽。绘制光泽值对分散阶段(以研磨时间、研磨转数、或通过三辊磨的次数表示)的函数的曲线图。由图可以确定获得商定镜面光泽值所需的分散阶段。

## 4　需要补充的资料

本部分所规定的试验方法需要用补充资料来加以完善。补充资料的内容在附录A中列出。

## 5　仪器

普通实验室仪器和玻璃器皿,以及下列仪器。

5.1 底材:如用于涂料测定的玻璃板以及用于印刷油墨测定的铜版纸。

5.2 涂布器:用于制备均匀厚度的漆膜,如喷枪、漆膜涂布器或制样机。

5.3 光泽计:符合 GB/T 9754—2007 的技术要求,且具有商定的入射角和反射角。

5.4 电热鼓风干燥箱(如需要)。

## 6 操作步骤

### 6.1 颜料分散体的制备

#### 6.1.1 分散

从 GB/T 21868 系列方法中选择一种分散方法按商定的浓度将每种颜料分散至商定的漆基体系中。

为了按第 7 章所述的方法绘制光泽变化曲线,应在商定的每一分散阶段的研磨料中取出足够的物料,以便能制备测定光泽用的漆膜。

如果取出数份研磨料会使分散条件有很大变化(例如由于研磨料与研磨球的比例发生变化而引起),则每一分散阶段应单独配制一份研磨料并且每份研磨料应在相同的条件下进行分散。

注:GB/T 21868 的有关部分对“商定的分散阶段”给出了指导。

#### 6.1.2 研磨料组成的调整

如果研磨料的组成与预定的最终涂料组成不一致,则加入所需的组分,直至获得预定的涂料组分,可通过搅拌,最好采用高速搅拌机来实现。搅拌不宜过于激烈,否则会影响物料的分散状态。选定的操作步骤和加料顺序,要避免物料的絮凝或析出。

### 6.2 测定光泽用的漆膜制备

#### 6.2.1 涂料的施涂

施涂条件对光泽有很大的影响,因此有关双方应对施涂条件达成协议,并严格遵守。

把研磨料(必要时按 6.1.2 所述方法调整研磨料组成)尽快地在商定的条件下涂布到底材上,确保涂膜表面没有任何缺陷。

注:由于絮凝、再润湿等原因仍可能改变分散程度,从而可能改变光泽,因此按本部分规定的方法测定分散的容易程度也可表明颜料/漆基体系稳定性的好坏。

#### 6.2.2 干燥

涂膜干燥的条件可能对光泽有影响,因此有关双方应对此达成协议并严格遵守。

将涂漆样板置于无烟雾的条件下自然干燥或于商定条件下烘烤。自然干燥或烘烤时,同一试验系列的所有涂漆样板的排列方向应相同(垂直或水平)。

### 6.3 光泽的测定

按 GB/T 9754—2007 规定的方法测定样板光泽,每块样板上重复测定三次,计算三次测定结果的平均值。在同系列测定中(对于同一光泽变化曲线),测量几何条件要保持一致。

注:对于测定印刷品,最好为 45°角(GB/T 9754 中未规定此几何角度)。

如果在规定分散阶段的最后一个阶段后光泽还未达到指标值,则按 7.2 规定进行。

## 7 结果的表示

7.1 绘制按 6.3 测得的光泽平均值对逐步加强的各分散阶段(可用研磨时间、转数等表示)函数的图。通过这些点绘制尽可能平滑的曲线。另外,也可绘制光泽值的倒数对分散阶段倒数的关系曲线。通常用这种方法得到的曲线几乎呈直线型。

采用内插法由曲线图可确定达到光泽指标值所需的分散阶段,如以研磨时间、自动研磨机的研磨转数等表示。

7.2 如果没有达到光泽的指标值,则报告最后分散阶段之后测得的光泽值作为实际可达到的最高光泽值。

## 8 试验报告

试验报告至少应包括下列内容：

a) 识别受试产品所需的全部细节；

b) 注明本标准编号和参照的相关标准编号；

c) 附录 A 中所涉及的补充资料条款；

d) 分散阶段(7.1)和相应的光泽指标，或者如果没有达到商定的指标，那么注明达到的最高镜面光泽值及达到该光泽所需的分散阶段(7.2)；

e) 表示光泽变化的曲线图(7.1)；

f) 与本试验方法规定的操作步骤的任何不同之处；

g) 试验日期。

# 附 录 A
（规范性附录）
需要补充的资料

以下内容最好由有关双方商定，可以全部或部分地取自与受试产品有关的国际标准、国家标准或其他文件。

a) 分散方法(GB/T 21868)；

b) 漆基的类型和牌号，以及颜料对漆基体系的比例；

c) 底材、涂膜的施工方法和干燥条件(6.2.1 和 6.2.2)；

d) 在规定的入射角和反射角下的光泽指标值(镜面反射值)。

ICS 87.060.10
G 53

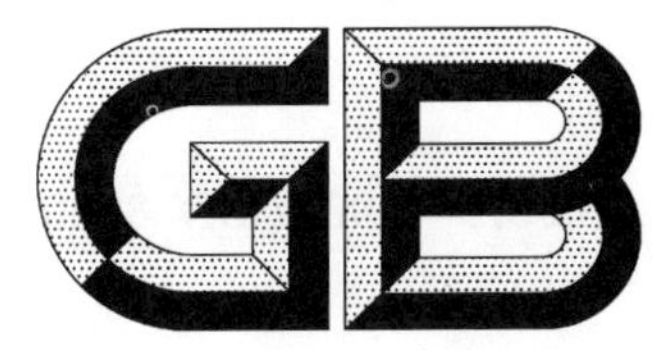

# 中华人民共和国国家标准

GB/T 21868.1—2008/ISO 8780-1:1990

# 颜料和体质颜料 评定分散性用的分散方法 第1部分:总则

**Pigments and extenders—Methods of dispersion for assessment of dispersion characteristics—Part 1: Introduction**

(ISO 8780-1:1990,IDT)

2008-05-14 发布 2008-10-01 实施

中华人民共和国国家质量监督检验检疫总局
中国国家标准化管理委员会 发布

# 前 言

本部分等同采用国际标准 ISO 8780-1:1990《颜料和体质颜料　评定分散性用的分散方法　第 1 部分:总则》(英文版)。

本部分是 GB/T 21868《颜料和体质颜料　评定分散性用的分散方法》系列国家标准之一,下面列出了系列国家标准的结构及其对应的国际标准:

——第 1 部分:总则(ISO 8780-1:1990);

——第 2 部分:用振荡磨分散(ISO 8780-2:1990);

——第 3 部分:用高速搅拌机分散(ISO 8780-3:1990);

——第 4 部分:用砂磨分散(ISO 8780-4:1990);

——第 5 部分:用自动平磨机分散(ISO 8780-5:1990);

——第 6 部分:用三辊磨分散(ISO 8780-6:1990)。

本部分为 GB/T 21868 的第 1 部分。

下面列出了与本部分密切相关的 GB/T 21867《颜料和体质颜料　分散性的评定方法》系列国家标准的结构及其对应的国际标准:

——第 1 部分:由着色颜料的着色力变化进行评定(ISO 8781-1:1990);

——第 2 部分:由研磨细度的变化进行评定(ISO 8781-2:1990);

——第 3 部分:由光泽的变化进行评定(ISO 8781-3:1990)。

本部分由中国石油和化学工业协会提出。

本部分由全国涂料和颜料标准化技术委员会归口。

本部分起草单位:中化建常州涂料化工研究院、昆山市世名科技开发有限公司。

本部分主要起草人:黄逸东、沈苏江、吕仕铭。

# 颜料和体质颜料　评定分散性用的分散方法　第1部分:总则

## 1　范围

本部分概述了为评定分散性用的 GB/T 21868 系列标准所规定的将颜料和体质颜料分散至特定漆基体系中的各种方法。

分散性的评定方法在 GB/T 21867 中规定。

各种分散方法可以对同类颜料(例如试验颜料和商定参照颜料)的分散性进行比较。只要试验的分散条件合适,其试验结果可以作为生产条件下得到的颜料的分散性的参考。

## 2　规范性引用文件

下列文件中的条款通过 GB/T 21868 的本部分的引用而成为本部分的条款。凡是注日期的引用文件,其随后所有的修改单(不包括勘误的内容)或修订版均不适用于本部分,然而,鼓励根据本部分达成协议的各方研究是否可使用这些文件的最新版本。凡是不注日期的引用文件,其最新版本适用于本部分。

GB/T 21868.2—2008　颜料和体质颜料　评定分散性用的分散方法　第2部分:用振荡磨分散(ISO 8780-2:1990,IDT)

GB/T 21868.3—2008　颜料和体质颜料　评定分散性用的分散方法　第3部分:用高速搅拌机分散(ISO 8780-3:1990,IDT)

GB/T 21868.4—2008　颜料和体质颜料　评定分散性用的分散方法　第4部分:用砂磨分散(ISO 8780-4:1990,IDT)

GB/T 21868.5—2008　颜料和体质颜料　评定分散性用的分散方法　第5部分:用自动平磨机分散(ISO 8780-5:1990,IDT)

GB/T 21868.6—2008　颜料和体质颜料　评定分散性用的分散方法　第6部分:用三辊磨分散(ISO 8780-6:1990,IDT)

GB/T 21867.1—2008　颜料和体质颜料　分散性的评定方法　第1部分:由着色颜料的着色力变化进行评定(ISO 8781-1:1990,IDT)

GB/T 21867.2—2008　颜料和体质颜料　分散性的评定方法　第2部分:由研磨细度的变化进行评定(ISO 8781-2:1990,IDT)

GB/T 21867.3—2008　颜料和体质颜料　分散性的评定方法　第3部分:由光泽的变化进行评定(ISO 8781-3:1990,IDT)

## 3　定义

下列术语和定义适用于本部分。

3.1

**研磨料　mill base**

漆基、溶剂、颜料和助剂的混合物。

3.2

**分散程度　level of dispersion**

在规定条件下研磨时,颜料颗粒被研磨分离而且能稳定于漆基体系中的程度。

3.3

**分散性　dispersibility**

在规定条件下，**分散程度**(3.2)固定不变时的分散情况。

注：颜料的分散性取决于它被分散时所用的漆基体系、分散方法和研磨料的组成。

3.4

**分散的难易程度　ease of dispersion**

颜料于漆基体系研磨过程中，达到规定分散程度之速度(快慢)的量度。

注：分散的难易程度可以(例如)用下列术语来评定：

——着色力；

——研磨细度；

——光泽。

3.5

**聚集体　aggregate**

一种结合在一起的颗粒集合体，通常在色漆或油墨制造过程中不能被分散。

3.6

**附聚体　agglomerate**

一种原初颗粒、聚集体或原初颗粒与聚集体的混合物的集合体，这种集合体通常在色漆或油墨制造过程中可以被分散。

## 4　分散方法和评定方法

### 4.1　预先商定

有关双方之间必须在下列方面达成协议：

a)　采用的漆基体系(4.2)；

b)　分散方法(一种或几种)(4.3)；

c)　评定方法(一种或几种)(4.4)。

因为这三方面都会影响测试结果。

### 4.2　漆基体系

由于漆基体系多种多样，且实际使用时性质各不相同，所以本部分不可能规定所用的漆基体系。但是，依据采用分散方法的不同，在GB/T 21868其他部分中给出了与漆基体系性质相关的一般规律性的建议。

### 4.3　分散方法

颜料分散实际上可以使用多种类型的分散设备和研磨条件。因此，试验也不可能只规定一种分散方法。GB/T 21868的其他部分规定了各种与生产方法相对应的条件下分散颜料的方法。

### 4.4　评定方法

可用几种方法来评定颜料在漆基体系中分散性。这些方法在GB/T 21867中作了规定。对特定分散，应选用合适的一种方法或几种方法。

## 5　精密度

由于分散性的结果取决于所选用的漆基体系和分散方法，所以不能给出GB/T 21867各部分所规定评定方法的精密度。

ICS 87.060.10
G 53

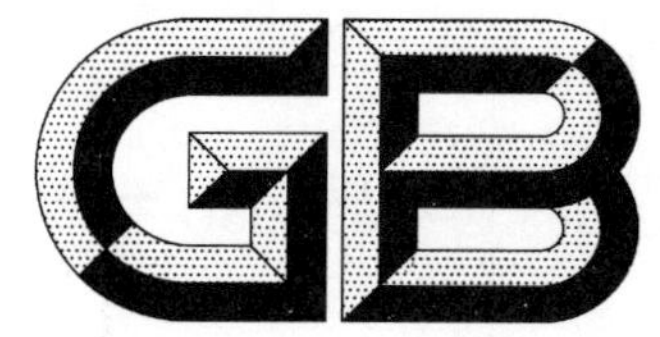

# 中华人民共和国国家标准

GB/T 21868.2—2008/ISO 8780-2:1990

# 颜料和体质颜料　评定分散性用的分散方法　第2部分:用振荡磨分散

**Pigments and extenders—Methods of dispersion for assessment of dispersion characteristics—Part 2:Dispersion using an oscillatory shaking machine**

(ISO 8780-2:1990,IDT)

2008-05-14 发布　　2008-10-01 实施

中华人民共和国国家质量监督检验检疫总局
中国国家标准化管理委员会　发布

# 前　　言

本部分等同采用国际标准 ISO 8780-2:1990《颜料和体质颜料——评定分散性用的分散方法——第 2 部分:用振荡磨分散》(英文版)。

本部分是 GB/T 21868《颜料和体质颜料　评定分散性用的分散方法》系列国家标准之一,下面列出了系列国家标准的结构及其对应的国际标准:

——第 1 部分:总则(ISO 8780-1:1990);

——第 2 部分:用振荡磨分散(ISO 8780-2:1990);

——第 3 部分:用高速搅拌机分散(ISO 8780-3:1990);

——第 4 部分:用砂磨分散(ISO 8780-4:1990);

——第 5 部分:用自动平磨机分散(ISO 8780-5:1990);

——第 6 部分:用三辊磨分散(ISO 8780-6:1990)。

本部分为 GB/T 21868 的第 2 部分。

下面列出了与本部分密切相关的 GB/T 21867《颜料和体质颜料　分散性的评定方法》系列国家标准的结构及其对应的国际标准:

——第 1 部分:由着色颜料的着色力变化进行评定(ISO 8781-1:1990);

——第 2 部分:由研磨细度的变化进行评定(ISO 8781-2:1990);

——第 3 部分:由光泽的变化进行评定(ISO 8781-3:1990)。

本部分的附录 A 为规范性附录。

本部分由中国石油和化学工业协会提出。

本部分由全国涂料和颜料标准化技术委员会归口。

本部分起草单位:中化建常州涂料化工研究院、昆山市世名科技开发有限公司。

本部分主要起草人:黄逸东、沈苏江、杜长森。

# 颜料和体质颜料　评定分散性用的分散方法　第2部分:用振荡磨分散

## 1　范围

本部分规定了采用振荡磨分散颜料和体质颜料的方法。

本方法适用于制备几种样品分散体用于颜料的质量控制。

本部分要与 GB/T 21867 所述的评定方法结合起来使用,采用商定的低黏度漆基体系。本部分应与 GB/T 21868.1—2008 一起阅读。

本方法仅限于低黏度研磨料的研磨,以便能使研磨球体自由运动。它不适用于为其他分散技术确定最佳研磨料的配方。

注:振荡法的优点是能在溶剂损失最少的密闭体系中,对不同批次的少量研磨料同时进行试验。

## 2　规范性引用文件

下列文件中的条款通过 GB/T 21868 的本部分的引用而成为本部分的条款。凡是注日期的引用文件,其随后所有的修改单(不包括勘误的内容)或修订版均不适用于本部分,然而,鼓励根据本部分达成协议的各方研究是否可使用这些文件的最新版本。凡是不注日期的引用文件,其最新版本适用于本部分。

GB/T 1713—1989　颜料密度的测定　比重瓶法(neq ISO 787-10:1981,General methods of test for pigments and extenders—Part 10:Determination of density—Pyknometer method)

GB/T 3186—2006　色漆、清漆和色漆与清漆用原材料　取样(ISO 15528:2000,IDT)

GB/T 6753.4—1998　色漆和清漆　用流出杯测定流出时间(eqv ISO 2431:1993)

GB/T 21868.1—2008　颜料和体质颜料　评定分散性用的分散方法　第1部分:总则(ISO 8780-1:1990,IDT)

GB/T 21867.1—2008　颜料和体质颜料　分散性的评定方法　第1部分:由着色颜料的着色力变化进行评定(ISO 8781-1:1990,IDT)

GB/T 21867.2—2008　颜料和体质颜料　分散性的评定方法　第2部分:由研磨细度的变化进行评定(ISO 8781-2:1990,IDT)

GB/T 21867.3—2008　颜料和体质颜料　分散性的评定方法　第3部分:由光泽的变化进行评定(ISO 8781-3:1990,IDT)

## 3　需要补充的资料

本部分所规定的试验方法需要用补充资料来加以完善。补充资料的内容在附录 A 中列出。

## 4　仪器设备

普通实验室仪器和玻璃器皿,以及下列仪器。

4.1　油漆调制机,调制机中的容器每分钟要经受 680 次～690 次的往复振荡,移动距离为 16 mm,振荡角度为±15°。

4.2　座架,能放几个装研磨料的容器,并将其固定到振荡磨中心轴处,具体方法:

——每个装研磨料容器的中心点离振荡磨的中心轴是 70 mm;

——每个装研磨料容器的顶面和底面与通过振荡磨中心轴的水平面的距离相同；

——容器平均受力时间的位置是垂直的。

图 1 所示设计符合上述要求。

单位为毫米

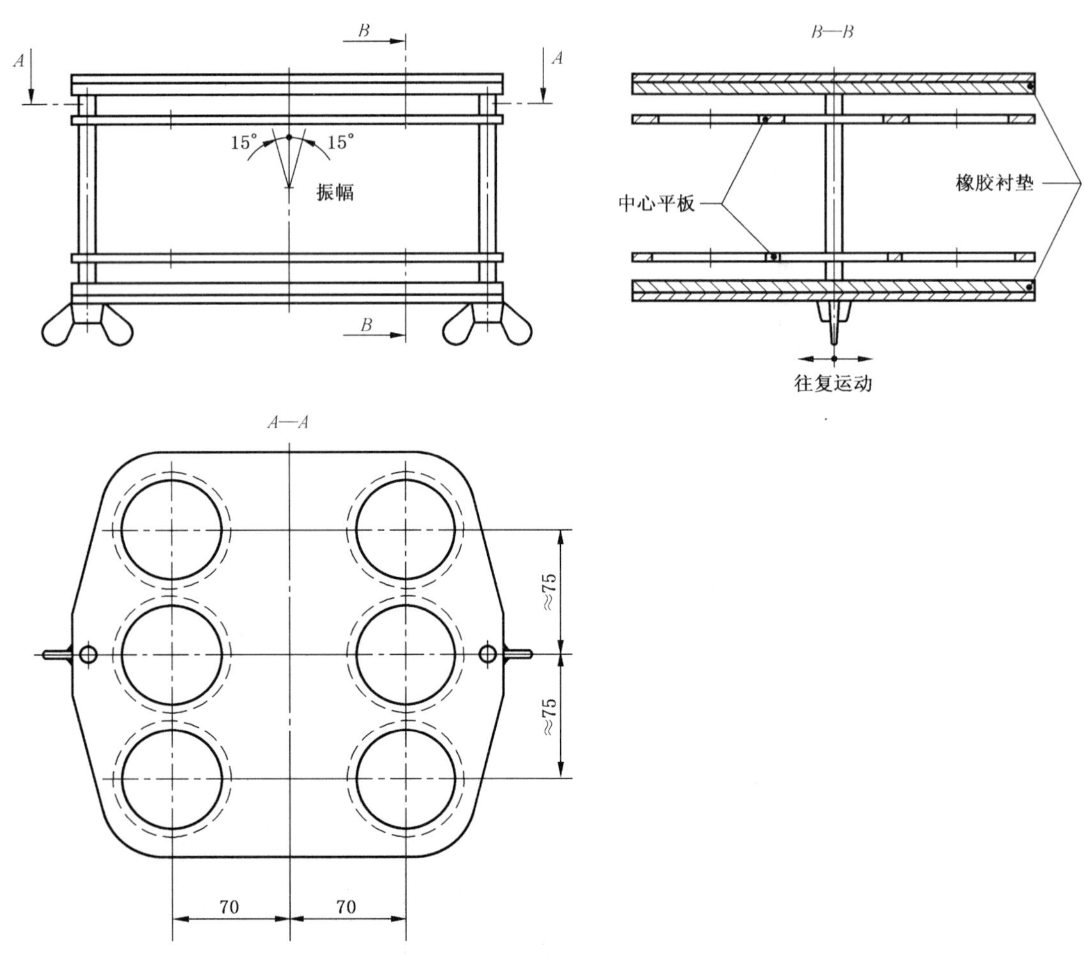


未画出部分可按实际使用选择。

**图 1　座架**

4.3　容器，一种适合的型式

装试验颜料研磨料的容器应与商定参照颜料用的容器尺寸和型式相同。

例如适合的型式是 250 mL 的玻璃瓶或聚乙烯瓶，并带有用聚乙烯衬垫衬里的螺旋盖。

容器的尺寸和型式应由有关双方商定，并在试验报告中记录。

4.4　研磨球，应具有一种适合的类型

同时进行的试验中，所有研磨料都应使用相同尺寸和类型的球。球的类型、平均直径和密度应由有关双方商定，并应在试验报告中记录。

如果这些球从未使用过，则应将这些研磨球先置于研磨料中振荡，例如振荡 60 min，洗净。

注：研磨球的直径、密度和总质量对分散体的制备有明显的影响。平均直径为 3 mm±0.5 mm 及密度为 2.6 g/cm³ ± 0.2 g/cm³ 的玻璃球是适合的。

## 5　漆基体系

漆基体系应由有关双方商定，试验报告中应写明漆基、溶剂和漆基在溶剂中的浓度，并给出漆基体系流变性的说明（如黏度或流动时间）。

对于同一组的所有试验应使用相同批次的漆基体系。

## 6 取样

按照 GB/T 3186—2006 规定取受试产品的代表性样品。

## 7 研磨料的组成

### 7.1 组成

研磨料的黏度取决于颜料对漆基的需要量和颜料在规定漆基体系中的浓度。因此,要进行预试验来确定研磨料的适宜组成。分散期间,研磨料的黏度要适合使研磨球进行自由运动。这一点可通过人工振荡容器来检验。

对于按 GB/T 6753.4—1998 用流出杯 No.6 测得的流出时间为 20 s～40 s 的漆基体系,规定了下列颜料浓度作为起始点:

a) 低漆基需要量的颜料——颜料浓度的质量分数高于 40%;

b) 中漆基需要量的颜料——颜料浓度的质量分数为 10%～40%;

c) 高漆基需要量的颜料——颜料浓度的质量分数低于 10%。

### 7.2 体积

研磨料应约占容器(4.3)体积的 30%。颜料和漆基的用量可按下式计算:

颜料的质量 $m_p$,单位为克(g):

$$m_p = \frac{0.3 \times V}{\frac{1}{\rho_p} + \frac{100 - c_p}{\rho_M \times c_p}} \quad \cdots\cdots(1)$$

漆基的质量 $m_M$,单位为克(g):

$$m_M = \frac{m_p \times (100 - c_p)}{c_p} \quad \cdots\cdots(2)$$

式中:

$c_p$——颜料在研磨料中的浓度,以质量分数表示;

$V$——容器(4.3)的体积,单位为毫升(mL);

$\rho_M$——漆基体系的密度,单位为克每立方厘米($g/cm^3$);

$\rho_p$——颜料的密度,按 GB/T 1713—1989 所述的方法测定,单位为克每立方厘米($g/cm^3$)。

## 8 研磨球的体积

研磨球的表观体积应该是容器总体积的 50%左右。在同系列的所有试验中应使用相同体积的研磨球。

## 9 操作步骤

### 9.1 装填容器

称取适量研磨球(4.4)置于容器(4.3)中,加入按 7.2 计算所要求的漆基量($m_M$),摇动容器使漆基润湿研磨球,然后加入按 7.2 计算要求的颜料量($m_p$)。小心摇动容器使颜料润湿。

注:如果润湿颜料有困难,也可以选择一种其他适合的方法润湿。如果需要,可以将研磨料先放入容器中,用调刀搅拌后再加入研磨球。

为了避免不同样品在搅拌或润湿程度上的差异,应尽可能的缩短研磨料的制备时间。

如评价分散性的准则是用着色力变化来评定,则颜料和漆基体系的称量应精确到 0.5%以内。对于其他的评价方法(如研磨细度变化法和光泽变化法),可商定更宽的允许范围。

### 9.2 分散

制备好最后一个研磨料后立即将容器放在座架(4.2)上,然后把座架夹在油漆调制机(4.1)上。

注:振荡强度取决于座架的负荷。如果要获得有重复性的分散结果,特别在双臂振荡的情况下,座架两边的负荷应相等。

在几个(商定)振荡时间里,每振荡一个后应取出部分分散试样。至少应从下列振荡时间中选择4个振荡时间:

分散性差的颜料:5 min、10 min、20 min、40 min、80 min、160 min;

高分散性颜料:1 min、2 min、4 min、8 min、16 min、32 min。

所取试样的总量应不超过最初研磨料量的15%。否则要对每个时间间隔分别进行分散。

### 9.3 稳定

如有必要,例如研磨料不够稳定时,从研磨料中取出每个试验样品后,应设法使之稳定,例如可通过加入更多的漆基和/或特定的助剂的方法达到。操作步骤应由有关双方商定。

### 9.4 排气

如有必要,让试样中的所有气泡在评价分散性前逸出。达到此目的的办法(例如让其放置几分钟)应由有关双方商定。

## 10 试验报告

试验报告至少应包括下列内容:

a) 鉴别试验产品所需的全部细节;

b) 注明本部分标准编号;

c) 附录A中所涉及的补充内容;

d) 与本试验规定操作步骤的任何不同之处;

e) 试验日期。

# 附 录 A
## （规范性附录）
## 需要补充的资料

以下内容最好由有关双方商定，也可以全部或部分地取自与受试产品有关国际标准、国家标准或其他文件。

a） 调制机的类型(4.1)；

b） 座架的类型(4.2)；

c） 容器的类型和尺寸(4.3)；

d） 研磨球的类型、平均直径、密度和总质量(4.4)；

e） 漆基体系(第5章)；

f） 研磨料的组成(7.1)；

g） 振荡时间(9.2)；

h） 稳定过程(9.3)；

i） 排气过程(9.4)。

ICS 87.060.10
G 53

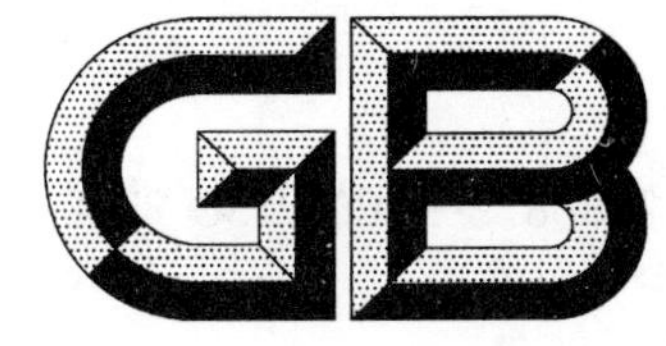

# 中华人民共和国国家标准

GB/T 21868.3—2008/ISO 8780-3:1990

# 颜料和体质颜料　评定分散性用的分散方法　第3部分:用高速搅拌机分散

**Pigments and extenders—Methods of dispersion for assessment of dispersion characteristics—Part 3:Dispersion using a high-speed impeller mill**

(ISO 8780-3:1990,IDT)

2008-05-14 发布　　2008-10-01 实施

中华人民共和国国家质量监督检验检疫总局
中国国家标准化管理委员会　发布

# 前　言

本部分等同采用国际标准ISO 8780-3:1990《颜料和体质颜料——评定分散性用的分散方法——第3部分:用高速搅拌机分散》(英文版)。

本部分是GB/T 21868《颜料和体质颜料　评定分散性用的分散方法》系列国家标准之一,下面列出了系列国家标准的结构及其对应的国际标准:

——第1部分:总则(ISO 8780-1:1990);

——第2部分:用振荡磨分散(ISO 8780-2:1990);

——第3部分:用高速搅拌机分散(ISO 8780-3:1990);

——第4部分:用砂磨分散(ISO 8780-4:1990);

——第5部分:用自动平磨机分散(ISO 8780-5:1990);

——第6部分:用三辊磨分散(ISO 8780-6:1990)。

本部分为GB/T 21868的第3部分。

下面列出了与本部分密切相关的GB/T 21867《颜料和体质颜料　分散性的评定方法》系列国家标准的结构及其对应的国际标准:

——第1部分:由着色颜料的着色力变化进行评定(ISO 8781-1:1990);

——第2部分:由研磨细度的变化进行评定(ISO 8781-2:1990);

——第3部分:由光泽的变化进行评定(ISO 8781-3:1990)。

本部分的附录A为规范性附录。

本部分由中国石油和化学工业协会提出。

本部分由全国涂料和颜料标准化技术委员会归口。

本部分起草单位:中化建常州涂料化工研究院、昆山市世名科技开发有限公司。

本部分主要起草人:黄逸东、沈苏江、杜长森。

# 颜料和体质颜料　评定分散性用的分散方法　第3部分:用高速搅拌机分散

## 1　范围

本部分规定了用高速搅拌机分散颜料和体质颜料的方法。

本部分要与GB/T 21867所述的评定方法结合起来使用,使用商定的漆基体系。本部分应与GB/T 21868.1—2008一起阅读。

本方法仅限于具有适宜高黏度的研磨料,因为只有高的漆基含量和/或高的颜料浓度才能产生高的剪切力。这并不意味着提供一种按比例配制研磨料的方法(将此过程从实验室设备按比例放大到工厂用研磨机并不是简单的事情)。

注:高速搅拌机既可以用于直接分散颜料,也可用于预分散,然后再用其他设备进一步分散,如砂磨(珠磨)或立式球磨机。

## 2　规范性引用文件

下列文件中的条款通过GB/T 21868的本部分的引用而成为本部分的条款。凡是注日期的引用文件,其随后所有的修改单(不包括勘误的内容)或修订版均不适用于本部分,然而,鼓励根据本部分达成协议的各方研究是否可使用这些文件的最新版本。凡是不注日期的引用文件,其最新版本适用于本部分。

GB/T 3186—2006　色漆、清漆和色漆与清漆用原材料　取样(ISO 15528:2000,IDT)

GB/T 21868.1—2008　颜料和体质颜料　评定分散性用的分散方法　第1部分:总则(ISO 8780-1:1990,IDT)

GB/T 21867.1—2008　颜料和体质颜料　分散性的评定方法　第1部分:由着色颜料的着色力变化进行评定(ISO 8781-1:1990,IDT)

GB/T 21867.2—2008　颜料和体质颜料　分散性的评定方法　第2部分:由研磨细度的变化进行评定(ISO 8781-2:1990,IDT)

GB/T 21867.3—2008　颜料和体质颜料　分散性的评定方法　第3部分:由光泽的变化进行评定(ISO 8781-3:1990,IDT)

## 3　需要补充的资料

本部分所规定的试验方法需要用补充资料来加以完善。补充资料的内容在附录A中列出。

## 4　仪器设备

普通实验室仪器和玻璃器皿,以及下列仪器。

4.1　高速搅拌机,是由一个圆柱形容器和一个水平放置的发动机带动的圆盘搅拌叶片构成,通常使用的圆盘的边缘为齿形。

4.1.1　传动装置

传动装置的额定功率应足以使圆盘的线速度达到商定的值。

按照8.2,对于预混合可适当减少旋转频率。

传动装置的电动机应安装在一个高台上,并与搅拌轴装在一起,以便调节高度。在高台的基座下应装有紧固装置来固定容器,以使得搅拌轴与容器保持同心。

4.1.2 圆盘和容器

容器和圆盘的直径大小应保证在圆盘边缘和容器内壁之间存在适当的间隙(见图 1),如果圆盘是锯齿形的,那么安装时锯齿的运动方向应使研磨料按图 1 所示的方向流动。

所达到的分散程度将取决于所用的圆盘类型,图 1 仅表明一种可能的类型。

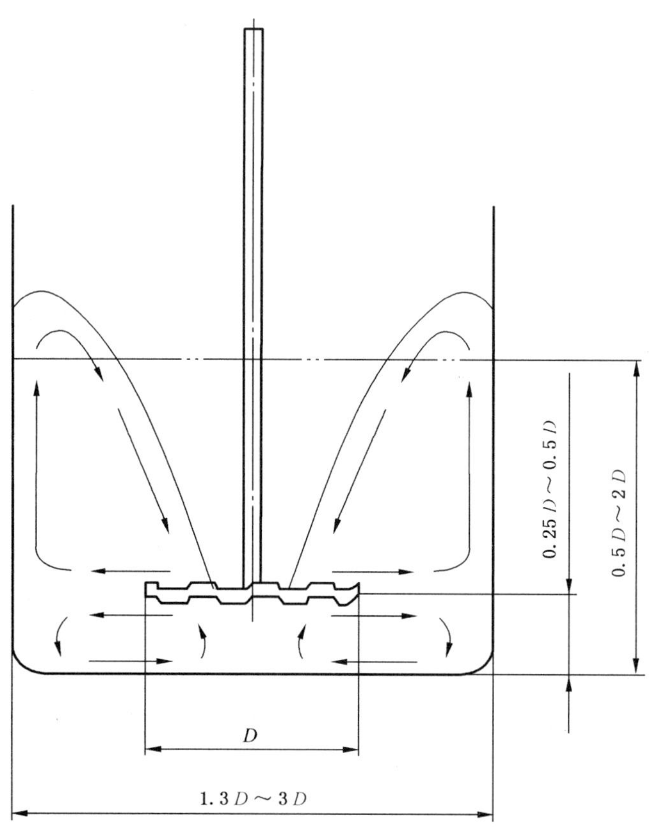


**图 1 齿型圆盘搅拌机的截面示意图**

容器和圆盘的装配结构应与圆盘的直径有关,如下所示:

容器的直径:1.3 D～3 D;

圆盘的盘面与容器的底部之间的间隙:0.25 D～0.5 D;

研磨料的深度:0.5 D～2 D;

圆盘的圆周线速度 $v$(m/s)应调节在 5 m/s 和 20 m/s 之间,计算如下:

$$v = \frac{D \times \pi \times n}{60}$$

式中:

$D$——圆盘直径,单位为米(m);

$n$——搅拌轴的旋转频率,单位为转每分(r/min)。

圆盘的类型和直径、容器的形状以及圆盘的线速度应商定并记录在试验报告中。

注 1:推荐使用具有夹套的容器,使液体能在其中循环以控制温度,也可以配一个有中心孔的盖子。

注 2:工业规模的搅拌机所使用的容器的直径通常为搅拌直径的 2～3 倍,有时甚至更大。本部分规定的容器/圆盘的结构和圆盘的速度考虑的是实验室使用的小直径圆盘。

4.2 刮刀

## 5 漆基体系

漆基体系应由有关双方商定,试验报告应写明漆基、溶剂和漆基在溶剂中的浓度,并给出漆基体系流变性的说明(如黏度或流动时间)。

对于同一组的所有试验应使用同一批漆基体系。

## 6 取样

按照GB/T 3186—2006规定取受试产品的代表性样品。

## 7 研磨料的组成

### 7.1 一般要求

应将研磨料设想为圆环(或环形)式的流动模式,得到此模式所需要的颜料浓度和漆基体系应通过预实验来决定。

为了在研磨中得到高的剪切力,要求使用高黏度的研磨料,因此通常推荐较高的颜料加入量和/或使用较高固体分的漆基。对于试验颜料来说,最佳的配比取决于漆基体系的润湿性。

注:在非理想条件下,用实验室研磨机进行操作更为可取,以使颜料之间的差异被加大。因为在实践中已经发现,使用精心配制后的研磨料,易分散颜料之间的差异会被减少到最小,以致这种试验方法是不敏感的。

### 7.2 研磨料组成的确定

加入足够的漆基使之浸没搅拌叶轮,以最小速度开动电动机,加入少量颜料并逐渐增大速度至商定值。观察整个操作中的流动模式并记录当第一个圆环开始形成时所加入的颜料量。继续加入颜料直到圆环开始消失,再记录所加入的颜料量。在这两点之间选择一个颜料浓度。

## 8 操作步骤

### 8.1 准备

称取预确定量(7.2)的漆基,放入容器中,称取预确定量的颜料,放入另外一个容器中。

如评价分散性的准则是用着色力变化来评定,则颜料和漆基体系的称量应精确到0.5%以内。对于其他的评价方法(如研磨细度变化法和光泽变化法),可商定更宽的允许范围。

### 8.2 预混合

如果合适的话,将容器和漆基体系的温度升到商定温度(8.3),将搅拌叶轮浸入商定的深度(4.1.2)。

在慢速搅拌下,在5 min间隔内逐渐加入颜料。加入颜料的速度要使得少量未润湿颜料在表面上总是保持可见。关闭电动机,将搅拌提起,用一把刮刀(4.2)将粘附到搅拌轴和容器壁上的颜料刮入研磨料中。

### 8.3 分散

把搅拌降入容器中商定的深度,将旋转速度调到商定值。从流动模式进一步验证研磨料的组成是否合适(7.2)。如果流动模式不合适,调节容器中的颜料量和漆基体系的量,直到流动模式合适,然后使用调整后的配方从8.1开始重复操作。

按下列进行几个(商定)搅拌时间试验后取研磨料的试验样品:

在进行了若干个商定的搅拌时间试验后停止搅拌(例如4 min、8 min、16 min、32 min)并取少量的试验样品,测量研磨料的温度,在重开搅拌之前将温度调到商定值。

注:本方法也可用于用实验室砂磨机进一步进行分散的研磨料的预分散过程。

### 8.4 稳定

如有必要,例如研磨料不够稳定时,从研磨料中取出每个试验样品后,应设法使之稳定,例如可通过加入更多的漆基和/或特定的助剂的方法达到。操作步骤应由有关双方商定。

### 8.5 排气

如有必要,让试样中的所有气泡在评价分散性前逸出。达到此目的的办法(例如让其放置几分钟)应由有关双方商定。

## 9 试验报告

试验报告应至少包括下列内容：

a) 鉴别试验产品所需的全部细节；

b) 注明本部分标准编号；

c) 附录A中所涉及的补充内容；

d) 与本试验规定操作步骤的任何不同之处；

e) 试验日期。

# 附 录 A
## （规范性附录）
## 需要补充的资料

以下内容最好由有关双方商定，也可以全部或部分地取自与受试产品有关的国际标准、国家标准或其他文件。

a） 搅拌机的型号和完整说明(4.1)；

b） 漆基体系(第5章)；

c） 研磨料的组成(7.1)及其温度(8.3)；

d） 搅拌时间(8.3)；

e） 稳定过程(8.4)；

f） 排气过程(8.5)。

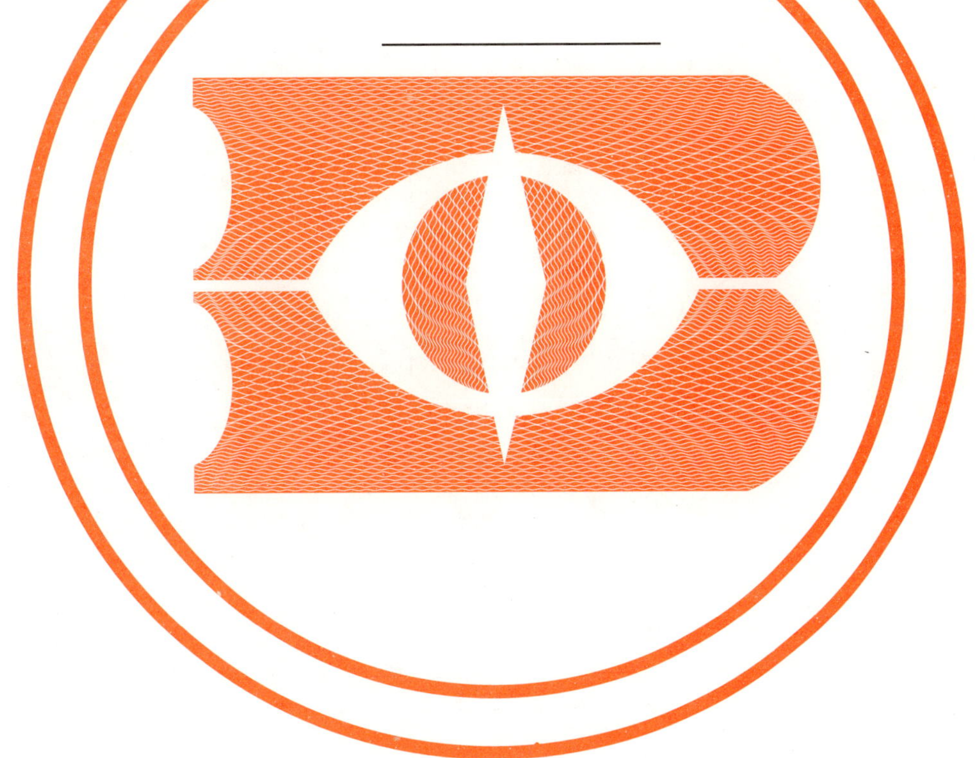

ICS 87.060.10
G 53

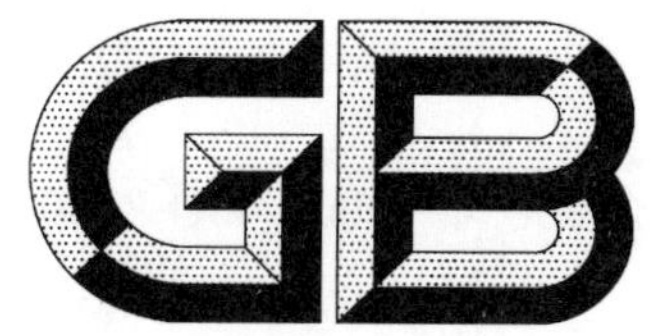

# 中华人民共和国国家标准

GB/T 21868.4—2008/ISO 8780-4:1990

# 颜料和体质颜料 评定分散性用的分散方法 第4部分:用砂磨分散

**Pigments and extenders—Methods of dispersion for assessment of dispersion characteristics—Part 4:Dispersion using a bead mill**

(ISO 8780-4:1990,IDT)

2008-05-14 发布　　2008-10-01 实施

中华人民共和国国家质量监督检验检疫总局
中国国家标准化管理委员会　发布

# 前 言

本部分等同采用国际标准ISO 8780-4:1990《颜料和体质颜料——评定分散性用的分散方法——第4部分:用砂磨分散》(英文版)。

本部分是GB/T 21868《颜料和体质颜料 评定分散性用的分散方法》系列国家标准之一,下面列出了系列国家标准的结构及其对应的国际标准:

——第1部分:总则(ISO 8780-1:1990);

——第2部分:用振荡磨分散(ISO 8780-2:1990);

——第3部分:用高速搅拌机分散(ISO 8780-3:1990);

——第4部分:用砂磨分散(ISO 8780-4:1990);

——第5部分:用自动平磨机分散(ISO 8780-5:1990);

——第6部分:用三辊磨分散(ISO 8780-6:1990)。

本部分为GB/T 21868的第4部分。

下面列出了与本部分密切相关的GB/T 21867《颜料和体质颜料 分散性的评定方法》系列国家标准的结构及其对应的国际标准:

——第1部分:由着色颜料的着色力变化进行评定(ISO 8781-1:1990);

——第2部分:由研磨细度的变化进行评定(ISO 8781-2:1990);

——第3部分:由光泽的变化进行评定(ISO 8781-3:1990)。

本部分的附录A为规范性附录。

本部分由中国石油和化学工业协会提出。

本部分由全国涂料和颜料标准化技术委员会归口。

本部分起草单位:中化建常州涂料化工研究院、昆山市世名科技开发有限公司。

本部分主要起草人:黄逸东、沈苏江、杜长森。

# 颜料和体质颜料　评定分散性用的分散方法　第4部分:用砂磨分散

## 1　范围

本部分规定了采用砂磨分散颜料和填料的方法。

本部分要与GB/T 21867所述的评定方法结合起来使用,使用商定的低黏度漆基体系。本部分应与GB/T 21868.1—2008一起阅读。

本方法仅限于具有低~中黏度、能使砂磨球体自由运动的研磨料。因此,本方法适用的研磨料的黏度要高于适合于GB/T 21868.2—2008所规定的分散方法研磨料的黏度。

## 2　规范性引用文件

下列文件中的条款通过GB/T 21868的本部分的引用而成为本部分的条款。凡是注日期的引用文件,其随后所有的修改单(不包括勘误的内容)或修订版均不适用于本部分,然而,鼓励根据本部分达成协议的各方研究是否可使用这些文件的最新版本。凡是不注日期的引用文件,其最新版本适用于本部分。

GB/T 3186—2006　色漆、清漆和色漆与清漆用原材料　取样(ISO 15528:2000,IDT)

GB/T 6753.4—1998　色漆和清漆　用流出杯测定流出时间(eqv ISO 2431:1993)

GB/T 21868.1—2008　颜料和体质颜料　评定分散性用的分散方法　第1部分:总则(ISO 8780-1:1990,IDT)

GB/T 21867.1—2008　颜料和体质颜料　分散性的评定方法　第1部分:由着色颜料的着色力变化进行评定(ISO 8781-1:1990,IDT)

GB/T 21867.2—2008　颜料和体质颜料　分散性的评定方法　第2部分:由研磨细度的变化进行评定(ISO 8781-2:1990,IDT)

GB/T 21867.3—2008　颜料和体质颜料　分散性的评定方法　第3部分:由光泽的变化进行评定(ISO 8781-3:1990,IDT)

## 3　需要补充的资料

本部分所规定的试验方法需要用补充资料来加以完善。补充资料的内容在附录A中给出。

## 4　仪器设备

普通实验室仪器和玻璃器具,以及下列仪器。

### 4.1　砂磨由下列部件构成

#### 4.1.1　驱动装置

驱动装置的功率等级应足以使圆盘(图2)的有效圆周线速度保持在商定的范围内。

驱动装置的马达应使转轴转数在1 000 r/min~5 000 r/min之间。驱动装置应安装在一支架上,转盘的高度可通过支架进行调节。在支架的底座上有一筒体夹紧装置,使转轴与筒体同轴。

#### 4.1.2　搅拌装置和筒体

搅拌装置应由一根圆轴构成,圆轴上有牢固的圆盘,将多孔圆盘或圆环按同心或偏心排列。旋转搅拌与筒壁之间的距离应有适当的间隙,即有效的圆盘外缘与筒壁之间应有适当的间隙。

试验达到的分散程度取决于所用的搅拌装置的类型。图1仅举出一种可能的类型。

搅拌装置和筒体的几何尺寸如下:

旋转搅拌装置和筒壁之间的最小间隙:10 mm;

最底处的圆盘和筒体底面之间的最小间隙:10 mm。

圆盘的最小有效圆周线速度 $v$(m/s)应调节到 5 m/s~7 m/s 之间,按下式计算:

$$v = \frac{D \times \pi \times n}{60}$$

式中:

$D$——旋转圆盘的有效直径(见图2),单位为米(m);

$n$——转动轴的旋转频率,单位为转每分(r/min)。

单位为毫米

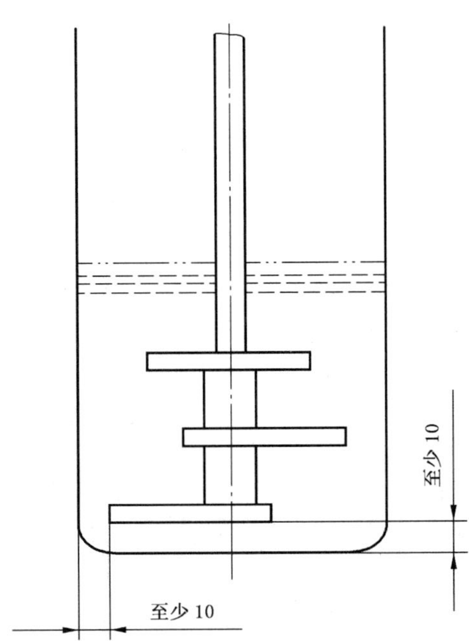


**图1　搅拌装置示例**

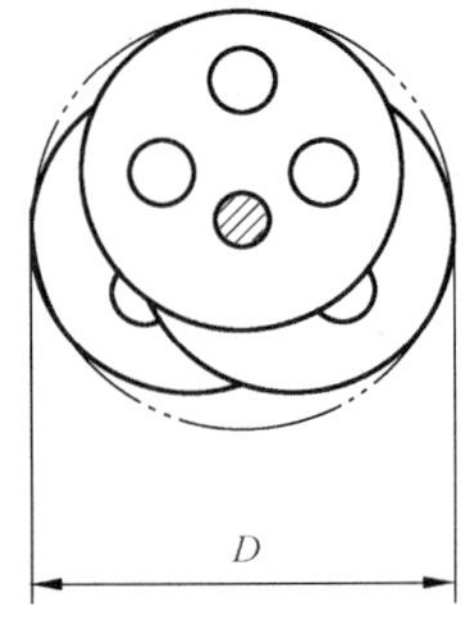


**图2　圆盘的有效直径**

圆盘的类型、数目和直径,筒体的几何尺寸以及旋转圆盘的有效圆周线速度应商定并在试验报告中记录下来。

注1:建议使用装有夹套的筒体,以循环液体来控制温度,筒体应备有带中心孔的顶盖。

注2:筒体的有效容量应根据研磨料的体积来定。表1中列有实例。

表 1 砂磨筒体的研磨料体积和尺寸

| 研磨体积/mL | 筒体直径/mm | 筒体高度/mm | 筒体的有效容量/mL |
|---|---|---|---|
| 50 | 50 | 70 | 125 |
| 100 | 65 | 85 | 250 |
| 200 | 85 | 110 | 500 |

### 4.2 适宜类型的研磨球体

对于同时做试验的所有研磨料，应当用相同大小和相同类型的球体。球体的类型，平均直径和密度应商定并记录在试验报告中。

如果球体还未被使用过，则应将这些球体在研磨料中搅拌处理 60 min，然后清洗。

注：研磨球体的直径、密度和总质量显著地影响分散效果。平均直径为 1 mm～2 mm、密度为 2.6 g/cm$^3$ ± 0.2 g/cm$^3$ 的玻璃球是适宜的。也可使用直径为 2 mm～3 mm、密度约为 7.8 g/cm$^3$、硬度为莫氏（Mohs'）7 级～8 级的钢球。

## 5 漆基体系

漆基体系应由有关双方商定，试验报告应写明漆基、溶剂和漆基在溶剂中的浓度，并给出漆基体系流变性的说明（如黏度或流动时间）。

对于同一组的所有试验应使用同一批漆基体系。

## 6 取样

按照 GB/T 3186—2006 规定取受试产品的代表性样品。

## 7 研磨料的组成

研磨料的黏度取决于颜料对漆基的需要量以及颜料在给定漆基体系中的浓度。因此，为确定一种适宜的研磨料组成应进行预试验。研磨料在分散过程的黏度应使球体能自由地运动，使砂磨正常操作。这种情况需要用观察来判断。

按 GB/T 6753.4—1996 用流出杯 No.6 测得的流出时间为 20 s～40 s 的漆基体系，规定了下列颜料浓度作为起始点：

a) 低漆基需要量的颜料——颜料浓度的质量分数为 25%～60%；

b) 中漆基需要量的颜料——颜料浓度的质量分数为 10%～25%；

c) 高漆基需要量的颜料——颜料浓度的质量分数为 10%以下。

## 8 研磨球的体积

研磨球的表观体积约为筒体总体积的 40%。在同一组的所有试验中所用研磨球的体积应是相同的。

## 9 操作步骤

### 9.1 预混合

称取商定量的漆基体系和颜料，将其加入筒体中。

如评价分散性的准则是用着色力变化来评定，则颜料和漆基体系的称量应精确到 0.5%以内。对于其他的评价方法（如研磨细度变化法和光泽变化法），可商定更宽的允许范围。

用适当的搅拌装置搅拌，不加研磨球，直至颜料润湿为止。预混合的时间应商定并记录在试验报告中。

注：各组分也可用高速搅拌机进行预分散。

### 9.2 分散

加入适量的研磨球。如果需要,将研磨料加热到商定的温度。在商定的有效圆周线速度下进行分散。要确保研磨球自由地运动。如果研磨球不能自由地运动,则应调整研磨料的组成并重复9.1的操作步骤。

按下列进行几个(商定)搅拌时间试验后取研磨料的试验样品:

在进行了若干个商定的搅拌时间试验后停止搅拌(例如4 min、8 min、16 min、32 min),并取少量的试验样品,测量研磨料的温度,在重开搅拌之前将温度调到商定值。用过滤网除去试样中的所有研磨球。

### 9.3 稳定

如有必要,例如研磨料不够稳定时,从研磨料中取出每个试验样品后,应设法使之稳定,例如可通过加入更多的漆基和/或特定的助剂的方法达到。操作步骤应由有关双方商定。

### 9.4 排气

如有必要,让试样中的所有气泡在评价分散性前逸出。达到此目的的办法(例如让其放置几分钟)应由有关双方商定。

## 10 试验报告

试验报告至少应包括以下内容:

a) 鉴别试验产品所需的全部细节;

b) 注明本部分标准编号;

c) 附录A中所涉及的补充内容;

d) 与本试验规定操作步骤的任何不同之处;

e) 试验日期。

# 附　录　A
（规范性附录）
需要补充的资料

以下内容最好由有关双方商定，也可以全部或部分地取自与受试产品有关国际标准、国家标准或其他文件。

a） 砂磨的类型和全部细节（4.1）；

b） 研磨球的类型，平均直径、密度和总质量（4.2）；

c） 漆基体系（第5章）；

d） 研磨料（第7章）的组成及其温度（9.2）；

e） 预混合时间（9.1）；

f） 搅拌时间（9.2）；

g） 稳定过程（9.3）；

h） 排气过程（9.4）。

ICS 87.060.10
G 53

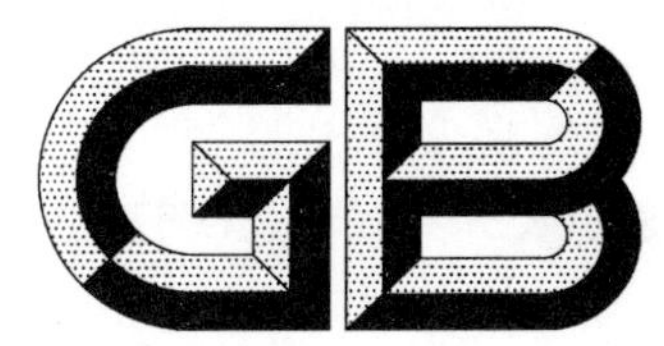

# 中华人民共和国国家标准

GB/T 21868.5—2008/ISO 8780-5:1990

# 颜料和体质颜料　评定分散性用的分散方法　第5部分:用自动平磨机分散

**Pigments and extenders—Methods of dispersion for assessment of dispersion characteristics—Part 5: Dispersion using an automatic muller**

(ISO 8780-5:1990,IDT)

2008-05-14 发布　　　　2008-10-01 实施

中华人民共和国国家质量监督检验检疫总局
中国国家标准化管理委员会　发布

# 前　言

本部分等同采用国际标准 ISO 8780-5:1990《颜料和体质颜料　评定分散性用的分散方法　第5部分:用自动平磨机分散》(英文版)。

本部分是 GB/T 21868《颜料和体质颜料　评定分散性用的分散方法》系列国家标准之一,下面列出了系列国家标准的结构及其对应的国际标准:

——第1部分:总则(ISO 8780-1:1990);

——第2部分:用振荡磨分散(ISO 8780-2:1990);

——第3部分:用高速搅拌机分散(ISO 8780-3:1990);

——第4部分:用砂磨分散(ISO 8780-4:1990);

——第5部分:用自动平磨机分散(ISO 8780-5:1990);

——第6部分:用三辊磨分散(ISO 8780-6:1990)。

本部分为 GB/T 21868 的第5部分。

下面列出了与本部分密切相关的 GB/T 21867《颜料和体质颜料　分散性的评定方法》系列国家标准的结构及其对应的国际标准:

——第1部分:由着色颜料的着色力变化进行评定(ISO 8781-1:1990);

——第2部分:由研磨细度的变化进行评定(ISO 8781-2:1990);

——第3部分:由光泽的变化进行评定(ISO 8781-3:1990)。

本部分的附录A为规范性附录。

本部分由中国石油和化学工业协会提出。

本部分由全国涂料和颜料标准化技术委员会归口。

本部分起草单位:中化建常州涂料化工研究院、昆山市世名科技开发有限公司。

本部分主要起草人:黄逸东、沈苏江、杜长森。

# 颜料和体质颜料 评定分散性用的分散方法 第5部分:用自动平磨机分散

## 1 范围

本部分规定了使用自动平磨机分散颜料和体质颜料的方法。

本方法适用于颜料质量控制中少量样品的比较。

本部分要与GB/T 21867所述的评定方法结合起来使用,使用商定的无挥发性溶剂的高黏度漆基体系。本部分应与GB/T 21868.1—2008一起阅读。

本方法仅限于高黏度的研磨料。其得出的结果不能与使用其他分散方法得到的分散结果进行比较。

## 2 规范性引用文件

下列文件中的条款通过GB/T 21868的本部分的引用而成为本部分的条款。凡是注日期的引用文件,其随后所有的修改单(不包括勘误的内容)或修订版均不适用于本部分,然而,鼓励根据本部分达成协议的各方研究是否可使用这些文件的最新版本。凡是不注日期的引用文件,其最新版本适用于本部分。

GB/T 3186—2006 色漆、清漆和色漆与清漆用原材料 取样(ISO 15528:2000,IDT)

GB/T 21868.1—2008 颜料和体质颜料 评定分散性用的分散方法 第1部分:总则(ISO 8780-1:1990,IDT)

GB/T 21867.1—2008 颜料和体质颜料 分散性的评定方法 第1部分:由着色颜料的着色力变化进行评定(ISO 8781-1:1990,IDT)

GB/T 21867.2—2008 颜料和体质颜料 分散性的评定方法 第2部分:由研磨细度的变化进行评定(ISO 8781-2:1990,IDT)

GB/T 21867.3—2008 颜料和体质颜料 分散性的评定方法 第3部分:由光泽的变化进行评定(ISO 8781-3:1990,IDT)

## 3 需要补充的资料

本部分所规定的试验方法需要用补充资料来加以完善。补充资料的内容在附录A中给出。

## 4 仪器设备

普通实验室仪器和玻璃器皿,以及下列仪器。

4.1 自动平磨机:带磨砂玻璃板,玻璃板直径应为180 mm~250 mm,在平磨机上施加可变的但已知的高达1 kN的力。板的旋转速度为70 r/min~120 r/min,仪器上装有以25转为倍数的转数装置。

4.2 调刀:用柔性钢或塑料制成。

## 5 漆基体系

漆基体系应由有关双方商定,试验报告应写明漆基、溶剂和漆基在溶剂中的浓度,并给出漆基体系流变性的说明(如黏度)。

对于同一组的所有试验应使用同一批漆基体系。

注:为提高方法的精确度,建议使用无挥发性溶剂的漆基体系。

## 6 取样

按照 GB/T 3186—2006 规定取受试产品的代表性样品。

## 7 研磨料的组成

研磨料的流动性取决于颜料漆基量的要求、颜料在研磨料中的浓度和漆基的流变性。在进行试验前应进行预试验以确定合适的研磨料的组成。

为了比较不同颜料的分散性，研磨料的流动性应类似并且研磨料应为黏稠色浆。也可以使用不同组成的研磨料。

典型的颜料浓度为：

a) 低漆基需要量的颜料——颜料浓度的质量分数为 65%；

b) 中漆基需要量的颜料——颜料浓度的质量分数为 40%；

c) 高漆基需要量的颜料——颜料浓度的质量分数为 25%。

## 8 操作步骤

如研磨平板没有水冷却，在分散操作过程中，温度的升高不要超过 10℃。

新研磨平板应用颜料加适当的漆料在施力下运转 1 000 转来进行预处理，然后弃去颜料浆。

在使用前，检查每块玻璃板表面，应具有平整、不透明的外观，应无划痕和无磨光部位。

### 8.1 分散

称取商定量的漆基体系(第 5 章)和颜料。

称量的多少取决于研磨平板的大小。在分散时如浆从平板的边缘流出，则研磨料的量要适当地减少。

如评价分散性的准则是用着色力变化来评定，则颜料和漆基体系的称量应精确到 0.5%以内。对于其他的评价方法(如研磨细度变化法和光泽变化法)，可商定更宽的允许范围。

在自动平磨机(4.1)下层板的中心放漆基体系，颜料撒在漆基上，用调刀(4.2)使用最小的力将其混合在一起。将浆料在离下层板中心约 35 mm 处的圆圈上分布为若干点或将浆料铺展在内径 40 mm，外径 100 mm 的环内。

注：可在下层玻璃板下面贴上一个所需形状的纸环。

清洁调刀，尽可能多地将浆料擦在研磨机上层板上。

合上研磨机板，在商定的负荷、商定的运转频率和商定几个连续阶段的运转次数(如 50、100、200 和 400 次，在图 1 中给出)下研磨混合物。中途通过每一个阶段(如 25、75、150 或 300 次后)和在每一阶段终了时，用调刀将研磨浆料刮在一起并混合均匀(用最小的力)，然后按上面所述的方法再分散。在每一个商定分散阶段终了时取一试样。

当取样大于两个试样或取样量达浆料量的 15%时，对于每个研磨阶段需用新的研磨料混合物重新操作。

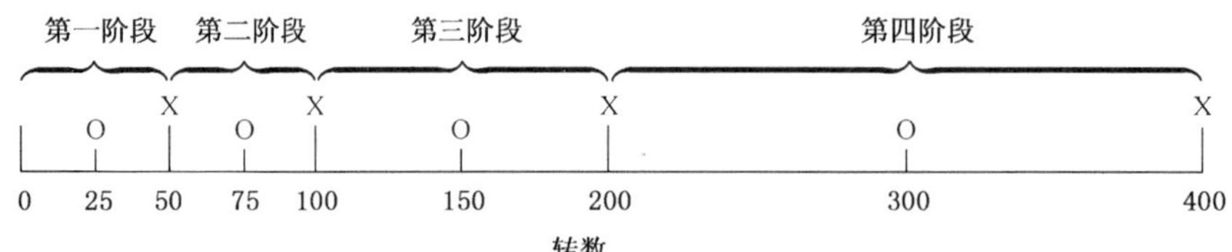


O——混合均匀；

X——混合均匀并取商定的试样。

**图 1 研磨时间表实例**

### 8.2 稳定

如有必要，例如研磨料不够稳定时，从研磨料中取出每个试验样品后，应设法使之稳定，例如可通过加入更多的漆基和/或特定的助剂的方法达到。操作步骤应由有关双方商定。

## 9 试验报告

试验报告至少应包括下列内容：

a) 鉴别试验产品所需的全部细节；

b) 注明本部分标准编号；

c) 附录 A 中所涉及的补充内容；

d) 与本试验规定操作步骤的任何不同之处；

e) 试验日期。

# 附 录 A
## (规范性附录)
## 需要补充的资料

以下内容最好由有关双方商定,也可以全部或部分地取自与受试产品有关的国际标准、国家标准或其他文件:

a) 自动平磨机的类型和全部细节(4.1);

b) 漆基体系(第5章);

c) 研磨料的组成(第7章)和其温度(第8章);

d) 分散条件(研磨平板上施加的负荷,运转频率和平板的运转次数)(8.1);

e) 稳定过程(8.2)。

ICS 87.060.10
G 53

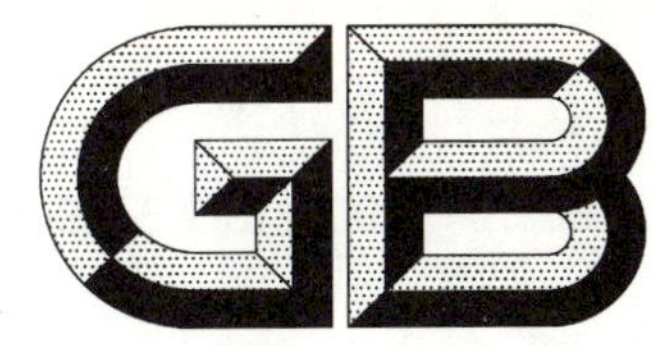

# 中华人民共和国国家标准

GB/T 21868.6—2008/ISO 8780-6:1990

---

# 颜料和体质颜料 评定分散性用的分散方法 第6部分:用三辊磨分散

**Pigments and extenders—Methods of dispersion for assessment of dispersion characteristics—Part 6: Dispersion using a triple-roll mill**

(ISO 8780-6:1990,IDT)

2008-05-14 发布 2008-10-01 实施

---

中华人民共和国国家质量监督检验检疫总局
中国国家标准化管理委员会 发布

# 前　言

本部分等同采用国际标准 ISO 8780-6:1990《颜料和体质颜料——评定分散性用的分散方法——第6部分:用三辊磨分散》(英文版)。

本部分是 GB/T 21868《颜料和体质颜料　评定分散性用的分散方法》系列国家标准之一,下面列出了系列国家标准的结构及其对应的国际标准:

——第1部分:总则(ISO 8780-1:1990);

——第2部分:用振荡磨分散(ISO 8780-2:1990);

——第3部分:用高速搅拌机分散(ISO 8780-3:1990);

——第4部分:用砂磨分散(ISO 8780-4:1990);

——第5部分:用自动平磨机分散(ISO 8780-5:1990);

——第6部分:用三辊磨分散(ISO 8780-6:1990)。

本部分为 GB/T 21868 的第6部分。

下面列出了与本部分密切相关的 GB/T 21867《颜料和体质颜料　分散性的评定方法》系列国家标准的结构及其对应的国际标准:

——第1部分:由着色颜料的着色力变化进行评定(ISO 8781-1:1990);

——第2部分:由研磨细度的变化进行评定(ISO 8781-2:1990);

——第3部分:由光泽的变化进行评定(ISO 8781-3:1990)。

本部分的附录 A 为规范性附录。

本部分由中国石油和化学工业协会提出。

本部分由全国涂料和颜料标准化技术委员会归口。

本部分起草单位:中化建常州涂料化工研究院、昆山市世名科技开发有限公司。

本部分主要起草人:黄逸东、沈苏江、杜长森。

# 颜料和体质颜料　评定分散性用的分散方法　第6部分:用三辊磨分散

## 1　范围

本部分规定了采用三辊磨分散颜料和体质颜料的方法。该方法的试验结果有可能成为受试产品经相应的生产设备进行分散而得出其分散性好坏的结论。

本部分要与GB/T 21867所述的评定方法结合起来使用,使用商定的高黏度、无挥发物的漆基体系。本部分应与GB/T 21868.1—2008一起阅读。

本方法仅限于高黏度研磨料。为了改善该方法的准确性,建议受试颜料和商定的参照颜料的分散程序(过程)要在相同温度下进行。本方法所得出的结果不宜与用其他分散方法得到的分散性结果进行比较。

注:本部分所述的三辊磨分散的优点在于设备容易操作,制备适量的研磨料就能够全面地评定分散性,设备容易进行清洗而且分散结果能够与来自生产机械设备得到的分散结果相对应。本部分所述的该类三辊磨不像要求低黏度研磨料配方的分散设备,它允许研磨料的配方在一较宽的高黏度范围内进行调整。由于这种较强的适应性,因此不必严格规定出适宜的研磨料配方。

## 2　规范性引用文件

下列文件中的条款通过GB/T 21868的本部分的引用而成为本部分的条款。凡是注日期的引用文件,其随后所有的修改单(不包括勘误的内容)或修订版均不适用于本部分,然而,鼓励根据本部分达成协议的各方研究是否可使用这些文件的最新版本。凡是不注日期的引用文件,其最新版本适用于本部分。

GB/T 3186—2006　色漆、清漆和色漆与清漆用原材料　取样(ISO 15528:2000,IDT)

GB/T 6753.1—2007　色漆、清漆和印刷油墨研磨细度的测定(ISO 1524:1983,IDT)

GB/T 13451.2—1992　着色颜料相对着色力和白色颜料相对散射力的测定　光度计法(idt ISO 787-24:1985)

GB/T 21868.1—2008　颜料和体质颜料　评定分散性用的分散方法　第1部分:总则(ISO 8780-1:1990,IDT)

GB/T 21867.1—2008　颜料和体质颜料　分散性的评定方法　第1部分:由着色颜料的着色力变化进行评定(ISO 8781-1:1990,IDT)

GB/T 21867.2—2008　颜料和体质颜料　分散性的评定方法　第2部分:由研磨细度的变化进行评定(ISO 8781-2:1990,IDT)

GB/T 21867.3—2008　颜料和体质颜料　分散性的评定方法　第3部分:由光泽的变化进行评定(ISO 8781-3:1990,IDT)

## 3　需要补充的资料

本部分所规定的试验方法需要用补充资料来加以完善。补充资料的内容在附录A中给出。

## 4　仪器设备

普通实验室仪器和玻璃器皿,以及下列设备。

4.1　三辊磨,具有温度控制装置和混合装置并且符合下列要求:

a） 辊子直径：约为 150 mm（如果使用其他尺寸的辊子，应经过商定且在试验报告中作记录）。

注：辊子直径小于 150 mm 得出的结果则不能与生产设备得出的结果相对应。

b） 辊子长度：200 mm～300 mm（如果使用其他尺寸的辊子，应当经过商定而且应在其试验报告中作记录）。

c） 辊子（摩擦）的传动比：1：（2.5～3）：（5～6）。

d） 辊子的输出速度：150 r/min～200 r/min。

e） 辊子接触压力：应当设定重复线压高达 80 N/mm 辊长（以 $N/mm^2$ 表示的相应的压力计读数值取决于其结构而且应当由辊子生产厂得到）。

辊子接触压力应以线压表示，使之能与其他类型的三辊磨相比较。线压是每毫米辊长的接触压。在大多数情况下，此参数不能由压力计直接读数，而必须由表读数来换算。

由于分散还受线压以外其他参数的影响，因此不同类型三辊磨之间的相互关系应当利用磨的生产厂提供的资料进行实验来确定。

f） 加热液体或冷却液体的温度控制：应能于 20℃～60℃范围内控制到±1℃。

g） 在试验操作期间任何间隙调节装置都不能活动。

4.2 调刀

## 5 漆基体系

漆基体系应由有关双方商定，试验报告应写明漆基、溶剂和漆基在溶剂中的浓度，并给出漆基体系流变性的说明（如黏度）。

对于同一组的所有试验应使用同一批漆基体系。

## 6 取样

按照 GB/T 3186—2006 规定取受试产品的代表性样品。

## 7 研磨料的组成

研磨料的流动特性取决于颜料对漆基的需要量、颜料在研磨料中的浓度以及漆基体系的流变性。因此应当进行预试验，以确定一个适宜的研磨料组成，而且该组成应由有关双方来商定。该研磨料应具有高的黏稠性。

注：GB/T 13451.2—1992 中规定的白色颜料浆具有的黏度被认为是适用该方法的最低值。

典型的颜料浓度是：

a） 低漆基需要量的颜料——颜料浓度的质量分数为 65%；

b） 中漆基需要量的颜料——颜料浓度的质量分数为 40%；

c） 高漆基需要量的颜料——颜料浓度的质量分数为 25%。

## 8 程序

### 8.1 试样量

对于 4.1 规定的设备，其研磨料的质量不应少于 50 g。

如评价分散性的准则是用着色力变化来评定，则颜料和漆基体系的称量应精确到 0.5%以内。对于其他的评价方法（如研磨细度变化法和光泽变化法），可商定更宽的允许范围。

### 8.2 预混合

用调刀（4.2）充分混合商定量的颜料和漆基体系。将三辊磨（4.1）的辊子预热至商定的温度，将第一个辊子和第二个辊子调节到最低的压力位置，使第三辊不粘料。将研磨料装到第一辊上，开动三辊磨进行混合，直至达到均匀分散。

注：预混合时间取决于研磨料的分散类型和数量。对于 50 g 研磨料，一般 2 min 就足够了。

另外，经有关双方商定，可以采用高速(叶轮)搅拌或其他适宜的设备来进行预混合。此时，应按上述预混合程序将预混合好的研磨料加到三辊磨的第一个辊上，而且要保证它的温度略低于预热辊子的温度。

## 8.3 分散

继预混合之后辊子仍然转动，调节辊子使之产生摩擦，也就是将辊子接触压力调节到适合于研磨料的黏度的程度(使第二辊和第三辊上形成一个研磨料的薄而均匀的涂层)。首先应调节第一辊和第二辊子的接触间隙，最后调节第三个辊子(使金属辊与金属辊任何时候都不会接触)。

当第一个辊子几乎没有物料了，而刚好最后一点料通过中间辊子之前就认为是完成了一道(遍)。任何流出辊子两侧(边)的物料应弃去，因为它可能被弄脏也可能没有正常地分散。

适宜的辊子接触压力应通过预实验来确定而且应通过有关双方来商定。

如果对两种或更多种颜料进行比较，则应调节含有各种颜料的已制备的研磨料的温度，使之温差不超过 2℃。

将研磨料从三辊磨的导料板上收集到一个适合的容器内，用调刀进行充分混合。可以在研磨一遍之后，按照 GB/T 6753.1—2007 测量物料的研磨细度来评定分散的难易性，也可以在每遍之后研磨一遍或多遍取分散试样，按 GB/T 21867 规定的方法之一来评定分散性好坏。

## 8.4 稳定

如有必要，例如研磨料不够稳定时，从研磨料中取出每个试验样品后，应设法使之稳定，例如可通过加入更多的漆基和/或特定的助剂的方法达到。操作步骤应由有关双方商定。

相反，对于低黏度的研磨料(例如对于振荡磨、砂磨或高速搅拌可以使用这样的研磨料)，稳定则并不重要。

# 9 试验报告

试验报告至少应包括下列内容：

a) 鉴别试验产品所需的全部细节；
b) 注明本部分标准编号；
c) 附录 A 中所涉及的补充内容；
d) 溶剂(如果使用)；
e) 预混合的方法和时间(8.2)；
f) 辊子的接触压力、恒温器液体的温度及研磨数(8.3)；
g) 与本试验规定操作步骤的任何不同之处；
h) 试验日期。

# 附 录 A
（规范性附录）
# 需要补充的资料

以下内容最好由有关双方商定，可以全部或部分地取自与受试产品有关国际标准、国家标准或其他文件：

a) 三辊磨的类型和全部细节(4.1)；
b) 漆基体系(第5章)；
c) 研磨料的组成(第7章)和它的温度(8.3)；
d) 预混合的条件(8.2)；
e) 分散的条件(8.3)；
f) 稳定程序(8.4)。

中华人民共和国化工行业标准

HG 2242—91

# 颜料标准样品管理办法

## 1 主题内容与适用范围

本标准规定了颜料标准样品(简称标样)的管理办法。

本标准适用于颜料国家标准、行业标准中的标准样品的管理。企业标准中的标准样品的管理也可参照采用。

## 2 定义

颜料标准样品:用以鉴定同一品种颜料产品某些特性(如颜色、着色力、消色力等)的实物标准。

## 3 标样的选定及提供

3.1 标样随颜料产品标准的制、修订而选定。需要选定标样时,应由颜料产品及试验方法分技术委员会负责,并组织制、修订该产品标准的工作组及其他有关的生产、使用单位参加评选。选标时按事先商定的程序进行。选出的标样应为正常、稳定生产的某一批次均匀产品,其全部技术指标均应符合该颜料产品标准的技术要求。

3.2 参加评选颜料标样的生产单位,在送样的同时必须留有足够数量的同批均匀产品,以保证一旦被确定为标样提供单位,就能及时向标样发放单位提供符合质量和数量要求的该批产品。

3.3 确定为提供标样的单位,应从原留的同批产品中取样,分装成每瓶为500mL的4瓶(深棕色广口瓶)样品,并附测试报告,一并送交颜料产品及试验方法分会秘书组进行验证。

3.4 颜料产品及试验方法分会秘书组接到生产单位提供的样品后,应及时安排验证工作,验证期限不得超过45天。

3.5 验证合格后,余留的样品由颜料产品及试验方法分会秘书组封存,以备仲裁或置换时作为标样使用。该分会秘书组应将验证结果报全国涂料和颜料标准化技术委员会秘书处备案,并向提供标样的单位发出合格通知书及验证报告。

3.6 提供标样的单位接到合格通知后,应于两个月内将合格样品发送到标样发放单位(见5.3)。

3.7 样品经验证后,如有某项技术指标不符合标准规定,颜料产品及试验方法分会秘书组应向提供标样的单位发出不合格通知书及验证报告。

3.8 供样单位接到不合格通知后应于一个月内重新提样,直至全部技术指标符合标准规定为止。

3.9 验证单位进行验证、复验(或置换)标样时,应做好详细的原始记录并提出试验报告,试验报告至少应包括下列内容:

a. 样品名称及其产品标准号;

b. 生产单位;

c. 生产日期,批号;

d. 有效期;

e. 验证或复验结果及结论;

f. 试验人员;

中华人民共和国化学工业部1991-11-12批准　　　1992-07-01实施

g. 试验日期。

## 4 标样的置换

4.1 标样发放单位如遇到下列三种情况之一：

a. 标样变质；

b. 标样将达有效期；

c. 标样将要用完。

则应重新置换标样，及时通知原标样提供单位提供新标样（参见 3.3）。

4.2 新置换的标样应由颜料产品及试验方法分会秘书组负责复验（要求同 3.4～3.6），新标样的着色力、消色力应与原标样相同，颜色应为近似原标样，其他技术指标也应符合该产品标准中所规定的要求。

## 5 标样的包装、标志、发放和贮存

5.1 标样的包装

标样应贮装在深棕色广口玻璃瓶（60～1000mL）内，密封，并贴上标签及封口条。

5.2 标样的标志

5.2.1 标样用的标签分为颜料产品国家标准用标样和行业标准用标样两种。如图 1、图 2 所示。

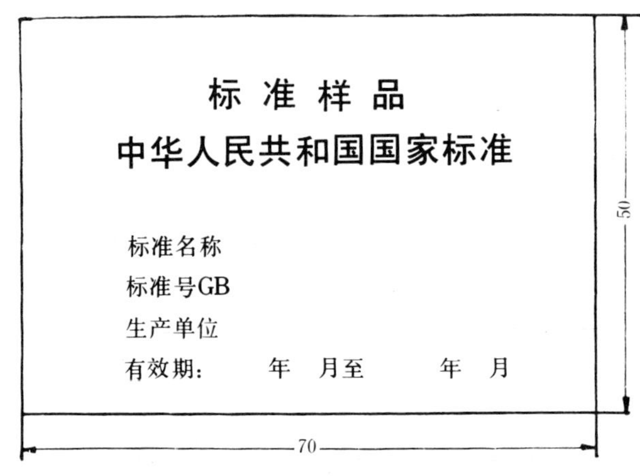


图 1 颜料产品国家标准用标样的标签

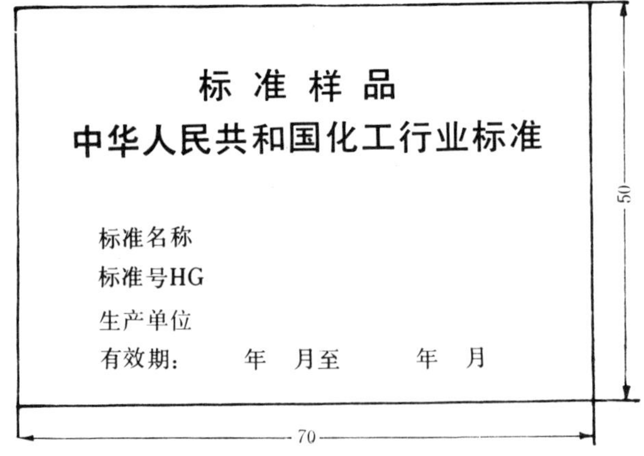


图 2 颜料产品行业标准用标样的标签

5.2.2 标签尺寸均为 50mm×70mm，外边框条的宽度为 2mm，内边框条的宽度为 1mm。国家标准标样标签，框条颜色为红色，行业标准标样标签，框条颜色为蓝色。

5.2.3 标样用封口条的尺寸如图 3 所示。

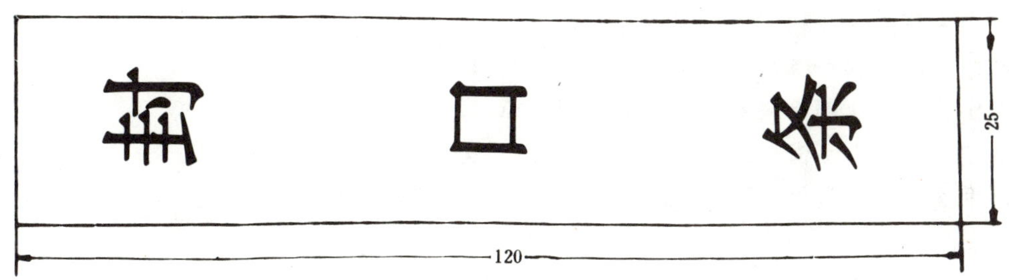


图3　标样瓶封口条

5.2.4　标签及封口条的字号与字体的规定如下表：

标签与封口条的字号与字体

| 文字内容 | 字号与字体 |
|---|---|
| 标准样品 | 四号(20K)黑体 |
| 中华人民共和国国家标准 | 小四号(18K)黑体 |
| 中华人民共和国化工行业标准 | 小四号(18K)黑体 |
| 标准名称 | 小五号(14K)黑体 |
| 标准号 GB | 小五号(14K)宋体 |
| 标准号 HG | 小五号(14K)宋体 |
| 生产单位 | 小五号(14K)宋体 |
| 有效期　年　月至　年　月 | 小五号(14K)宋体 |
| 封口条 | 头号(50K)黑体 |

5.2.5　标签及封口条均应盖有发放单位的公章。

5.3　标样的发放

标样应由颜料产品及试验方法分会秘书组负责发放。

5.4　标样的贮存

5.4.1　标样应贮存于温度不高于30℃，不低于5℃，相对湿度不高于70%，通风良好，无日光直接照射的室内。

5.4.2　检验人员在使用标样时，应防止标样因吸潮和受光、热影响而变质。使用后应立即放回原处，妥善保管。

## 6　标样的有效期

各种颜料标样的有效期应按其产品标准中的规定执行。

## 7　标样的主管单位

由颜料产品及试验方法分会秘书组负责标样的日常管理工作。

**附加说明：**

本标准由中华人民共和国化学工业部科技司提出。

本标准由全国涂料和颜料标准化技术委员会归口。

本标准由化学工业部涂料工业研究所负责起草。

本标准主要起草人苏梅、吴良骏。

自本标准实施之日起，原专业标准 ZB G 00 001—86《颜料标准样品管理办法》作废。

中华人民共和国化工行业标准

HG/T 2457—93

# 颜料产品检验、标志、包装、运输和贮存通则

## 1 主题内容与适用范围

本标准规定了颜料产品的检验、标志、包装、运输和贮存通则。

本标准适用于颜料产品。

## 2 引用标准

GB 191 包装储运图示标志

GB 1250 极限数值的表示方法和判定方法

GB 9285 色漆和清漆用原材料 取样

## 3 检验通则

3.1 颜料产品的质量应按其相应的国家标准、行业标准或企业标准的规定进行检验。

3.2 产品检验分为型式检验和出厂检验两类。产品标准中所列的全部技术要求项目为型式检验项目。在正常生产情况下，应规定型式检验的间隔时间(周期)。此外，新产品试制定型鉴定；产品的配方、工艺、原材料发生变化；产品长期停产后恢复生产或国家质量监督机构提出型式检验要求时均应进行型式检验。

产品标准中还应明确规定出厂检验的项目，即产品交货时必须进行的各项试验。

3.3 产品在出厂前，应由生产厂的检验部门按其产品标准进行逐批(在一致条件下生产或按规定方式汇总起来的一定数量产品为一批)检验。生产厂应保证所有批次出厂的产品都符合其标准的技术要求，产品应有合格证，必要时另附产品质量合格证书、使用说明及注意事项。质量合格证书至少应包括下列内容：

a. 产品型号、名称、等级和标准号；

b. 生产厂名称和商标；

c. 批号及有效贮存期；

d. 检验结果或产品符合标准技术要求的证明；

e. 检验人员签名和检验专用章；

f. 检验日期。

3.4 产品按 GB 9285 的有关规定进行取样，并应规定所取样品的数量。样品混合均匀后分装在两个干燥、洁净的磨口棕色玻璃瓶内。瓶上粘贴标签，标明：样品型号、名称、生产批号及数量、取样日期和取样者姓名。一瓶密封贮存备查，另一瓶作检验用样品。

3.5 接收部门有权按产品标准的规定对产品进行检验，如发现质量不符合其技术要求规定时，供需双方共同按 GB 9285 重新取双倍试样进行复验，如仍不符合产品标准的规定，产品即为不合格品。

3.6 供需双方应对产品的包装、数量及标志进行检验核对，如发现包装有损坏、数量有出入、标志不符合规定等现象，应及时通知有关部门进行处理。

中华人民共和国化学工业部 1993-06-29 批准　　1994-04-01 实施

3.7　供需双方在产品质量上发生争议时，应由产品质量监督检验机构进行仲裁。

3.8　检验结果的判定按 GB 1250 中修约值比较法进行。

## 4　标志

颜料产品的包装容器上应印有牢固、清晰的标志，包括：

a.　生产厂名称；

b.　产品名称；

c.　注册商标；

d.　产品的标准代号；

e.　型号；

f.　质量等级；

g.　生产批号；

h.　净重；

i.　生产日期；

j.　GB 191 规定的“怕湿”标志。

## 5　包装

5.1　颜料产品的包装材料（或容器）必须具备防潮湿、防污染的性能。不应与颜料产品发生物理、化学作用，不能影响产品质量。

颜料产品，根据需要可选用下列一种或几种容器进行包装。

a.　铁桶；

b.　木桶；

c.　硬纸板桶；

d.　纤维板桶；

e.　塑料编织袋；

f.　多层牛皮纸袋。

以上各种包装容器均须内衬塑料薄膜袋或采取其他防潮措施。

5.2　每种颜料应规定包装件适宜的包装数量。

5.3　包装件应附有产品的标志（见第 4 章）。

## 6　运输和贮存

6.1　颜料产品应按等级、分类、分批存放在通风、干燥处，严禁与产品可发生反应的物品接触，并注意防潮。

6.2　凡漏出包装容器外的产品，一律不得再返入包装容器内。

6.3　运输、装卸时应轻装、轻卸，防止包装污染和破损。产品在运输中应防止雨淋和阳光曝晒。

6.4　不得与使产品变质或能使包装损坏的物品混运。

6.5　应符合运输部门的有关规定。

---

**附加说明：**

本标准由中华人民共和国化学工业部科技司提出。

本标准由全国涂料和颜料标准化技术委员会归口。

本标准由化工部涂料工业研究所负责起草。

本标准主要起草人苏梅、吴良骏。

ICS 87.060.10
G 54
备案号:18471—2006

# 中华人民共和国化工行业标准

HG/T 3834—2006

# 颜料抗渗色性的比较

## Comparison resistance to bleeding of pigments

2006-07-27 发布　　　　2006-10-11 实施

中华人民共和国国家发展和改革委员会　发布

# 前 言

本标准等效采用国际标准 ISO 787/22—1980《颜料和体质颜料通用试验方法　第二十二部分:颜料抗渗色性的比较》。

本标准由中国石油和化学工业协会提出。

本标准由全国涂料和颜料标准化技术委员会归口。

本标准负责起草单位:杭州油墨厂。

本标准主要起草人:陈绥英。

本标准为国家标准清理评价后由国家标准直接转化为化工行业标准,仅进行了编辑性修改,技术内容不变。

本标准于 1989 年以 GB/T 11187—1989 首次发布,本次直接转化为化工行业标准。

本标准委托全国涂料和颜料标准化技术委员会负责解释。

# 颜料抗渗色性的比较

## 1 范围

本标准规定了与标准样品对比来测定颜料抗渗色性的通用试验方法。

当本通用方法不适用于某特定产品时，应规定一个专用方法比较其抗渗色性。

## 2 规范性引用文件

下列文件中的条款通过本标准的引用而成为本标准的条款。凡是注日期的引用文件，其随后所有的修改单(不包括勘误的内容)或修订版均不适用于本标准，然而，鼓励根据本标准达成协议的各方研究是否可使用这些文件的最新版本。凡是不注日期的引用文件，其最新版本适用于本标准。

GB 9285　色漆和清漆用原材料　取样

GB/T 9761　色漆和清漆　色漆的目视比色

## 3 定义

**渗色**

由于下层漆膜所含颜料颜色的迁移引起上层新施涂漆膜变色的现象称为渗色。这种现象可在漆膜施涂后立即发生或在漆膜干燥的任何阶段发生。

## 4 材料

4.1　样板，任何适宜的金属薄板，如光亮的马口铁板或铝板，合适的尺寸为150 mm×100 mm，其表面经清洗并轻轻打磨过；或产品标准规定的其他适宜的样板。

4.2　水砂纸，600号。

4.3　黑白卡纸，遮盖力测定用。

4.4　漆料，在产品标准中规定，既可在室温下干燥，又可在规定温度下经规定时间烘烤。

4.5　白色面漆，在产品标准中规定。

## 5 取样

按GB 9285的规定选取试验颜料的代表样品。

## 6 操作步骤

用产品标准规定的方法及漆料制备试验颜料分散体，其中包括进一步用漆料或溶剂，把分散体稀释至适宜的稠度。

以相同的方法、同一漆料制备标准样品分散体。

用产品标准规定的方法将试验颜料的分散体涂覆于试验样板中部的三分之一部位上，使得到厚度为75 μm～120 μm的湿膜，这样样板两端未涂漆，让漆膜按规定条件干燥或者在规定的适宜烘烤条件下干燥。

以相同的方法，用标准样品的分散体制备试验样板。

如果预先经有关双方商定同意，在下一次施涂前，样板的被涂部位可以用水砂纸轻轻打磨。对于样板未涂面积的任一端用一张黑白卡纸贴上。再用白色面漆涂覆整块样板，这样样板中的三分之一是用颜料分散体和白色面漆涂覆的，而另一端及黑白卡纸只涂白色面漆，白色面漆施涂的厚度要正好遮盖黑白卡纸。

让漆膜在室温下干燥或者在规定的适宜烘烤条件下干燥。

面漆漆膜干燥以后，在散射日光下，用 GB/T 9761 中叙述的方法进行比较，渗色程度以只用白色面漆涂过的样板表面与用白色面漆覆盖在试验样品的颜料分散体上的样板表面之间的色差来表示。以标准样品的渗色程度作为标准，记录是等于、大于还是小于标准样品的抗渗色程度。如果不能利用日光，则在标准光源下进行比较。经 24 h 后重复比较。

注：如有需要并经商定，可以使用合适的色度计来评价渗色程度。

## 7 试验报告

试验报告至少应包括下列内容：

a） 试验颜料的类型与名称；

b） 注明参照本标准；

c） 详细叙述产品标准规定的细节，包括颜料浓度，使用的参照颜料，使用的漆料，施工方法，试验漆膜的固化条件及面漆的类型；

d） 与本试验规定操作的差异；

e） 注明是在天然日光下还是在标准光源下比较；

f） 试验结果：大于、等于或小于标准样品的抗渗色程度；

g） 试验日期。

ICS 87.060.10
G 54
备案号:18472—2006

# 中华人民共和国化工行业标准

HG/T 3835—2006

# 颜料密度的测定（用离心机排除夹带空气）

Determination of density of pigments（using a centrifuge to remove entraind air）

2006-07-27 发布　　2006-10-11 实施

中华人民共和国国家发展和改革委员会　发布

# 前　言

本标准等效采用国际标准 ISO 787/23—1979《颜料和体质颜料通用试验方法　第二十三部分:密度的测定(用离心机排除夹带空气)》。

本标准由中国石油和化学工业协会提出。

本标准由全国涂料和颜料标准化技术委员会归口。

本标准负责起草单位:中国化工建设总公司常州涂料化工研究院。

本标准主要起草人:费锦浩、郑文娟、裴连娥。

本标准为国家标准清理评价后由国家标准直接转化为化工行业标准,仅进行了编辑性修改,技术内容不变。

本标准于 1989 年以 GB/T 11188—1989 首次发布,本次直接转化为化工行业标准。

本标准委托全国涂料和颜料标准化技术委员会负责解释。

# 颜料密度的测定
# （用离心机排除夹带空气）

## 1 范围

本标准规定了使用离心机排除夹带空气，测定颜料样品密度的通用试验方法。

当本通用方法不适用于某特定产品时，应规定一个专用方法用规定的离心机来测定密度。

## 2 规范性引用文件

下列文件中的条款通过本标准的引用而成为本标准的条款。凡是注日期的引用文件，其随后所有的修改单（不包括勘误的内容）或修订版均不适用于本标准，然而，鼓励根据本标准达成协议的各方研究是否可使用这些文件的最新版本。凡是不注日期的引用文件，其最新版本适用于本标准。

GB/T 1713 颜料密度的测定 比重瓶法

GB 9285 色漆和清漆用原材料 取样

## 3 置换液体及测定温度的确定

### 3.1 已知密度（按 GB/T 1713 规定测定）的置换液体

应该选择一种不溶解试样，有良好的润湿性及在真空下挥发速度较低的液体。终沸点超过 170℃的高沸点芳香族或脂肪族烃类溶剂均可适用。

但是，如果要测定的是炭黑或有机颜料，在选择液体时必须特别精心。

### 3.2 测定温度

测定时的温度将对所用的置换液体密度有很大的影响，但对试验样品的密度没有影响。因此，当采用本方法时，最重要的是必须在恒定温度下进行每次称量。采用恒温室或恒温箱是符合要求的。但如果这些条件不具备，应该注明每次称量时的温度并校正置换液体的密度。

## 4 仪器

4.1 离心管，玻璃的或其他合适材料，如聚丙烯或不锈钢制。

4.2 托架与圈环，用直径不大于 0.12 mm 的铂丝或镍-铬丝制成，以把管子悬挂在天平上。

4.3 玻璃搅拌棒，稍长于离心管。

4.4 离心机，实验室型（大于 4 500 r/min）。

4.5 筛子，500 μm 公称孔径筛网。

4.6 天平，精确至 1 mg 或更高的精确度。

## 5 取样

按 GB 9285 的规定选取试验颜料的代表样品。

## 6 操作步骤

### 6.1 试样

充分混合足够数量的约占离心管（4.1）体积一半的试验样品，并将其过筛（4.5）。在（105±2）℃下加热干燥试样 2 h，然后在干燥器中冷却到室温。

### 6.2 测定

将洗净并干燥的离心管与搅拌棒完全浸没在装有置换液体的合适体积的烧杯中，并让其在恒温室或恒温箱中放置足够时间使整体温度达到恒温室或恒温箱的温度（本步骤所需时间要 1 h 或更长）。用托架和圈环将离心管与搅拌棒悬挂在天平上并称量。

从置换液体中取出离心管与搅拌棒并擦净、干燥。称一定量的干燥试样到管子中，使足以占有管子的一半体积（根据密度，所需的量为 1 g～10 g）。向管中的样品加入置换液体，逐渐地、小心地搅拌，直至材料润湿并完全被液体盖住，并在样品上面有一层透明液体为止。再加入置换液体使液面离管顶约 13 mm。

将离心管连同搅拌棒一起，放在离心机（4.4）里，适当地配平，旋转离心机直至排除夹带的空气，并使固体颜料成为紧密的块团为止（在 4 500 r/min 下离心操作 15 min）。

从离心机里取出离心管并用置换液体注满管子。小心地将离心管与搅拌棒放进装有置换液体的烧杯中，并让其放在恒温室或恒温箱中直至整体温度达到恒温室或恒温箱温度。用托架与圈环将离心管与搅拌棒悬起并称量。

## 7 结果的表示

由下式计算试验颜料的密度 $\rho_m$（g/mL）：

$$\rho_m = \frac{\rho m_2}{m_2 - (m_3 - m_1)} \quad \cdots\cdots (1)$$

式中：

$m_1$——在置换液中托架与圈环（4.2）、离心管（4.1）及玻璃搅拌棒（4.3）的质量，单位为克（g）；

$m_2$——在空气中颜料的质量，单位为克（g）；

$m_3$——在置换液中托架与圈环、离心管、玻璃搅拌棒与颜料的质量，单位为克（g）；

$\rho$——在温度 $t$ 时置换液体的密度，单位为克每毫升（g/mL）。

## 8 精密度

### 8.1 重复性 *r*

由一个操作者在一个实验室中用同样的设备，在短的时间间隔里用标准试验方法对同一颜料的两次单独试验所得的结果之间绝对差值小于 0.03 g/mL 时，结果的置信度为 95%。

### 8.2 再现性 *R*

由不同实验室的不同操作者用标准试验方法对同一颜料得到的两个试验结果（每个结果均为两个试样平行测定的平均值）之间的绝对差值小于 0.05 g/mL 时，结果的置信度为 95%。

## 9 试验报告

试验报告至少应包括下列内容：

a） 受试产品的类型与名称；

b） 注明参照本标准；

c） 所用置换液体的详情与测定温度；

d） 经商定或其他原因造成的与本试验规定操作步骤的任何不同之处；

e） 试验结果；

f） 试验日期，试验人员。

ICS 87.060.10
G 54
备案号：18478—2006

# 中华人民共和国化工行业标准

HG/T 3851—2006

# 颜料遮盖力测定法

# Determination of hiding power of pigments

2006-07-27 发布　　2006-10-11 实施

中华人民共和国国家发展和改革委员会　发布

# 前　　言

本标准由中国石油和化学工业协会提出。

本标准由全国涂料和颜料标准化技术委员会归口。

本标准负责起草单位:上海市涂料研究所。

本标准为国家标准清理评价后由国家标准直接转化为化工行业标准,仅进行了编辑性修改,技术内容不变。

本标准于1979年以HG 1-455—1979首次发布,1979年第一次修订为GB/T 1709—1979,本次直接转化为化工行业标准。

本标准委托全国涂料和颜料标准化技术委员会负责解释。

# 颜料遮盖力测定法

## 1 范围

本方法是指颜料和调墨油研墨成色浆，均匀地涂刷于黑白格玻璃板上，使黑白格恰好被遮盖的最小用颜料量，以 g/m² 表示。

## 2 材料和仪器设备

2.1 黑白格玻璃板：如图 1 所示。

黑白格面积：$2\times10^4$ mm²；

漆刷：宽 25 mm～35 mm；

容器：容量为 50 mL～100 mL；

调墨刀：长 178 mm，宽 7 mm～18 mm；

天平：感量 0.2 g；

平磨机。

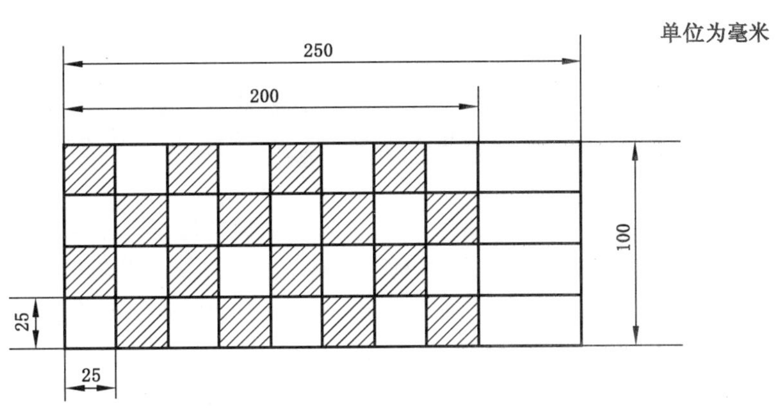


图 1

2.2 暗箱：如图 2 所示。

外形尺寸为 500 mm×400 mm×600 mm，下部敞开，内涂无光黑漆；

调墨油（纯亚麻仁油制）：

黏度：140 mPa·s～160 mPa·s(23℃)或 38 s～42 s(23℃)(涂-4 黏度计)；

酸值：不大于 7 mg/g(以 KOH 计)；

颜色：不大于 7(铁钴比色计)。

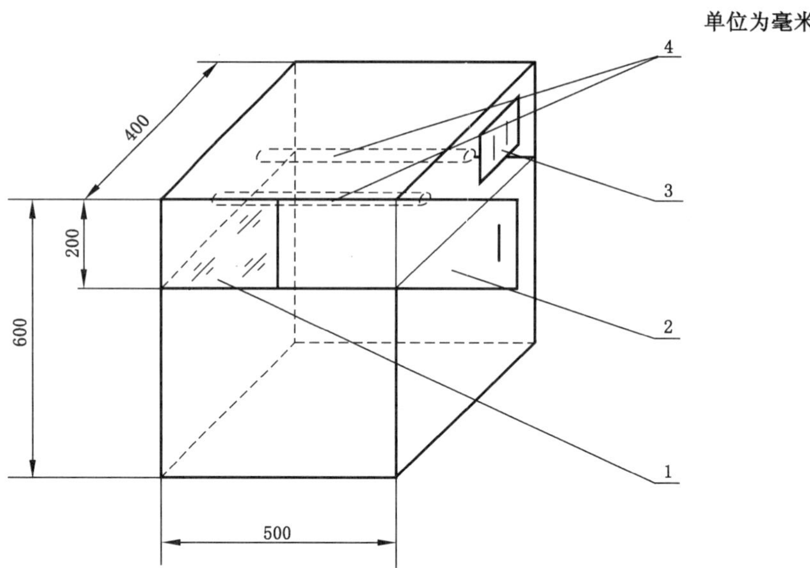


1——磨砂玻璃(3 mm 厚,其磨面向下);
2——挡光板;
3——灯源开关;
4——15 W 日光灯。

**图 2**

## 3 测定方法

称取试样 3 g~5 g(准确至 0.2 g),参照表 1 称取调墨油,取其总量的 1/3~1/2 置于平磨机下层的磨砂玻璃面上,用调墨刀调匀,加 50 kg 压力,进行研磨,每 25 转或 50 转调和一次,调和四次共 100 转或 200 转,加入剩余的调墨油,用调墨刀调匀,放入容器内备用。

在天平上称取黑白格板质量,用漆刷蘸取颜料色浆均匀纵横交错地涂于黑白格上,涂刷时不允许颜料色浆在板的边缘黏附,在暗箱内距离磨砂玻璃 150 mm~200 mm,视线与板面倾斜成 30°角,与两支 15 W 日光灯照射下观察,黑白格恰好被颜料色浆遮盖即为终点。将涂有颜料色浆的黑白格板称重。

遮盖力 $X$($g/m^2$)按下式计算:

$$X=\frac{50m(m_1-m_2)}{m+m_3} \qquad (1)$$

式中:

$m$——试样质量,单位为克(g);

$m_1$——涂刷颜料色浆后黑白格板的质量,单位为克(g);

$m_2$——涂刷前黑白格板的质量,单位为克(g);

$m_3$——用去调墨油的质量,单位为克(g)。

平行测定的相对误差不大于 10%时,取其平均值为测定结果。

**表 1 测定遮盖力时颜料与油的配比量**

| 颜料吸油量/% | 颜料∶油(以 g 比) |
|---|---|
| 10~20 | 1∶1.2 |
| 20~30 | 1∶2.5 |
| 30~40 | 1∶4 |
| 40 以上 | 1∶5 |

ICS 87.060.10
G 54
备案号:18479—2006

# 中华人民共和国化工行业标准

HG/T 3852—2006

# 颜料筛余物测定法

Determination of residue on sieve of pigments

2006-07-27 发布　　　　2006-10-11 实施

中华人民共和国国家发展和改革委员会　发布

# 前　言

本标准由中国石油和化学工业协会提出。

本标准由全国涂料和颜料标准化技术委员会归口。

本标准负责起草单位:哈尔滨油漆厂。

本标准为国家标准清理评价后由国家标准直接转化为化工行业标准,仅进行了编辑性修改,技术内容不变。

本标准于1979年以HG 1-461—1979首次发布,1979年第一次修订为GB/T 1715—1979,本次直接转化为化工行业标准。

本标准委托全国涂料和颜料标准化技术委员会负责解释。

# 颜料筛余物测定法

## 1 范围

本方法是指颜料通过一定孔径的筛子后，剩余物质量与试样质量之比。以百分数表示。

## 2 材料和仪器设备

2.1 筛子：内径 65 mm～70mm、高 35 mm～40 mm；

外径 75 mm～80 mm、高 50 mm～55 mm；

2.2 中楷羊毛笔：毫长 25 mm～30 mm；

2.3 天平：感量 0.01 g、0.000 2 g；

2.4 电热鼓风箱：灵敏度±1℃；

2.5 95%乙醇：化学纯。

## 3 测定方法

### 3.1 甲法：湿筛法

称取试样 10 g(准确至 0.01 g)，放入用乙醇润湿过的按产品标准规定的已恒重的筛内，再用乙醇将试样润湿，手持筛子的上端，将筛底浸入水中，用中楷羊毛笔轻轻刷洗，直至在水中无颜料颗粒。再用蒸馏水冲洗两次，用乙醇冲洗一次。最后放入(105±2)℃恒温烘箱中烘 2 h，迅速取出放入干燥器中冷却至室温称量(准确至 0.000 2 g)，直至恒重。

筛余物百分数($X$)(数值以%表示)按下式计算：

$$X=\frac{m_1-m_2}{m}\times 100 \quad \cdots\cdots (1)$$

式中：

$m$——试样的质量，单位为克(g)；

$m_1$——空筛和剩余物的质量，单位为克(g)；

$m_2$——空筛的质量，单位为克(g)。

平行测定的相对误差不大于 10%，取其平均值为测定结果。

注：有机颜料称量 2 g～3 g。

### 3.2 乙法：干筛法

称取试样 10 g(准确至 0.01 g)，放入按产品标准规定的已知质量的筛内。手持筛子的上端轻轻摇动。用中楷羊毛笔将颜料轻轻刷下，直至在白纸上无色粉为止。然后将剩余物连同筛子一起称量(准确至 0.000 2 g)。

筛余物百分数($X_1$)(数值以%表示)按下式计算：

$$X_1=\frac{m_1-m_2}{m}\times 100 \quad \cdots\cdots (2)$$

式中：

$m$——试样的质量，单位为克(g)；

$m_1$——空筛和剩余物的质量，单位为克(g)；

$m_2$——空筛的质量，单位为克(g)。

平行测定的相对误差不大于 10%，取其平均值为测定结果。

ICS 87.060.10
G 54
备案号:18480—2006

# 中华人民共和国化工行业标准

HG/T 3853—2006

# 颜料干粉耐热性测定法

# Determination of resistance to heat of dry power of pigments

2006-07-27 发布

2006-10-11 实施

中华人民共和国国家发展和改革委员会 发布

# 前　言

本标准由中国石油和化学工业协会提出。

本标准由全国涂料和颜料标准化技术委员会归口。

本标准负责起草单位:上海市涂料研究所。

本标准为国家标准清理评价后由国家标准直接转化为化工行业标准,仅进行了编辑性修改,技术内容不变。

本标准于1979年以HG 1-1189—1979首次发布,1979年第一次修订为GB/T 1716—1979,1989年确认,本次直接转化为化工行业标准。

本标准委托全国涂料和颜料标准化技术委员会负责解释。

# 颜料干粉耐热性测定法

## 1 范围

本方法是指颜料干粉在一定温度下，经过规定时间后，与原样比较色泽的差异来评定耐热。以℃表示。

## 2 规范性引用文件

下列文件中的条款通过本标准的引用而成为本标准的条款。凡是注日期的引用文件，其随后所有的修改单（不包括勘误的内容）或修订版均不适用于本标准，然而，鼓励根据本标准达成协议的各方研究是否可使用这些文件的最新版本。凡是不注日期的引用文件，其最新版本适用于本标准。

HG/T 3854—2006 颜料流动度测定法

## 3 材料和仪器设备

3.1 天平：感量 0.01 g。

3.2 电热鼓风箱：灵敏度±1℃。

3.3 箱形电阻炉。

3.4 平磨机。

3.5 刮片。

3.6 调墨刀：长 178 mm，宽 7 mm～18 mm。

3.7 注射器：容量 1 mL。

3.8 坩埚：30 mL。

3.9 干燥器：内盛变色硅胶。

3.10 画报印刷纸：质量 100 $g/m^2$。

3.11 调墨油（纯亚麻仁油制）。

黏度：2 600 mPa·s～2 800 mPa·s(23℃)；

颜色：不大于 8（铁钴比色计）；

酸值：不大于 8 mg/g（以 KOH 计）。

## 4 测定方法

### 4.1 耐热性测定

调整烘箱或箱形电阻炉至所需测试温度。测试温度在 200℃以下每间隔 20℃为一挡。200℃以上每间隔 50℃为一挡。把盛有 2.5 g 颜料粉末的坩埚迅速放入烘箱或箱形电阻炉内。到达规定的耐热温度后计算时间，半小时后取出放入干燥器中，冷却至室温。按 HG/T 3854—2006《颜料流动度测定法》中的规定，分别制备试样与未经耐热样品的色浆。

### 4.2 评定方法

用调墨刀分别挑取少许试样和未经耐热样品的色浆，涂于画报印刷纸上，两个色浆平行间隔距离约为 15 mm，用刮片均匀刮下。在散射光线下，立即观察颜色的色泽变化。以不变色的一挡温度为该试样的耐热温度。

ICS 87.060.10
G 54
备案号：18481—2006

# 中华人民共和国化工行业标准

HG/T 3854—2006

# 颜料流动度测定法

# Determination of mobility of pigments

2006-07-27 发布 2006-10-11 实施

中华人民共和国国家发展和改革委员会 发布

# 前　言

本标准由中国石油和化学工业协会提出。

本标准由全国涂料和颜料标准化技术委员会归口。

本标准负责起草单位:哈尔滨油漆厂。

本标准为国家标准清理评价后由国家标准直接转化为化工行业标准,仅进行了编辑性修改,技术内容不变。

本标准于1979年以HG 1-1192—1979首次发布,1979年第一次修订为GB/T 1719—1979,1989年确认,本次直接转化为化工行业标准。

本标准委托全国涂料和颜料标准化技术委员会负责解释。

# 颜料流动度测定法

## 1 范围

本方法是指颜料与调墨油经研磨后，取一定体积的色浆，在一定压力和温度下经一定时间，色浆被压成圆形，量其直径。以 mm 表示。

## 2 材料和仪器设备

2.1 圆玻璃：直径 65 mm～70 mm、质量为 50 g，两块。

2.2 金属固定盘：直径 70 mm～75 mm(内径)，高 12 mm。

2.3 注射器：容量 1 mL。

2.4 吸墨管：容量 0.1 mL。

2.5 透明量度尺。

2.6 砝码：天平用 200 g 砝码。

2.7 调墨刀：长 178 mm，宽 7 mm～18 mm。

2.8 平磨机。

2.9 定时钟。

2.10 天平：感量 0.01 g。

2.11 调墨油(纯亚麻仁油制)。

黏度：2 600 mPa·s～2 800 mPa·s(23℃)；

颜色：不大于 8(铁钴比色计)；

酸值：不大于 8mg/g(以 KOH 计)。

## 3 测定方法

### 3.1 无机颜料

称取标样 2 g(或按产品标准规定，准确至 0.01 g)。用注射器抽取 0.8 mL 调墨油，把颜料和油放在平磨机的下层磨砂玻璃面上，用调刀调匀。加 50 kg 压力进行研磨，每研磨 50 转调和一次，100 转以后用吸墨管取 0.1 mL 色浆，放入固定金属盘内的圆玻璃中心处，压上另一块圆玻璃，加 200 g 砝码。在 23℃下经 15 min，移去砝码，立即用透明量度尺量其直径。

同法对试样进行测定。

所测结果与标样相比，合格与否按产品标准规定。

### 3.2 有机颜料

称取标样 1 g(或按产品标准规定，准确至 0.01 g)。用注射器抽取 2 mL 调墨油，把颜料和油放在平磨机的下层磨砂玻璃面上，用调刀调匀。加 50 kg 压力进行研磨，每研磨 100 转调和一次，300 转以后用吸墨管取 0.1 mL 色浆，放入固定金属盘内的圆玻璃中心处，压上另一块圆玻璃，加 200 g 砝码。在 23℃下经 15 min，移去砝码，立即用透明量度尺量其直径。

同法对试样进行测定。

所测结果与标样相比，合格与否按产品标准规定。

---

ICS 87.060.10
G 53
备案号：48593—2015

# 中华人民共和国化工行业标准

HG/T 4767.1—2014

# 颜料和体质颜料 塑料加工过程中颜色热稳定性的试验 第1部分：总则

Pigment and extenders—Testing of colour stability to heat during processing in plastics—Part 1: General introduction

2014-12-31 发布　　2015-06-01 实施

中华人民共和国工业和信息化部　发布

# 前　言

HG/T 4767《颜料和体质颜料　塑料加工过程中颜色热稳定性的试验》分为4个部分。

——第1部分:总则;

——第2部分:注塑成型法;

——第3部分:烘箱法;

——第4部分:两辊机法。

本部分为HG/T 4767的第1部分。

本部分按照GB/T 1.1—2009给出的规则起草。

本部分参考了欧洲测试方法标准EN 12877-1:2000《塑料用着色剂　塑料用着色剂在加工过程中颜色热稳定性的测定　第1部分:总则》,技术内容与EN 12877-1:2000完全相同。

本部分由中国石油和化学工业联合会提出。

本部分由全国涂料和颜料标准化技术委员会(SAC/TC 5)归口。

本部分起草单位:百合花集团股份有限公司、北京化工大学、美利达颜料工业有限公司、广东盛恒昌化学工业有限公司、宁波色母粒有限公司、山东春潮集团有限公司、浙江七色鹿色母粒有限公司、山东宇虹新颜料股份有限公司、鞍山七彩化学股份有限公司、江苏亚邦颜料有限公司、江苏双乐化工颜料有限公司、上海捷虹颜料化工集团股份有限公司、龙口联合化学有限公司、上海油墨泗联化工有限公司、杭州红妍颜料化工有限公司、上海颜创化工科技有限公司、杭州信凯实业有限公司、浙江力禾颜料有限公司、中国染料工业协会。

本部分主要起草人:陈立荣、乔辉、李庆豹、罗崇远、洪寅、王培利、王仲文、陈都方、王贤丰、王正贤、葛扣根、李奎、张立志、阚兆红、李玉娟、陈信华、李武、方百红、张燕深。

# 颜料和体质颜料<br>塑料加工过程中颜色热稳定性的试验<br>第1部分：总则

## 1 范围

本部分概括介绍了测试着色剂在塑料加工过程中颜色热稳定性的最常用方法。

本部分规定了HG/T 4767的其他部分中所述的各种试验方法所共有的详细信息。试验方法的选择取决于待着色的塑料材料、处理方法和最终使用要求。

## 2 规范性引用文件

下列文件对于本文件的应用是必不可少的。凡是注日期的引用文件，仅注日期的版本适用于本文件。凡是不注日期的引用文件，其最新版本(包括所有的修改单)适用于本文件。

GB/T 250 纺织品 色牢度试验 评定变色用灰色样卡

GB/T 3186 色漆、清漆和色漆与清漆用原材料 取样

GB/T 11186.2—1989 漆膜颜色的测量 第二部分 颜色测量

GB/T 11186.3 漆膜颜色的测量 第三部分 色差的计算

HG/T 4767.2 颜料和体质颜料 塑料加工过程中颜色热稳定性的试验 第2部分：注塑成型法

HG/T 4767.3 颜料和体质颜料 塑料加工过程中颜色热稳定性的试验 第3部分：烘箱法

HG/T 4767.4 颜料和体质颜料 塑料加工过程中颜色热稳定性的试验 第4部分：两辊机法

## 3 术语和定义

下列术语和定义适用于本文件。

3.1

**颜色稳定性 colour stability**

由待测着色剂和塑料材料制备而成的标准试验材料在规定试验条件下受热时的抗变色能力。

注1：对于热影响下的颜色稳定性，广泛使用“热稳定性”和“耐热性”描述。

注2：本部分不考虑试样在热影响下除颜色之外的其他性能的变化。

## 4 设备

试验设备包括具有螺杆挤出的注塑机(见HG/T 4767.2)、具有热风循环的干燥箱(见HG/T 4767.3)和实验用两辊机(见HG/T 4767.4)。

## 5 取样

按GB/T 3186的规定抽取待测着色剂的代表性样品。

## 6 试样

### 6.1 一般规定

着色材料应测试冲淡色(见6.2)和/或全色(见6.3)。

### 6.2 冲淡色

在进行冲淡色试验时，除非另行规定或商定，应在塑料材料中添加1%的二氧化钛颜料，试验介质中着色材料的浓度应对应于：

a) 1/3标准色深度(参见附录A)；或

b) 1/25标准色深度(参见附录A)；或

c) 商定的着色剂与二氧化钛颜料的比例。

当试样厚度为1 mm时，需要5%的二氧化钛颜料，以取得完全遮盖的效果。

### 6.3 全色

在进行全色试验时，试验介质中的着色剂浓度应对应于6.2 a)。或者，应使用0.1%(有机颜料和染料优先选用)或2%(无机颜料优先选用)的浓度或另行商定的适当浓度。

HG/T 4767.2、HG/T 4767.3和HG/T 4767.4分别规定了特定热稳定性试验的试样制备方法。

## 7 操作步骤

### 7.1 注塑成型法

测试色片通过着色材料注塑法制取。用在常规停留时间和较低的处理温度下制备的色片作参考基准，然后以规定间隔依次升高处理温度，在较高的处理温度下延长停留时间制备试验色片。详细情况见HG/T 4767.2。

按照7.4的规定对所制备试样的颜色特性进行评价。

### 7.2 烘箱法

测试色片在规定或商定的测试周期内经受规定或商定的测试温度处理。用保存在室温下的测试色片作参考基准。详细情况见HG/T 4767.3。

按照7.4的规定对所制备试样的颜色特性进行评价。

### 7.3 两辊机法

测试混合物在规定或商定的辊表面温度下混炼规定或商定的测试周期之后，从混炼色片中取下部分用于颜色测量。用常规操作条件下获取的测试混合物色片作参考基准。详细情况见HG/T 4767.4。

按照7.4的规定对所制备试样的颜色特性进行评价。

### 7.4 色差的评价

颜色差异按GB/T 11186.2—1989和GB/T 11186.3的规定测定，或用GB/T 250规定的标准灰色样卡评价。应考虑在添加和不添加二氧化钛颜料的情况下采用相同的程序测定未着色塑料材料的颜色特性。

## 8 结果的表示和试验报告

见HG/T 4767.2、HG/T 4767.3和HG/T 4767.4的内容。

## 9 精确度

无法确定第2至4章中所述方法的精确度的统计数据。每种方法给出了一些适当的说明。

# 附　录　A
（资料性附录）
具有标准色深度的试样的制备

## A.1　范围

着色牢度取决于颜色深度，因此在规定色深度下对着色剂和含有着色剂的体系的牢度特性进行试验是有利的。在本附录中，用公式定义了1/3和1/25标准色深度。此外，本附录给出了关于如何测定着色试样的色深度特性以及如何改变试样中的着色剂浓度以获得所需的标准色深度的信息。

## A.2　术语和定义

下列术语和定义适用于本文件。

### A.2.1

**色深度　depth of shade**

颜色感官强度的一个量度，随着饱和度的增加而增加，随着明亮度的增加而减少。

注：具有相同的色深度的着色材料是通过用相同浓度的具有相同着色强度的着色材料制备的。本附录中，对色深度与饱和度和亮度之间的关系用色度学定义进行了说明。

### A.2.2

**标准色深度(SD)　standard depths of shade (SD)**

按照惯例制定的色深度水平。

注：标准色深度水平1/3和1/25来源于纺织品领域使用的色深度水平。

## A.3　标准色深度

标准色深度1/3和1/25的深度特征值$B_{1/3}$和$B_{1/25}$，分别通过下面的公式(A.1)和(A.2)给出：

$$B_{1/3} = \sqrt{Y}[sa(\phi)_{1/3} - 10] + 29 \quad \cdots\cdots(A.1)$$

$$B_{1/25} = \sqrt{Y}[sa(\phi)_{1/25} - 10] + 56 \quad \cdots\cdots(A.2)$$

其中

$$s = 10\sqrt{(x - x_0)^2 + (y - y_0)^2} \quad \cdots\cdots(A.3)$$

式中：

$Y$——三刺激值$Y$；

$a(\phi)$——饱和度评价的因子[取决于色相角$\phi$和标准色深度(SD)。这些因子的数值在附录B中给出]；

$s$——饱和度的量度；

$x$——样品色度坐标；

$y$——样品色度坐标；

$x_0$——消色点色度坐标(见表A.1)；

$y_0$——消色点色度坐标(见表A.1)。

**表A.1　$x_0$和$y_0$数值**

| 标准照明体 | 标准色度观察者 | $x_0$ | $y_0$ |
|---|---|---|---|
| D65 | 10° | 0.313 8 | 0.331 0 |
| C | 2° | 0.310 1 | 0.316 2 |

当深度特征值 $B_{1/3}$ 和 $B_{1/25}$ 等于 0 时，即认为获得相应的标准色深度。

注：应优先使用标准照明体 D65 和 10°标准色度观察者。

## A.4 $a(\phi)$因子的计算

1/3 和 1/25 标准色深度的因子 $a(\phi)$ 取决于色相角 $\phi$，它可以通过一定范围内色相角的三阶多项式进行计算。标准照明体 D65/10°标准色度观察者和标准照明体 C/2°标准色度观察者有不同的相关系数。

首先，对于选定的标准照明体和标准色度观察者组合（D65/10°或 C/2°），用试样的色度坐标 $x$、$y$ 和消色点的色度坐标 $x_0$、$y_0$，按下面的公式（A.4）计算出色相角 $\phi$(0°～360°)：

$$\phi = \arctan \frac{y - y_0}{x - x_0} \qquad \cdots\cdots (A.4)$$

在计算时，应考虑下列条件：

——0°<$\phi$<90°，使 $y - y_0 > 0$，$x - x_0 > 0$；

——90°<$\phi$<180°，使 $y - y_0 > 0$，$x - x_0 < 0$；

——180°<$\phi$<270°，使 $y - y_0 < 0$，$x - x_0 < 0$；

——270°<$\phi$<360°，使 $y - y_0 < 0$，$x - x_0 > 0$。

然后，用下面的公式（A.5），通过三阶多项式计算 $a(\phi)$ 值：

$$a(\phi) = a(\phi_0) + K_1 W + K_2 W^2 + K_3 W^3 \qquad \cdots\cdots (A.5)$$

其中

$$W = \frac{\phi - \phi_0}{100} \qquad \cdots\cdots (A.6)$$

式中：

$\phi_0$——低于色相角 $\phi$ 的最近的角度，其相关系数 $K_1$、$K_2$、$K_3$ 用于公式（A.5）中。各个量的数值参见附录 B。

## A.5 着色试样色深度特性的测定

按照 GB/T 11186.2—1989 中 4.1.1 或 4.1.2 的规定所述，在标准照明体 D65/10°标准色度观察者或者标准照明体 C/2°标准色度观察者条件下测量试样的三刺激值 $X$、$Y$、$Z$。测量条件的选择取决于通过测量获得的信息。

如果表面反射的差异不影响色深度（例如颜料测试），则按照 GB/T 11186.2—1989 中 4.1.1 进行测量（包括镜面反射）。在这种情况下，应从三刺激值中减去下列 $\Delta X$、$\Delta Y$、$\Delta Z$ 值。

——对于 D65/10°：$\Delta X = 3.8$，$\Delta Y = 4.0$，$\Delta Z = 4.3$；

——对于 C/2°：$\Delta X = 3.9$，$\Delta Y = 4.0$，$\Delta Z = 4.7$。

如果测量中排除镜面反射，由于它对应于色深度的目视评价，则按照 GB/T 11186.2—1989 中 4.1.2 进行测量，优先使用测量条件 45/0 或 0/45。

注：只有高光泽的平面试样的情况下。两种测量条件（见 GB/T 11186.2—1989 中 4.1.1 和 4.1.2）才能得到相同的色深度。

按照前面 A.3、A.4 所述计算试样的色深度特征值 $B$。

## A.6 标准色深度试样所需的着色剂浓度的计算

正的(或负的)深度特征 $B$ 表示在样品中着色剂的实际浓度偏高(或偏低)。可用下面的公式(A.7)计算达到 $B=0$ 所需的近似浓度(即对应于标准色深度的近似浓度):

$$c_{req} = c0.9^{B} \qquad \text{(A.7)}$$

式中:

$c_{req}$——着色剂在试样中的实际浓度;

$B$ ——试样的色深度特征值。

注:在指数图上对应于浓度 $c$ 的对数标出至少两个 $B$ 值时,可以通过外插法或内插法确定 $B=0$ 所需的浓度 $c_{req}$。

# 附　录　B
（资料性附录）
# 用于多项式中 $a(\phi)$ 值计算的相关系数

表 B.1 和表 B.2 中给出了这些系数。

表 B.1　标准照明体 D65 和 10°标准色度观察者的系数

| 1/3 SD | | | | | |
|---|---|---|---|---|---|
| 序号 | $(\phi)_0$ | $a(\phi_0)$ | $K_1$ | $K_2$ | $K_3$ |
| 1 | 0 | 2.040 | 1.801 64 | 9.156 25 | −12.686 5 |
| 2 | 52 | 3.669 | 1.445 90 | −3.590 46 | 2.000 06 |
| 3 | 140 | 3.524 | 1.218 93 | −8.803 59 | 7.202 39 |
| 4 | 196 | 2.710 | −0.562 195 | −9.452 64 | 1.992 19 |
| 5 | 236 | 1.101 | −4.187 35 | 16.971 7 | 118.672 |
| 6 | 252 | 1.351 | 7.984 62 | −9.832 03 | −14.277 3 |
| 7 | 276 | 2.504 | 1.549 35 | −3.910 61 | 1.621 25 |
| 8 | 340 | 2.319 | −2.578 89 | −14.038 09 | 50.031 2 |
| 9 | 360 | 1 | 1 | 1 | 1 |
| 1/25 SD | | | | | |
| 序号 | $(\phi)_0$ | $a(\phi_0)$ | $K_1$ | $K_2$ | $K_3$ |
| 1 | 0 | 2.360 | −3.051 67 | 11.086 4 | 30.080 1 |
| 2 | 28 | 3.035 | 3.938 35 | −15.294 9 | −9.648 44 |
| 3 | 56 | 4.127 | −0.280 62 | 5.083 5 | −1.574 2 |
| 4 | 96 | 4.727 | 2.575 28 | −6.646 51 | 2.610 05 |
| 5 | 148 | 4.636 | −2.087 2 | 0.127 93 | −3.271 97 |
| 6 | 224 | 1.687 | −5.801 | 28.726 2 | 27.294 1 |
| 7 | 244 | 1.895 | 6.096 1 | −8.305 9 | 2.313 48 |
| 8 | 292 | 3.162 | 0.668 99 | −3.245 85 | 0.796 387 |

**表 B.2 标准照明体 C 和 2°标准色度观察者的系数**

| 1/3 SD | | | | | |
|---|---|---|---|---|---|
| 序号 | $(\phi)_0$ | $a(\phi_0)$ | $K_1$ | $K_2$ | $K_3$ |
| 1 | 0 | 1.971 | 1.885 44 | 7.213 87 | −9.808 11 |
| 2 | 52 | 3.523 | 0.569 638 | −0.973 66 | 0.380 866 |
| 3 | 156 | 3.491 | −0.369 324 | −5.514 16 | 1.481 45 |
| 4 | 188 | 2.856 | −2.812 56 | −2.375 98 | 11.253 9 |
| 5 | 216 | 2.130 | −2.744 38 | −25.405 3 | 62.615 2 |
| 6 | 252 | 0.771 | −0.421 143 | 70.062 5 | −182.867 |
| 7 | 276 | 2.177 | 2.798 31 | −12.018 3 | 17.019 5 |
| 8 | 308 | 2.400 | −0.492 714 | 3.156 07 | −8.722 05 |
| 9 | 344 | 2.224 | −2.955 81 | −5.128 91 | 85.152 3 |
| 10 | 360 | 1 | 1 | 1 | 1 |
| 1/25 SD | | | | | |
| 序号 | $(\phi)_0$ | $a(\phi_0)$ | $K_1$ | $K_2$ | $K_3$ |
| 1 | 0 | 2.399 | −3.066 70 | 16.38 | −10.998 5 |
| 2 | 24 | 2.454 | 6.050 66 | 19.039 1 | −87.703 1 |
| 3 | 44 | 3.725 | 6.834 69 | −38.741 2 | 69.480 5 |
| 4 | 72 | 4.126 | −0.303 894 | 5.607 91 | 5.655 27 |
| 5 | 104 | 4.788 | 3.502 99 | −17.578 5 | 20.217 5 |
| 6 | 144 | 4.671 | −1.600 59 | −3.757 81 | 2.903 81 |
| 7 | 196 | 3.231 | −3.991 82 | −3.583 98 | −7.414 06 |
| 8 | 220 | 1.964 | −8.679 81 | 27.377 | −17.632 8 |
| 9 | 236 | 1.204 | 3.007 08 | 4.016 6 | −7.156 25 |
| 10 | 296 | 2.908 | 0.416 885 | −1.062 87 | −1.298 46 |
| 11 | 360 | 1 | 1 | 1 | 1 |

ICS 87.060.10
G 53
备案号:48594—2015

# 中华人民共和国化工行业标准

HG/T 4767.2—2014

# 颜料和体质颜料<br>塑料加工过程中颜色热稳定性的试验<br>第2部分:注塑成型法

Pigment and extenders—Testing of colour stability to heat during processing in plastics—Part 2:By injection moulding

2014-12-31 发布　　　　2015-06-01 实施

中华人民共和国工业和信息化部　发布

# 前　言

HG/T 4767《颜料和体质颜料　塑料加工过程中颜色热稳定性的试验》分为4个部分。

——第1部分:总则;

——第2部分:注塑成型法;

——第3部分:烘箱法;

——第4部分:两辊机法。

本部分为HG/T 4767的第2部分。

本部分按照GB/T 1.1—2009给出的规则起草。

本部分参考了欧洲测试方法标准EN 12877-2:2000《塑料用着色剂　塑料用着色剂在加工过程中颜色热稳定性的测定　第2部分:注塑成型法》,技术内容与EN 12877-2:2000完全相同。

本部分由中国石油和化学工业联合会提出。

本部分由全国涂料和颜料标准化技术委员会(SAC/TC 5)归口。

本部分起草单位:百合花集团股份有限公司、江苏双乐化工颜料有限公司、美利达颜料工业有限公司、江苏亚邦颜料有限公司、上海油墨泗联化工有限公司、杭州红妍颜料化工有限公司、杭州信凯实业有限公司、丽王化工(南通)有限公司、浙江力禾集团有限公司、鞍山七彩化学股份有限公司、上海秀乐化工科技有限公司、山东宇虹新颜料股份有限公司、宁波色母粒有限公司、上海捷虹颜料化工集团股份有限公司、龙口联合化学有限公司、上海颜创化工科技有限公司、北京化工大学、山东春潮集团有限公司、广东盛恒昌化学工业有限公司、浙江七色鹿色母粒有限公司、上海金淳塑胶有限公司、中国染料工业协会。

本部分主要起草人:王迪明、毛顺明、郑进峰、王正贤、阚兆红、陆建伟、陈发生、张晓明、方百红、王贤丰、吴兆权、陈都方、洪寅、薛源、刘德胜、陈信华、丁筠、王培利、罗崇远、王仲文、张鹏龙、张燕深。

# 颜料和体质颜料
# 塑料加工过程中颜色热稳定性的试验
# 第2部分:注塑成型法

## 1 范围

本部分规定了用注塑成型法测定塑料中的着色剂在规定条件下的颜色热稳定性的方法。其测试结果是相对值,而不是绝对值。

本方法适用于测试可用注塑成型法进行处理的热塑性塑料中的着色剂。

## 2 规范性引用文件

下列文件对于本文件的应用是必不可少的。凡是注日期的引用文件,仅注日期的版本适用于本文件。凡是不注日期的引用文件,其最新版本(包括所有的修改单)适用于本文件。

GB/T 250 纺织品 色牢度试验 评定变色用灰色样卡

GB/T 3186 色漆、清漆和色漆与清漆用原材料 取样

GB/T 11186.2—1989 漆膜颜色的测量方法 第二部分 颜色测量

GB/T 11186.3 漆膜颜色的测量方法 第三部分 色差的计算

HG/T 4767.1—2014 颜料和体质颜料 塑料加工过程中颜色热稳定性的试验 第1部分:总则

## 3 原理

将待测试的着色剂与二氧化钛颜料(如使用)一起同未着色的热塑性材料(试验介质)混合,使用适当的分散设备将混合物加工成适于注塑的形式。将制得的着色测试材料注入螺杆注塑机的板状模具腔中。从适于注塑成型的最低建议处理温度开始,测试温度以10 ℃或20 ℃的间隔升到最高可行的操作温度,并将停留时间增加到5 min。

用色度计或目视测定在最低温度制备的色板和在较高温度制备的色板之间的色差。将颜色变化不超过规定程度的最高试验温度作为着色剂在试验条件(着色的试验介质和浓度)下的颜色稳定性的量度。

## 4 材料

### 4.1 试验介质

热塑性材料,由利益双方商定。

应在使用和不使用二氧化钛颜料的情况下,采用相同的程序对试验介质在受热时的色彩特性进行试验。如果发生变化,应在表示试验结果时考虑这些变化。

### 4.2 二氧化钛颜料

建议使用塑料用的产品规格。

## 5 设备

### 5.1 实验室混合机

#### 5.1.1 高速混合机

适用于粉末状的试验介质。

#### 5.1.2 低速混合机

适用于颗粒状的试验介质。

### 5.2 适当的分散设备

例如挤出机、密炼机或两辊机。

### 5.3 适当的成型设备

例如造粒机或切片机。

### 5.4 螺杆注塑机

最好带有液压回转传动装置和止回阀。

注：所使用的机器螺杆直径最好在 18 mm～30 mm 之间，其有效螺杆长度至少为螺杆直径的 15 倍。

### 5.5 注塑模具

最好带有安全门和温度控制装置，测试试样的详细情况见第 7 章。单次注射的体积与最大注射体积的比例应在 1∶3 到 1∶5 之间。

### 5.6 电子温度传感器

装配在注塑机的螺杆和喷嘴之间。也可使用浸入式温度感应器。

### 5.7 光谱光度计或三刺激值色度计

按 GB/T 11186.2 的规定用于颜色测量。

## 6 取样

按 GB/T 3186 的规定取待测着色剂的代表性样品。

## 7 试样

### 7.1 形状和尺寸

板状测试试样，厚度至少 2 mm，适合颜色测量。

### 7.2 着色剂的浓度

#### 7.2.1 一般规定

应在冲淡色(见 7.2.2)和/或全色(见 7.2.3)下对着色剂进行试验。

#### 7.2.2 冲淡色

在冲淡色下进行试验时，除非另行商定，应在塑料材料中添加 1% 的二氧化钛颜料，试验介质中着色剂的浓度应对应于：

a) 1/3 标准色深度，按 HG/T 4767.1—2014 中附录 A；或

b) 1/25 标准色深度，按 HG/T 4767.1—2014 中附录 A；或

c) 商定的着色剂与二氧化钛颜料的比例。

注：对于在较高处理温度下有明显发黄现象的塑料，可以添加更多的二氧化钛颜料。

#### 7.2.3 全色

在全色下进行试验时，试验介质中的着色剂浓度应对应于 7.2.2 a)。或者，应使用 0.1%(有机颜料或染料优先选用)或 2%(无机颜料优先选用)的浓度或另行商定的适当浓度。

## 8 试验材料的制备

使用高速混合机(见 5.1.1)(对于粉末状试验介质)或低速混合机(见 5.1.2)(对于颗粒状试验介质)将所需量的待测着色剂和二氧化钛颜料(如使用)与试验介质进行预先混合。

使用适当的分散设备(见 5.2)将混合物处理成为适于注塑的形式。处理过程中熔体的温度不应高

于制备注塑试样的起始温度。

注 1：应使着色剂很好地分散在试验介质中，以确保得到可靠的结果。

注 2：如果是颗粒状的试验介质，可在混合前加入适合的附着剂（0.1%～0.2%，按试验介质计算），以便着色剂分散均匀。

## 9 操作步骤

### 9.1 注塑试验

#### 9.1.1 初步试验

进行初步试验，以确定所使用的试验介质的处理计划。无背压的注塑过程中所需的循环应适于在相对较低和相对较高的处理温度下制备试样。使用熔体温度传感器测量介质的试验温度。或者使用浸入式温度传感器，并通过将介质从喷嘴自由排出到木板上来测量介质的温度。试验温度应为 10 的倍数。

在已确定的处理计划内允许 20 ℃的温度间隔。对温度更敏感的着色剂或试验介质，可以采用 10 ℃的间隔。

#### 9.1.2 试验程序

##### 9.1.2.1 方法 A

在按照 9.1.1 确定的最低试验温度下使用正常注塑循环对试验材料（见第 8 章）进行处理，丢弃足够的模塑物，直到获取由纯的测试材料组成的色片。将这些色片用作参比试样。然后延长注塑循环，以便获得筒体内 5 min 的规定停留时间。应将最后得到的色片用作延长停留时间的试样。

停留时间通过公式（1）得出：

$$t_1 = \frac{t_2 v_1}{v_2} \qquad \cdots\cdots(1)$$

式中：

$t_1$ ——停留时间的数值，单位为分钟（min）；

$t_2$ ——单循环周期时间的数值，单位为分钟（min）；

$v_1$ ——自由筒体的容积的数值，单位为毫升（mL）；

$v_2$ ——模具腔的容积的数值，单位为毫升（mL）。

然后，当注塑机在延长循环中运行时，提高试验温度，直到达到高一等级的试验温度为止。达到此温度后，丢弃足够的模塑物，直到制造出来的色片受到此温度下的全部热应力为止。将这些色片用作该试验温度的试样。

对所有其他预定试验温度重复相同的操作。

##### 9.1.2.2 方法 B

在按照 9.1.1 确定的最低试验温度下对试验材料（见第 8 章）进行处理。丢弃足够的模塑物，直到获得由纯试验材料组成的色片为止。将这些色片用作参比试样。然后，中断循环 5 min。将在此期间之后获得的第二个色片用作延长停留时间的试样。

对所有其他预定试验温度重复相同的操作。

注：方法 A 使热应力与机器差异的相关性较小。它可以注塑一系列色片，能够达到平衡状态，并可以进行多次测量，从而提高结果的可靠性。

### 9.2 色差的评价

测定最低试验温度下制备的色片与较高试验温度下制备的色片之间的色差。

注：C.I 颜料红 48、53 和 57 等着色剂以及染料能够在模塑后逆向改变颜色，应在评价之前将试样保持在室温下至少 16 h。

如果规定了进行颜色测量，按 GB/T 11186.2—1989 中 4.1.1 和 GB/T 11186.3 进行。如目视比较，用 GB/T 250 规定的标准灰色样卡评价。

## 10 结果表示

用下列方式之一表示试验结果：

a) 以图表的形式，给出作为试验温度的函数的色差；

b) 以色差或变色程度不超过规定值的温度表示。

除非另有规定，$\Delta E$ 值 3.0 或灰卡变色 4 级作为热稳定性的参考指标。

注：$\Delta E$ 值 3.0 或灰卡变色 4 级不代表相同程度的色差。如果是以外推法获取的温度，结果应修约到最接近的 10 ℃。

## 11 试验报告

试验报告应至少包括下列信息：

a) 本部分编号（HG/T 4767.2）；

b) 识别被测着色剂所需的所有详细信息；

c) 识别试验介质以及所使用的任何其他添加剂所需的所有详细信息，包括二氧化钛颜料；

d) 关于试样制备的所有详细信息，包括试样的厚度；

e) 所使用的设备的类型（混合机、分散设备、注塑机和模具）以及选定的试验条件（方法 A 或方法 B），特别是所采用的最低试验温度；

f) 选定的标准色深度或被测着色剂和二氧化钛颜料的浓度；

g) 如果已规定颜色测量用光谱光度计或三刺激值色度计的类型以及所使用的标准照明体和标准色度观察者；

h) 试验结果，如第 10 章所示，以及所采用的评价准则；

i) 试验介质的发黄，以及是否和如何考虑这种现象；

j) 与规定试验方法的任何偏差；

k) 试验日期。

## 12 精确度

所获得的结果可能会随着所使用的注塑机和被测材料变化。

ICS 87.060.10
G 53
备案号:48595—2015

# 中华人民共和国化工行业标准

HG/T 4767.3—2014

# 颜料和体质颜料 塑料加工过程中颜色热稳定性的试验 第3部分:烘箱法

Pigment and extenders—Testing of colour stability to heat during processing in plastics—Part 3:By oven test

2014-12-31 发布

2015-06-01 实施

中华人民共和国工业和信息化部 发布

# 前　言

HG/T 4767《颜料和体质颜料　塑料加工过程中颜色热稳定性的试验》分为4个部分。

——第1部分：总则；

——第2部分：注塑成型法；

——第3部分：烘箱法；

——第4部分：两辊机法。

本部分为HG/T 4767的第3部分。

本部分按照GB/T 1.1—2009给出的规则起草。

本部分参考了欧洲测试方法标准EN 12877-3：2000《塑料用着色剂　塑料用着色剂在加工过程中颜色热稳定性的测定　第3部分：烘箱试验法》，技术内容与EN 12877-3：2000完全相同。

本部分由中国石油和化学工业联合会提出。

本部分由全国涂料和颜料标准化技术委员会(SAC/TC 5)归口。

本部分起草单位：百合花集团股份有限公司、上海捷虹颜料化工集团股份有限公司、江苏双乐化工颜料有限公司、美利达颜料工业有限公司、山东春潮集团有限公司、山东宇虹新颜料股份有限公司、广东盛恒昌化学工业有限公司、杭州信凯实业有限公司、鞍山七彩化学股份有限公司、宁波色母粒有限公司、浙江力禾集团有限公司、江苏亚邦颜料有限公司、上海油墨泗联化工有限公司、杭州红妍颜料化工有限公司、浙江七色鹿色母粒有限公司、龙口联合化学有限公司、北京化工大学、通辽翔意化工有限公司、中国染料工业协会。

本部分主要起草人：覃志忠、刘深元、朱骥、王有力、王培利、陈都方、罗崇远、黄秀君、王贤丰、洪寅、方百红、王正贤、阙兆红、董华峰、王仲文、王健、乔辉、李宗伟、张燕深。

# 颜料和体质颜料
# 塑料加工过程中颜色热稳定性的试验
# 第3部分:烘箱法

## 1 范围

本部分规定了用烘箱试验法测定塑料中的着色剂在规定条件下的颜色热稳定性的方法。其测定结果为相对值,而不是绝对值。

本方法主要用于测试聚氯乙烯和热固性材料中的着色剂。

## 2 规范性引用文件

下列文件对于本文件的应用是必不可少的。凡是注日期的引用文件,仅注日期的版本适用于本文件。凡是不注日期的引用文件,其最新版本(包括所有的修改单)适用于本文件。

GB/T 250 纺织品 色牢度试验 评定变色用灰色样卡

GB/T 3186 色漆、清漆和色漆与清漆用原材料 取样

GB/T 11186.2—1989 漆膜颜色的测量方法 第二部分 颜色测量

GB/T 11186.3 漆膜颜色的测量方法 第三部分 色差的计算

HG/T 4767.1—2014 颜料和体质颜料 塑料加工过程中颜色热稳定性的试验 第1部分:总则

HG/T 4767.4—2014 颜料和体质颜料 塑料加工过程中颜色热稳定性的试验 第4部分:两辊机法

## 3 原理

由待测试的着色剂和塑料材料制备的试样在烘箱中经受规定时间的高温,与未经受高温处理的试样进行比较,以测定出来的颜色变化作为着色剂颜色热稳定性的一个量度。颜色比较通过色度计或目视法进行。

## 4 材料

### 4.1 试验介质

由利益双方商定。

对聚氯乙烯中的颜料进行评价时,试验介质应具有足够的热稳定性。因此,应采用相同的程序,在使用和不使用二氧化钛颜料的情况下对试验介质在受热时的颜色稳定性进行试验。如果发生变化,应在表示试验结果时考虑这些变化。

### 4.2 二氧化钛颜料

建议使用塑料用的产品规格。

## 5 设备

### 5.1 空气循环烘箱

能够保持最高250 ℃的温度,最好精度为±1 ℃,最多不超过±3 ℃。烘箱应能够在放入试样后30 s内恢复试验温度。烘箱应装有强制通风设备。烘箱的架子应使空气能够在烘箱内自由循环。要在规定时间内恢复试验温度,空气烘箱可以在门上安装一个抽屉,并且/或者安装一个金属块以提高热容量。

5.2 温度测试装置

用于在尽可能接近试样的位置测量烘箱内的温度。

5.3 铝板

无涂层并除去油脂，厚度为0.2 mm～0.4 mm之间。铝板应比烘箱的架子或抽屉小几厘米。铝板的前沿可以向上弯曲，以方便操作。

5.4 压片机

具有加热和冷却系统。

5.5 光谱光度计或三刺激值色度计

按GB/T 11186.2的规定用于颜色测量。

## 6 取样

按GB/T 3186的规定取待测着色剂的代表性样品。

## 7 试样

7.1 形状和尺寸

除非另行规定或商定，应使用适于比色法的尺寸为50 mm×50 mm×1 mm的试样。

7.2 着色剂的浓度

7.2.1 一般规定

应在冲淡色(见7.2.2)和/或全色(见7.2.3)下对着色剂进行试验。

7.2.2 冲淡色

在冲淡色下进行试验时，除非另行规定或商定，应在塑料材料中添加1%的二氧化钛颜料，试验介质中着色剂的浓度应对应于：

a) 1/3标准色深度，按HG/T 4767.1—2014中附录A；或

b) 1/25标准色深度，按HG/T 4767.1—2014中附录A；或

c) 商定的着色剂与二氧化钛颜料的比例。

当试样厚度为1 mm时，需要5%的二氧化钛颜料，以取得完全遮盖的效果。

7.2.3 全色

在全色下进行试验时，试验介质中的着色剂浓度应对应于7.2.2 a)。或者，应使用0.1%(有机颜料或染料优先选用)或2%(无机颜料优先选用)的浓度或另行商定的适当浓度。

## 8 操作步骤

8.1 试样的制备

对聚氯乙烯中的着色剂进行试验时，试样按HG/T 4767.4—2014第8章描述的方法制备。

8.2 烘箱加热试验

在室温下将试样置于铝板(见5.3)上，然后将铝板连同试样在预热至规定或商定试验温度的烘箱(见5.1)内放置一段规定或商定的时间。

标准试验条件(试验温度和时间的组合)见附录A。

在规定或商定的时间结束之后，从烘箱中取出铝板和试样，冷却至室温。对于聚氯乙烯，使用压片机(见5.4)将已处理的试样在170 ℃下压制1 min，应使用足够的压力以确保试样表面光滑。

8.3 色差的评价

用光度计或目视法对受热处理试样的上表面的颜色与未受热处理的试样进行比较。

注：C.I.颜料红48、53和57等着色剂以及染料能够在热处理后逆向改变颜色，应在评价之前将试样保持在室温下至少16 h。

如果规定了进行颜色测量，按 GB/T 11186.2—1989 中 4.1.1 和 GB/T 11186.3 进行。如目视比较，用 GB/T 250 规定的标准灰色样卡评价。

## 9 结果表示

按 GB/T 11186.3 测定的色差结果，或用 GB/T 250 规定的标准灰色样卡评价的灰度级别，以及其他方面的一些颜色变化一起描述。

## 10 试验报告

试验报告应至少包含下列信息：

a) 本部分编号（HG/T 4767.3）；

b) 识别被测着色剂所需的所有详细信息；

c) 识别试验介质以及所使用的任何其他添加剂所需的所有详细信息，包括二氧化钛颜料；

d) 关于试样制备的所有详细信息，包括试样的厚度；

e) 选定的标准色深度或被测着色剂和二氧化钛颜料的浓度；

f) 如果已规定颜色测量用光谱光度计或三刺激值色度计的类型以及所使用的标准照明体和标准色度观察者；

g) 试验条件（温度、烘箱精密度和持续时间）；

h) 压制已处理试样的条件（如适用）；

i) 试验结果，如第 9 章所示；

j) 所有目视观测结果，例如试验介质的变色或着色剂的喷霜；

k) 与规定试验方法的任何偏差；

l) 试验日期。

# 附　录　A
（规范性附录）
标准试验条件

除非另行规定，应由有关各方协商确定试验条件。只要可能，应从表A.1给出的组合中选择试验条件。

**表A.1　标准试验条件**

| 使用的塑料材料 | 温度/℃ | 加热周期/min |
| --- | --- | --- |
| 聚氯乙烯 | 180 | 30 |
|  | 200 | 10 |

有关各方可以协商确定其他塑料材料的适当试验条件。

ICS 87.060.10
G 53
备案号:48596—2015

# 中华人民共和国化工行业标准

HG/T 4767.4—2014

# 颜料和体质颜料 塑料加工过程中颜色热稳定性的试验 第4部分:两辊机法

**Pigment and extenders—Testing of colour stability to heat during processing in plastics—Part 4:By two-roll milling**

2014-12-31 发布 2015-06-01 实施

中华人民共和国工业和信息化部 发布

# 前　言

HG/T 4767《颜料和体质颜料　塑料加工过程中颜色热稳定性的试验》分为4个部分。

——第1部分：总则；

——第2部分：注塑成型法；

——第3部分：烘箱法；

——第4部分：两辊机法。

本部分为HG/T 4767的第4部分。

本部分按照GB/T 1.1—2009给出的规则起草。

本部分参考了欧洲测试方法标准EN 12877-4:2000《塑料用着色剂　塑料用着色剂在加工过程中颜色热稳定性的测定　第4部分：两辊机法》，技术内容与EN 12877-4:2000完全相同。

本部分由中国石油和化学工业联合会提出。

本部分由全国涂料和颜料标准化技术委员会(SAC/TC 5)归口。

本部分起草单位：百合花集团股份有限公司、上海捷虹颜料化工集团股份有限公司、江苏双乐化工颜料有限公司、浙江七色鹿色母粒有限公司、美利达颜料工业有限公司、通辽翔意化工有限公司、浙江力禾集团有限公司、江苏亚邦颜料有限公司、杭州红妍颜料化工有限公司、蓬莱新光颜料化工有限公司、山东阳光颜料有限公司、龙口联合化学有限公司、北京化工大学、宁波色母粒有限公司、山东春潮集团有限公司、广东盛恒昌化学工业有限公司、上海油墨泗联化工有限公司、山东宇虹新颜料股份有限公司、杭州信凯实业有限公司、鞍山七彩化学股份有限公司、中国染料工业协会。

本部分主要起草人：熊永科、刘深元、葛扣根、王仲文、孙淑平、孙东洲、方百红、王正贤、沈叶江、刘同云、白林海、王赫、杨万泰、洪寅、王培利、罗崇远、阚兆红、陈都方、陈发生、王贤丰、张燕深。

# 颜料和体质颜料 塑料加工过程中颜色热稳定性的试验 第4部分:两辊机法

## 1 范围

本部分规定了用两辊机法测定塑料中的着色剂在规定条件下的颜色热稳定性的方法。其测定结果为相对值,而不是绝对值。

本方法主要用于测试聚氯乙烯中的着色剂。

## 2 规范性引用文件

下列文件对于本文件的应用是必不可少的。凡是注日期的引用文件,仅注日期的版本适用于本文件。凡是不注日期的引用文件,其最新版本(包括所有的修改单)适用于本文件。

GB/T 250 纺织品 色牢度试验 评定变色用灰色样卡

GB/T 3186 色漆、清漆和色漆与清漆用原材料 取样

GB/T 11186.2—1989 漆膜颜色的测量方法 第二部分 颜色测量

GB/T 11186.3 漆膜颜色的测量方法 第三部分 色差的计算

HG/T 4767.1—2014 颜料和体质颜料 塑料加工过程中颜色热稳定性的试验 第1部分:总则

## 3 原理

混炼待测着色剂和塑料材料的混合物制备试样,确保着色剂很好地分散在塑料中,然后在规定温度下继续对该试样进行混炼。以适当的时间间隔取样,通过压片机热压制备试样。以不同混炼时间获得的试样之间的色差作为着色剂的颜色热稳定性的量度。颜色比较通过色度计或目视法进行。

## 4 材料

### 4.1 试验介质

由利益相关双方商定。

对聚氯乙烯中的颜料进行评价时,试验介质应具有足够的热稳定性。因此,应在使用和不使用二氧化钛颜料的情况下采用相同的程序对试验介质在受热时的颜色稳定性进行试验。如果发生变化,应在表示试验结果时考虑这些变化。

### 4.2 二氧化钛颜料

建议使用塑料用的产品规格。

## 5 设备

### 5.1 两辊机

具有加热功能,辊间距可调,辊直径应在80 mm～180 mm之间(见注2)。两辊转速比例(速比)可调,转速应为20 r/min±5 r/min。起泡直径 $H_k$(容量)与间隙宽度($H_s$)的比例 $H_k/H_s$ 应不小于20。

**注1**:最好采用镀铬辊。

**注2**:在下列条件下,不同的两辊机上可获得具有可比性的结果。

——辊直径比例:1∶1到1∶1.5之间;

——圆周速率比例:1∶1到1∶1.1之间。

5.2 压片机

具有加热和冷却系统。

5.3 光谱光度计或三刺激值色度计

按 GB/T 11186.2—1989 的规定用于颜色测量。

## 6 取样

按 GB/T 3186 的规定取待测着色剂的代表性样品。

## 7 试样

7.1 形状和尺寸

材料量应能充分填充辊间隙，并能提供要求的起泡直径。

除非另行规定或商定，应使用适于比色法的尺寸为 50 mm×50 mm×1 mm 的试样。

7.2 着色剂的浓度

7.2.1 一般规定

应在冲淡色（见 7.2.2）和/或全色（见 7.2.3）下对着色剂进行试验。

7.2.2 冲淡色

在冲淡色下进行试验时，除非另行规定或商定，应在塑料材料中添加 1%的二氧化钛颜料，试验介质中着色剂的浓度应对应于：

a) 1/3 标准色深度，按 HG/T 4767.1—2014 中附录 A；或

b) 1/25 标准色深度，按 HG/T 4767.1—2014 中附录 A；或

c) 商定的着色剂与二氧化钛颜料的比例。

当试样厚度为 1 mm 时，需要 5%的二氧化钛颜料，以取得完全遮盖的效果。

7.2.3 全色

在全色下进行试验时，试验介质中的着色剂浓度应对应于 7.2.2 a)。或者，应使用 0.1%（有机颜料或染料优先选用）或 2%（无机颜料优先选用）的浓度或另行商定的适当浓度。

## 8 操作步骤

在两辊机上制备待测试着色剂和塑料材料的色片。如果塑化的是聚氯乙烯，用 160 ℃±5 ℃的温度，间隙宽度 0.2 mm～0.4 mm，包括塑化的混炼时间为 8 min。反复切割并折叠混炼片，使着色材料完全分散。从混炼片中取出一块样品，通过在 170 ℃热压 1 min 制得测试色片，用作参比试样。

对于增塑聚氯乙烯设置辊，表面温度在 180 ℃～185 ℃之间；对于未增塑聚氯乙烯设置辊，表面温度在 190 ℃～195 ℃之间。处理足够量的混炼片，以确保获得推荐的最小起泡直径（见 5.1）。然后设置辊间隙，制备厚度约为 1 mm 的均匀混炼片。开始计时，并混炼材料，通过一片一片连续切割并不断翻转打包防止材料跑出辊外。

取下混炼时间为 10 min 和 20 min 的样品，再加混炼 10 min（总时间 30 min），拉出混炼片，制得另一个样品。通过压片机（见 5.2）在 170 ℃热压 1 min 制备试样，应使用足够的压力以确保试样表面光滑。

**警告：使用两辊机在较高温度下进行塑化聚氯乙烯试验时，应注意采用高效的抽风装置。**

用色度计或目测法将试样的颜色与参比试样进行比较。

注：C.I. 颜料红 48、53 和 57 等着色剂以及染料能够在热处理后逆向改变颜色，应在评价之前将试样保持在室温下至少 16 h。

如果规定了进行颜色测量，按 GB/T 11186.2—1989 中 4.1.1 和 GB/T 11186.3 进行。如目视比较，用 GB/T 250 规定的标准灰色样卡评价。

## 9 结果表示

按 GB/T 11186.3 测定的色差结果，或用 GB/T 250 规定的标准灰色样卡评价的灰度级别结果，以及其他任何颜色变化的趋势一起描述。

## 10 试验报告

试验报告应至少包含下列信息：

a) 本部分编号(HG/T 4767.4)；

b) 识别被测着色剂所需的所有详细信息；

c) 识别试验介质以及所使用的任何其他添加剂所需的所有详细信息，包括二氧化钛颜料；

d) 关于试样制备和试验执行(温度和试验时间)的所有详细信息；

e) 选定的标准色深度或被测着色剂和二氧化钛颜料的浓度；

f) 如果已规定颜色测量用光谱光度计或三刺激值色度计的类型以及所使用的标准照明体和标准色度观察者；

g) 压制已处理试样的条件；

h) 试验结果，如第 9 章所示；

i) 所有目视观测结果，例如试验介质的变色或着色剂的浮色；

j) 与规定试验方法的任何偏差；

k) 试验日期。

---

ICS 87.060.10
G 53
备案号:48597—2015

# 中华人民共和国化工行业标准

HG/T 4768.1—2014

# 颜料和体质颜料 塑料中分散性的评定 第1部分:总则

Pigments and extenders—Assessment of dispersibility in plastics—Part 1:General introduction

2014-12-31 发布　　2015-06-01 实施

中华人民共和国工业和信息化部　发布

# 前　言

HG/T 4768《颜料和体质颜料　塑料中分散性的评定》分为6个部分。

——第1部分：总则；

——第2部分：两辊机法测定增塑聚氯乙烯中颜料分散性；

——第3部分：两辊机法测定聚乙烯中着色颜料分散性；

——第4部分：两辊机法测定聚乙烯中白色颜料分散性；

——第5部分：加热熔融挤出机法测定着色剂分散性；

——第6部分：薄膜试验法测定颜料分散性。

本部分为HG/T 4768的第1部分。

本部分按照GB/T 1.1—2009给出的规则起草。

本部分参考了欧洲测试方法标准EN 13900-1:2003《颜料和体质颜料　塑料中的分散方法和分散性的评定　第1部分：总则》，技术内容与EN 13900-1:2003完全相同。

本部分由中国石油和化学工业联合会提出。

本部分由全国涂料和颜料标准化技术委员会(SAC/TC 5)归口。

本部分起草单位：百合花集团股份有限公司、北京化工大学、江苏双乐化工颜料有限公司、浙江力禾集团有限公司、美利达颜料工业有限公司、江苏亚邦颜料有限公司、上海颜创化工科技有限公司、杭州信凯实业有限公司、鞍山七彩化学股份有限公司、浙江七色鹿色母粒有限公司、宁波色母粒有限公司、上海捷虹颜料化工集团股份有限公司、龙口联合化学有限公司、山东春潮集团有限公司、广东盛恒昌化学工业有限公司、山东宇虹新颜料股份有限公司、上海油墨泗联化工有限公司、杭州红妍颜料化工有限公司、中国染料工业协会。

本部分主要起草人：王峰、杨万泰、毛顺明、方百红、郑进峰、王英东、陈信华、李武、黄永刚、王仲文、洪寅、史玉琪、张桂香、王培利、罗崇远、陈都方、阚兆红、沈燕飞、张燕深。

# 颜料和体质颜料 塑料中分散性的评定 第1部分:总则

## 1 范围

本部分规定了颜料和体质颜料在塑料中分散的相关术语和定义,以及塑料加工中常用的分散试验方法和分散性评定方法。

本部分中规定的各种不同的操作方法可用于相似颜料之间的比较(例如测试样品和商定的参照颜料)。若选择的测试程序和塑料材料适合,其测试结果可表示在使用条件下颜料的相对分散性。

## 2 规范性引用文件

下列文件对于本文件的应用是必不可少的。凡是注日期的引用文件,仅注日期的版本适用于本文件。凡是不注日期的引用文件,其最新版本(包括所有的修改单)适用于本文件。

HG/T 4768.2 颜料和体质颜料 塑料中分散性的评定 第2部分:两辊机法测定增塑聚氯乙烯中颜料分散性

HG/T 4768.3 颜料和体质颜料 塑料中分散性的评定 第3部分:两辊机法测定聚乙烯中着色颜料分散性

HG/T 4768.4 颜料和体质颜料 塑料中分散性的评定 第4部分:两辊机法测定聚乙烯中白色颜料分散性

HG/T 4768.5 颜料和体质颜料 塑料中分散性的评定 第5部分:加热熔融挤出机法测定着色剂分散性

HG/T 4768.6 颜料和体质颜料 塑料中分散性的评定 第6部分:薄膜试验法测定颜料分散性

## 3 术语和定义

下列术语和定义适用于本文件。

3.1

**分散性 dispersibility**

在标准的操作条件下,通过润湿、取代空气和机械破坏凝聚作用,使颜料和体质颜料在塑料材料中分散的难易和程度。

注:分散性通常用颜色强度、颜色性能变化趋势、附聚体的分布频率和大小进行评估。

3.2

**分散度(*DH*) ease of dispersion (*DH*)**

颜料和体质颜料在塑料材料中达到给定的分散水平的分散速率或程度的量度。

3.3

**聚集体 aggregate**

在通常的颜料/体质颜料分散操作中不能被破坏的聚合在一起的初始颗粒状态。

3.4

**附聚体　agglomerate**

在正常的颜料/体质颜料分散操作条件下能被破坏的结合在一起的初始粒子或聚合物或其混合物。

## 4　分散方法和评价方法

### 4.1　初步协议

利益双方应就下列事项达成协议：

a）　使用的塑料材料；

b）　分散方法；

c）　评价方法。

这些都对结果产生影响。

### 4.2　塑料材料

塑料材料种类繁多，特性差异巨大，因此在本部分不能明确规定应该使用什么样的塑料材料。在本系列标准的其他部分，对最常见的塑料材料的相关适用程序做了说明。

### 4.3　分散方法

颜料和体质颜料分散在塑料中实际使用的设备和操作条件有很多不同，因此不可能规定一个单一的试验方法做颜料分散试验。在本系列标准的其他部分，对适用的操作程序做了说明。

### 4.4　评价方法

塑料中颜料分散特性的测定方法有很多种，这些都在本系列标准相关部分给予规定。

## 5　操作步骤

### 5.1　两辊机法测定增塑聚氯乙烯中颜料分散性

用两辊机在160 ℃±5 ℃将测试的颜料分散到基础混合物中。这种方法获得的色片，随后再在130 ℃±5 ℃用两辊机以更强的剪切力混炼。以产生的颜色强度的增加值作为分散度 $DH_{PVC-P}$ 的测量值。

详细情况见HG/T 4768.2。

### 5.2　两辊机法测定聚乙烯中着色颜料分散性

用两辊机在合适的温度下将待测试颜料分散到聚合物中。用这种方法获得的色片，随后再用两辊机在较窄的狭缝宽度下以更强的剪切力混炼。以产生的颜色强度的增加值作为分散度 $DH_{PE}$ 的测量值。

详细情况见HG/T 4768.3。

### 5.3　两辊机法测定聚乙烯中白色颜料分散性

用两辊机在合适的温度下将待测试颜料分散到聚合物中。用这种方法获得的色片，随后再用两辊机在较窄的狭缝宽度下以更强的剪切力混炼。以产生的颜色强度的增加值作为分散度 $DH_{PE}$ 的测量值。

详细情况见HG/T 4768.4。

### 5.4　加热熔融挤出机法测定着色剂分散性

规定组成的颜料与聚合物的混合料在规定条件下通过挤出机的过滤网挤出，以单位质量颜料所产生的过滤压力的增加值 $FPV$ 作为该测试颜料分散性的一个量度。

详细情况见HG/T 4768.5。

### 5.5 薄膜试验法测定颜料分散性

本评价基于规定组成和厚度的着色聚合物薄膜附聚体的尺寸和频率。本方法既可用于透明型的塑料膜，也可用于不透明型的塑料膜。

详细情况见 HG/T 4768.6(待制定)。

## 6 精确度

方法的精确度在本部分随后的各个部分中给出。通常会受选择的塑料材料和分散方法产生的结果的限制。

ICS 87.060.10
G 53
备案号:48598—2015

# 中华人民共和国化工行业标准

HG/T 4768.2—2014

# 颜料和体质颜料 塑料中分散性的评定 第2部分:两辊机法测定增塑聚氯乙烯中颜料分散性

**Pigments and extenders—Assessment of dispersibility in plastics—Part 2:Determination of pigment dispersion in plasticized polyvinyl chloride by two-roll milling**

2014-12-31 发布　　2015-06-01 实施

中华人民共和国工业和信息化部　发布

# 前　言

HG/T 4768《颜料和体质颜料　塑料中分散性的评定》分为6个部分。

——第1部分：总则；

——第2部分：两辊机法测定增塑聚氯乙烯中颜料分散性；

——第3部分：两辊机法测定聚乙烯中着色颜料分散性；

——第4部分：两辊机法测定聚乙烯中白色颜料分散性；

——第5部分：加热熔融挤出机法测定着色剂分散性；

——第6部分：薄膜试验法测定颜料分散性。

本部分为HG/T 4768的第2部分。

本部分按照GB/T 1.1—2009给出的规则起草。

本部分参考了欧洲测试方法标准EN 13900-2：2003《颜料和体质颜料　塑料中的分散方法和分散性的评定　第2部分：两辊机法测定增塑聚氯乙烯中颜料的颜色性能和分散性》，技术内容与EN 13900-2：2003完全相同。

本部分由中国石油和化学工业联合会提出。

本部分由全国涂料和颜料标准化技术委员会(SAC/TC 5)归口。

本部分起草单位：百合花集团股份有限公司、江苏双乐化工颜料有限公司、龙口联合化学有限公司、上海油墨泗联化工有限公司、杭州红妍颜料化工有限公司、山东宇虹新颜料股份有限公司、通辽翔意化工有限公司、山东阳光颜料有限公司、鞍山七彩化学股份有限公司、上海金淳塑胶有限公司、蓬莱新光颜料化工有限公司、丽王化工(南通)有限公司、北京化工大学、上海捷虹颜料化工集团股份有限公司、美利达颜料工业有限公司、江苏亚邦颜料有限公司、浙江力禾集团有限公司、杭州信凯实业有限公司、上海颜创化工科技有限公司、宁波色母粒有限公司、山东春潮集团有限公司、广东盛恒昌化学工业有限公司、浙江七色鹿色母粒有限公司、中国染料工业协会。

本部分主要起草人：王丰莉、朱骥、季维、阚兆红、马仁爱、陈都方、李宗伟、白林海、黄永刚、张鹏龙、刘同云、张晓明、吴立峰、闫满宁、郑进峰、杨俊琪、方百红、陈发生、陈信华、洪寅、欧阳秋英、罗崇远、王仲文、张燕深。

# 颜料和体质颜料<br>塑料中分散性的评定<br>第2部分:两辊机法测定增塑聚氯<br>乙烯中颜料分散性

## 1 范围

本部分规定了待测颜料相对于标准颜料的颜色性能的测定方法,以及着色材料在各种条件下分散到增塑聚氯乙烯混合物中以产生的着色强度差异表示颜料的分散度($DH_{PVC-P}$)的测定方法。

本方法适用于有机和无机黑色和彩色颜料及颜料制备物。

本方法所测定的颜料分散度只适用于所用的分散设备、分散条件和分散介质。若试验条件与本部分规定条件不同,所得结果(包括绝对值和各种颜料分散度值之间的相对值)也可能有所不同。因此,本部分所规定的($DH_{PVC-P}$)仅用以表示用本部分规定的方法所测定的颜料分散度值。

本部分在130 ℃条件下制成的色片的光谱光度数据也可用于常规质量控制。若用于质量控制目的,颜料与二氧化钛颜料的比例需要相关方商定。建议采用较为方便、也在广泛使用的比例:有机颜料与二氧化钛颜料的比例为1:10;无机颜料与二氧化钛颜料的比例为(0.2~0.5):1。

附录A给出了一种适用的基础混合物的说明。

## 2 规范性引用文件

下列文件对于本文件的应用是必不可少的。凡是注日期的引用文件,仅注日期的版本适用于本文件。凡是不注日期的引用文件,其最新版本(包括所有的修改单)适用于本文件。

GB/T 3186 色漆、清漆和色漆与清漆用原材料 取样

GB/T 11186.2—1989 漆膜颜色的测量方法 第二部分 颜色测量

GB/T 13451.2—1992 着色颜料相对着色力和白色颜料相对散射力的测定 光度计法

HG/T 4767.1 颜料和体质颜料 塑料加工过程中颜色稳定性的试验 第1部分:总则

HG/T 4767.4 颜料和体质颜料 塑料加工过程中颜色热稳定性的试验 第4部分:两辊机法

## 3 术语和定义

下列术语和定义适用于本文件。

3.1

**分散度($DH_{PVC-P}$) ease of dispersion ($DH_{PVC-P}$)**

颜料和体质颜料分散到塑料材料中,达到给定的分散水平的速率或程度的量度。$DH_{PVC-P}$是采用两辊机按8.2规定的方法将着色剂分散到增塑聚氯乙烯中达到的着色强度相对按8.1规定的方法达到的着色强度的增加值。

## 4 原理

用两辊机将待测试的颜料在160 ℃±5 ℃分散到基础混合物中制成参照色片,然后再在130 ℃±5 ℃以更强的剪切力进行混炼。以前后两次混炼所产生的着色强度的增加值作为分散度$DH_{PVC-P}$的量度。

## 5 材料

推荐使用附录 A 中描述的基础混合物。也可使用由利益双方商定的混合物,并在测试报告中注明。

使用的颜料量应使色片获得约 1/25 标准色深度(见 HG/T 4767.1)。

## 6 仪器

### 6.1 两辊机

具有加热功能,辊间距可调。辊直径应在 80 mm～200 mm 之间,两辊的转速比例应在 1∶1.1 到 1∶1.2之间。

注:在下列条件下,不同的两辊机上可获得具有可比性的结果。

——辊直径比例:1∶1 到 1∶1.5 之间;

——圆周速率比例:1∶1 到 1∶1.1 之间;

——起泡直径 $H_k$ 与间隙宽度 $H_s$ 比例:$H_k/H_s \geqslant 20$。

如果使用较小直径的两辊机(例如辊直径为 80 mm)进行试验,色片厚度设置为 0.4 mm～0.5 mm 可能较难满足推荐的相似条件要求。

### 6.2 压片机

具有加热和冷却系统。

### 6.3 光度计

## 7 取样

按 GB/T 3186 的规定取待测着色剂的代表性样品。

## 8 操作步骤

### 8.1 在 160 ℃±5 ℃混炼

用待测颜料与基础混合物组成的混合物混炼制成色片,并制成一个至少 50 mm×50 mm 大小的 1 mm厚度的试样。

注:在日常使用本方法时,通过降低试验温度改变增塑聚氯乙烯混合物的润湿特性增加混炼的剪切力,这需要将每个色片的试验温度升高再降低,这样操作比较耗时,可考虑同时用两台机器在不同温度下进行试验。另外也可如 HG/T 4767.4 的方法那样,保持试验温度不变,而通过减小辊间距的方法增加剪切力,也是一个具有可比性的潜在的更有效的方法。

#### 8.1.1 预混测试材料

在合适的容器中混合规定量的着色材料和增塑聚氯乙烯(PVC-P)基础混合物。例如,用振荡混合机,混合 5 min。

注:如果着色材料是浆状物,推荐用一个非玻璃的搅拌棒在 PE 或 PP 瓶中手工混合至混合物组分均匀。

#### 8.1.2 两辊混炼

把预混好的材料加到 160 ℃±5 ℃的运转的两辊机上,快速将所有掉落的材料从接料盘中放回到辊间。

加入的混合物量应确保材料塑化后在辊间形成连续旋转的熔融物。材料塑化后,立即调节辊间距,使混炼材料形成厚度为 0.4 mm～0.5 mm 的均匀色片。

混炼时,可以通过一片一片连续切割并不断翻转打包限制混炼片的宽度,防止材料跑到辊边上,从而获得分散完好的着色材料。也可通过反复地取下色片并立即放回到辊上确保着色材料彻底混合。这时的重复混炼次数应作为规定方法的一部分,记录到试验报告中。

在辊上进行 200 转混炼操作。根据使用的机器辊的直径(见 6.1),混炼的时间不应少于 5 min,但也不能超过 10 min。

混炼完成后,从辊上取下色片。为方便操作,可调整辊间距。如需要,还可调节辊速和摩擦比。

每次混炼操作完成后,应将辊清理干净。

### 8.1.3 压片

用于光度计测量时,需要制备表面高光泽度的高质量试样。

试样可通过用 1 mm 厚的金属模具框放在两个高光泽的镀铬钢板间在压片机上热压成型,热压温度 165 ℃～170 ℃,热压时间不超过 2 min。压制好的色片应快速冷却到室温。

### 8.2 在 130 ℃ ±5 ℃ 混炼

使用 8.1 制备的混炼片的余下部分。设置辊间距,保持在混炼过程中不发生改变,确保制成厚度为 0.4 mm～0.5 mm 的色片。辊温度应保持为 130 ℃±5 ℃。

混炼片首先不折叠通过辊间隙,然后折叠 1 次,再次立即穿过间隙。该操作(如折叠 1 次)应重复 10 次。按 8.1.3 规定的方法压制成至少 50 mm×50 mm 大小的 1 mm 厚度的试样。

## 9 光度计测量

将 8.1 和 8.2 制备的试样按 GB/T 11186.2—1989 第 9 章规定的方法进行颜色测量。按 GB/T 13451.2—1992 中 8.1 规定的方法进行着色强度的测量,按第 10 章计算分散度 $DH_{PVC-P}$。

## 10 评价

### 10.1 白色冲淡中颜色性能的评价

按第 9 章规定的方法测量试样相对于标准样的颜色性能和色差。

注:全色体系中颜色性能的测定可用相同的方式但不加入二氧化钛颜料进行操作。

### 10.2 分散度的评价

分散度 $DH_{PVC-P}$ 是在 130 ℃混炼后着色强度增长的百分比。按公式(1)计算:

$$DH_{PVC-P}=100\times\left(\frac{F_2}{F_1}-1\right) \qquad (1)$$

式中:

$F_1$ ——8.1 中试样的着色强度值;

$F_2$ ——8.2 中试样的着色强度值。

## 11 试验报告

试验报告应至少包括下列信息:

a) 识别所试样品的所有必要的详细信息;

b) 本部分编号(HG/T 4768.2);

c) 指定的试样及制备方法;

d) 基础混合物的描述;

e) 各试样中相对于测试聚合物的着色材料浓度;

f) 获得的光度数据以及相应的分散度 $DH_{PVC-P}$;

g) 着色强度的测定方法;

h) 如果测色,注明使用的仪器型号、标准照明体和标准色度观测者;

i) 与规定试验方法的差异;

j) 试验日期。

## 12 精确度

本部分仅规定了方法的原理和使用的操作步骤,试验结果因使用的设备尺寸和聚氯乙烯混合物的组分的不同而有所变化。因此,不能依据方法建立精确度的数据,精确度应根据实验室所使用的设备和混合物以及待测试颜料牌号的重复性和再现性试验确定。

# 附 录 A
# （资料性附录）
# 基础混合物的说明

## A.1 适用于两辊机法测定分散性的增塑聚氯乙烯混合物组成

见表 A.1。

**表 A.1 增塑聚氯乙烯混合物组成**

| 材 料 名 称 | 数量/g |
|---|---|
| 聚氯乙烯 | 65.00 |
| 增塑剂——邻苯二甲酸二异癸酯(DIDP) | 33.50 |
| 环氧大豆油 | 1.50 |
| 液体钡锌稳定剂 | 1.30 |
| 润滑剂——硬脂酸 | 0.20 |
| 二氧化钛颜料[a] | 5.34 |
| [a] 对混合物中二氧化钛颜料的含量进行设定，以确保相当于在 100 份混合物成品中有 5 份二氧化钛颜料。 | |

## A.2 规格

**A.2.1** 聚氯乙烯：悬浮法，$K$ 值为 70±1。

**A.2.2** 增塑剂(DIDP)：推荐用于聚氯乙烯中的规格。

**A.2.3** 环氧大豆油：推荐用于聚氯乙烯中的规格。

**A.2.4** 液体钡锌稳定剂：钡含量为 10.2%～12.2%，锌含量为 1.95%～2.35%。

注：可使用等价热稳定性的其他锌钡稳定体系。

**A.2.5** 硬脂酸：推荐用于聚氯乙烯中的规格。

**A.2.6** 二氧化钛颜料：推荐用于塑料中的易分散型规格，金红石型，有机和无机表面处理的，$TiO_2$ 含量不低于 93%。

## A.3 基础混合物的制备

在高速混合机上预混聚氯乙烯、稳定剂和润滑剂，直至混合物温度达到 70 ℃。然后加入二氧化钛颜料，混合 2 min(如果混合时间过长，会因金属磨损造成物料变色)。随后，以细流状连续混合的方法定量地加入增塑剂和环氧大豆油进行预混。在这个过程中混合物的温度将达到 100 ℃，在搅拌下把形成的均匀的混合物冷却到室温。

注：增塑聚氯乙烯基础混合物应储存在密闭容器中，冷却、避光条件下储存不超过 2 年。

## A.4 基础混合物的评估

必须对基础混合物进行评估，因为它含有的二氧化钛颜料也能在 8.2 规定的两辊机混炼条件下进一步分散，这将引起基础混合物不透明性和遮盖力的增加，使按 8.2 规定制备的试样的 $F$ 值发生改变。在测定 $DH_{PVC-P}$时，基础混合物不透明度或遮盖力的变化不超过 3%时可忽略。否则，必须校正测试结果。

评估基础混合物，应按本部分第 8 章规定的操作步骤执行，在测试基础混合物时用染料溶液替代颜料进行测试。推荐以 0.05%浓度的 C.I.溶剂紫 13 或 C.I.溶剂紫 36 加到基础混合物中，这相当于 1/25 标准色深度的着色剂。随后的操作按 8.1 和 8.2 的规定进行。制取的色片应按第 10 章的规定测试 $F_1$ 和 $F_2$ 值。这些值用于按公式(A.1)计算因子 $C$：

$$C=\frac{F_1}{F_2} \qquad \cdots\cdots\text{(A.1)}$$

如果 $C>1.03$，第 10 章中公式(1)应以下列公式(A.2)替代：

$$DH_{\text{PVC-P}}=100\times\frac{CF_2-1}{F_1} \qquad \cdots\cdots\text{(A.2)}$$

ICS 87.060.10
G 53
备案号：48599—2015

# 中华人民共和国化工行业标准

HG/T 4768.3—2014

# 颜料和体质颜料 塑料中分散性的评定 第3部分：两辊机法测定聚乙烯中着色颜料分散性

Pigments and extenders—Assessment of dispersibility in plastics—
Part 3: Determination of coloring pigments dispersion in polyethylene by two-roll milling

2014-12-31 发布

2015-06-01 实施

中华人民共和国工业和信息化部 发布

# 前　言

HG/T 4768《颜料和体质颜料　塑料中分散性的评定》分为 6 个部分。

——第 1 部分：总则；

——第 2 部分：两辊机法测定增塑聚氯乙烯中颜料分散性；

——第 3 部分：两辊机法测定聚乙烯中着色颜料分散性；

——第 4 部分：两辊机法测定聚乙烯中白色颜料分散性；

——第 5 部分：加热熔融挤出机法测定着色剂分散性；

——第 6 部分：薄膜试验法测定颜料分散性。

本部分为 HG/T 4768 的第 3 部分。

本部分按照 GB/T 1.1—2009 给出的规则起草。

本部分参考了欧洲测试方法标准 EN 13900-3:2003《颜料和体质颜料　塑料中的分散方法和分散性的评定　第 3 部分：两辊机法测定聚乙烯中着色颜料的颜色性能和分散性》，技术内容与 EN 13900-3:2003 完全相同。

本部分由中国石油和化学工业联合会提出。

本部分由全国涂料和颜料标准化技术委员会(SAC/TC 5)归口。

本部分起草单位：百合花集团股份有限公司、江苏双乐化工颜料有限公司、美利达颜料工业有限公司、浙江力禾集团有限公司、上海捷虹颜料化工集团股份有限公司、龙口联合化学有限公司、通辽翔意化工有限公司、杭州信凯实业有限公司、北京化工大学、宁波色母粒有限公司、山东春潮集团有限公司、广东盛恒昌化学工业有限公司、浙江七色鹿色母粒有限公司、江苏亚邦颜料有限公司、丽王化工(南通)有限公司、上海油墨泗联化工有限公司、杭州红妍颜料化工有限公司、山东宇虹新颜料股份有限公司、鞍山七彩化学股份有限公司、中国染料工业协会。

本部分主要起草人：王桂峰、葛扣根、李庆豹、方百红、张东江、任忠杰、张鹰、宋延文、丁筠、洪寅、欧阳秋英、罗崇远、王仲文、李玲、张晓明、阚兆红、高华军、陈都方、黄永刚、张燕深。

# 颜料和体质颜料<br>塑料中分散性的评定<br>第3部分:两辊机法测定聚乙烯<br>中着色颜料分散性

## 1 范围

本部分规定了待测试颜料相对于标准颜料的颜色性能的测定方法,以及着色材料在各种条件下分散到聚乙烯中,以产生的着色强度差异表示颜料的分散度 $DH_{PE}$ 的测定方法。

方法A适用于粉状有机和炭黑颜料、无机粉状颜料和粉状或片状的颜料制备物。

方法B适用于粒状颜料和颜料制备物以及任何形式的无机颜料。

本方法所测定的颜料分散度只适用于所用的分散设备、分散条件和分散介质。若试验条件与本部分规定条件不同,所得结果(包括绝对值和各种颜料分散度值之间的相对值)也可能有所不同。因此,本部分所规定的 $DH_{PE}$ 仅用以表示用本部分规定的方法所测定的颜料分散度值。

## 2 规范性引用文件

下列文件对于本文件的应用是必不可少的。凡是注日期的引用文件,仅注日期的版本适用于本文件。凡是不注日期的引用文件,其最新版本(包括所有的修改单)适用于本文件。

GB/T 3186 色漆、清漆和色漆与清漆用原材料 取样

GB/T 11186.2—1989 漆膜颜色的测量方法 第二部分:颜色测量

GB/T 13451.2—1992 着色颜料相对着色力和白色颜料相对散射力的测定 光度计法

## 3 术语和定义

下列术语和定义适用于本文件。

3.1

**分散度($DH_{PE}$) ease of dispersion($DH_{PE}$)**

颜料和体质颜料分散到塑料材料中,达到给定的分散水平的速率或程度的量度。$DH_{PE}$ 是采用两辊机按8.2规定的方法将着色剂分散到聚乙烯中达到的着色强度相对按8.1规定的方法达到的着色强度的增加值。

## 4 原理

用两辊机将待测试颜料在合适的温度下分散到聚合物中。用这种方法获得的混炼片冷却后再经受由两辊机在较窄狭缝宽度产生的更强的剪切力,以产生的着色强度的增加作为分散难易的量度。

## 5 材料

### 5.1 方法A使用的材料

#### 5.1.1 测试介质

聚乙烯,粉状或片状;利益双方商定的级别和型号。

注:如果使用HDPE,可使用酚类抗氧化剂方便操作。

5.1.2 二氧化钛颜料

推荐用于 PE 中的易分散的粉状级别。

5.2 方法 B 使用的材料

5.2.1 测试介质

聚乙烯，粒状；利益双方商定的级别和型号。

注：如果使用 HDPE，可使用酚类抗氧化剂方便操作。

5.2.2 二氧化钛颜料

如 5.1.2 或分散完好的聚乙烯母料。

## 6 仪器

6.1 两辊机

具有加热功能，辊间距可调。辊直径应在 80 mm～200 mm 之间，两辊的转速比例应在 1∶1.1 到 1∶1.2之间。

注：在下列条件下，不同的两辊机上可获得具有可比性的结果。

——辊直径比例：1∶1.1 到 1∶1.5 之间；

——圆周速率比例：1∶1 到 1∶1.1 之间；

——起泡直径 $H_k$ 与间隙宽度 $H_s$ 比例：$H_k/H_s \geqslant 20$。

如果使用较小直径的两辊机（例如辊直径为 80 mm）进行试验，色片厚度设置为 0.4 mm～0.5 mm 可能较难满足推荐的相似条件要求。

6.2 压片机

具有加热和冷却系统。

6.3 光度计

## 7 取样

按 GB/T 3186 的规定抽取待测着色材料的代表性样品。

## 8 操作步骤

8.1 白色冲淡中颜色性能的测试

8.1.1 混合物的制备

8.1.1.1 方法 A 混合物的制备

在塑料瓶中预混 100 份聚乙烯粉和 1.0 份二氧化钛颜料（如果是测试炭黑颜料则加入 5.0 份），如果适合，再加入 0.1 份抗氧化剂。加入 0.1 份炭黑或有机颜料，或者加入 0.2 份～0.5 份无机颜料。用调墨刀混合，使在塑料杯壁上没有测试颜料。

注：为提高试验结果的重现性，一次性制备较大量均匀的聚合物粉末、抗氧化剂和二氧化钛颜料等的预混合物是比较有优势的。例如，将混合物在实验室用高速混合机以 1 800 r/min 的转速混合 5 min，随后挤出，切成合适的形状。

8.1.1.2 方法 B 混合物的制备

在塑料杯中或其他适合的容器中制备一个混合物：100 份粒状聚乙烯（见 5.2.1），加入 1.0 份二氧化钛颜料（如果是测试炭黑颜料则加入 5.0 份）或是含等价量的二氧化钛颜料聚乙烯母料（见 5.2.2）。

8.1.2 两辊机

8.1.2.1 方法 A

将预混好的材料加到已经达到规定温度的运转的两辊机上，快速将所有掉落的材料从接料盘中放回到辊间。加入的混合物量应确保材料塑化后在辊间形成连续旋转的熔融物。调节辊间距，使材料在 1 min内塑化，形成厚度为 0.4 mm～0.5 mm 的均匀混炼片。

**注1**：通常100 g测试混合物的量适合大多数两辊机。如有需要，为了方便操作，可根据辊的尺寸调整。

**注2**：试验温度在140 ℃～160 ℃之间适合大多数类型聚合物。

混炼片一旦形成，设置0.5 mm的狭缝宽度，通过切割和折叠混炼片使颜料分散，每30 s切割和折叠1次。从混合物加到两辊机上开始计数，总共旋转200转。根据使用的机器的直径(见6.1)，混炼周期不小于5 min，但不超过10 min。

#### 8.1.2.2 方法B

把混合物放在静止的、达到预先按8.1.2.1设定的狭缝宽度和温度的两辊机上，允许预热1 min。启动机器，在1 min内塑化，形成混炼片。慢慢地均匀地加入颜料和颜料制备物到旋转混炼片上，然后按8.1.2.1操作分散颜料。

每次混炼操作完成后，应将辊清理干净。

### 8.1.3 压片

用于光度计测量时，需要制备表面高光泽度的高质量试样。

试样可通过用1 mm厚的金属模具框放在两个高光泽的镀铬钢板间在压片机上合适温度下热压成型，热压时间不超过2 min。压制好的色片应快速冷却到室温。

### 8.1.4 光度计测量

将8.1和8.2制备的试样按GB/T 11186.2—1989第9章规定的方法进行颜色测量。按GB/T 13451.2—1992中8.1规定的方法进行着色强度的测量，按第9章计算分散度$DH_{PE}$。

## 8.2 分散度的测试

### 8.2.1 测试样品的制备

两辊机辊间隙缩减到0.3 mm，将8.1.2制备的混炼片的一半返回到辊上，按8.1.2以25 r/min的转速在相同的温度条件下保持混炼。每30 s切割和折叠1次，连续混炼200转。然后移出混炼片，在金属板间冷却。

对包含测试颜料的每个混炼片执行该程序。

每次混炼操作完成后，应将辊清理干净。

### 8.2.2 压片和光度计测量

按8.1.3和8.1.4描述进行压片和测量。

# 9 评价

分散度$DH_{PE}$描述为0.3 mm间隙宽度制备的混炼片相对于0.5 mm间隙宽度(见8.1)制备的混炼片的着色强度增长的百分比。按公式(1)计算：

$$DH_{PE}=100\times\left(\frac{F_2}{F_1}-1\right) \quad \cdots\cdots(1)$$

式中：

$F_1$ ——8.1中试样的着色强度值；

$F_2$ ——8.2中试样的着色强度值。

# 10 试验报告

试验报告应至少包括下列信息：

a) 识别所试样品的所有必要的详细信息；

b) 本部分编号(HG/T 4768.3)；

c) 指定测试基体及制备物，包括混炼温度；

d) 使用的钛白粉、抗氧化剂及聚合物的类型、等级和形式；

e) 相应的测试基体，在聚合物中测试的着色材料的浓度；

f） 获得的光度数据以及相应的分散度 $DH_{PE}$；

g） 着色强度的测定方法；

h） 如果测色，注明使用的仪器型号、标准照明体和标准色度观测者；

i） 与规定试验方法的差异；

j） 试验日期。

## 11 精确度

本部分仅规定了方法的原理和使用的操作步骤，试验结果因使用的设备尺寸和聚乙烯的类型和等级的不同而有所变化。因此，不能依据方法建立精确度的数据，精确度应根据实验室所使用的设备和聚合物以及待测试的颜料牌号的重复性和再现性试验确定。

ICS 87.060.10
G 53
备案号：48600—2015

# 中华人民共和国化工行业标准

HG/T 4768.4—2014

# 颜料和体质颜料 塑料中分散性的评定 第4部分：两辊机法测定聚乙烯中白色颜料分散性

Pigments and extenders—Assessment of dispersibility in plastics—Part 4: Determination of white pigments dispersion in polyethylene by two-roll milling

2014-12-31 发布

2015-06-01 实施

中华人民共和国工业和信息化部 发布

# 前　言

HG/T 4768《颜料和体质颜料　塑料中分散性的评定》分为6个部分。

——第1部分：总则；

——第2部分：两辊机法测定增塑聚氯乙烯中颜料分散性；

——第3部分：两辊机法测定聚乙烯中着色颜料分散性；

——第4部分：两辊机法测定聚乙烯中白色颜料分散性；

——第5部分：加热熔融挤出机法测定着色剂分散性；

——第6部分：薄膜试验法测定颜料分散性。

本部分为HG/T 4768的第4部分。

本部分按照GB/T 1.1—2009给出的规则起草。

本部分参考了欧洲测试方法标准EN 13900-4:2004《颜料和体质颜料　塑料中的分散方法和分散性的评定　第4部分：两辊机法测定聚乙烯中白颜料的颜色性能和分散性》，技术内容与EN 13900-4:2004完全相同。

本部分由中国石油和化学工业联合会提出。

本部分由全国涂料和颜料标准化技术委员会(SAC/TC 5)归口。

本部分起草单位：百合花集团股份有限公司、美利达颜料工业有限公司、江苏双乐化工颜料有限公司、山东宇虹新颜料股份有限公司、鞍山七彩化学股份有限公司、江苏亚邦颜料有限公司、上海油墨泗联化工有限公司、龙口联合化学有限公司、山东阳光颜料有限公司、上海捷虹颜料化工集团股份有限公司、北京化工大学、宁波色母粒有限公司、山东春潮集团有限公司、广东盛恒昌化学工业有限公司、浙江七色鹿色母粒有限公司、杭州红妍颜料化工有限公司、浙江力禾集团有限公司、杭州信凯实业有限公司、中国染料工业协会。

本部分主要起草人：黄德平、李庆豹、毛顺明、陈都方、黄永刚、李时斌、阚兆红、张芳、白林海、赵国利、乔辉、洪寅、欧阳秋英、罗崇远、王仲文、吴建良、方百红、黄秀君、张燕深。

# 颜料和体质颜料<br>塑料中分散性的评定<br>第4部分：两辊机法测定聚乙烯中白色颜料分散性

## 1 范围

本部分规定了待测试颜料相对于标准颜料的颜色性能的测定方法，以及着色材料在各种条件下分散到聚乙烯中，以产生的着色强度差异表示颜料的分散度 $DH_{PE}$ 的测定方法。

本方法适用于白色颜料。

本方法所测定的颜料分散度只适用于所用的分散设备、分散条件和分散介质。若试验条件与本部分规定条件不同，所得结果（包括绝对值和各种颜料分散度值之间的相对值）也可能有所不同。因此，本部分所规定的 $DH_{PE}$ 仅用以表示用本部分规定的方法所测定的颜料分散度值。

## 2 规范性引用文件

下列文件对于本文件的应用是必不可少的。凡是注日期的引用文件，仅注日期的版本适用于本文件。凡是不注日期的引用文件，其最新版本（包括所有的修改单）适用于本文件。

GB/T 3186 色漆、清漆和色漆与清漆用原材料 取样

GB/T 11186.2—1989 漆膜颜色的测量方法 第二部分 颜色测量

GB/T 13451.2—1992 着色颜料相对着色力和白色颜料相对散射力的测定 光度计法

## 3 术语和定义

下列术语和定义适用于本文件。

3.1

**分散度（$DH_{PE}$） ease of dispersion（$DH_{PE}$）**

颜料和体质颜料分散到塑料材料中，达到给定的分散水平的速率或程度的量度。$DH_{PE}$ 是采用两辊机按8.2规定的方法将着色剂分散到聚乙烯中达到的着色强度相对按8.1规定的方法达到的着色强度的增加值。

## 4 原理

用两辊机将待测试颜料在合适的温度下分散到聚合物中，用这种方法获得的混炼片冷却后经受由两辊机在较窄的狭缝宽度产生的更强的剪切力，导致的着色强度的增加作为分散难易的量度。

## 5 材料

### 5.1 聚乙烯

形状、等级和类型由利益双方商定。

注：如果使用HDPE，可使用酚类抗氧化剂作为润滑剂方便操作。

### 5.2 炭黑聚乙烯母料

推荐使用在聚乙烯中易分散类型的炭黑。

## 6 仪器

### 6.1 两辊机

具有加热功能,辊间距可调。辊直径应在 80 mm～200 mm 之间,两辊的转速比例应在 1∶1.1 到 1∶1.2之间。

注:在下列条件下,不同的两辊机上可获得具有可比性的结果。

——辊直径比例:1∶1.1 到 1∶1.5 之间;

——圆周速率比例:1∶1 到 1∶1.1 之间;

——起泡直径 $H_k$ 与间隙宽度 $H_s$ 比例:$H_k/H_s \geqslant 20$。

如果使用较小直径的两辊机(例如辊直径为 80 mm)进行试验,色片厚度设置为 0.4 mm～0.5 mm 可能较难满足推荐的相似条件要求。

### 6.2 压片机

具有加热和冷却系统。

### 6.3 光度计

## 7 取样

按 GB/T 3186 的规定取待测着色剂的代表性样品。

## 8 操作步骤

### 8.1 含炭黑的混合物在聚乙烯中颜色性能的测试

#### 8.1.1 混合物的制备

在塑料瓶中预混 100 份聚乙烯粉和 0.05 份炭黑聚乙烯母料(见 5.2),加入 5 份二氧化钛测试颜料。用调墨刀混合,使在塑料杯壁上没有颜料残余。

注:母料应稀释到聚合物中,方便混合和操作。

基于 100 g 的聚合物的测试混合物对大多数两辊机都是适合的。为方便操作,可根据辊的尺寸增加和减少用量。

#### 8.1.2 测试样品的制备

混合物加到已经达到指定温度的运转的两辊机上,两辊转速比例应在 1∶1.1 和 1∶1.2 之间。

注:试验温度在 140 ℃～160 ℃之间适合多种型号聚合物。

所有材料 1 min 内在前辊上形成一个连续的混炼片。每 30 s 剪切折叠 1 次,以 25 r/min 的转速混炼 7 min,间隙保持为 0.5 mm。全部操作 8 min 完成。然后移下混炼片,并冷却到室温。

每次混炼操作完成后,应将辊清理干净。

#### 8.1.3 压片

从标准样品和测试样品上切下足够大的混炼片,通过用 1 mm 厚的金属模具框放在两个高光泽的镀铬钢板间在压片机上合适温度下热压成型,热压时间不超过 2 min。压制好的色片应快速冷却到室温。

注:光度计测量也可直接在混炼片上进行。

#### 8.1.4 光度计测量

将 8.1 和 8.2 制备的试样按 GB/T 11186.2—1989 第 9 章规定的方法进行颜色测量。按 GB/T 13451.2—1992 中 8.1 规定的方法进行着色强度的测量,按第 9 章计算分散度 $DH_{PE}$。

### 8.2 分散度的测试

#### 8.2.1 测试样品的制备

两辊机辊间隙缩减到 0.3 mm,将 8.1.2 制备的混炼片的一半返回到辊上,按 8.1.2 的方法以 25 r/min的转速在相同的温度条件下保持混炼,每 30 s 切割和折叠 1 次。连续混炼 7 min。然后移出混炼片,在金属板间冷却,除非光度测量直接在混炼片上进行。

对包含测试颜料的每个混炼片执行该程序。

每次混炼操作完成后，应将辊清理干净。

#### 8.2.2 压片和光度计测量

按 8.1.3 和 8.1.4 描述进行压片和测量。

## 9 评价

分散度 $DH_{PE}$ 描述为 0.3 mm 间隙宽度相对于 0.5 mm 间隙宽度（见 8.1）获取混炼片的着色强度增长的百分比。按公式(1)计算：

$$DH_{PE}=100\times\left(\frac{F_2}{F_1}-1\right) \qquad (1)$$

式中：

$F_1$ ——8.1 中试样的着色强度值；

$F_2$ ——8.2 中试样的着色强度值。

## 10 试验报告

试验报告应至少包括下列信息：

a) 识别所试样品的所有必要的详细信息；

b) 本部分编号(HG/T 4768.4)；

c) 指定测试基体及制备方法，包括混炼温度；

d) 母料中炭黑颜料的类型和浓度；

e) 使用的聚合物的类型、等级和形式；

f) 获得的光度数据以及相应的分散度($DH_{PE}$)；

g) 着色强度的测定方法；

h) 如果测色，注明使用的仪器型号、标准照明体和标准色度观测者；

i) 与规定试验方法的差异；

j) 试验日期。

## 11 精确度

本部分仅规定了方法的原理和使用的操作步骤，试验结果因使用的设备尺寸和聚乙烯的类型和等级的不同而有所变化。因此，不能依据方法建立精确度的数据，精确度应根据实验室所使用的设备和聚合物以及待测试的颜料牌号的重复性和再现性试验确定。

ICS 87.060.10
G 53
备案号：48601—2015

# 中华人民共和国化工行业标准

HG/T 4768.5—2014

# 颜料和体质颜料 塑料中分散性的评定 第5部分：加热熔融挤出机法测定着色剂分散性

**Pigments and extenders—Assessment of dispersibility in plastics—Part 5: Determination of colouring materials dispersion by heating and melting**

2014-12-31 发布　　2015-06-01 实施

中华人民共和国工业和信息化部　发布

# 前　言

HG/T 4768《颜料和体质颜料　塑料中分散性的评定》分为6个部分。

——第1部分：总则；

——第2部分：两辊机法测定增塑聚氯乙烯中颜料分散性；

——第3部分：两辊机法测定聚乙烯中着色颜料分散性；

——第4部分：两辊机法测定聚乙烯中白色颜料分散性；

——第5部分：加热熔融挤出机法测定着色剂分散性；

——第6部分：薄膜试验法测定颜料分散性。

本部分为HG/T 4768的第5部分。

本部分按照GB/T 1.1—2009给出的规则起草。

本部分参考了欧洲测试方法标准EN 13900-5:2005《颜料和体质颜料　塑料中的分散方法和分散性的评定　第5部分：用过滤值试验测定》，技术内容与EN 13900-5:2005完全相同。

本部分由中国石油和化学工业联合会提出。

本部分由全国涂料和颜料标准化技术委员会(SAC/TC 5)归口。

本部分起草单位：百合花集团股份有限公司、龙口联合化学有限公司、江苏双乐化工颜料有限公司、丽王化工(南通)有限公司、美利达颜料工业有限公司、上海颜创化工科技有限公司、广东盛恒昌化学工业有限公司、山东春潮集团有限公司、上海捷虹颜料化工集团股份有限公司，浙江力禾集团有限公司、上海油墨泗联化工有限公司、杭州信凯实业有限公司、北京化工大学、宁波色母粒有限公司、浙江七色鹿色母粒有限公司、杭州红妍颜料化工有限公司、通辽翔意化工有限公司、山东宇虹新颜料股份有限公司、鞍山七彩化学股份有限公司、江苏亚邦颜料有限公司、上海秀乐化工科技有限公司、上海金淳塑胶有限公司、中国染料工业协会。

本部分主要起草人：熊永科、李秀梅、朱骥、张晓明、李庆豹、陈信华、罗崇远、欧阳秋英、闫满宁、方百红、阚兆红、黄秀君、乔辉、洪寅、王仲文、钮建春、张鹰、陈都方、黄永刚、王孝忠、吴兆权、张鹏龙、张燕深。

# 颜料和体质颜料 塑料中分散性的评定 第5部分:加热熔融挤出机法测定着色剂分散性

## 1 范围

本部分规定了评估热塑性聚合物中着色剂分散性的方法。

本方法适用于以色母料形式存在的所有挤出和熔融纺丝工艺聚合物中的着色剂。

只有在使用相应的分散设备、分散条件和聚合物时本方法测定的过滤值(*FPV*)才是有效的。使用的测试条件不同将得出不同的结果。本部分中不指定色母料的制备方法。因此,只有在使用同一方法获取色母料时,获得的不同着色剂试验结果才有可比性。

附录A给出了一个分配板模型。

附录B给出了一份试验报告模型,其中包含在制定本标准的过程中进行的循环试验的结果。

## 2 规范性引用文件

下列文件对于本文件的应用是必不可少的。凡是注日期的引用文件,仅注日期的版本适用于本文件。凡是不注日期的引用文件,其最新版本(包括所有的修改单)适用于本文件。

GB/T 5330 工业用金属丝编织方孔筛网

GB/T 20878 不锈钢和耐热钢 牌号及化学成分

## 3 术语和定义

下列术语和定义适用于本文件。

3.1

**过滤值(*FPV*) filter pressure value (*FPV*)**

测试的着色剂挤出滤网前初始压力与最大压力之间的压力差相对着色剂量的数值。

## 4 原理

由色母料和基础测试聚合物组成的测试混合物,通过具有熔融泵和分配板过滤网组合的挤出机。在滤网前有熔体压力传感器。用初始压力与最大压力之间的差值计算过滤值(*FPV*)。

## 5 材料

### 5.1 色母料

着色剂在合适的热塑性聚合物中的均匀制备物。

### 5.2 基础测试聚合物

热塑性聚合物,由利益双方商定等级和类型。

注:本部分的试验工作是在PP上进行的。

### 5.3 测试混合物

第7章制备的色母料(见5.1)与基础测试聚合物(见5.2)的均匀混合物。

## 6 仪器

### 6.1 概述

仪器的主要构造如图 1 所示(详见 6.2～6.7)。

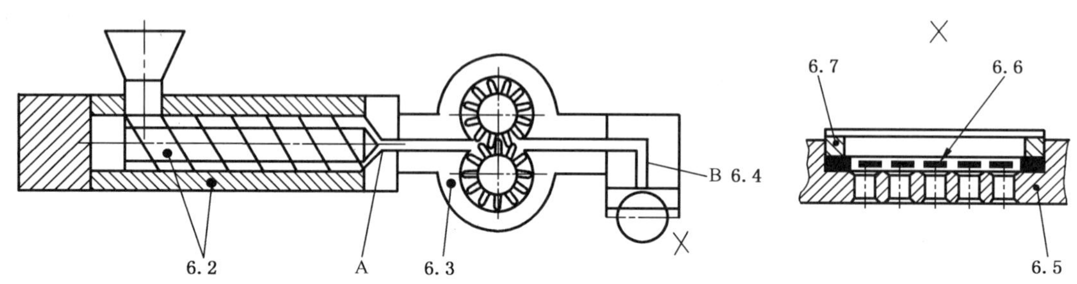


说明：

A——熔融泵前的熔体压力传感器；

B——过滤网前的熔体压力传感器。

图 1 仪器

### 6.2 挤出机

单螺杆挤出机，筒体光滑无槽且使用不带分散组件的螺杆。螺杆直径在 19 mm～30 mm 之间，长径比 $L/D$ 为 20～30。在熔融泵前必须有一个熔体压力传感器(A)测试熔体压力。必须有一个带反馈回路的电子控制器控制螺杆速度/压力，以保持压力为常数，最好在 3 MPa～6 MPa 之间，确保熔融泵完全充满且熔融完好均匀。

### 6.3 熔融泵

熔融泵最好是一个计量泵，应能提供在 50 $cm^3$/min～60 $cm^3$/min 之间的固定挤出量。

### 6.4 熔体压力传感器

混合物 1(见 7.2)的压力范围最好在 0.1 MPa～10 MPa 之间，混合物 2(见 7.3)的压力范围最好在 0.1 MPa～35 MPa 之间。熔融压力传感器(B)的准确度应该在±1%之内，重复性小于±0.1%。

**注**：压力测量的分辨率应在 0.01 MPa。

### 6.5 分配板

分配板用于支撑过滤网组合，并按附录 A 确定其有效截面积。

### 6.6 滤网

#### 6.6.1 概述

过滤介质是系统的一部分，影响用作基础数据的压力差的测定结果。

压力差的增加取决于过滤介质的保留特性。

为获取可比性的结果，规定过滤介质的详细情况并严格按照规范进行装配是非常重要的。本方法使用过滤网组合作为过滤介质。过滤网组合用经超声波清洗过的直径为 33.8 mm±0.1 mm 的多层滤网组成，它们最好由一个铝框固定组合在一起。所有的网应由适用于所使用聚合物的合适材料制成，例如按 GB/T 20878，牌号 022Cr17Ni12Mo2 的不锈钢。过滤网规格的任何变化(例如编织形式、表面条件、每单元长度的孔数或孔径宽度)都能导致不同的测试结果。

#### 6.6.2 过滤网组合 1

双层构架，第一层是逆向平纹荷兰网，每 25.4 mm 的经/纬线数为 615/108，钢丝直径为 0.042 mm/0.14 mm，第二层(支持网格)是个平纹编织方孔网，筛孔宽度为 0.63 mm，压延钢丝直径为 0.40 mm(详细情况见 GB/T 5330)。

#### 6.6.3 过滤网组合 2

双层构架。第一层是逆向平纹荷兰网，每 25.4 mm 的经/纬线数为 615/132，钢丝直径为 0.042 mm/

0.13 mm。第二层(支持网格)是平纹编织方孔网，筛孔宽度为0.63 mm，压延钢丝直径为0.40 mm(详细情况见GB/T 5330)。

#### 6.6.4 过滤网组合3

三层构架。第一层是斜纹荷兰网，每25.4 mm的经/纬线数为165/1 400，钢丝直径为0.071 mm/0.04 mm。第二层(支持网格)是平纹编织方孔网，空隙宽度为0.25 mm，压延钢丝直径为0.16 mm。第三层(支持网格)是平纹编织方孔网，孔径为0.63 mm，压延钢丝直径为0.40 mm(详细情况见GB/T 5330)。

注1：可由利益双方协商比6.6.2所述更精细的过滤网组合。

注2：过滤网组合、每单位长度孔数和每层的钢丝直径对过滤值测试结果至关重要，推荐从供应商处确认使用的过滤网组合规格要求。

### 6.7 密封圈

密封圈或滤片铝框直径为33.8 mm±0.1 mm，内径为28 mm±0.1 mm。

如果过滤网组合没有铝框，应使用一个密封圈。

## 7 测试混合物的制备

### 7.1 概述

在一个玻璃或塑料容器里将色母料(见5.1)和基础测试聚合物(见5.2)混合在一起，配成均匀的测试混合物。

注1：混合物1推荐用于彩色颜料，混合物2推荐用于白色和炭黑颜料。

注2：其他混合物可由利益双方商定。

注3：着色剂的数量在5 g以下将导致严重的不准确性。

### 7.2 混合物1

200 g测试混合物(100%)，含有5.0 g着色剂(2.5%)。

注：如果使用含有40%着色剂的色母料，则质量配比为：12.5 g色母料加187.5 g基础测试聚合物。

### 7.3 混合物2

1 000 g测试混合物(100%)，含有80.0 g着色剂(8%)。

注：如果使用含有40%着色剂的色母料，则质量配比为：200 g色母料加800 g基础测试聚合物。

## 8 操作步骤

### 8.1 预处理

将整个设备(见第6章)预热到适于基础测试聚合物的处理温度。

每个测试完成后应对设备进行清理，或在每个测试前用基础测试聚合物(见5.2)进行充分清洗。

### 8.2 测定

在分配板(见6.5)前安装一个新的过滤网组合(见6.6.2～6.6.4)，注意密封圈(见6.7)应能防止混合物从过滤网组合的边缘漏出。

等待充足的时间，使过滤网组合和分配板达到设定温度。基础测试聚合物(见5.2)塑化后通过螺杆机挤出，熔体流首先从精细过滤网通过，最后从分配板流出。

熔体以规定的体积流量通过过滤网组合，直到熔融温度和压力保持不变。机器应保持一个稳定的熔体温度，偏差小于±2 ℃。

测量过滤网组合前基础测试聚合物产生的初始压力 $p_s$。初始压力应为恒定值。当料斗空至挤出螺杆刚好可见时加入测试混合物(见5.3)。

注：由于基础测试聚合物和测试混合物不同的流变特性，可能产生压力降。

测试混合物进料完成后，在挤出机螺杆刚好再次可见时加入100 g基础测试聚合物。一旦挤出机螺杆再次可见，测试即完成。

用记录的数据确定最大压力 $p_{max}$，并计算过滤值。

趁热拆开过滤网组合，用基础测试聚合物对机器进行充分清洗，以便进行下一个测试。

## 9 过滤值（*FPV*）

过滤值定义为每克着色剂压力的增加量，按公式(1)计算：

$$FPV=\frac{p_{max}-p_s}{m} \quad \cdots\cdots(1)$$

式中：

*FPV*——过滤值的数值，单位为兆帕每克(MPa/g)；

$p_s$ ——初始压力的数值，单位为兆帕(MPa)；

$p_{max}$ ——最大压力的数值，单位为兆帕(MPa)；

$m$ ——在测试中使用的着色剂的质量的数值，单位为克(g)。

推荐过滤值数值精确到小数点后 2 位。

典型的测试过程压力曲线如图 2 所示。

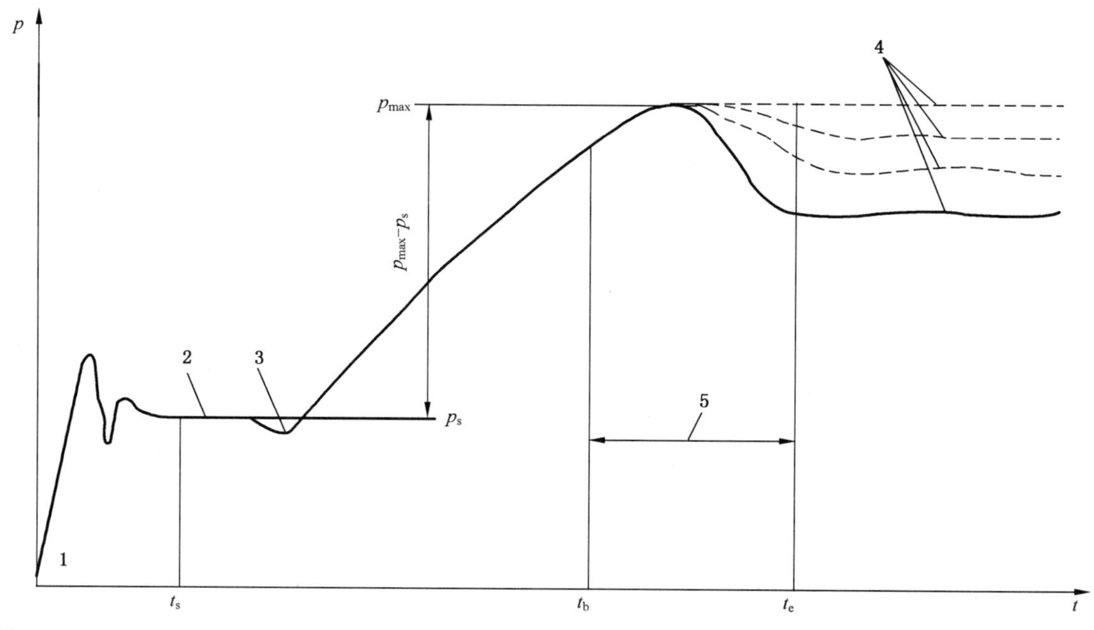


说明：

1 ——开始时间；

2 ——初始压力 $p_s$；

3 ——因流变特性引起的压力降；

4 ——取决于测试混合物产生的压力差异；

5 ——用 100 g 基础测试聚合物清洗；

$p$ ——压力；

$p_s$ ——初始压力；

$p_{max}$ ——最大压力；

$t$ ——时间；

$t_s$ ——用基础混合物填充料斗，测试初始压力的时间；

$t_b$ ——完成测试混合物挤出的时间；

$t_e$ ——压力监控结束，测试最大压力 $p_{max}$ 的时间。

**图 2 典型的压力曲线**

## 10 试验报告

试验报告应至少包括下列信息：

a) 本部分编号(HG/T 4768.5)；

b) 识别待测试色母料所必需的详细信息；

c) 识别基础测试聚合物所必需的详细信息；

d) 测试混合物的描述(见第7章)；

e) 关于测试程序和测试条件所有必需的详细信息(例如测试设备、过滤网组合的型号、熔融温度、熔体体积流量)；

f) 试验结果(见第9章)；

g) 与规定试验方法的差异；

h) 试验日期。

## 11 精确度

本部分仅规定了试验方法的原理和使用的操作程序，但也允许改变使用的设备尺寸和测试混合物的组成。因此，方法本身不能建立精确度数据，精确度应根据测试实验室使用的仪器和测试混合物以及测试的颜料牌号，通过重复性和再现性的试验确定。

# 附 录 A
## （规范性附录）
## 分 配 板

单位为毫米

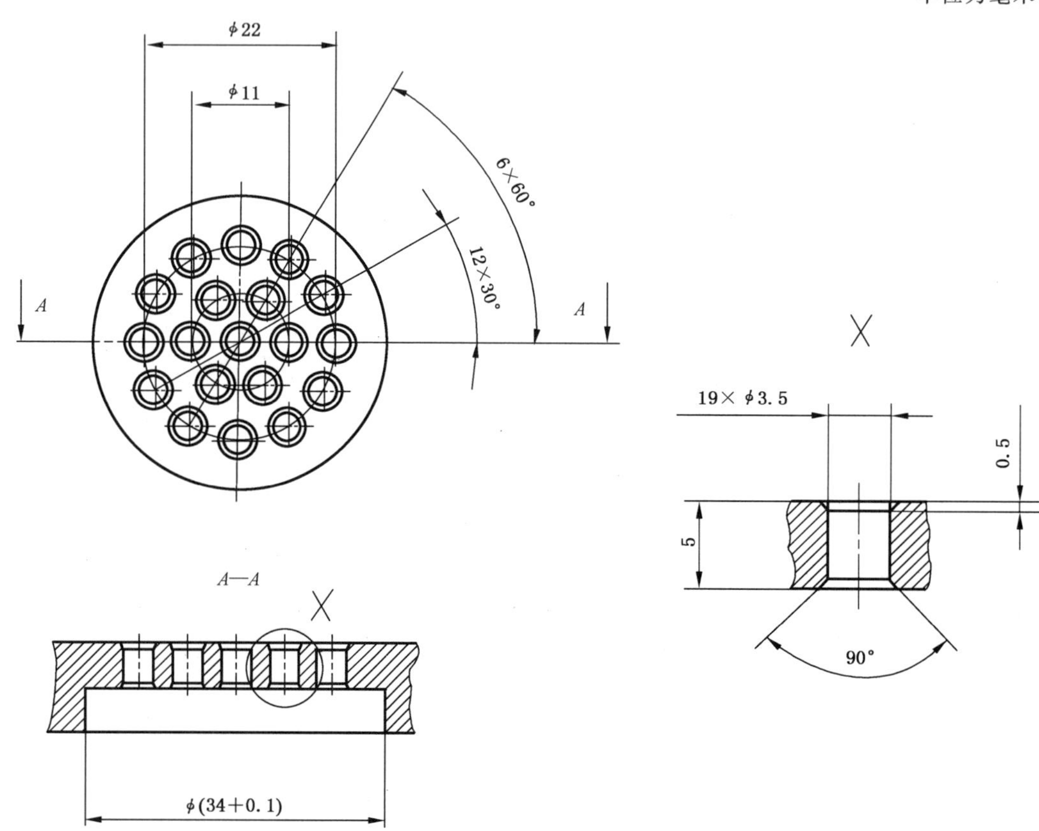


图 A.1 分配板

# 附 录 B
# （资料性附录）
# 试验报告示例

下面的试验报告示例是基于本部分方法制定过程中进行的循环试验的结果之一。

a） HG/T 4768.5；

b） PP 基色母料（40%颜料含量。颜料索引号：颜料绿 7）；

c） 纤维级 PP，熔体流动速率（*MFR*）230 ℃/2.16 kg 为 25 g/10 min；

d） 12.5 g 色母料[b）]和 187.5 g 纤维级聚丙烯[c）]；

e） 仪器：熔融温度 230 ℃，熔体流量 54 $cm^3$/min，过滤网组合 1（6.6.2）；

f） *FPV*＝0.08 MPa/g；

g） 无偏离；

h） 2012-11-25。

ICS 87.060.10
G 53
备案号：48602—2015

# 中华人民共和国化工行业标准

HG/T 4769.1—2014

# 颜料和体质颜料 增塑聚氯乙烯中着色剂的试验 第1部分：基础混合料的组成和制备

**Pigments and extenders—Testing of colouring materials in plasticized polyvinyl chloride (PVC-P)—Part 1: Composition and preparation of basic mixtures**

2014-12-31 发布　　2015-06-01 实施

中华人民共和国工业和信息化部　发布

# 前　言

HG/T 4769《颜料和体质颜料　增塑聚氯乙烯中着色剂的试验》分为4个部分。

——第1部分：基础混合料的组成和制备；

——第2部分：试验样品的制备；

——第3部分：白色颜料相对消色力的测定；

——第4部分：迁移性的测定。

本部分为HG/T 4769的第1部分。

本部分按照GB/T 1.1—2009给出的规则起草。

本部分由中国石油和化学工业联合会提出。

本部分由全国涂料和颜料标准化技术委员会(SAC/TC 5)归口。

本部分起草单位：上海捷虹颜料化工集团股份有限公司、北京化工大学、百合花集团股份有限公司、江苏双乐化工颜料有限公司、美利达颜料工业有限公司、龙口联合化学有限公司、宣城亚邦化工有限公司、宁波色母粒有限公司、杭州红妍颜料化工有限公司、上海颜创化工科技有限公司、山东春潮集团有限公司、广东盛恒昌化学工业有限公司、浙江七色鹿色母粒有限公司、鞍山七彩化学股份有限公司、杭州信凯实业有限公司、浙江力禾集团有限公司、山东宇虹新颜料股份有限公司、上海油墨泗联化工有限公司、中国染料工业协会。

本部分主要起草人：张合杰、吴立峰、熊永科、葛扣根、李庆豹、王磊、汪国建、洪寅、谢春燕、陈信华、欧阳秋英、罗崇远、王仲文、李岩、陈发生、方百红、陈都方、阚兆红、张燕深。

# 颜料和体质颜料 增塑聚氯乙烯中着色剂的试验 第1部分:基础混合料的组成和制备

## 1 范围

本部分规定了增塑聚氯乙烯(PVC-P)中着色剂试验用基础混合料及其组分的制备过程。

应注意区分下述材料:

——基础混合料 A(透明基础混合料);

——基础混合料 B(白色基础混合料)。

本部分适用于颜料和体质颜料在增塑聚氯乙烯(PVC-P)中着色剂试验用基础混合料及组分的制备。

## 2 规范性引用文件

下列文件对于本文件的应用是必不可少的。凡是注日期的引用文件,仅注日期的版本适用于本文件。凡是不注日期的引用文件,其最新版本(包括所有的修改单)适用于本文件。

GB/T 614—2006 化学试剂 折光率测定通用方法

GB/T 1706 二氧化钛颜料

GB/T 3401—2007 用毛细管黏度计测定聚氯乙烯树脂稀溶液的黏度

GB/T 4612—2008 塑料 环氧化合物 环氧当量的测定

GB/T 5532—2008 动植物油脂 碘值的测定

GB/T 6743 塑料用聚酯树脂、色漆和清漆用漆基部分酸值和总酸值的测定

GB/T 9282.1 透明液体 以铂-钴等级评定颜色 第1部分:目视法

HG/T 4767.2 颜料和体质颜料 增塑聚氯乙烯中着色剂的试验 第2部分:试验样品的制备

SH/T 0228—1992 润滑油中钡、钙、锌含量测定法(原子吸收光谱法)

SH/T 0604—2000 原油和石油产品密度测定法(U形振动管法)

ASTM 3720—90(2011 确认) 试验方法标准 用X射线衍射法测定二氧化钛颜料中锐钛型与金红石型比例(Standard Test Method for Ratio of Anatase to Rutile in Titanium Dioxide Pigments by X-ray Diffraction)

## 3 基础混合料成分

### 3.1 通则

按照本部分制备的所有基础混合料的组成成分的质量应符合如下要求:按照 HG/T 4769.2 的规定利用基础混合料制备的样品不得出现不均一性。使用的所有原材料应符合规定值。应在产品规范中说明商品名称。

### 3.2 聚氯乙烯

聚氯乙烯的性能要求见表1。

表 1 聚氯乙烯

| 性　能 | 要　求 | 试验方法 |
| --- | --- | --- |
| $K$ 值 | 70±1 | GB/T 3401—2007 |

## 3.3 增塑剂

邻苯二甲酸二异癸酯(DIDP)的性能要求见表 2。

表 2 邻苯二甲酸二异癸酯

| 性　能 | 要　求 | 试验方法 |
| --- | --- | --- |
| 折射率 $n_D^{20}$ | ≥1.485 0,≤1.486 0 | GB/T 614—2006 |
| 色度 | ≤200 | GB/T 9282.1 |

## 3.4 环氧大豆油

环氧大豆油(ESO)的性能要求见表 3。

表 3 环氧大豆油

| 性　能 | 要　求 | 试验方法 |
| --- | --- | --- |
| 折射率 $n_D^{20}$ | ≥1.472 0,≤1.474 0 | GB/T 614—2006 |
| 碘值 ICV/(mg/100 mL) | ≤3 | GB/T 5532—2008 |
| 环氧基含量/% | ≥6.2,≤6.8 | GB/T 4612—2008 |

## 3.5 稳定剂

液体钡/锌稳定体系的性能要求见表 4。

表 4 钡/锌稳定系统

| 性　能 | 要　求 | 试验方法 |
| --- | --- | --- |
| 钡含量/% | ≥10.2,≤12.2 | SH/T 0228—1992 |
| 锌含量/% | ≥1.95,≤2.35 | SH/T 0228—1992 |
| 折射率 $n_D^{20}$ | ≥1.497 0,≤1.501 0 | GB/T 614—2006 |

任何其他试验结果相同的钡/锌稳定系统均可代替本体系使用。

## 3.6 润滑剂

硬脂酸性能要求见表 5。

表 5 硬脂酸

| 性　能 | 要　求 | 试验方法 |
| --- | --- | --- |
| 密度 $\rho$(80 ℃)/(g/mL) | ≥0.840,≤0.850 | SH/T 0604—2000 |
| 酸值 AV/(mg/g)(以 KOH 计) | ≥206,≤211 | GB/T 6743 |

## 3.7 二氧化钛颜料

二氧化钛颜料性能要求见表 6。

表 6　二氧化钛颜料

| 性　　能 | 要　　求 | 试验方法 |
|---|---|---|
| 二氧化钛($TiO_2$)含量/% | ≥92,≤98 | GB/T 1706 |
| 颜料中二氧化钛部分的金红石含量/% | ≥98 | ASTM 3720—90(2011 确认) |
| 二氧化硅($SiO_2$)含量和/或氧化铝($Al_2O_3$)含量/% | ≥2,≤8 | 商定 |

## 4　试验仪器

高速混合器,可调速、可加热、可冷却,圆周速率介于 15 m/s～35 m/s 之间。

## 5　基础混合料组成

### 5.1　基础混合料 A(透明基础混合料)

见表 7。

表 7　基础混合料 A

| 材料名称 | 数量/g | 技术参数 |
|---|---|---|
| 聚氯乙烯 | 65.00 | 见 3.2 |
| 邻苯二甲酸二异癸酯 | 33.50 | 见 3.3 |
| 环氧大豆油 | 1.50 | 见 3.4 |
| 钡/锌稳定剂 | 1.30 | 见 3.5 |
| 硬脂酸 | 0.20 | 见 3.6 |
| 合　　计 | 101.50 | |

### 5.2　基础混合料 B(白色基础混合料)

见表 8。

表 8　基础混合料 B

| 材料名称 | 数量/g | 技术参数 |
|---|---|---|
| 聚氯乙烯 | 65.00 | 见 3.2 |
| 邻苯二甲酸二异癸酯 | 33.50 | 见 3.3 |
| 环氧大豆油 | 1.50 | 见 3.4 |
| 钡/锌稳定剂 | 1.30 | 见 3.5 |
| 硬脂酸 | 0.20 | 见 3.6 |
| 二氧化钛颜料 | 5.34 | 见 3.7 |
| 合　　计 | 106.84 | |
| 注:对基础混合料中二氧化钛颜料的含量进行设定,以确保基础混合料成品以质量计 100 份中二氧化钛颜料的质量分数为 5%。 | | |

## 6 基础混合料的制备

用高速混合器预混 PVC、稳定剂和润滑剂，直至混合温度达到 70 ℃。若为基础混合料 B，则添加二氧化钛颜料，并混合 2 min（混合时间过长会因金属磨损造成物料变色）。然后在混合器运行的状态下以细流的方式添加预先混好的塑化剂和环氧大豆油。由于高速混合，该均匀混合物的温度可达 100 ℃左右，需伴随后续搅动冷却至室温。

基础混合料的储存时间不得超过 2 年，而且应密封、防晒。

# 附 录 A
# （资料性附录）
# 说 明

检验聚氯乙烯中的着色剂时，纯 PVC 的热不稳定性使得有必要在开始制备基础混合料时加入一些添加剂。

多个实验室的检验结果表明，使用钡/锌稳定体系稳定的增塑 PVC 基础混合料进行“PVC 基础混合料”检验时稳定性最好。目的是避免基础混合料的颜色变化对颜料样品造成不利影响。

基础混合料中包含避免产生模垢的润滑剂。通过多个实验室评估其性质和含量，此方式可切实消除试验条件下的不利影响。

选择悬浮法氯乙烯均聚物作为试验用聚合物，因为其当前使用范围最广。利用本基础混合料生产的薄膜无一例外地具有良好的耐热性和耐光性。

ICS 87.060.10
G 53
备案号:48603—2015

# 中华人民共和国化工行业标准

HG/T 4769.2—2014

# 颜料和体质颜料 增塑聚氯乙烯中着色剂的试验 第2部分:试验样品的制备

Pigments and extenders—Testing of colouring materials in plasticized polyvinyl chloride(PVC-P)—Part 2: Preparation of test specimens

2014-12-31 发布　　2015-06-01 实施

中华人民共和国工业和信息化部 发布

# 前　言

HG/T 4769《颜料和体质颜料　增塑聚氯乙烯中着色剂的试验》分为4个部分。

——第1部分：基础混合料的组成和制备；

——第2部分：试验样品的制备；

——第3部分：白色颜料相对消色力的测定；

——第4部分：迁移性的测定。

本部分为HG/T 4769的第2部分。

本部分按照GB/T 1.1—2009给出的规则起草。

本部分由中国石油和化学工业联合会提出。

本部分由全国涂料和颜料标准化技术委员会(SAC/TC 5)归口。

本部分起草单位：上海捷虹颜料化工集团股份有限公司、百合花集团股份有限公司、江苏双乐化工颜料有限公司、宣城亚邦化工有限公司、鞍山七彩化学股份有限公司、美利达颜料工业有限公司、龙口联合化学有限公司、北京化工大学、宁波色母粒有限公司、上海颜创化工科技有限公司、山东春潮集团有限公司、广东盛恒昌化学工业有限公司、浙江七色鹿色母粒有限公司、浙江力禾集团有限公司、山东宇虹新颜料股份有限公司、上海油墨泗联化工有限公司、杭州信凯实业有限公司、杭州红妍颜料化工有限公司、上海金淳塑胶有限公司、中国染料工业协会。

本部分主要起草人：张合杰、王丰莉、毛顺明、徐再汉、李岩、王西元、王建龙、杨万泰、洪寅、陈信华、张树桓、罗崇远、王仲文、方百红、陈都方、阚兆红、宋延文、冯安宏、张诗悦、张燕深。

# 颜料和体质颜料 增塑聚氯乙烯中着色剂的试验 第2部分:试验样品的制备

## 1 范围

本部分规定了增塑聚氯乙烯(PVC-P)中着色剂试验用试验样品的制备过程,描述了制备检验特定颜料特性用试样时基础混合料、颜料和颜料制剂的使用方法。

本部分适用于无机和有机颜料及粉状、膏状和粒状颜料制剂。

## 2 规范性引用文件

下列文件对于本文件的应用是必不可少的。凡是注日期的引用文件,仅注日期的版本适用于本文件。凡是不注日期的引用文件,其最新版本(包括所有的修改单)适用于本文件。

GB/T 3186 色漆、清漆和色漆与清漆用原材料 取样

## 3 试验仪器

### 3.1 混合容器

### 3.2 两辊机

可加热,两辊间距可调整,辊直径应介于80 mm~200 mm之间,两辊转速比例应介于1∶1.1到1∶1.2之间。

注:优先使用镀铬面辊轮。

### 3.3 压片机

可加热亦可冷却。

## 4 取样

按GB/T 3186的规定取受试产品的代表性样品。

## 5 试样的制备

### 5.1 预混合

在振动混合器中混合规定量的着色剂和PVC基础混合料,用作特定试验的样品。或者,特殊情况下,若着色剂为膏状.则推荐在聚乙烯或聚丙烯烧杯中使用调和小铲手动进行预混合至均匀为止。

注:若受试颜料在压力作用下不易重新结块,则可不进行预先混合操作。

### 5.2 两辊机

预先调节两辊机辊轮表面温度至160 ℃±5 ℃,将混合物放在两辊机上。允许两辊间存在温差,但不可超出上述限值。混合物的数量应使得混炼片成型时辊轮间隙处总是有堆积的熔融物旋转。调节辊轮间隙,使得混炼片厚度均匀且介于0.4 mm~0.5 mm之间。

使所有的材料在前面的辊上形成连续的膜片。混炼过程中,通过一片一片连续切割并不断翻转打包防止材料跑出辊外,以确保混合完全。

注:若着色剂未预先混合,则应逐步且均匀地添加至滚动堆积物上。

混炼片成型后，辊轮应再转动200圈。滚动时间应至少为5 min，但不得超过10 min。

结束时，可调节辊间距，取出混炼好的色片。

若有必要，还可改变转速和摩擦比。

### 5.3 试样的压制

为获取更好的样板表面光泽度或满足光度测量厚度要求，可能需要压制色板。

将混炼片放入压片机的镀铬板间的模具框中压制成需要的厚度，压片机的温度应控制在165 ℃～170 ℃之内，压制时间不得超过2 min。然后移至冷却板快速冷压，取出备用。

# 附 录 A
（资料性附录）
## 说 明

利用两辊机制备混炼片是各相关实验室默认的方式。基础混合料吸收颜料的方式和工艺条件对分散至关重要，而分散又是测定着色剂性能的决定因素。为获得可重复的结果，已通过长期的实验工作确定了适宜条件。本部分考虑了不同实验室设备差异的因素，以便于实施。

下述备注适用于本方法的特定章节：

第 1 章

在测试颜料制剂时，应注意到颜料制剂的载体材料可能改变基础混合料的整体性能。若颜料制剂的载体与基础混合料不相容，则可混合性通常也很不好。另一方面来说，若可混合性良好，载体材料对基础混合料性能的影响也只能通过特定试验检测。只有这样，才可能对颜料制剂的使用性得出结论。

第 3 章

本部分考虑了传统实验室两辊机辊轮直径的差异。

第 5.1 条

在进行两辊机混炼前，基础混合料吸收颜料的方式对混炼片的颜色具有显著的影响。没有其他颜料研磨方式可以替代混合。通过规定的方法吸收可确保此结果。混炼片混炼前不得出现颜料分散现象。因此，混炼时间和转数以及双辊间距的设置至关重要。

第 5.3 条

推荐对混炼片进行压制。但是该操作应在尽可能避免热降解的条件下进行。规定的条件考虑了这一要求。

注：若直接在两辊机上对薄板实施光度测量，则可免除压制过程。

若采用基础混合料 B，则进行光度测定的最小厚度为 1 mm。

# 参 考 文 献

[1] GB/T 5206.1—1985 色漆和清漆 词汇 第1部分:通用术语

[2] HG/T 4769.1 颜料和体质颜料 增塑聚氯乙烯中着色剂的试验 第1部分:基础混合料的组成和制备

ICS 87.060.10
G 53
备案号:48604—2015

# 中华人民共和国化工行业标准

HG/T 4769.3—2014

# 颜料和体质颜料 增塑聚氯乙烯中着色剂的试验 第3部分:白色颜料相对消色力的测定

**Pigments and extenders—Testing of colouring materials in plasticized polyvinyl chloride(PVC-P)—Part 3: Determination of the relative lightening power of white pigments**

2014-12-31 发布　　　　2015-06-01 实施

中华人民共和国工业和信息化部　发布

# 前　言

HG/T 4769《颜料和体质颜料　增塑聚氯乙烯中着色剂的试验》分为4个部分。

——第1部分：基础混合料的组成和制备；

——第2部分：试验样品的制备；

——第3部分：白色颜料相对消色力的测定；

——第4部分：迁移性的测定。

本部分为HG/T 4769的第3部分。

本部分按照GB/T 1.1—2009给出的规则起草。

本部分由中国石油和化学工业联合会提出。

本部分由全国涂料和颜料标准化技术委员会(SAC/TC 5)归口。

本部分起草单位：上海捷虹颜料化工集团股份有限公司、百合花集团股份有限公司、江苏双乐化工颜料有限公司、杭州红妍颜料化工有限公司、美利达颜料工业有限公司、龙口联合化学有限公司、上海油墨泗联化工有限公司、山东宇虹新颜料股份有限公司、宣城亚邦化工有限公司、杭州信凯实业有限公司、北京化工大学、宁波色母粒有限公司、广东盛恒昌化学工业有限公司、浙江七色鹿色母粒有限公司、浙江力禾集团有限公司、山东春潮集团有限公司、鞍山七彩化学股份有限公司、中国染料工业协会。

本部分主要起草人：张合杰、王丰莉、朱骥、陆建伟、李继彬、师宏兵、阚兆红、陈都方、项立宏、宋延文、乔辉、洪寅、罗崇远、王仲文、方百红、王永、李岩、张燕深。

# 颜料和体质颜料
# 增塑聚氯乙烯中着色剂的试验
# 第3部分：白色颜料相对消色力的测定

## 1 范围

本部分规定了在一定白色颜料含量的增塑聚氯乙烯(PVC-P)基础混合料中加入炭黑颜料制剂测定白色颜料相对消色力的方法。

本部分适用于白色颜料相对消色力的测定。

## 2 规范性引用文件

下列文件对于本文件的应用是必不可少的。凡是注日期的引用文件，仅注日期的版本适用于本文件。凡是不注日期的引用文件，其最新版本(包括所有的修改单)适用于本文件。

HB/T 4769.1 颜料和体质颜料 增塑聚氯乙烯中着色剂的试验 第1部分：基础混合料的组成和制备

GB/T 3186 色漆、清漆和色漆与清漆用原材料 取样

## 3 术语和定义

下列术语和定义适用于本文件。

3.1

**消色力 lightening power**

白色颜料增加彩色、灰色或黑色媒介颜色亮度，使其颜色变浅的能力。

3.2

**相对消色力 relative lightening power**

样品消色力与商定参照颜料消色力的比值，用百分数表示。

## 4 试验仪器和材料

### 4.1 两辊机

可加热，两辊间距可调整，辊直径应介于80 mm～200 mm之间，两辊转速比例应介于1∶1.1到1∶1.2之间。

注：优先使用镀铬表面的辊。

### 4.2 压片机

可加热，亦可冷却。

### 4.3 光度计

用于测定色度数据。

### 4.4 基础混合料A

见HG/T 4769.1。

### 4.5 炭黑颜料或制剂

## 5 取样

按 GB/T 3186 的规定取受试产品的代表性样品。

## 6 试验步骤

### 6.1 试样的制备

#### 6.1.1 预混

称取 100 份基础混合料 A(见 4.4)、4 份白色颜料和份量合适的炭黑颜料或制剂(见 4.5),放入塑料容器中,调匀。

炭黑颜料或制剂的用量应使制备的色板的反射值介于 30%～60%之间。

#### 6.1.2 在 160 ℃±5 ℃的试验

预先调节两辊机辊轮表面温度至 160 ℃±5 ℃,将混合物放在两辊机上。允许两辊间存在温差,但不可超出上述限值。混合物的数量应使得混炼片成型时辊轮间隙处总是有堆积的熔融物旋转。调节辊轮间隙,使得混炼片厚度均匀且介于 0.4 mm～0.5 mm 之间。

使所有的材料在前面的辊上形成连续的膜片。混炼过程中,通过一片一片连续切割并不断翻转打包防止材料跑出辊外,以确保混合完全。

混炼片成型后,辊轮应再转动 200 圈。滚动时间应至少为 5 min,但不得超过 10 min。

结束时,可调节辊间距,取出混炼好的色片。

若有必要,还可改变转速和摩擦比。

#### 6.1.3 在 130 ℃±5 ℃的试验

使用按照 6.1.2 的规定制备的混炼片。两辊间距调节后混炼过程中不得变动,以使混炼片的厚度保持在 0.4 mm～0.5 mm 之间。两辊机温度应保持为 130 ℃±5 ℃。

首先将混炼片穿过两辊间隙,折叠 1 次后再次穿过此间隙。重复此程序 10 次。

注:若制得的混炼片不光滑,可通过在 160 ℃±5 ℃条件下混炼大约 1 min 的方式进行修整。

#### 6.1.4 试样的压制

为获取更好的样板表面光泽度或满足光度测量厚度要求,可能需要压制色板。

注:若能满足测色要求,也可直接用 6.1.3 制备的色片进行光度计测量。

将混炼片放入压片机的镀铬板间的模具框中压制成厚度不小于 1 mm 的板,压片机的温度应控制在 165 ℃～170 ℃之内,压制时间不得超过 2 min。然后移至冷却板快速冷压,取出后裁切成 50 mm×50 mm的试验样品。

### 6.2 色度数据的测量

在合适的波长下用光度计测量样品色度数据。用同样的方法测量商定参照颜料色度数据。

注 1:推荐使用 D65 光源。

注 2:目前有些仪器可直接给出如下参数数值,如 $\Delta L^*$、$\Delta a^*$、$\Delta b^*$、$\Delta C^*$、$\Delta H^*$、$\Delta E^*$ 及加权强度(消色力)等。

## 7 评估

根据测得的样品与商定参照颜料色度数据得出样品相对消色力。或直接从光度计读取样品相对消色力数值。

## 8 试验报告

试验报告至少应包含下述信息：

a) 识别被检白色颜料和商定参照颜料需要的所有信息(包括颜料号、牌号、批号)；

b) 本部分编号(HG/T 4769.3)；

c) 色度数据；

d) 相对消色力；

e) 炭黑颜料和使用的颜料制剂的说明(类型、浓度、形态)；

f) 与规定的试验方法的任何差异；

g) 试验日期、试验人员。

ICS 87.060.10
G 53
备案号：48605—2015

# 中华人民共和国化工行业标准

HG/T 4769.4—2014

# 颜料和体质颜料 增塑聚氯乙烯中着色剂的试验 第4部分：迁移性的测定

Pigments and extenders—Testing of colouring materials in plasticized polyvinyl chloride(PVC-P)—Part 4: Determination of bleeding of colouring materials

2014-12-31 发布　　2015-06-01 实施

中华人民共和国工业和信息化部　发布

# 前　言

HG/T 4769《颜料和体质颜料　增塑聚氯乙烯中着色剂的试验》分为 4 个部分。

——第 1 部分：基础混合料的组成和制备；

——第 2 部分：试验样品的制备；

——第 3 部分：白色颜料相对消色力的测定；

——第 4 部分：迁移性的测定。

本部分为 HG/T 4769 的第 4 部分。

本部分按照 GB/T 1.1—2009 给出的规则起草。

本部分由中国石油和化学工业联合会提出。

本部分由全国涂料和颜料标准化技术委员会(SAC/TC 5)归口。

本部分起草单位：上海捷虹颜料化工集团股份有限公司、龙口联合化学有限公司、百合花集团股份有限公司、江苏双乐化工颜料有限公司、山东阳光颜料有限公司、杭州信凯实业有限公司、丽王化工(南通)有限公司、浙江力禾集团有限公司、山东宇虹新颜料股份有限公司、上海油墨泗联化工有限公司、上海秀乐化工科技有限公司、杭州红妍颜料化工有限公司、蓬莱新光颜料化工有限公司、美利达颜料工业有限公司、鞍山七彩化学股份有限公司、通辽翔意化工有限公司、宣城亚邦化工有限公司、北京化工大学、宁波色母粒有限公司、上海颜创化工科技有限公司、山东春潮集团有限公司、广东盛恒昌化学工业有限公司、浙江七色鹿色母粒有限公司、上海金淳塑胶有限公司、中国染料工业协会。

本部分主要起草人：张合杰、李秀梅、徐涛、葛扣根、白林海、林兵、张晓明、方百红、陈都方、阚兆红、朱亚明、秦晓斌、刘同云、徐杏梅、李岩、孙东洲、刘春华、丁筠、洪寅、陈信华、段涛、罗崇远、王仲文、张诗悦、张燕深。

# 颜料和体质颜料 增塑聚氯乙烯中着色剂的试验 第4部分:迁移性的测定

## 1 范围

本部分规定了着色的增塑聚氯乙烯(PVC-P)板中的颜料迁移到与其接触的同类白色材料上的测试程序以及对颜料迁移性进行定量评估的方法,还规定了按照 HG/T 4769.2 的规定制备试验样品的方法。

本部分适用于着色的增塑聚氯乙烯(PVC-P)板中的颜料迁移到与其接触的同类白色材料上的迁移性的测定,还可用于颜料从其他聚合物材料中迁移到白色增塑聚氯乙烯上的迁移性的测定。

本部分不涉及颜料浮色(参见附录 A)的测试。

## 2 规范性引用文件

下列文件对于本文件的应用是必不可少的。凡是注日期的引用文件,仅注日期的版本适用于本文件。凡是不注日期的引用文件,其最新版本(包括所有的修改单)适用于本文件。

HG/T 4769.2 颜料和体质颜料 增塑聚氯乙烯中着色剂的试验 第2部分:试验样品的制备

GB/T 251 纺织品 色牢度试验 评定沾色用灰色样卡

ISO 183—1976 塑料 着色剂渗色的定性评估(Plastics—Qualitative evaluation of the bleeding of colorants)

## 3 术语和定义

下列术语和定义适用于本文件。

3.1

**浮色 blooming**

着色剂在薄膜表面上从聚合物中沉积出来。

3.2

**渗色 bleeming**

着色剂进入并渗透聚合物的扩散过程,由此造成沾色或色变。

3.3

**迁移 migration**

着色剂从聚合物移至表面(浮色)或其他媒介(渗色)的过程。

## 4 试验仪器

### 4.1 烘箱

带有热风循环通风系统,而且可将温度维持在 80 ℃±5 ℃。

### 4.2 白板

按照 HG/T 4769.2 的规定制备,最小尺寸为 75 mm×75 mm。

### 4.3 铝片或平板玻璃片

表面平整,而且尺寸不小于白板。

### 4.4 荷载

质量不少于500 g。

### 4.5 辊子

## 5 试样

应采用按照HG/T 4769.2的规定压制成型的50 mm×50 mm的试样。

## 6 程序

将试样放在两个白板(见4.2)之间,并用辊子6将空气挤出,以确保试样和白板紧密接触。然后将白板和试样装入两个平板(见4.3)间,并至少使用500 g负荷(见4.4)压载。如有需要,可将几组白板和试样成套叠放在一起,但需使用适宜的、未着色的、非光学增白纸(如过滤纸)隔开。应注意确保试样完全对齐。

将压好的平板置于80 ℃±5 ℃的烘箱(见4.1)中放置24 h。然后将白板与试样分开,冷却至室温后立即进行评估工作。若试样双边都很平整,则每个白板均可使用。否则,使用与比较平整的表面接触的白板。

注:也可以采用有关双方商定的其他温度和时间条件进行试验。

## 7 评估

用符合GB/T 251规定的评定沾色用灰色样卡,目测白板的所有沾色,用沾色级别表示迁移性试验结果。目测的基准面为未与试样接触的白板的白色边缘。

检验程序结束后,应立即进行评估,因为迁移现象会随存储不断进行,有可能造成白板的进一步色变。

## 8 试验报告

试验报告至少应包含下述信息:

a) 识别待测颜料所需要的详细信息;
b) 本部分编号(HG/T 4769.4);
c) 试样的制备方法(按HG/T 4769.2的规定);
d) 基础混合料中添加的待测试着色材料数量的百分率(%);
e) 试验结果,说明色差,用灰色样卡评定的等级表示;
f) 与规定的试验方法的任何差异;
g) 试验日期。

# 附　录　A
（资料性附录）
# 说　　明

习惯上，人们经常用迁移性描述渗色和浮色。实际上，迁移性只能用作一种过程的一般术语，该过程与渗色和浮色相关，但又有着截然不同的表现。

HG/T 4769的本部分，与ISO 183—1976一起，意在解决渗色性测定的问题。广泛深入的调查和讨论表明检验浮色的单独标准不切实际。尽管着色剂浮色与渗色在原理上是同样的，但浮色受限于着色剂的最低使用浓度，渗色则不然。实践经验表明，即便严格遵照所有的检验条件，还是不能获取足够的浮色现象的再现性。重要的是切不可将板的浮色与粉化现象混淆。

与ISO 183—1976不同，HG/T 4769的本部分主要说明颜料的检验，规定了样品和白板的精确规格。经验表明样品的厚度无关紧要。另一方面来说，为了方便目测，规定了白板厚度的底限。

# 第二部分
# 颜 料 产 品

ICS 87.060.10
G 54

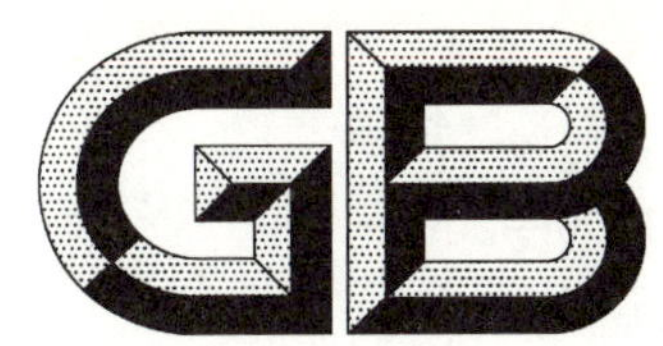


# 中华人民共和国国家标准

GB/T 1706—2006
代替 GB 1706—1993

# 二氧化钛颜料

## Titanium dioxide pigments

(ISO 591-1:2000,Titanium dioxide pigments for paints—Part 1:Specifications and methods of test,MOD)

2006-09-01 发布 2007-02-01 实施

中华人民共和国国家质量监督检验检疫总局
中国国家标准化管理委员会 发布

# 前　言

本标准修改采用国际标准 ISO 591-1:2000《色漆用二氧化钛颜料　第1部分:规格和试验方法》(英文版)。

本标准根据国际标准 ISO 591-1:2000《色漆用二氧化钛颜料　第1部分:规格和试验方法》重新起草。

本标准在采用国际标准时进行了修改,这些技术性差异用垂直单线标识在它们所涉及的条款的页边空白处。在附录A中给出了技术性差异及其原因的一览表以供参考。

本标准与国际标准 ISO 591-1:2000 相比,主要技术差异为:

——本标准删除了“$TiO_2$ 含量测定中B法氯化铬(Ⅱ)还原法”;

——本标准中所用试验方法均采用现行国家标准,其中大部分方法系等效采用相应国际标准;

——本标准增加了“8　检验结果的判定”和“9　标志、包装、运输和贮存”;

——本标准删除了国际标准的前言。

本标准代替 GB 1706—1993《二氧化钛颜料》,并作了技术上的修订和编辑性修改。

本标准与 GB 1706—1993 相比,主要技术差异为:

——本标准中产品分2种类型5个品种(1993版分2种类型3个品种,每个品种又分3个等级);

——本标准采用商定的“参比样”(1993版采用选定的“标准样”);

——本标准中A1和R1 2个品种不控制“水萃取液电阻率”项目(1993版3个品种均对此项目作了要求);

——本标准中“颜色”、“散射力”、“水悬浮液 pH 值”、“吸油量”、“水萃取液电阻率”等项目指标均为商定(1993版均规定了具体指标);

——本标准删除了“二氧化钛含量测定中B法锌汞齐法”;

——本标准增加了“颜色测定——色度法”;

——本标准中用“散射力”代替了“消色力”项目。

本标准的附录A为资料性附录。

本标准由中国石油和化学工业协会提出。

本标准由全国涂料和颜料标准化技术委员会归口。

本标准主要起草单位:中国化工建设总公司常州涂料化工研究院、攀枝花钢铁有限责任公司钛业公司、四川龙蟒钛业有限责任公司、镇江钛白粉股份有限公司、常州市武进区申武钛白粉厂。

本标准参加起草单位:重庆渝港钛白粉股份有限公司、南京钛白化工有限责任公司、上海焦化有限公司钛白分公司、常州市长江钛白粉厂、淄博钴业股份有限公司、广州钛白粉厂、上海市涂料研究所。

本标准主要起草人:沈苏江、赵玲、黄国鑫、晏育刚、奉辉、郭建华。

本标准于1979年首次发布,1988年第一次修订,1993年第二次修订,本次为第三次修订。

# 二氧化钛颜料

## 1 范围

本标准规定了二氧化钛颜料的产品分类、要求、试验方法、检验结果的判定及标志、包装、运输和贮存。

本标准适用于硫酸法或氯化法生产的二氧化钛颜料。该产品主要用于涂料、橡胶、塑料、油墨及造纸等行业。

## 2 规范性引用文件

下列文件中的条款通过本标准的引用而成为本标准的条款。凡是注日期的引用文件，其随后所有的修改单(不包括勘误的内容)或修订版均不适用于本标准，然而，鼓励根据本标准达成协议的各方研究是否可使用这些文件的最新版本。凡是不注日期的引用文件，其最新版本适用于本标准。

GB/T 1250 极限数值的表示方法和判定方法

GB/T 1717—1986 颜料水悬浮液 pH 值的测定(eqv ISO 787-9:1981)

GB/T 1864—1989 颜料颜色的比较(eqv ISO 787-1:1982)

GB/T 3186 色漆、清漆和色漆与清漆用原材料 取样(GB/T 3186—2006,ISO 15528:2000,IDT)

GB/T 5211.2—2003 颜料水溶物测定 热萃取法(ISO 787-3:2000,General methods of test for pigments and extenders—Part 3:Determination of matter soluble in water-Hot extraction method,IDT)

GB/T 5211.3—1985 颜料在 105℃挥发物的测定(eqv ISO 787-2:1981)

GB/T 5211.12 颜料水萃取液电阻率的测定(GB/T 5211.12—1986,eqv ISO 787-14:1973)

GB/T 5211.14—1988 颜料筛余物的测定 机械冲洗法(eqv ISO 787-18:1983)

GB/T 5211.15—1988 颜料吸油量的测定(eqv ISO 787-5:1980)

GB/T 5211.20—1999 在本色体系中白色、黑色和着色颜料颜色的比较 色度法(eqv ISO 787-25:1993)

GB/T 13451.2—1992 着色颜料相对着色力和白色颜料相对散射力的测定 光度计法(eqv ISO 787-24:1985)

## 3 术语和定义

本标准采用下列术语和定义:

### 3.1

**二氧化钛颜料 titanium dioxide pigments**

由 X-射线法测定的晶体结构主要为锐钛型或金红石型的二氧化钛($TiO_2$)组成的颜料。

## 4 产品分类

### 4.1 型号

本标准包括以下两种类型的二氧化钛颜料:

A 型:锐钛型;

R 型:金红石型。

### 4.2 品种

颜料可进一步分为下列品种:

A 型:A1、A2。

R 型:R1、R2、R3。

## 5 特性要求和容许范围

### 5.1 外观

应为软质干燥粉末或在不加研磨下用调刀易于碾碎。

### 5.2 其他特性

5.2.1 符合本标准的二氧化钛颜料,其基本要求规定于表1,条件要求规定于表2。条件要求将由有关双方规定。

表2中预处理后105℃挥发物为商定项目,只有当有关方面明确规定或有合同约定时才进行。

5.2.2 表2中所指商定的参比样应符合表1中要求。

**表1 基本要求**

| 特性 | | 要求 | | | | |
|---|---|---|---|---|---|---|
| | | A型 | | R型 | | |
| | | A1 | A2 | R1 | R2 | R3 |
| $TiO_2$ 的质量分数/% | ≥ | 98 | 92 | 97 | 90 | 80 |
| 105℃挥发物的质量分数/% | ≤ | 0.5 | 0.8 | 0.5 | 商定 | |
| 水溶物的质量分数/% | ≤ | 0.6 | 0.5 | 0.6 | 0.5 | 0.7 |
| 筛余物(45 μm)的质量分数/% | ≤ | 0.1 | 0.1 | 0.1 | 0.1 | 0.1 |

**表2 条件要求**

| 特性 | 要求 | | | | |
|---|---|---|---|---|---|
| | A型 | | R型 | | |
| | A1 | A2 | R1 | R2 | R3 |
| 颜色[a] | 与商定的参比样相近(见5.2.2) | | | | |
| 散射力[a] | 商定 | | | | |
| 在(23±2)℃和相对湿度(50±5)%下预处理24 h后105℃挥发物的质量分数/%[b] ≤ | 0.5 | 0.8 | 0.5 | 1.5 | 2.5 |
| 水悬浮液pH值 | 商定 | | | | |
| 吸油量 | | | | | |
| 水萃取液电阻率 | — | 商定 | — | 商定 | |

a 测定时所用的参比样为有关双方商定的样品。

b 见5.2.1。

## 6 取样

按GB/T 3186的规定取受试产品的代表性样品。

## 7 试验方法

### 7.1 二氧化钛含量的测定——铝还原法

#### 7.1.1 原理

经干燥的试样溶解在含有硫酸铵的硫酸中。在二氧化碳气氛下用金属铝将四价钛还原成三价钛。然后以硫氰酸铵作指示剂，用硫酸铁铵标准滴定溶液滴定上述溶液。

#### 7.1.2 试剂

所用试剂均应采用分析纯试剂，并使用符合 GB/T 6682 规定的纯度至少为 3 级的水。

**警告：应按照适当的健康和安全规则使用试剂。**

7.1.2.1 浓盐酸：质量分数约为 37%，$\rho \approx 1.19$ g/mL。

7.1.2.2 浓硫酸：质量分数约为 96%，$\rho \approx 1.84$ g/mL。

7.1.2.3 硫酸铵。

7.1.2.4 碳酸氢钠：饱和溶液

将约 10 g 碳酸氢钠加入到 90 mL 水中。

7.1.2.5 硫氰酸铵指示剂

将 24.5 g 硫氰酸铵溶于 80 mL 热水中，过滤，冷却至室温并稀释至 100 mL，贮存于密闭深色瓶中。

7.1.2.6 硫酸铁铵标准滴定溶液：1 mL 相当于 0.004 8 g $TiO_2$。

7.1.2.6.1 制备

称取 30 g 硫酸铁铵〔$FeNH_4(SO_4)_2 \cdot 12H_2O$〕置于 1 000 mL 单刻度容量瓶中，加入 300 mL 含 15 mL 硫酸(7.1.2.2)的水溶解。滴加高锰酸钾溶液(7.1.2.7)直至溶液呈粉红色。用水稀释至刻度并摇匀。如溶液浑浊则过滤。

7.1.2.6.2 标定

称取经(105±2)℃下干燥至恒重的二氧化钛标准参比物质 190 mg～210 mg，按 7.1.4.3 中所述步骤标定上述溶液。

用式(1)计算溶液的二氧化钛相当量 $T_1$，以每毫升相当 $TiO_2$ 克数表示：

$$T_1 = \frac{m_1 \times w(TiO_2)}{V_1 \times 100} \qquad \cdots\cdots(1)$$

式中：

$m_1$——所用二氧化钛标准参比物质的质量，单位为克(g)；

$w(TiO_2)$——标准参比物质的二氧化钛含量，以质量分数表示(如用光谱纯二氧化钛，则 $w(TiO_2)$ 以 100%计)；

$V_1$——滴定消耗硫酸铁铵标准溶液的体积，单位为毫升(mL)。

7.1.2.7 高锰酸钾溶液 $c\left(\frac{1}{5}KMnO_4\right)=0.1$ mol/L

将 3.16 g 高锰酸钾溶于 500 mL 水中，盛于 1 000 mL 单刻度容量瓶，加水稀至刻度，混匀。

7.1.2.8 金属铝：电解级，以铝箔、铝片和铝线形式存在，含量(质量分数)不低于 99.5%。

#### 7.1.3 仪器

使用普通实验室仪器，以及下列仪器：

7.1.3.1 玻璃液封管：见图 1，其他合适的吸收器也可使用。

7.1.3.2 称量瓶：广口，带合适盖子，尺寸不大于试验所需。

7.1.3.3 烘箱：能维持(105±2)℃。

7.1.3.4 干燥器：内盛合适干燥剂，如硅胶。

单位为毫米

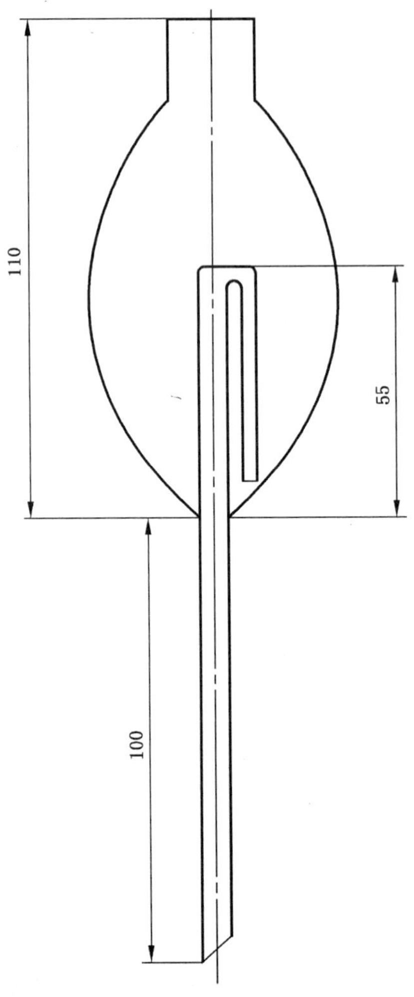


图 1 玻璃液封管

7.1.4 步骤

7.1.4.1 总则

平行测定两次。

7.1.4.2 试样

取 10 g 试样(见第 6)于敞口称量瓶(7.1.3.2)中在(105±2)℃下干燥至恒重，加盖并置于干燥器(7.1.3.4)中冷却至室温。

称取 190 mg～210 mg 上述试样($m_2$)，精确至 0.1 mg。

7.1.4.3 测定

将试样转移至干燥的 500 mL 锥形瓶中。加入 7 g～8 g 硫酸铵(7.1.2.3)和 20 mL 硫酸(7.1.2.2)。摇匀置于电热板上先小火缓慢加热，直至产生强烈白烟，再继续加强热直至溶解完全。小心冷却，加入 120 mL 水和 20 mL 盐酸(7.1.2.1)。

加入约 2.5 g 金属铝片(7.1.2.8)于锥形瓶中，装上液封管，塞紧胶塞，并在液封管中加入碳酸氢钠溶液(7.1.2.4)。

待铝片溶解完全，加热溶液至微沸并保持 3 min～5 min。冷却至约 60℃，最好将锥形瓶部分浸入盛水容器中，冷却过程中碳酸氢钠溶液会吸入瓶中在还原后的钛溶液上方产生二氧化碳气体，在这个过程中应随时补加碳酸氢钠溶液。取下塞子，将其中的碳酸氢钠溶液倒入锥形瓶中并用少量水淋洗塞子，将淋洗液收集于锥形瓶中。

加入 2 mL 硫氰酸铵指示剂(7.1.2.5),立即用硫酸铁铵标准溶液(7.1.2.6)滴定至终点淡橙色。最好开始时加入大部分硫酸铁铵溶液,充分摇动,再逐滴加入完成滴定过程。记录所耗硫酸铁铵溶液的体积($V_2$)。

7.1.5 结果的表示

7.1.5.1 计算

用式(2)计算二氧化钛含量 $\omega$,以质量分数表示:

$$\omega(TiO_2) = \frac{V_2 \times T_1 \times 100}{m_2} \quad \cdots\cdots(2)$$

式中:

$m_2$——经干燥至恒重的试样的质量,单位为克(g);

$V_2$——滴定消耗硫酸铁铵标准溶液的体积,单位为毫升(mL);

$T_1$——与每毫升硫酸铁铵标准溶液相当的二氧化钛克数(见 7.1.2.6.2),单位为克每毫升(g/mL)。

计算两次平行测定值之平均值,报告结果至 0.1%。

注:计算结果包括铬、砷和其他一些能被铝还原随后又被三价铁氧化的物质。然而,通常用于色漆和相关产品的二氧化钛颜料中这些干扰物质的量似乎极少。

7.1.5.2 允许差

两次平行测定值之绝对差不得大于 0.4%。

7.2 105℃挥发物的测定

按 GB/T 5211.3—1985 中的规定进行。

7.3 水溶物的测定

按 GB/T 5211.2—2003 中的规定进行,试样量为 10 g。

注:如颜料高度分散,可按下法进行测定:称取试样 5 g,置于一烧杯中,加入 100 mL 水,加热煮沸 5 min,冷却,然后在搅拌下加入 40 g/L 碳酸铵溶液 25 mL,放置片刻,将该溶液转移至 250 mL 容量瓶中,用水稀释至刻度,摇匀。过滤,其余操作仍按 GB/T 5211.2—2003 进行,同时进行空白试验。

两次平行测定的相对误差不得大于 8%。

7.4 筛余物的测定

按 GB/T 5211.14—1988 中的规定进行。试样量为 20 g,分散剂为六偏磷酸钠,质量浓度为 100 g/L,用量 3 mL~5 mL。

7.5 颜色的测定

7.5.1 总则

提供了两种方法:A 法——色度法和 B 法——目视法。A 法用作常规方法,B 法仅作商定方法,仲裁时选用 A 法。

7.5.2 A 法——色度法

按 GB/T 5211.20—1999 中的规定进行。所用醇酸树脂组成的质量分数为 63%亚麻仁油、23%邻苯二甲酸酐和 14%三羟甲基丙烷。

7.5.3 B 法——目视法

按 GB/T 1864—1989 中的规定进行。试样量为 2.00 g,精制亚麻仁油加量为 0.8 mL~1.1 mL。

7.6 散射力的测定

按 GB/T 13451.2—1992 的规定进行。所用醇酸树脂其组成及性能与 7.5.2 中一致。

7.7 在(23±2)℃和相对湿度(50±5)%下预处理 24 h 后 105℃挥发物的测定

将试样约 30 g 放入敞口容器中,如 $\phi$70 mm 称量瓶或蒸发皿(样品厚度不超过 2 cm),在(23±2)℃和相对湿度(50±5)%下放置 24 h 后按 7.2 规定进行。

7.8 水悬浮液 pH 值的测定

按 GB/T 1717—1986 中的规定进行。

### 7.9 吸油量的测定

按 GB/T 5211.15—1988 中的规定进行。规定日常检测称量为 5 g,仲裁时称量为 10 g。

### 7.10 水萃取液电阻率的测定

按 GB/T 5211.12 中的规定进行。

## 8 检验结果的判定

按 GB/T 1250 中修约值比较法进行。

## 9 标志、包装、运输和贮存

### 9.1 标志

产品包装袋上应印有牢固、清晰的标志,包括生产厂名称和地址、产品名称、注册商标、标准代号、型号、生产批号、净含量、生产日期及规定的“防潮”标志。

### 9.2 包装

产品可用塑料编织袋内衬塑料薄膜袋包装,也可用其他适宜的包装材料包装。

### 9.3 运输

运输、装卸时要轻装、轻卸,防止包装污染和破损。产品在运输中应防止雨淋和日光曝晒。

### 9.4 贮存

产品应按分类、分批存放在通风干燥处,严禁与产品可发生反应的物品接触,并注意防潮。

# 附　录　A
# （资料性附录）
# 本标准与 ISO 591-1：2000 技术性差异及其原因

表 A.1 给出了本标准与 ISO 591-1：2000 的技术性差异及其原因的一览表。

**表 A.1　本标准与 ISO 591-1：2000 技术性差异及其原因**

| 本标准的章条编号 | 技　术　性　差　异 | 原　　因 |
|---|---|---|
| 1 | 在范围中增加了"产品分类、检验结果的判定及标志、包装、运输和贮存。"<br>增加了"本标准适用于硫酸法或氯化法生产的二氧化钛颜料。该产品主要用于涂料、橡胶、塑料、油墨及造纸等行业" | 使标准适用范围更明确，符合我国习惯 |
| 2 | 引用了采用国际标准的我国标准，而非国际标准 | 适合我国国情 |
| 表 2 | "水悬浮液 pH 值"、"吸油量"、"水萃取液电阻率"三项中要求以"商定"代替"与商定参照颜料相近" | 用户需求，实施更方便 |
| 表 1<br>表 2 | 删除 ISO 591-1：2000 表 1、表 2 中"试验方法"一栏 | 已在第 7 中分别详细描述 |
| 7.1 | 删除 ISO 591-1：2000 中"7.1 通则"。<br>删除 ISO 591-1：2000 中"7.3　B 法氯化铬（Ⅱ）还原法" | 已删除 B 法，此条解释多余。<br>此法在国内实施有困难 |
| 7.1.2.7 | 删除 ISO 591-1：2000 中"标准"二字。<br>以"3.16 g"代替"3.160 7 g" | 此溶液用途只相当于一般溶液。<br>一般溶液无需精确至 0.000 1 g |
| 7.1.2.8 | 增加"含量（质量分数）不低于 99.5%" | 规定更明确，便于标准的实施 |
| 7.1.3 | 删除滴定管、移液管和容量瓶 | 均属普通实验室仪器，故不再重复 |
| 7.1.4.3 | 金属铝片用量以"2.5 g"代替"1 g"。<br>删除 ISO 591-1：2000 中"导管"，本标准中仅选用液封管（即吸收器），操作步骤稍有变动。<br>删除 ISO 591-1：2000 中"或直至显然残余物由二氧化硅（$SiO_2$）或含硅物质组成"，文字表述稍作变动 | 保证还原反应充分、完全。<br>适合我国国情，实施方便。<br>表述更清晰，便于操作 |
| 7.1.5.2 | 以"允许差"代替"精密度" | 便于标准的实施 |
| 7.3～7.7、7.9 | 对试验条件作了具体补充规定 | 便于操作 |
| 8～9 | 增加"8　检验结果的判定"和"9　标志、包装、运输和贮存"。<br>删除 ISO 591-1：2000 中"8　试验报告" | 适合我国国情，用户需求 |

## 参 考 文 献

［1］ GB 1706—1993　二氧化钛颜料(neq ISO 591:1977)
［2］ GB/T 6682　分析实验室用水规格和试验方法(GB/T 6682—1992,neq ISO 3696:1987)
［3］ HG/T 2457　颜料产品检验、标志、包装、运输和贮存通则(HG/T 2457—1993)

ICS 87.060.10
G 54

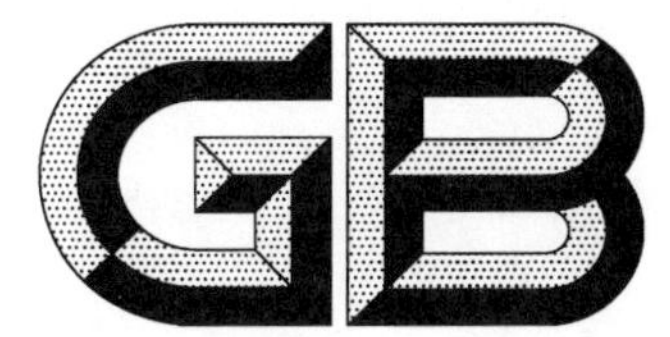


# 中华人民共和国国家标准

GB/T 1707—2012
代替 GB/T 1707—1995

# 立德粉

**Lithopone**

(ISO 473:1982,Lithopone pigments for paints—
Specifications and methods of test,MOD)

2012-12-31 发布 2013-08-01 实施

中华人民共和国国家质量监督检验检疫总局
中国国家标准化管理委员会 发布

# 前　言

本标准按照 GB/T 1.1—2009 给出的规则起草。

本标准代替 GB/T 1707—1995《立德粉》，与 GB/T 1707—1995 相比，除编辑性修改外主要技术变化如下：

——增加了“C201”产品品种及相应的技术要求(见第 3 章和第 4 章)；

——本标准根据硫化锌含量的不同，产品分为 20%立德粉和 30%立德粉两类；20%立德粉对应的品种为 C201；30%立德粉根据表面处理方式的不同分为四个品种，分别为：B301、B302、B311 和 B312。前版 GB/T 1707—1995 中将产品分为四个品种(B301、B302、B311 和 B312)，每个品种又分三个等级(优等品、一等品和合格品)(见第 3 章，1995 版第 3 章)；

——本标准中颜色和水萃取液酸碱度要求为“与商定的参照颜料相近”，消色力、遮盖力、吸油量要求为“商定”，其余项目按品种规定了具体要求，前版 GB/T 1707—1995 中所有项目均按品种和等级规定了具体要求(见第 4 章，1995 版第 4 章)；

——颜色、消色力测定时采用了商定的参照颜料，GB/T 1707—1995 中采用了选定的国家标准样品(见第 4 章，1995 版第 4 章)；

——增加了总锌含量测定的 B 法($Na_2EDTA$ 滴定法)(见 6.1.3)；

——增加了仪器法测定颜色的试验方法(见 6.6.3)；

——增加了资料性附录 A(见附录 A)。

本标准使用重新起草法修改采用国际标准 ISO 473:1982《色漆用锌钡白颜料　规格和试验方法》。

本标准与 ISO 473:1982 相比存在技术性差异，这些差异涉及的条款已通过在其外侧页边空白位置的垂直单线(|)进行了标示，附录 A 中给出了相应技术性差异及其原因的一览表。

本标准还做了下列编辑性修改：

——改变了标准的名称。

——删除了国际标准的“前言”和“第 8 章 试验报告”。

本标准由中国石油和化学工业联合会提出。

本标准由全国涂料和颜料标准化技术委员会(SAC/TC 5)归口。

本标准起草单位：中海油常州涂料化工研究院、湖南出入境检验检疫局、湖南京燕化工有限公司、湘潭红燕化工有限公司。

本标准主要起草人：肖家勇、黄逸东、陈泳、陈新焕、周建光、肖凤喜。

本标准所代替标准的历次版本发布情况为：

——GB/T 1707—1979、GB/T 1707—1986、GB/T 1707—1995。

# 立德粉

## 1 范围

本标准规定了立德粉的产品分类、要求、试验方法、检验规则、标志、包装和贮存等。

本标准适用于由近似等分子比的硫化锌和硫酸钡共沉淀物经煅烧而成的白色颜料。产品主要用于涂料、油墨、橡胶和塑料等工业。

## 2 规范性引用文件

下列文件对于本文件的应用是必不可少的。凡是注日期的引用文件，仅注日期的版本适用于本文件。凡是不注日期的引用文件，其最新版本(包括所有的修改单)适用于本文件。

GB/T 1864—2012 颜料和体质颜料通用试验方法 颜料颜色的比较(ISO 787-1:1982,MOD)

GB/T 3186 色漆、清漆和色漆与清漆用原材料 取样(GB/T 3186—2006,ISO 15528:2000,IDT)

GB/T 5211.2—2003 颜料水溶物测定 热萃取法(ISO 787-3:2000,IDT)

GB/T 5211.3 颜料在 105 ℃挥发物的测定(GB/T 5211.3—1985,eqv ISO 787-2:1981)

GB/T 5211.13 颜料水萃取液酸碱度的测定(GB/T 5211.13—1986,eqv ISO 787-4:1981)

GB/T 5211.15 颜料吸油量的测定(GB/T 5211.15—1988,eqv ISO 787-5:1980)

GB/T 5211.16—2008 白色颜料消色力的比较(ISO 787-17:2002,IDT)

GB/T 5211.17—1988 白色颜料对比率(遮盖力)的比较(neq ISO 2814:1973)

GB/T 5211.18—1988 颜料筛余物的测定 水法 手工操作(neq ISO 787-7:1981)

GB/T 5211.20—1999 在本色体系中白色、黑色和着色颜料颜色的比较 色度法(eqv ISO 787-25:1993)

GB/T 6682 分析实验室用水规格和试验方法(GB/T 6682—2008,ISO 3696:1987,MOD)

GB/T 8170 数值修约规则与极限数值的表示和判定

## 3 产品分类

根据硫化锌含量的不同，产品分为 20%立德粉和 30%立德粉两类:

20%立德粉对应的品种为 C201;

30%立德粉根据表面处理方式的不同分为四个品种，分别为:B301、B302(表面处理)、B311 和 B312(表面处理)。

## 4 要求

产品应符合表 1 的要求。

表 1　要求

<table>
<tr><th rowspan="2">项目</th><th colspan="5">要求</th></tr>
<tr><th>B301</th><th>B302</th><th>B311</th><th>B312</th><th>C201</th></tr>
<tr><td>以硫化锌计的总锌和硫酸钡的总和的质量分数/%　≥</td><td colspan="4">99</td><td>93</td></tr>
<tr><td>以硫化锌计的总锌的质量分数/%　≥</td><td colspan="2">28</td><td colspan="2">30</td><td>18</td></tr>
<tr><td>氧化锌的质量分数/%　≤</td><td>0.8</td><td>0.3</td><td>0.3</td><td>0.2</td><td>0.5</td></tr>
<tr><td>105 ℃挥发物的质量分数/%　≤</td><td colspan="5">0.3</td></tr>
<tr><td>水溶物的质量分数/%　≤</td><td colspan="5">0.5</td></tr>
<tr><td>筛余物(63 μm 筛孔)的质量分数/%　≤</td><td colspan="3">0.1</td><td>0.05</td><td>0.1</td></tr>
<tr><td>颜色</td><td colspan="5">与商定的参照颜料相近</td></tr>
<tr><td>水萃取液酸碱度</td><td colspan="5">与商定的参照颜料相近</td></tr>
<tr><td>吸油量/(g/100 g)</td><td colspan="5">商定</td></tr>
<tr><td>消色力(与商定的参照颜料比)/%</td><td colspan="5">商定</td></tr>
<tr><td>遮盖力(对比率)</td><td colspan="5">商定</td></tr>
</table>

## 5　取样

产品按 GB/T 3186 的规定取样，也可按商定方法取样。取样量根据检验需要确定。

## 6　试验方法

### 6.1　硫酸钡和总锌含量的测定

#### 6.1.1　总则

硫酸钡含量测定使用重量法，总锌含量测定可选用 A 法(六氰铁酸钾滴定法)和 B 法($Na_2$EDTA 滴定法)。总锌含量仲裁检验用 A 法(六氰铁酸钾滴定法)。

#### 6.1.2　硫酸钡含量测定和总锌含量测定 A 法(六氰铁酸钾滴定法)

##### 6.1.2.1　原理

用盐酸将试样中硫化锌和氧化锌溶解，然后加硫酸让溶液保持一定的酸度，并进行固液分离，固体用重量法测定硫酸钡含量，液体在 pH 1.5～3.0，以二苯胺作指示剂用六氰铁(Ⅱ)酸钾滴定总锌含量。

##### 6.1.2.2　试剂

所用试剂未注明要求时均应采用分析纯试剂，并使用符合 GB/T 6682 规定的纯度至少为三级的水。

**警告——应按适当的健康和安全规则来使用试剂。**

6.1.2.2.1 **盐酸：1+2**

1体积的浓盐酸(质量分数约37%，$\rho \approx 1.19$ g/mL)加入到2体积的水中。

6.1.2.2.2 **硫酸：1+8**

小心地将1体积硫酸(质量分数约96%，$\rho \approx 1.84$ g/mL)加入到8体积水中。

6.1.2.2.3 浓氨水：密度0.9 g/mL。

6.1.2.2.4 **氨水：1+3**

1体积的浓氨水加入到3体积的水中。

6.1.2.2.5 二苯胺指示剂：50 g/L乙醇溶液。

6.1.2.2.6 刚果红试纸。

6.1.2.2.7 乙酸铅试纸。

6.1.2.2.8 氯化锌标准溶液：每升约含5 g锌(浓度$c$以每毫升溶液含锌的克数表示)。

称取约5 g高纯锌(精确至0.1 mg)，溶于300 mL盐酸溶液(6.1.2.2.1)，并移入1 000 mL容量瓶中，用水稀释至刻度，摇匀。

6.1.2.2.9 六氰铁(Ⅱ)酸钾标准溶液：$c[K_4Fe(CN)_6] \approx 0.05$ mol/L(滴定度$T_1$以每毫升溶液相当的锌的克数表示)。

6.1.2.2.9.1 **制备**

将21.0 g六氰铁(Ⅱ)酸钾，0.3 g六氰铁(Ⅲ)酸钾和2 g无水碳酸钠(起稳定溶液作用)溶于水，并移入1 000 mL容量瓶中，用水稀释至刻度，摇匀。

6.1.2.2.9.2 **标定**

用移液管吸取25 mL氯化锌标准溶液(6.1.2.2.8)置于烧杯中，加氨水(6.1.2.2.4)至刚果红试纸(6.1.2.2.6)在溶液中刚好变成纯红色，然后小心滴加盐酸(6.1.2.2.1)进行中和，过量几滴至刚果红试纸变成稳定的蓝色(pH 1.5～3.0)。

用水稀释至150 mL，将此溶液加热至沸，加10滴二苯胺指示剂(6.1.2.2.5)。

立即用六氰铁(Ⅱ)酸钾溶液(6.1.2.2.9)滴定，直至溶液变成稳定的黄色或黄绿色。

然后，用氯化锌标准溶液(6.1.2.2.8)返滴该溶液，至溶液颜色刚好再变成蓝色。

整个滴定过程溶液温度必须控制在80 ℃以上。

6.1.2.2.9.3 **滴定度的计算**

按式(1)计算六氰铁(Ⅱ)酸钾标准溶液的滴定度$T_1$，以克每毫升(g/mL)表示：

$$T_1 = \frac{c(25 + V_2)}{V_1} \qquad \cdots\cdots(1)$$

式中：

$c$ ——氯化锌标准溶液的浓度，单位为克每毫升(g/mL)；

$V_2$——返滴时耗用氯化锌标准溶液的体积，单位为毫升(mL)；

$V_1$——滴定时耗用六氰铁(Ⅱ)酸钾标准溶液的体积，单位为毫升(mL)。

6.1.2.3 **操作步骤**

称取预先在(105±2)℃烘干的试样约0.6 g(精确至0.1 mg)置于烧杯中，加入25 mL盐酸溶液

(6.1.2.2.1),立即盖上表面皿,煮沸至不再放出硫化氢[用乙酸铅试纸(6.1.2.2.7)检验],用100 mL水稀释,加入5 mL硫酸溶液(6.1.2.2.2),再次煮沸该溶液。

让沉淀物沉降,趁热将上层溶液用慢速定量滤纸过滤,把沉淀物移至滤纸上,并用含有硫酸的热水(约3%)洗涤烧杯及滤纸,直到洗涤液无锌离子[洗涤液滴与六氰铁(Ⅱ)酸钾溶液(6.1.2.2.9)不起反应]为止,然后将沉淀物连同滤纸趁湿移至一已恒重的瓷坩埚中,在低温下灰化,并在(800±20)℃下灼烧至恒重。

在滤液中加入稍过量的氨水(6.1.2.2.3)[以刚果红试纸(6.1.2.2.6)检验由蓝色变成红色],然后滴加盐酸溶液(6.1.2.2.1),直至刚果红试纸(6.1.2.2.6)在该溶液中刚好变成稳定的蓝色(pH 1.5～3.0)。

将此溶液加热至沸,加10滴二苯胺指示剂(6.1.2.2.5),立即按6.1.2.2.9.2标定六氰铁(Ⅱ)酸钾溶液的方法滴定该溶液。

#### 6.1.2.4 结果的表示

按式(2)计算硫酸钡的含量 $w_1$,以质量分数(%)表示:

$$w_1 = \frac{100m_2}{m_1} \qquad \cdots\cdots(2)$$

按式(3)计算总锌含量 $w_2$,以硫化锌的质量分数(%)表示:

$$w_2 = \frac{149(T_1V_3 - cV_4)}{m_1} \qquad \cdots\cdots(3)$$

式中:

$m_2$——灼烧残余物的质量,单位为克(g);

$m_1$——试样的质量,单位为克(g);

$T_1$——六氰铁(Ⅱ)酸钾标准滴定溶液的滴定度,单位为克每毫升(g/mL);

$V_3$——滴定时耗用六氰铁(Ⅱ)酸钾标准滴定溶液的体积,单位为毫升(mL);

$c$——氯化锌标准溶液的浓度,单位为克每毫升(g/mL);

$V_4$——回滴时耗用氯化锌标准溶液的体积,单位为毫升(mL)。

按式(4)计算以硫化锌计的总锌和硫酸钡的总和 $w_3$,以质量分数(%)表示:

$$w_3 = w_1 + w_2 \qquad \cdots\cdots(4)$$

#### 6.1.2.5 允许差

平行测定两个结果之差不得大于0.2%。

### 6.1.3 总锌含量测定B法($Na_2EDTA$ 滴定法)

#### 6.1.3.1 原理

用盐酸将试样中硫化锌和氧化锌溶解,在pH为6的乙酸-乙酸钠的缓冲溶液中,以二甲酚橙为指示剂,用 $Na_2EDTA$ 标准溶液直接滴定。

#### 6.1.3.2 试剂

所用试剂未注明要求时均应采用分析纯试剂,并使用符合GB/T 6682规定的纯度至少为三级的水。

**警告——应按适当的健康和安全规则来使用试剂。**

##### 6.1.3.2.1 盐酸:1+1

1体积的浓盐酸(质量分数约37%,$\rho \approx 1.19$ g/mL)加入到1体积的水中。

**6.1.3.2.2 盐酸:1+5**

1体积的浓盐酸(质量分数约37%,$\rho \approx 1.19$ g/mL)加入到5体积的水中。

6.1.3.2.3 浓氨水:密度0.9 g/mL。

6.1.3.2.4 乙酸铅试纸。

6.1.3.2.5 溴百里香酚蓝指示剂:5 g/L乙醇溶液。

6.1.3.2.6 二甲酚橙指示剂:5 g/L水溶液,限2周内使用。

6.1.3.2.7 冰乙酸溶液:3%的水溶液。

6.1.3.2.8 乙酸钠。

6.1.3.2.9 乙酸-乙酸钠缓冲液:10%的乙酸钠溶液以冰乙酸调节pH为6。

6.1.3.2.10 氟化钾:20%的水溶液。

6.1.3.2.11 高纯锌粒。

6.1.3.2.12 乙二胺四乙酸二钠($Na_2EDTA$)标准溶液:$c(Na_2EDTA \cdot 2H_2O) \approx 0.05$ mol/L(滴定度$T_2$以每毫升溶液相当的锌的克数表示)。

**6.1.3.2.12.1 制备**

将18.6 g乙二胺四乙酸二钠盐溶于少量水中,并移入1 000 mL容量瓶中,用水稀释至刻度,摇匀。

**6.1.3.2.12.2 标定**

称取0.1 g(精确至0.1 mg)高纯锌粒(6.1.3.2.11)置于400 mL烧杯中,加入10 mL盐酸(6.1.3.2.1),盖上表面皿,低温溶解,取下冲洗表面皿,冷至室温,稀释至50 mL,加2滴溴百里香酚蓝指示剂(6.1.3.2.5),用氨水(6.1.3.2.3)中和至溶液呈蓝绿色,滴加冰乙酸溶液(6.1.3.2.7)呈黄色,再加5 mL冰乙酸溶液(6.1.3.2.7)和30 mL乙酸-乙酸钠缓冲液(6.1.3.2.9),滴加2~3滴二甲酚橙指示剂(6.1.3.2.6),用待标定的乙二胺四乙酸二钠($Na_2EDTA$)溶液(6.1.3.2.12)滴定,至溶液由紫红色变为亮黄色为终点。

同时作空白试验。

**6.1.3.2.12.3 滴定度的计算**

按式(5)计算$Na_2EDTA$标准溶液的滴定度$T_2$,以克每毫升(g/mL)表示:

$$T_2 = \frac{m_3}{V_5 - V_0} \tag{5}$$

式中:

$m_3$——高纯锌粒的质量,单位为克(g);

$V_5$——滴定时消耗的$Na_2EDTA$溶液的体积,单位为毫升(mL);

$V_0$——空白试验消耗的$Na_2EDTA$溶液的体积,单位为毫升(mL)。

**6.1.3.3 操作步骤**

称取预先在(105±2)℃烘干的试样约0.5 g(精确至0.1 mg)置于烧杯中,加入40 mL盐酸溶液(6.1.3.2.2),立即盖上表面皿,煮沸至不再放出硫化氢[用乙酸铅试纸(6.1.3.2.4)检验]。取下冷却至室温,加氟化钾溶液(6.1.3.2.10)5 mL,滴加2滴溴百里香酚蓝指示剂(6.1.3.2.5),用氨水(6.1.3.2.3)中和至溶液呈蓝绿色,滴加冰乙酸溶液(6.1.3.2.7)呈黄色,再加5 mL冰乙酸溶液(6.1.3.2.7)和30 mL乙酸-乙酸钠缓冲液(6.1.3.2.9),滴加3~4滴二甲酚橙指示剂(6.1.3.2.6),用乙二胺四乙酸二钠($Na_2EDTA$)标准溶液(6.1.3.2.12)滴定,至溶液由紫红色变为柠檬黄色为终点。

#### 6.1.3.4 结果的表示

按式(6)计算总锌含量 $w_4$,以硫化锌的质量分数(%)表示:

$$w_4 = \frac{1.490\,5 T_2 V_6}{m_4} \times 100 \quad \cdots\cdots\cdots\cdots (6)$$

式中:

$T_2$—— $Na_2$EDTA 标准溶液的滴定度,单位为克每毫升(g/mL);

$V_6$—— 滴定时消耗的 $Na_2$EDTA 溶液的体积,单位为毫升(mL);

$m_4$——试样的质量,单位为克(g)。

#### 6.1.3.5 允许差

平行测定两个结果之差不得大于 0.2%。

### 6.2 氧化锌含量的测定

#### 6.2.1 原理

用氨水和氯化铵将试样中的氧化锌溶解,过滤,滤液在 pH 1.5~pH 3.0 时以二苯胺作指示剂,用六氰铁(Ⅱ)酸钾滴定。

#### 6.2.2 试剂

所用试剂未注明要求时均应采用分析纯试剂,并使用符合 GB/T 6682 规定的纯度至少为三级的水。

**警告——应按适当的健康和安全规则来使用试剂。**

6.2.2.1 氯化铵。

6.2.2.2 **盐酸:1+2**

1 体积的浓盐酸(质量分数约 37%,$\rho \approx 1.19$ g/mL)加入到 2 体积的水中。

6.2.2.3 **氨水:1+3**

1 体积的浓氨水加入到 3 体积的水中。

6.2.2.4 二苯胺指示剂:50 g/L 乙醇溶液。

6.2.2.5 刚果红试纸。

6.2.2.6 氯化锌标准溶液:按 6.1.2.2.8 规定配制。

6.2.2.7 六氰铁(Ⅱ)酸钾标准滴定溶液:按 6.1.2.2.9 规定制备、标定和计算。

#### 6.2.3 操作步骤

称取预先在(105±2)℃烘干的试样约 10 g(精确至 1 mg),置于 500 mL 容量瓶中,加入 100 mL 氨水(6.2.2.3),加 4 g 氯化铵(6.2.2.1),让悬浮液置于冷处 1 h,并不断摇动。用水稀释至刻度,摇匀,并用完全干燥的漏斗和滤纸进过滤,弃去最初的 10 mL~20 mL 滤液,其余滤液收集在干燥的烧杯中。用移液管将 250 mL 滤液移至烧杯中,并准确加入 10 mL 氯化锌标准溶液(6.2.2.6),然后滴加盐酸溶液(6.2.2.2),至刚果红试纸(6.2.2.5)在溶液中变成稳定的蓝色(pH 1.5~pH 3.0)。

将溶液加热至沸,加 10 滴二苯胺指示剂(6.2.2.4)立即按 6.1.2.2.9.2 标定六氰铁(Ⅱ)酸钾溶液的方法滴定该溶液。

#### 6.2.4 结果的表示

按式(7)计算氧化锌含量 $W_5$,以质量分数(%)表示:

$$W_5 = \frac{249(T_1V_7 - cV_8 - 10c)}{m_5} \quad \cdots\cdots(7)$$

式中:

$T_1$——六氰铁(Ⅱ)酸钾标准滴定溶液的滴定度,单位为克每毫升(g/mL);
$V_7$ ——滴定时耗用六氰铁(Ⅱ)酸钾标准滴定溶液的体积,单位为毫升(mL);
$c$ ——氯化锌标准溶液的滴定度,单位为克每毫升(g/mL);
$V_8$ ——返滴时耗用氯化锌标准溶液的体积,单位为毫升(mL);
$m_5$ ——试样的质量,单位为克(g)。

#### 6.2.5 允许差

平行测定两个结果之差不得大于 0.05%。

### 6.3 105 ℃挥发物的测定

按 GB/T 5211.3 中的规定进行。

### 6.4 水溶物的测定

按 GB/T 5211.2—2003 中的规定进行。试样量为 10 g。

### 6.5 筛余物的测定

按 GB/T 5211.18—1988 中的规定进行。分散剂为六偏磷酸钠,10 g/L,加入量 20 mL。

### 6.6 颜色的比较

#### 6.6.1 总则

提供了两种方法:A 法目视法和 B 法仪器法。可商定选用其中任一方法。

注:制备颜料分散体时能达到平磨仪分散效果的其他分散设备也可使用。

#### 6.6.2 A 法目视法

按 GB/T 1864—2012 中的规定进行。试样量为 2 g,精制亚麻仁油加量为 0.8 mL。

注:根据颜料吸油量大小可适当调整油的用量。

#### 6.6.3 B 法仪器法

按 GB/T 5211.20—1999 中的规定进行。

### 6.7 水萃取液酸碱度的测定

按 GB/T 5211.13 中的规定进行,试样量取 10 g。

### 6.8 吸油量的测定

按 GB/T 5211.15 中的规定进行。

### 6.9 消色力的比较

按 GB/T 5211.16—2008 中的规定进行。

### 6.10 遮盖力(对比率)的比较

按 GB/T 5211.17—1988 中的规定进行,其中漆膜厚度为(50±5)μm。

## 7 检验规则

### 7.1 检验分类

7.1.1 产品检验分为出厂检验和型式检验。

7.1.2 出厂检验项目包括总锌、氧化锌、105 ℃挥发物、水溶物、筛余物、颜色、消色力共 7 个项目。

7.1.3 型式检验项目包括本标准所列的全部技术要求。在正常生产情况下以硫化锌计的总锌和硫酸钡的总和、水萃取液酸碱度、吸油量、遮盖力项目每半年至少进行一次型式检验。当遇新产品投产和主要原料改变时,应进行型式检验。

### 7.2 检验结果的判定

7.2.1 检验结果的判定按 GB/T 8170 中修约值比较法进行。

7.2.2 所有项目的检验结果均达到本标准要求时,该试验样品为符合本标准要求。

## 8 标志、包装、运输和贮存

### 8.1 标志

产品包装桶上应印有牢固、清晰的标志,包括生产厂名称、产品名称、注册商标、标准代号、生产批号、净含量、生产日期。

### 8.2 包装

产品应用塑料纺织袋内衬塑料薄膜包装。也可用其他适宜的包装材料包装。

### 8.3 运输

运输、装卸时要轻装、轻卸,防止包装污染和破损。产品在运输中应防止雨淋和日光暴晒。

### 8.4 贮存

产品应分批放在通风、干燥处,严禁与产品可发生反应的物品接触,并注意防潮。

# 附 录 A
## （资料性附录）
## 本标准与 ISO 473:1982 的技术性差异及其原因

表 A.1 给出了本标准与 ISO 473:1982 的技术性差异及其原因的一览表。

**表 A.1 本标准与 ISO 473:1982 的技术性差异及其原因**

| 本标准的章条编号 | 技术性差异 | 原因 |
| --- | --- | --- |
| 1 | 在范围中增加了“检验规则及标志、包装、运输和贮存”等规定 | 使标准适用范围更明确，符合我国习惯 |
| 2 | 引用了采用国际标准的我国标准和部分我国制定的国家标准，而非国际标准 | 适合我国国情，使用更方便 |
| 3 | 根据硫化锌含量的不同，产品分为 20% 立德粉和 30% 立德粉两类；20% 立德粉对应的品种为 C201；30% 立德粉根据表面处理方式的不同分为四个品种，分别为：B301、B302（表面处理）、B311 和 B312（表面处理）。ISO 473:1982 中将产品分为 30% 和 60% 两类 | 我国不生产 60% 这类产品，国内新增加了 20% 这类品种。根据行业习惯将产品进行了分类 |
| 表 1 | 删除了国际标准中“试验方法”一栏 | 已在第 6 章中分别详细描述 |
| 表 1 | 按产品品种规定了相应的要求 | 适合我国国情，用户需求 |
| 6.1 | 增加了总锌含量测定的 B 法（$Na_2EDTA$ 滴定法） | 方法操作简单，符合国内企业使用的习惯 |
| 6.6 | 增加了仪器法测定颜色的试验方法 | 仪器法测色已经得到广泛应用；用户需求 |
| 6 | 增加了“第 6 章 试验方法”，将国际标准中第 6 章和第 7 章内容并入第 6 章中 | 使标准内容更清晰，符合国内使用习惯 |
| 6 | 改变了计算公式的表示方式 | 适合我国国情，便于实际操作；符合 GB/T 1.1 的表示方式 |
| 7～8 | 增加了“第 7 章 检验规则”和“第 8 章 标志、包装、运输和贮存” | 适合我国国情，用户需求 |

ICS 87.060.10
G 54

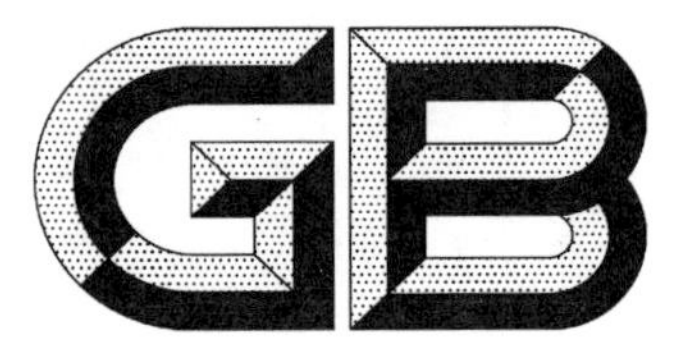

# 中华人民共和国国家标准

GB/T 1863—2008
代替 GB/T 1863—1989

# 氧化铁颜料

**Iron oxide pigments**

(ISO 1248:2006,Iron oxide pigments—
Specifications and methods of test,MOD)

2008-06-04 发布　　2008-12-01 实施

中华人民共和国国家质量监督检验检疫总局
中国国家标准化管理委员会　发布

# 前　言

本标准修改采用 ISO 1248:2006《氧化铁颜料　规格和试验方法》(英文版)。

本标准根据 ISO 1248:2006《氧化铁颜料　规格和试验方法》重新起草。

本标准在采用国际标准时进行了修改，这些技术性差异用垂直单线标识在它们所涉及的条款的页边空白处。在附录 B 中给出了技术性差异及其原因的一览表以供参考。

本标准与 ISO 1248:2006 相比，主要技术差异为：

——所用试验方法大部分采用了现行国家标准，其中多数方法系等效或等同采用相应国际标准。

——产品分类中增加了“按 105℃挥发物分为 V1、V2、V3 共三个类型”内容。

——改变了 105℃挥发物的要求，改为“按产品类型(V1、V2、V3)划分要求”，国际标准中“按铁含量划分要求”。

——增加了氧化铁黄颜料和氧化铁黑颜料中Ⅰ型产品的水溶物要求(≤0.5)，Ⅱ型产品的水溶物要求由“≤1”改为“>0.5，≤1”。

——“水悬浮液 pH 值”要求以“商定”代替国际标准中“与商定参照颜料相差不大于 1 pH 单位”；“吸油量”要求以“商定”代替国际标准中“与商定参照颜料相差不大于 15%”；“颜色”和“相对着色力”要求以“商定”代替国际标准中“与商定参照颜料相比，在双方商定的容许范围内”。

——改变了第 8.1 中重铬酸钾和第 8.8 中高锰酸钾标准溶液的标定方法，改为按 GB/T 601—2002 中规定方法标定溶液。国际标准中用标准物质或高纯物按测定样品的步骤标定溶液。

——改变了第 8.1 和 8.8 中计算公式的表示方式，删除了计算公式中的单位“%”。

——增加了仪器法测定颜色和相对着色力的方法。

——增加了“第 8 章　试验方法”、“第 9 章　检验规则”和“第 10 章　标志、包装、运输和贮存”，将国际标准中第 8～11 章内容并入第 8 章中。

——删除了国际标准的“前言”和“第 12 章　试验报告”。

——删除了国际标准的第 8.1.5.2、8.2.5.2、10.1.5.2 和 10.2.5.2 关于精密度的条款和第 8.1.3 和 10.2.3 关于仪器的条款。

本标准代替 GB/T 1863—1989《氧化铁红颜料》。

本标准与 GB/T 1863—1989 相比，主要技术差异为：

——拓宽了标准的适用范围，包括红、黄、棕、黑共四种颜色的氧化铁颜料；

——改变了产品的分类方法，本标准中氧化铁颜料按照颜色分为红色、黄色、棕色、黑色四类，按铁含量(以 $Fe_2O_3$ 表示)分为 A、B、C、D 共四个类型，按水溶物含量和水溶性氯化物及硫酸盐总含量(以 $Cl^-$ 及 $SO_4^{2-}$ 表示)分为Ⅰ、Ⅱ、Ⅲ共三个类型，按筛余物分为 1、2、3 共三个类型，按来源分为 a、b、c、d 共四个类型，按 105℃挥发物分为 V1、V2、V3 共三个类型；

——颜色、相对着色力测定时采用了商定的参照颜料；

——改变了大部分试验项目的技术要求，如水悬浮液 pH 值、吸油量、颜色、相对着色力等项目要求均改为商定，总铁量、105℃挥发物、水溶物、水溶性氯化物和硫酸盐、筛余物和总钙量项目要求按产品分类作了不同规定，原标准均按等级作了具体规定；

——增加了仪器法测定颜色和相对着色力的方法；

——增加了电位滴定法测定总铁含量的方法；

——增加了火焰原子吸收光谱法测定总钙含量的方法；

——增加了资料性附录 A 和附录 B；

——除按 GB/T 1.1 要求进行编辑性修改外，还对其内容进行了整合。

本标准的附录 A 和附录 B 均为资料性附录。

本标准由中国石油和化学工业协会提出。

本标准由全国涂料和颜料标准化技术委员会归口。

本标准起草单位：中海油常州涂料化工研究院、上海一品颜料有限公司、升华集团德清华源颜料有限公司、宜兴市宇星工贸有限公司、中金黄金股份有限公司河南中原黄金冶炼厂、湖南三环颜料有限公司、朗盛上海颜料有限公司、河南省温县克岭化工有限责任公司和武汉凯兴颜料有限公司。

本标准主要起草人：沈苏江、蔡传琦、王丹英、竺增林、许才新、俎小凤、周小红、汪景明、阎保珍、向方菊。

本标准于 1980 年首次发布，1989 年第一次修订。

# 氧化铁颜料

## 1 范围

本标准规定了氧化铁颜料的分类、要求、命名、取样、试验方法、检验规则及标志、包装、运输和贮存。这些颜料以下列颜色索引号标识：红 101 和红 102、黄 42 和黄 43、棕 6 和棕 7 以及黑 11，也包括快速分散颜料。未包括云母氧化铁颜料、透明氧化铁颜料、粒状氧化铁灰和除颜色索引号为黑 11 的颜料外的磁性氧化铁颜料。

本标准适用于一般用途的氧化铁颜料，主要应用于涂料、建筑、造纸、橡胶和塑料等工业领域。

## 2 规范性引用文件

下列文件中的条款通过本标准的引用而成为本标准的条款。凡是注日期的引用文件，其随后所有的修改单（不包括勘误的内容）或修订版均不适用于本标准，然而，鼓励根据本标准达成协议的各方研究是否可使用这些文件的最新版本。凡是不注日期的引用文件，其最新版本适用于本标准。

GB/T 601—2002 化学试剂 标准滴定溶液的制备

GB/T 1250 极限数值的表示方法和判定方法

GB/T 1717 颜料水悬浮液 pH 值的测定（GB/T 1717—1986，eqv ISO 787-9：1981，General methods of test for pigments and extenders—Part 9：Determination of pH value of an aqueous suspension）

GB/T 1864 颜料颜色的比较（GB/T 1864—1989，eqv ISO 787-1：1982，General methods of test for pigments and extenders—Part 1：Comparison of colour of pigments）

GB/T 3186 色漆、清漆和色漆与清漆用原材料 取样（GB/T 3186—2006，ISO 15528：2000，IDT）

GB/T 5211.2 颜料水溶物测定 热萃取法（GB/T 5211.2—2003，ISO 787-3：2000，General methods of test for pigments and extenders—Part 3：Determination of matter soluble in water—Hot extraction method，IDT）

GB/T 5211.3 颜料在 105℃挥发物的测定（GB/T 5211.3—1985，eqv ISO 787-2：1981，General methods of test for pigments and extenders—Part 2：Determination of matter volatile at 105℃）

GB/T 5211.11 颜料水溶硫酸盐 氯化物和硝酸盐的测定（GB/T 5211.11—2008，ISO 787-13：2002，General methods of test for pigments and extenders—Part 13：Determination of water-soluble sulfates，chlorides and nitrates，IDT）

GB/T 5211.13 颜料水萃取液酸碱度的测定（GB/T 5211.13—1986，eqv ISO 787-4：1981，General methods of test for pigments and extenders—Part 4：Determination of acidity or alkalinity of the aqueous extract）

GB/T 5211.15 颜料吸油量的测定（GB/T 5211.15—1988，eqv ISO 787-5：1980，General methods of test for pigments and extenders—Part 5：Determination of oil absorption value）

GB/T 5211.18 颜料筛余物的测定 水法 手工操作（GB/T 5211.18—1988，neq ISO 787-7：1981，General methods of test for pigments and extenders—Part 7：Determination of residue on sieve—Water method—Manual procedure）

GB/T 5211.19 着色颜料的相对着色力和冲淡色的测定 目视比较法[GB/T 5211.19—1988，eqv ISO 787-16：1986，General methods of test for pigments and extenders—Part 16：Determination of relative tinting strength(or equivalent colouring value) and colour on reduction of coloured pigments—Visual comparison method]

GB/T 5211.20 在本色体系中白色、黑色和着色颜料颜色的比较 色度法(GB/T 5211.20—1999,eqv ISO 787-25:1993,General methods of test for pigments and extenders—Part 25:Comparison of the colour,in full-shade systems,of white,black and coloured pigments—Colorimetric method)

GB/T 13451.2 着色颜料相对着色力和白色颜料相对散射力的测定 光度计法(GB/T 13451.2—1992,eqv ISO 787-24:1985,General methods of test for pigments and extenders—Part 24:Determination of relative tinting strength of coloured pigments and relative scattering power of white pigments—Photometric methods)

## 3 说明

本标准所包含的氧化铁颜料主要由氧化铁和水合氧化铁组成。其颜色通常有红、黄、棕或黑色。

## 4 分类

### 4.1 总则

在本标准中,氧化铁颜料按以下原则分类:

——按颜色分为红色、黄色、棕色、黑色四类;

——按铁含量(以 $Fe_2O_3$ 表示)分为 A、B、C、D 四个类型;

——按水溶物含量和水溶性氯化物及硫酸盐总含量(以 $Cl^-$ 及 $SO_4^{2-}$ 表示)分为Ⅰ、Ⅱ、Ⅲ三个类型;

——按筛余物分为 1、2、3 三个类型;

——按来源分为 a、b、c、d 四类;

——按 105℃挥发物分为 V1、V2、V3 三个类型。

### 4.2 分类方法

#### 4.2.1 按颜色分类

按照其颜色,氧化铁颜料可分为红色、黄色、棕色、黑色四类。

#### 4.2.2 按铁含量分类

按照其铁含量(以 $Fe_2O_3$ 表示)的最低值,氧化铁颜料可分为表 1 所列的 A、B、C、D 四个类型。

表 1 按铁含量分类

| 分类 | | 最低铁含量(以 $Fe_2O_3$ 表示的质量分数)/% | 颜色索引号 |
|---|---|---|---|
| 红 | A | 95 | 颜料红 101<br>77491 |
| | B<br>C<br>D | 70<br>50<br>10 | 颜料红 102<br>77491 |
| 黄 | A | 83 | 颜料黄 42<br>77492 |
| | B<br>C<br>D | 70<br>50<br>10 | 颜料黄 43<br>77492 |

表 1（续）

| 分　　类 | | 最低铁含量(以 $Fe_2O_3$ 表示的质量分数)/% | 颜色索引号 |
|---|---|---|---|
| 棕 | A | 87 | 颜料棕 6<br>77491,77492 或 77499 |
| | B<br>C | 70<br>30 | 颜料棕 7<br>77491,77492 和/或 77499 |
| 黑 | A<br>B | 95<br>70 | 颜料黑 11<br>77499 |

4.2.3　按水溶物含量和水溶性氯化物及硫酸盐总含量分类

按照其水溶物含量和水溶性氯化物及硫酸盐总含量，氧化铁颜料可分为表 2 所列的Ⅰ、Ⅱ、Ⅲ三个类型。

表 2　按水溶物和水溶性氯化物及硫酸盐(以 $Cl^-$ 及 $SO_4^{2-}$ 表示)分类

| 特　　性 | Ⅰ型 | | Ⅱ型 | | Ⅲ型 |
|---|---|---|---|---|---|
| | 红和棕[a] | 黄和黑 | 红和棕 | 黄和黑 | 所有颜料 |
| 水溶物的质量分数(在 105℃ 干燥后测定)/% | ≤0.3 | ≤0.5 | >0.3,≤1 | >0.5,≤1 | >1,≤5 |
| 水溶性氯化物和硫酸盐总质量分数(以 $Cl^-$ 和 $SO_4^{2-}$ 表示)/% | ≤0.1 | — | — | — | — |
| [a] 适用于制造防腐涂料。 | | | | | |

4.2.4　按筛余物分类

按照其筛余物，氧化铁颜料可分为表 3 所列的 1、2、3 三个类型。

表 3　按筛余物分类

| 特　　性 | 1 型 | 2 型 | 3 型 |
|---|---|---|---|
| | 红，黄，棕和黑 | | |
| 筛余物(45 μm)的质量分数/% | ≤0.01 | >0.01,≤0.1 | >0.1,≤1 |

4.2.5　按 105℃ 挥发物分类

按照其 105℃ 挥发物，氧化铁颜料可分为表 4 所列的 V1、V2、V3 三个类型。

表 4　按 105℃ 挥发物分类

| 特　　性 | V1 型 | V2 型 | V3 型 | |
|---|---|---|---|---|
| | 所有颜料 | 红 | 红 | 黄、棕和黑 |
| 105℃ 挥发物的质量分数/% | ≤1 | >1,≤1.5 | >1.5,≤2.5 | >1,≤2.5 |

4.2.6　按来源分类

按照其来源，氧化铁颜料可分为表 5 所列的 a、b、c、d 四类。

**表 5 按来源分类**

| 分类 | 来　　源 |
|---|---|
| a | 合成颜料，无填料 |
| b | 天然颜料，无填料 |
| c | 未加填料的天然和合成颜料的混合物 |
| d | 颜料和填料的混合物 |

对于 a、b 和 c 类，其产品中钙含量(以 CaO 表示)的最大值列于表 6 中。

## 5 命名

氧化铁颜料按下列方法命名：

a) 注明颜色，也可以包括以下内容：
——通用名称，尤其是天然颜料(赭石、棕土、黄土颜料等)；
——注明处理方式(例如煅烧、洗涤)。

b) 注明本标准编号，即 GB/T 1863。

c) 注明按铁含量分类所属类型。

d) 注明按水溶物含量和水溶性氯化物及硫酸盐总含量分类所属类型。

e) 注明按筛余物分类所属类型。

f) 注明按 105℃挥发物分类所属类型。

g) 注明按来源分类所属类型。

举例：

氧化铁红 GB/T 1863-A-Ⅰ-2-V1-a

氧化铁黄(洗涤赭石) GB/T 1863-D-Ⅱ-3-V3-b

## 6 要求

6.1 符合本标准的氧化铁颜料，其基本要求规定于表 6 中，条件要求规定于表 7 中。条件要求将由有关双方商定。

6.2 表 7 中提及的商定参照颜料应符合表 6 规定的要求。

**表 6 基本要求**

| 特　　性 | | 按颜色、铁含量划分的要求 | | | | | | | | | | | | |
|---|---|---|---|---|---|---|---|---|---|---|---|---|---|---|
| | | 红 | | | | 黄 | | | | 棕 | | | 黑 | |
| 总铁量的质量分数(以 $Fe_2O_3$ 表示，在 105℃干燥后测定)/% | | A | B | C | D | A | B | C | D | A | B | C | A | B |
| | ≥ | 95 | 70 | 50 | 10 | 83 | 70 | 50 | 10 | 87 | 70 | 30 | 95 | 70 |
| 105℃挥发物的质量分数/% | V1 型 | ≤1 | | | | | | | | | | | | |
| | V2 型 | >1，≤1.5 | | | | — | | | | — | | | — | |
| | V3 型 | >1.5，≤2.5 | | | | >1，≤2.5 | | | | | | | | |
| 水溶物的质量分数(热萃取法)/% | Ⅰ型 | ≤0.3 | | | | ≤0.5 | | | | ≤0.3 | | | ≤0.5 | |
| | Ⅱ型 | >0.3，≤1 | | | | >0.5，≤1 | | | | >0.3，≤1 | | | >0.5，≤1 | |
| | Ⅲ型 | >1，≤5 | | | | | | | | | | | | |
| 水溶性氯化物和硫酸盐的质量分数(以 $Cl^-$ 和 $SO_4^{2-}$ 表示)/% | Ⅰ型 | ≤0.1 | | | | — | | | | ≤0.1 | | | — | |

表 6（续）

| 特 性 | | 按颜色、铁含量划分的要求 | | | |
|---|---|---|---|---|---|
| | | 红 | 黄 | 棕 | 黑 |
| 筛余物(45 μm)的质量分数/% | 1 型 | ≤0.01 | | | |
| | 2 型 | >0.01,≤0.1 | | | |
| | 3 型 | >0.1,≤1 | | | |
| 水萃取液酸碱度/mL | | ≤20 | | | |
| 铬酸铅的试验 | | 不存在 | | | |
| 总钙量的质量分数(以 CaO 表示,在 105℃干燥后测定)/% | a 类 | ≤0.3 | | | |
| | b 和 c 类 | ≤5 | | | |
| | d 类 | 表 7 | | | |
| 有机着色物的试验 | | 不存在 | | | |

表 7　条件要求

| 特 性 | | 要求 |
|---|---|---|
| 水悬浮液 pH 值 | | 商定 |
| 吸油量 | | 商定 |
| 总钙量的质量分数(以 CaO 表示)/% | a 类 | 表 6 |
| | b 和 c 类 | |
| | d 类 | 商定 |
| 颜色 | | 商定 |
| 相对着色力 | | |

## 7　取样

按 GB/T 3186 规定取受试产品的代表性样品。

## 8　试验方法

### 8.1　总铁量(以 $Fe_2O_3$ 表示)的测定

#### 8.1.1　总则

提供了二种方法:A 法和 B 法。仲裁时选用 A 法。

采用 A 法测定时,建议废液排放前进行去除汞的处理。附录 A 给出了处理方法。

#### 8.1.2　A 法

**8.1.2.1　原理**

将经干燥的样品溶于盐酸中,用氯化亚锡溶液将三价铁还原为二价铁,再用氯化汞(Ⅱ)溶液氧化过量的还原剂,然后以二苯胺磺酸钠为指示剂用重铬酸钾标准滴定溶液滴定二价铁。

**8.1.2.2　试剂**

所用试剂未注明要求时均应采用分析纯试剂,并使用符合 GB/T 6682 规定的纯度至少为三级的水。

**警告——应按适当的健康和安全规则来使用试剂。**

8.1.2.2.1　浓盐酸:质量分数约 37%,$\rho \approx 1.19$ g/mL。

8.1.2.2.2 盐酸:1+50

1体积的浓盐酸(8.1.2.2.1)加入到50体积的水中。

8.1.2.2.3 浓氢氟酸:质量分数约40%,$\rho \approx 1.13$ g/mL。

8.1.2.2.4 硫酸:1+1

小心地将1体积硫酸(质量分数约96%,$\rho \approx 1.84$ g/mL)加至1体积水中。

8.1.2.2.5 硫酸和磷酸混合液:

取310 mL浓硫酸(质量分数约96%,$\rho \approx 1.84$ g/mL)和250 mL浓磷酸(质量分数约85%,$\rho \approx 1.70$ g/mL)混合,将混合物缓慢加入到400 mL水中并加水稀释至1 L。

8.1.2.2.6 氯化汞(Ⅱ)溶液:饱和溶液(60 g/L~100 g/L)。

8.1.2.2.7 氯化锡(Ⅱ)溶液:100 g/L。

取50 g氯化锡(Ⅱ)溶于300 mL浓盐酸(8.1.2.2.1)中,并加水稀释至500 mL。

将此清澈溶液置于密封的瓶中,并加入少量的金属锡粒。

8.1.2.2.8 重铬酸钾标准滴定溶液:$c(1/6K_2Cr_2O_7) \approx 0.1$ mol/L。

按GB/T 601—2002中4.5.2规定进行。基准重铬酸钾称取量为4.90 g±0.20 g。

8.1.2.2.9 二苯胺磺酸钠指示剂

将0.2 g二苯胺磺酸钠溶解于100 mL水中。

8.1.2.2.10 焦硫酸钾

**8.1.2.3 步骤**

**8.1.2.3.1 试样的前处理**

平行测定两次。

取适量试样于105℃下干燥1 h,根据预计铁含量(表1)称取0.3 g~1.0 g干燥试样(精确至0.1 mg)。

注:如果已知试样含碳或有机物,将试样置于400 mL石英烧杯中,于750℃下灼烧1 h,冷却。或者将试样置于磁坩埚中于750℃下灼烧1 h,冷却,转移至400 mL烧杯中。

将试样置于400 mL烧杯中,加25 mL盐酸(8.1.2.2.1),盖上表面皿,加热至80℃~90℃使其溶解。如果有不溶物出现,加50 mL水,摇动,用滤纸过滤。用热盐酸(8.1.2.2.2)洗涤残余物直至无黄色(三价铁)出现。然后再用热水洗涤一次或二次。将滤纸及残余物置于铂坩埚中,干燥,灰化,然后于750℃~800℃下灼烧,冷却。用稀硫酸(8.1.2.2.4)浸取坩埚中的残余物,加5 mL氢氟酸(8.1.2.2.3),缓慢加热分解二氧化硅和硫酸。

在冷却后的坩埚中加入2 g焦硫酸钾(8.1.2.2.10),先缓慢加热,然后再加强热至形成透明熔融物。冷却,将坩埚置于250 mL烧杯中,加50 mL热水,5 mL盐酸(8.1.2.2.1),缓慢加热溶解熔融物。取出坩埚并用水淋洗,收集淋洗液于溶液中。转移所得溶液于最初的烧杯中。

**8.1.2.3.2 测定**

加热按上述方法所得溶液至微沸,边搅拌边滴加氯化锡(Ⅱ)溶液直至溶液颜色刚变为无色,然后再过量一至二滴,用冷水稀释溶液至约300 mL,在水浴中冷却,在剧烈搅拌下迅速加15 mL氯化汞(Ⅱ)溶液(8.1.2.2.6),约15 s~20 s后出现微白色沉淀,经1 min,加50 mL硫酸和磷酸混合液(8.1.2.2.5)和3滴二苯胺磺酸钠指示剂(8.1.2.2.9),立即用重铬酸钾标准滴定溶液(8.1.2.2.8)滴定至溶液颜色由暗绿色变为紫色为终点。记录消耗重铬酸钾标准滴定溶液的体积($V_1$)。

**8.1.2.4 结果的表示**

按式(1)或式(2)计算氧化铁($Fe_2O_3$)含量$w$,以质量分数(%)表示:

$$w = \frac{V_1 \times c_1 \times 0.079\ 846}{m_1} \times 100 \qquad \cdots\cdots(1)$$

即

$$w = \frac{V_1 \times c_1 \times 7.984\ 6}{m_1} \qquad \cdots\cdots(2)$$

式中：

$m_1$——试样的质量，单位为克(g)；

$V_1$——滴定所消耗的重铬酸钾标准滴定溶液(8.1.2.2.8)的体积，单位为毫升(mL)；

$c_1$——重铬酸钾标准滴定溶液(8.1.2.2.8)的浓度，单位为摩尔每升(mol/L)；

0.079 846——与 1.00 mL 重铬酸钾标准滴定溶液[$c(1/6K_2Cr_2O_7)=1$ mol/L]相当的以克表示的氧化铁($Fe_2O_3$)质量。

如果两次平行测定结果之差大于 0.3%，则应重新进行测定。

计算两次平行测定的平均值，结果精确至 0.1%。

8.1.3 **B 法**

8.1.3.1 **原理**

将经干燥的样品溶于盐酸中，在惰性氛围下用氯化钛(Ⅲ)溶液将三价铁还原为二价铁，再用重铬酸钾标准滴定溶液滴定二价铁，以电位法指示滴定终点。

8.1.3.2 **试剂**

所用试剂未注明要求时均应采用分析纯试剂，并使用符合 GB/T 6682 规定的纯度至少为三级的水。

**警告——应按适当的健康和安全规则来使用试剂。**

8.1.3.2.1 浓盐酸：质量分数约 37%，$\rho\approx1.19$ g/mL。

8.1.3.2.2 盐酸：1+50

1 体积的浓盐酸(8.1.3.2.1)加入到 50 体积的水中。

8.1.3.2.3 浓氢氟酸：质量分数约 40%，$\rho\approx1.13$ g/mL。

8.1.3.2.4 硫酸：1+1

小心地将 1 体积硫酸(质量分数约 96%，$\rho\approx1.84$ g/mL)加至 1 体积水中。

8.1.3.2.5 氯化钛(Ⅲ)溶液：质量分数为 15%

将氯化钛溶解于浓盐酸中，同时以氮气覆盖溶液。在氮气氛围下用煮沸冷却的蒸馏水稀释至规定浓度，贮存备用。

8.1.3.2.6 重铬酸钾标准滴定溶液：$c(1/6K_2Cr_2O_7)\approx0.25$ mol/L

按 GB/T 601—2002 中 4.5.2 规定进行。基准重铬酸钾称取量约 12.26 g±0.60 g。

8.1.3.2.7 焦硫酸钾

8.1.3.3 **仪器**

使用普通实验室仪器以及下列仪器：

8.1.3.3.1 自动电位滴定仪

8.1.3.3.2 铂电极

8.1.3.3.3 银/氯化银电极

8.1.3.4 **步骤**

8.1.3.4.1 **试样的前处理**

平行测定两次。

取适量试样于 105℃下干燥 1 h，根据预计铁含量(表 1)称取 0.3 g～1.0 g 干燥试样(精确至 0.1 mg)。

将试样置于 400 mL 烧杯中，加 25 mL 盐酸(8.1.3.2.1)，盖上表面皿，加热至 80℃～90℃使其溶解。如果有不溶物出现，加 50 mL 水，摇动，用滤纸过滤。用热盐酸(8.1.3.2.2)洗涤残余物直至无黄色(三价铁)出现。然后再用热水洗涤一次或二次。将滤纸及残余物置于铂坩埚中，干燥，灰化，然后于 750℃～800℃下灼烧，冷却。用稀硫酸(8.1.3.2.4)浸取坩埚中的残余物，加 5 mL 氢氟酸(8.1.3.2.3)，缓慢加热分解二氧化硅和硫酸。

在冷却后的坩埚中加入 2 g 焦硫酸钾(8.1.3.2.7)，先缓慢加热，然后再加强热至形成透明熔融物。

冷却，将坩埚置于250 mL烧杯中，加50 mL热水，5 mL盐酸(8.1.3.2.1)，缓慢加热溶解熔融物。取出坩埚并用水淋洗，收集淋洗液于溶液中。转移所得溶液于最初的烧杯中。

8.1.3.4.2 **测定**

用水稀释上述所得溶液至约300 mL，加入25 mL盐酸(8.1.3.2.1)，加热至80℃～90℃。在惰气(如氮气)覆盖下边搅拌边滴加氯化钛(Ⅲ)溶液(8.1.3.2.5)，直至溶液颜色刚变为无色，然后再过量一至二滴。冷却。此时两电极间电位应低于300 mV。

分两步用重铬酸钾标准滴定溶液(8.1.3.2.6)滴定。滴定过量氯化钛(Ⅲ)溶液即电位达300 mV时所耗重铬酸钾标准滴定溶液的体积为$V_2$，继续滴定至电位从750 mV突跃至800 mV，此时所耗重铬酸钾标准溶液的总体积为$V_3$。

注：可使用不同型号的电极(如复合电极)，但要注意所测得的滴定终点电位是有差异的。

8.1.3.5 **结果的表示**

按式(3)或式(4)计算氧化铁($Fe_2O_3$)含量$w$，以质量分数(%)表示：

$$w=\frac{(V_3-V_2)\times c_2\times 0.079\ 846}{m_2}\times 100 \quad\cdots\cdots(3)$$

即

$$w=\frac{(V_3-V_2)\times c_2\times 7.984\ 6}{m_2} \quad\cdots\cdots(4)$$

式中：

$m_2$——试样的质量，单位为克(g)；

$V_2$——电位达300 mV时滴定所消耗的重铬酸钾标准滴定溶液(8.1.3.2.6)的体积，单位为毫升(mL)；

$V_3$——滴定所消耗的重铬酸钾标准滴定溶液(8.1.3.2.6)的总体积，单位为毫升(mL)；

$c_2$——重铬酸钾标准滴定溶液(8.1.3.2.6)的浓度，单位为摩尔每升(mol/L)；

0.079 846——与1.00 mL重铬酸钾标准滴定溶液[$c(1/6K_2Cr_2O_7)=1$ mol/L]相当的以克表示的氧化铁($Fe_2O_3$)质量。

8.2 **105℃挥发物的测定**

按GB/T 5211.3中的规定进行。

8.3 **水溶物的测定**

按GB/T 5211.2中的规定进行，试样量取5 g。

8.4 **水溶性氯化物和硫酸盐的测定**

按GB/T 5211.11中的规定进行。

8.5 **筛余物的测定**

按GB/T 5211.18中的规定进行。试样量取10 g，分散剂为六偏磷酸钠，其加量为试样量的4%。

8.6 **水萃取液酸碱度的测定**

按GB/T 5211.13中的规定进行，试样量取5 g。

8.7 **铬酸铅的试验**

8.7.1 **试剂**

所用试剂均应采用分析纯试剂，并使用符合GB/T 6682规定的纯度至少为三级的水。

**警告——应按适当的健康和安全规则来使用试剂。**

8.7.1.1 硝酸：1+5

1体积浓硝酸(质量分数约70%，$\rho\approx 1.42$ g/mL)加入到5体积的水中。

8.7.1.2 碘化钾溶液：100 g/L

8.7.2 **步骤**

称取约1 g干燥试样于250 mL烧杯中，加100 mL硝酸(8.7.1.1)，强烈搅拌，过滤，然后往滤液中加几毫升碘化钾溶液(8.7.1.2)。

出现黄色结晶表示有铅存在。

### 8.8 总钙量(以 CaO 表示)的测定

#### 8.8.1 总则

提供了两种方法:A 法 火焰原子吸收光谱法和 B 法 滴定法。仲裁时选用 A 法 火焰原子吸收光谱法。

#### 8.8.2 A 法 火焰原子吸收光谱法

##### 8.8.2.1 原理

干燥试样溶解于盐酸中。用氢氟酸使二氧化硅挥发。将试验溶液吸入到乙炔/一氧化二氮火焰中，测量由钙空心阴极灯或钙离子灯发射的选择谱线波长在 422.7 nm 处的吸收。

##### 8.8.2.2 试剂和材料

所用试剂未注明要求时均应采用分析纯试剂，并使用符合 GB/T 6682 规定的纯度至少为三级的水。

**警告——应按适当的健康和安全规则来使用试剂。**

8.8.2.2.1 浓盐酸:质量分数约 37%, $\rho\approx1.19$ g/mL。

8.8.2.2.2 浓氢氟酸:质量分数约 40%, $\rho\approx1.13$ g/mL。

8.8.2.2.3 浓硫酸:质量分数约 96%, $\rho\approx1.84$ g/mL。

8.8.2.2.4 氯化铯溶液:76 g/L。

应使用高纯氯化铯。

8.8.2.2.5 钙标准储备溶液:每升含 1 g 钙。

有两种配制方法:

a) 将准确含有 1 g 钙的一安瓿标准钙溶液移入 1 000 mL 容量瓶中，用水稀释至刻度，并充分摇匀。

b) 称取 2.497 g(精确至 1 mg)碳酸钙于 1 000 mL 容量瓶中，加约 5 mL 盐酸(8.8.2.2.1)溶解，用水稀释至刻度，并充分摇匀。

1 mL 此标准储备溶液含 1 mg 钙。

8.8.2.2.6 钙标准溶液:每升含 100 mg 钙。

此溶液应在使用的当天配制。

移取 100 mL 钙标准储备溶液(8.8.2.2.5)于 1 000 mL 容量瓶中，用水稀释至刻度，并充分摇匀。

1 mL 此标准溶液含 100 μg 钙。

8.8.2.2.7 乙炔:工业级，装在钢瓶中。

8.8.2.2.8 一氧化二氮

##### 8.8.2.3 仪器

普通实验室仪器以及下列仪器:

8.8.2.3.1 火焰原子吸收光谱仪:适于波长在 422.7 nm 处测量，并装有一个可通入乙炔和一氧化二氮的燃烧器。

8.8.2.3.2 钙空心阴极灯或钙离子灯

##### 8.8.2.4 步骤

**8.8.2.4.1 标准曲线的绘制**

**8.8.2.4.1.1 标准参比溶液的制备**

这些溶液应在使用的当天配制。

用滴定管按表 8 所示的体积数将钙标准溶液(8.8.2.2.6)分别加到七个 100 mL 容量瓶中，分别加入 10 mL 氯化铯溶液(8.8.2.2.4)和 5 mL 盐酸(8.8.2.2.1)，再用水稀释至刻度，并充分摇匀。

表 8 参比溶液

| 标准参比溶液<br>No. | 钙标准溶液(8.8.2.2.6)的体积/<br>mL | 标准参比溶液中钙的浓度/<br>μg/mL |
|---|---|---|
| 0 | 0 | 0 |
| 1 | 0.2 | 0.2 |
| 2 | 1 | 1 |
| 3 | 2 | 2 |
| 4 | 4 | 4 |
| 5 | 8 | 8 |
| 6 | 10 | 10 |

8.8.2.4.1.2 **光谱测量**

将钙光谱源(8.8.2.3.2)安装在光谱仪(8.8.2.3.1)上,使仪器处于测定钙的最佳条件。按照使用说明书调节仪器,为取得最大吸收,应将波长调至 422.7 nm 处。

根据燃烧器的特性调节乙炔(8.8.2.2.7)和一氧化二氮(8.8.2.2.8)的流量,并点燃火焰。设置读数范围(假如有此装置),使标准参比溶液 No.6(表 8)几乎给出一个满刻度偏转。

分别使每个标准参比溶液以浓度上升的顺序(以标准参比溶液 No.0 开始,以标准参比溶液 No.6 结束)通过抽吸进入火焰,重复使用标准参比溶液 No.5 以证实该装置已达到稳定。在每次测量之间都要吸入水使之通过燃烧器,并且每次必须保持相同的吸入率。

8.8.2.4.1.3 **标准曲线**

以标准参比溶液中钙的浓度(以 μg/mL 计)为横坐标,以相应的吸光度减去标准参比溶液 No.0 的吸光度为纵坐标,绘制曲线。

8.8.2.4.2 **试样的前处理**

平行测定两次。

取适量试样于 105℃下干燥 1 h,称量约 1 g(精确至 1 mg)干燥试样于 100 mL 烧杯中,加 25 mL 盐酸(8.8.2.2.1),盖上表面皿,加热至 80℃～90℃使其溶解。蒸发盐酸至残余物近干,加 50 mL 水和 5 mL 盐酸(8.8.2.2.1),加热溶解残余物并将溶液过滤至 100 mL 容量瓶中,确定所有不溶物完全被转移至滤纸上,再用热水洗涤滤纸。

将滤纸及残余物置于铂坩埚中,干燥,灰化。加入 10 mL 氢氟酸(8.8.2.2.2)和 0.5 mL 硫酸(8.8.2.2.3),小心蒸发至干以使二氧化硅挥发。用少量盐酸(8.8.2.2.1)溶解残余物并将溶液转移至 100 mL 容量瓶中,加 10 mL 氯化铯溶液(8.8.2.2.4),用水稀释至刻度。

8.8.2.4.3 **测定**

按 8.8.2.4.1.2 规定调整光谱仪后测量试验溶液的吸光度。如果试验溶液的吸光度高于浓度最高的标准参比溶液的吸光度,可用已知体积的水适当地稀释试验溶液(稀释因子 F)。在标准曲线范围内对试验溶液测量三次,为证实仪器的灵敏度没有变化,需再测定标准参比溶液 No.5 的吸光度。将三次测量的吸光度分别减去标准参比溶液 No.0 的吸光度,计算校正后吸光度的平均值并据此从标准曲线上查得钙浓度。

8.8.2.5 **结果的表示**

按式(5)或式(6)计算氧化钙含量 $w(\mathrm{CaO})$,以质量分数(%)表示:

$$w(\mathrm{CaO})=\frac{\rho(\mathrm{Ca})\times 100\times 1.3992\times F}{m_3\times 10^6}\times 100 \qquad (5)$$

即

$$w(\mathrm{CaO})=\frac{\rho(\mathrm{Ca})\times 1.3992\times F}{m_3\times 100} \qquad (6)$$

式中：

$\rho(\mathrm{Ca})$——从标准曲线查得的试验溶液中钙的浓度，单位为微克每毫升(μg/mL)；

$F$——8.8.2.4.3 中所述的稀释因子；

$m_3$——试样的质量，单位为克(g)；

1.399 2——每克钙(Ca)相当于氧化钙(CaO)克数的转换因子。

如果两次平行测定结果之差大于表 9 中所规定的数值，则应重新进行测定。

计算两次平行测定的平均值，结果精确至两位有效数字。

**表 9 两次测定结果最大允许差**

| 钙含量(质量分数)/<br>% | 最大允许差(质量分数)/<br>% |
|---|---|
| 0.001～0.01 | 0.000 5 |
| >0.01，≤0.1 | 0.005 |
| >0.1，≤5 | 0.05 |

**8.8.3 滴定法**

**8.8.3.1 原理**

干燥试样溶解于盐酸中。用甲基异丁基酮萃取溶液中的铁，溶液中钙以草酸钙沉淀析出。草酸钙溶解于硫酸中，用高锰酸钾标准滴定溶液滴定释放出的草酸。

**8.8.3.2 试剂**

所用试剂未注明要求时均应采用分析纯试剂，并使用符合 GB/T 6682 规定的纯度至少为三级的水。

**警告——应按适当的健康和安全规则来使用试剂。**

8.8.3.2.1 浓盐酸：质量分数约 37%，$\rho \approx 1.19$ g/mL。

8.8.3.2.2 盐酸：1+1。

1 体积的浓盐酸(8.8.3.2.1)加入到 1 体积的水中。

8.8.3.2.3 浓氢氟酸：质量分数约 40%，$\rho \approx 1.13$ g/mL。

8.8.3.2.4 浓硫酸：质量分数约 96%，$\rho \approx 1.84$ g/mL。

8.8.3.2.5 硫酸：1+4

小心地将 1 体积浓硫酸(8.8.3.2.4)加至 4 体积的水中。

8.8.3.2.6 醋酸：质量分数 99%～100%

8.8.3.2.7 浓氨水：质量分数约 25%，$\rho \approx 0.9$ g/mL，不含二氧化碳。

8.8.3.2.8 草酸铵：饱和溶液。

8.8.3.2.9 草酸铵溶液：1 g/L。

8.8.3.2.10 高锰酸钾标准滴定溶液：$c(1/5\mathrm{KMnO_4}) \approx 0.1$ mol/L。

按 GB/T 601—2002 中 4.12 规定进行。

8.8.3.2.11 甲基红乙醇溶液：1 g/L。

8.8.3.2.12 甲基异丁基酮

**8.8.3.3 步骤**

**8.8.3.3.1 试样的前处理**

平行测定两次。

取适量试样于 105℃下干燥 1 h，称量约 10 g(精确至 1 mg)干燥试样于瓷皿中。

将瓷皿置于马弗炉中于 750℃下加热 1 h，冷却。将试样溶解于 100 mL 浓盐酸(8.8.3.2.1)中，蒸发至干。将残余物置于150℃下加热1 h,冷却后溶解于50 mL浓盐酸中。

加50 mL水稀释,过滤,用稀盐酸(8.8.3.2.2)洗涤。

将滤纸及残余物置于铂坩埚中,干燥,灰化。加入氢氟酸(8.8.3.2.3)和硫酸(8.8.3.2.4),小心蒸发至干以使二氧化硅挥发。用稀盐酸(8.8.3.2.2)溶解残余物并将溶液加入到上述步骤所得溶液中。将溶液转移至250 mL分液漏斗中。

**8.8.3.3.2 测定**

加60 mL稀盐酸(8.8.3.2.2)到分液漏斗中,用60 mL甲基异丁基酮(8.8.3.2.12)把铁萃取出,如果溶液仍有色,则再萃取第2次。倒出水相,收集于烧杯中,在有甲基红(8.8.3.2.11)存在下用氨液中和。然后用稍微过量的醋酸(8.8.3.2.6)酸化溶液。

将溶液煮沸,加入50 mL热的饱和草酸铵溶液(8.8.3.2.8)。继续煮沸直至沉淀变为粒状为止,静止约1 h,过滤,并用稀草酸铵溶液(8.8.3.2.9)洗涤,直至滤液无氯离子为止。最后用最少量的冷水洗去草酸铵。

将烧杯置于漏斗下,用玻璃棒击穿滤纸的尖部,用热水将沉淀物冲洗至烧瓶中,用约30 mL温热硫酸(8.8.3.2.5)洗涤滤纸,用水稀释烧杯中的溶液至约250 mL,在75℃左右用高锰酸钾标准滴定溶液(8.8.3.2.10)滴定,滴定结束时溶液温度应不低于60℃。记录所耗高锰酸钾标准滴定溶液的体积($V_4$)。

**8.8.3.4 结果的表示**

按式(7)或式(8)计算氧化钙含量$w(\mathrm{CaO})$,以质量分数(%)表示:

$$w(\mathrm{CaO}) = \frac{V_4 c_3 \times 0.028\,04}{m_4} \times 100 \qquad \cdots\cdots(7)$$

即

$$w(\mathrm{CaO}) = \frac{2.804 \times c_3 V_4}{m_4} \qquad \cdots\cdots(8)$$

式中:

$m_4$——试样的质量,单位为克(g);

$V_4$——滴定所消耗的高锰酸钾标准滴定溶液(8.8.3.2.10)的体积,单位为毫升(mL);

$c_3$——高锰酸钾标准滴定溶液(8.8.3.2.10)的浓度,单位为摩尔每升(mol/L);

0.028 04——与1.00 mL高锰酸钾标准滴定溶液[$c(1/5\mathrm{KMnO_4})=1$ mol/L]相当的以克表示的氧化钙(CaO)质量。

如果两次平行测定结果之差大于0.05%(质量分数),则应重新进行测定。

计算两次平行测定的平均值,结果精确至0.1%(质量分数)。

**8.9 有机着色物的试验**

**8.9.1 试剂**

所用试剂均应采用分析纯试剂,并使用符合GB/T 6682规定的纯度至少为三级的水。

**警告——应按适当的健康和安全规则来使用试剂。**

8.9.1.1 乙醇:体积分数约95%。

8.9.1.2 氢氧化钠乙醇溶液:1 mol/L。

8.9.1.3 1,1,1-三氯乙烷

**8.9.2 步骤**

**8.9.2.1 试样**

分别称取试样2 g于两支试管中。

**8.9.2.2 测定**

在一份试样中加25 mL水,煮沸,让其澄清,并倒出上层清液。

在残余物中加25 mL乙醇(8.9.1.1),如上述方法处理倒出上层清液。

再往残余物中加 25 mL 氢氧化钠溶液(8.9.1.2),再次如上述方法处理倒出上层清液。

在另一份试样中加 25 mL 1,1,1-三氯乙烷(8.9.1.3),煮沸,让其澄清,并倒出上层清液。

观察上述清液的颜色。

**8.9.3 结果的表示**

报告上述溶液是否有色,如果上述溶液中有一个着色,则认为存在有机着色物。

注:这些溶液的无色表明颜料中几乎没有或者很少有有机着色物存在。有机着色物的存在也可以通过煅烧颜料时的特殊气味鉴别出来。

**8.10 水悬浮液 pH 值的测定**

按 GB/T 1717 中的规定进行。

**8.11 吸油量的测定**

按 GB/T 5211.15 中的规定进行。

**8.12 颜色的测定**

**8.12.1 总则**

提供了二种方法:A 法 目视法和 B 法 仪器法。可商定选用其中任一方法。

注:制备颜料分散体时能达到平磨仪分散效果的其他分散设备也可使用。

**8.12.2 A 法 目视法**

按 GB/T 1864 中的规定进行。建议试样量为 1.0 g,精制亚麻仁油加量:氧化铁红和氧化铁黑颜料为 0.5 mL,氧化铁黄和氧化铁棕颜料为 1.0 mL,待研磨 200 转后,再补加 0.5 mL,研磨 25 转。

注:根据颜料吸油量大小可适当调整油的用量。

**8.12.3 B 法 仪器法**

按 GB/T 5211.20 中的规定进行。

**8.13 相对着色力的测定**

**8.13.1 总则**

提供了二种方法:A 法 目视法和 B 法 仪器法。可商定选用其中任一方法。

注:制备颜料分散体时能达到平磨仪分散效果的其他分散设备也可使用。

**8.13.2 A 法 目视法**

按 GB/T 5211.19 中的规定进行。建议氧化铁红和氧化铁黑颜料分散体的制备:取 3.0 g 颜料和 1.5 g 漆基。冲淡色浆的制备:取 3.0 g 白浆和颜料分散体 0.36 g。氧化铁黄和氧化铁棕颜料分散体的制备:取 1.0 g 颜料和 1.5 g 漆基。冲淡色浆的制备:取 3.0 g 白浆和颜料分散体 0.6 g。

注:根据需要可适当调整漆基用量和冲淡比例。

**8.13.3 B 法:仪器法**

按 GB/T 13451.2 中的规定进行。

## 9 检验规则

**9.1 检验分类**

9.1.1 产品检验分为出厂检验和型式检验。

9.1.2 出厂检验项目包括总铁量、105℃挥发物、水溶物、筛余物、水悬浮液 pH 值、颜色和相对着色力。

9.1.3 型式检验项目包括本标准所列的全部技术要求。水溶性氯化物和硫酸盐、水萃取液酸碱度、铬酸铅的试验、总钙量、有机着色物的试验和吸油量在正常生产情况下每半年检验一次。当遇新产品投产、产品配方和主要原料等有变化时,应进行型式检验。

**9.2 检验结果的判定**

9.2.1 检验结果的判定按 GB/T 1250 中修约值比较法进行。

9.2.2 所有项目的检验结果均达到本标准要求时,该试验样品为符合本标准要求。

## 10 标志、包装、运输和贮存

### 10.1 标志

产品包装袋上应印有牢固、清晰的标志，包括生产厂名称、厂址、产品名称、注册商标、标准代号、型号、生产批号、净含量、生产日期及规定的“防潮”标志。

### 10.2 包装

产品可用塑料编织袋内衬塑料薄膜袋包装，也可用其他适宜的包装材料包装。

### 10.3 运输

运输、装卸时要轻装、轻卸，防止包装污染和破损。产品在运输中应防止雨淋和日光曝晒。

### 10.4 贮存

产品应按分类、分批存放在通风干燥处，严禁与产品可发生反应的物品接触，并注意防潮。未开包装的颜料有效贮存期为三年。

超过贮存期的产品可按本标准规定的项目进行型式检验，如结果符合要求仍可使用。

# 附　录　A
（资料性附录）
含汞废液的处理

为避免铁含量测定产生的含汞废液直接排放到环境中，应收集这些溶液并处理除去其中所含的汞。一种合适的处理装置如下。

按照图 A.1 所示将 3 个 10 L 的塑料瓶连接（把膨胀盒引入到连接线中以降低因剧烈反应而使压力增加带来的危险）。在前面 2 个瓶子中分别盛放 3 kg 铝或铁条以诱发汞电化学沉淀。

在最终排放前将从第 3 个瓶子中排放出的溶液引入到中和容器中，在废液输入到回收工厂前用倾析法不时地移去沉积的汞泥。如有必要更换铝条或铁条。

图 A.1　废液中汞处理装置

# 附　录　B
（资料性附录）
## 本标准与 ISO 1248:2006 的技术性差异及其原因

表 B.1 给出了本标准与 ISO 1248:2006 的技术性差异及其原因的一览表。

**表 B.1　本标准与 ISO 1248:2006 的技术性差异及其原因**

| 本标准的章条编号 | 技术性差异 | 原因 |
|---|---|---|
| 1 | 在范围中增加了“检验规则及标志、包装、运输和贮存”等规定。<br>增加了“主要应用于涂料工业用产品。其他如建筑、造纸、橡胶、塑料等工业用产品也可参照使用”的说明。 | 使标准适用范围更明确，符合我国习惯。 |
| 2 | 引用了采用国际标准的我国标准和部分我国制定的国家标准，而非国际标准。 | 适合我国国情，使用更方便。 |
| 4.1<br>4.2.6 | 分类中增加了按 105℃挥发物分为 V1、V2、V3 共三个类型的内容。 | 用户需求。 |
| 4.1、5<br>4.2.1～4.2.6 | 文字描述作了修改。<br>条标题作了修改。 | 表述更清晰，便于理解。 |
| 表 6<br>表 7 | 删除了国际标准中“试验方法”一栏。 | 已在第 8 章中分别详细描述。 |
| 表 6 | “按组、种类划分的要求”改为“按颜色、铁含量划分的要求”。 | 表述更清晰，便于理解。 |
| 表 6 | 改变了 105℃挥发物的要求，改为“按产品类型（V1、V2、V3）划分要求”，国际标准中“按铁含量划分要求”。 | 用户需求。 |
| 表 2<br>表 6 | 增加了氧化铁黄颜料和氧化铁黑颜料中Ⅰ型产品的水溶物要求（≤0.5），Ⅱ型产品的水溶物要求由“≤1”改为“>0.5，≤1”。 | 用户需求。 |
| 表 7 | “水悬浮液 pH 值”要求以“商定”代替国际标准中“与商定参照颜料相差不大于 1 pH 单位”；<br>“吸油量”要求以“商定”代替国际标准中“与商定参照颜料相差不大于 15％”；<br>“颜色”和“相对着色力”要求以“商定”代替国际标准中“与商定参照颜料相比，在双方商定的容许范围内”。 | 用户需求，实施更方便。 |
| 8 | 增加了“第 8 章　试验方法”，将国际标准中第 8～11 章内容并入第 8 章中。 | 使标准内容更清晰，符合国内使用习惯。 |
| 8.1.1<br>8.8.1<br>8.12.1<br>8.13.1 | 增加了“总则”条款。 | 表述更清晰，便于理解。 |
| 8.1<br>8.8 | 删除了国际标准的第 8.1.5.2、8.2.5.2、10.1.5.2 和 10.2.5.2 条关于精密度的条款和第 8.1.3 和 10.2.3 条关于仪器的条款。 | 目前尚无相关精密度数据，故删除此条款；<br>使用的均为普通实验室仪器，故删除此条款。 |

表 B.1（续）

| 本标准的章条编号 | 技术性差异 | 原因 |
|---|---|---|
| 8.1.2.2.8<br>8.1.3.2.6 | 改变了重铬酸钾标准溶液的标定方法，改为按 GB/T 601—2002 中 4.5.2 规定方法标定溶液。国际标准中用氧化铁标准物质按测定样品的步骤标定溶液。 | 目前国内无氧化铁标准物质；<br>适合我国国情，使用更方便。 |
| 8.1.2.3.1 | 删除了国际标准中操作步骤的条编号。 | 文本表述前后一致。 |
| 8.1.2.4<br>8.1.3.5<br>8.8.2.5<br>8.8.3.4 | 改变了计算公式的表示方式；<br>删除了计算公式中的单位“%”。 | 适合我国国情，便于实际操作；<br>符合行业习惯的表示方式。 |
| 8.8.3.2.10 | 改变了高锰酸钾标准溶液的标定方法，改为按 GB/T 601—2002 中 4.12 规定方法标定溶液。国际标准中用优级纯草酸钙按测定样品的步骤标定溶液。 | 适合我国国情，使用更方便。 |
| 8.3～8.6<br>8.12.2<br>8.13.2 | 对试验条件作了具体补充规定。 | 便于操作。 |
| 8.12.3<br>8.13.3 | 增加了仪器法测定颜色和相对着色力的方法。 | 仪器法测色已经得到广泛应用；<br>用户需求。 |
| 9～10 | 增加了“第 9 章　检验规则”和“第 10 章　标志、包装、运输和贮存”。<br>删除了国际标准的“前言”和“第 12 章　试验报告”。 | 适合我国国情，用户需求。 |

## 参 考 文 献

[1] GB/T 603 化学试剂 试验方法中所用制剂及制品的制备(GB/T 603—2002,neq ISO 6353-1:1982)

[2] GB/T 6682 分析实验室用水规格和试验方法(GB/T 6682—1992,neq ISO 3696:1987)

[3] HG/T 2457 颜料产品检验、标志、包装、运输和贮存通则(HG/T 2457—1993)

[4] ISO 10601 色漆用云母氧化铁颜料 规格和试验方法

[5] ANSMANN,W,Arch. Eisenhüttenw.,53(10),1982,p. 390

ICS 87.060.10
G 54

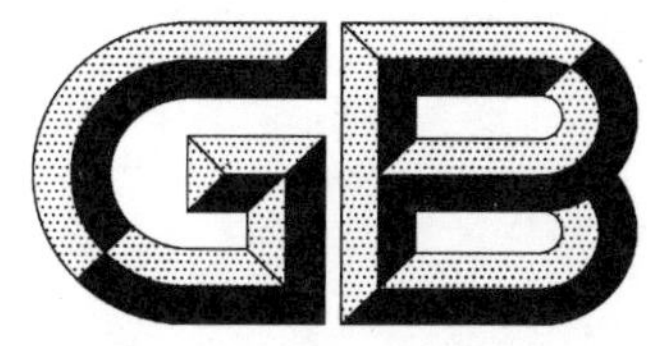

# 中华人民共和国国家标准

GB/T 3184—2008
代替 GB/T 3184—1993

# 铬酸铅颜料和钼铬酸铅颜料

**Lead chromate pigments and lead chromate-molybdate pigments**

(ISO 3711:1990,Lead chromate pigments and lead chromate-molybdate pigments—Specifications and methods of test,MOD)

2008-05-14 发布　　　　2008-10-01 实施

中华人民共和国国家质量监督检验检疫总局
中国国家标准化管理委员会　发布

# 前　言

本标准修改采用国际标准 ISO 3711:1990《铬酸铅颜料和钼铬酸铅颜料——规格和试验方法》(英文版)。

本标准根据国际标准 ISO 3711:1990《铬酸铅颜料和钼铬酸铅颜料——规格和试验方法》重新起草。

本标准在采用国际标准时进行了修改,这些技术性差异用垂直单线标识在它们所涉及的条款的页边空白处。在附录 A 中给出了技术性差异及其原因的一览表以供参考。

本标准与国际标准 ISO 3711:1990 相比,主要技术差异为:

——本标准中所用试验方法大部分采用了现行国家标准,其中多数方法系修改或等同采用相应国际标准;

——本标准中增加了“颜色测定——色度法”;

——本标准中增加了“相对着色力测定——光度计法”;

——本标准中增加了“第 8 章　检验规则”和“第 9 章　标志、包装、运输和贮存”;

——本标准删除了国际标准的前言;

——本标准删除了国际标准中“可溶性铅含量的测定 双硫腙分光光度法”。

本标准代替 GB/T 3184—1993《铅铬黄》,并作了技术上的修订和编辑性修改。

本标准与 GB/T 3184—1993 相比,主要技术差异为:

——本标准中适用范围增加了“钼铬酸铅颜料”;

——本标准中产品分两种类型,即标准型(1 型)和稳定型(2 型),GB/T 3184—1993 中按颜色不同分 5 个品种,每个品种又分 2 个等级;

——本标准中采用“商定参照颜料”,GB/T 3184—1993 中采用选定的“标准样”;

——本标准中增加了“在 0.07 mol/L HCl 中可溶性铅含量”测定项目;

——本标准中删除了“铬酸铅含量”测定项目;

——本标准中“颜色”、“相对着色力”、“易分散程度”、“耐光性”、“吸油量”等项目指标均为商定指标或与商定参照颜料比较,GB/T 3184—1993 中均规定了具体指标;

——本标准中增加了“颜色测定——色度法”;

——本标准中增加了“相对着色力测定——光度计法”;

——本标准中改变了“筛余物”、“耐光性”测定的方法;

——本标准中增加了“总铅含量测定——滴定分析法”。

本标准的附录 A 为资料性附录。

本标准由中国石油和化学工业协会提出。

本标准由全国涂料和颜料标准化技术委员会归口。

本标准起草单位:中化建常州涂料化工研究院、上海铬黄颜料厂、江苏双乐化工颜料有限公司、重庆江南化工有限责任公司、新乡海伦颜料有限公司、山东蓬莱新光颜料化工有限公司。

本标准主要起草人:黄逸东、沈苏江、刘静萍、葛扣根、李洪、杜昌林、赵强林。

本标准于 1982 年首次发布,1993 年第一次修订,本次为第二次修订。

# 铬酸铅颜料和钼铬酸铅颜料

## 1 范围

本标准规定了铬酸铅颜料和钼铬酸铅颜料的分类、特性要求、试验方法、取样、检验规则及标志、包装、运输和贮存。

本标准适用于一般用途的铬酸铅颜料和钼铬酸铅颜料。该产品主要用于涂料、塑料、橡胶和油墨等行业。

注：表1中列出了这些颜料的化学成分。

## 2 规范性引用文件

下列文件中的条款通过本标准的引用而成为本标准的条款。凡是注日期的引用文件，其随后所有的修改单(不包括勘误的内容)或修订版均不适用于本标准，然而，鼓励根据本标准达成协议的各方研究是否可使用这些文件的最新版本。凡是不注日期的引用文件，其最新版本适用于本标准。

GB/T 1250 极限数值的表示方法和判定方法

GB/T 1710 颜料耐光性测定法

GB/T 1717—1986 颜料水悬浮液 pH 值的测定(eqv ISO 787-9:1981)

GB/T 1864—1989 颜料颜色的比较(eqv ISO 787-1:1982)

GB/T 3186—2006 色漆、清漆和色漆与清漆用原材料 取样(ISO 15528:2000,IDT)

GB/T 5211.1—2003 颜料水溶物测定 冷萃取法(ISO 787-8:2000,IDT)

GB/T 5211.3—1985 颜料在105℃挥发物的测定(eqv ISO 787-2:1981)

GB/T 5211.13—1986 颜料水萃取液酸碱度的测定(eqv ISO 787-4:1981)

GB/T 5211.15—1988 颜料吸油量的测定(eqv ISO 787-5:1980)

GB/T 5211.18—1988 颜料筛余物的测定 水法 手工操作(neq ISO 787-7:1981)

GB/T 5211.19—1988 着色颜料的相对着色力和冲淡色的测定 目视比较法(eqv ISO 787-16:1986)

GB/T 5211.20—1999 在本色体系中白色、黑色和着色颜料颜色的比较 色度法(eqv ISO 787-25:1993)

GB/T 9287—1988 颜料易分散程度的比较 振荡法(eqv ISO 787-20:1975)

GB/T 13451.2—1992 着色颜料相对着色力和白色颜料相对散射力的测定 光度计法(idt ISO 787-24:1985)

## 3 分类

在本标准中，铬酸铅颜料和钼铬酸铅颜料分为下列两种类型：

标准型(1型)：由铬酸铅或碱式铬酸铅组成的黄到红色的颜料，可能含有硫酸铅、钼酸铅或不溶于水的铅共沉淀化合物。其中应无有机着色物和体质颜料。仅在需要控制颜料晶体结构时，可含铝和硅共沉淀化合物等。

稳定型(2型)：由铬酸铅或碱式铬酸铅组成的黄到红色的颜料，可能含有硫酸铅、钼酸铅或不溶于水的铅共沉淀化合物。其中应无有机着色物和体质颜料。此类颜料应含有为了改进颜料性能的物质。如果规定了2型，购方可以要求供方阐明由添加物而改善性能的特点，并说明最低的总铅含量。

## 4 特性要求

4.1 符合本标准的铬酸铅颜料和钼铬酸铅颜料，其基本要求规定于表2，条件要求规定于表3。列于表3中的参照颜料和条件要求应通过有关双方的协商来确定。

4.2 商定参照颜料应符合表2的要求。

**表1 铬酸铅颜料和钼铬酸铅颜料的化学成分**

| 颜料类型 | 颜料的色调 | 颜色索引号 | 化学成分 |
|---|---|---|---|
| 铬酸铅 | 浅黄和柠檬黄 | 颜料黄 No.34，第2部分，Ref.77603 | 硫代铬酸铅 |
| | 黄 | 颜料黄 No.34，第2部分，Ref.77600 | 铬酸铅 |
| | 橙黄 | 颜料黄 No.21，第2部分，Ref.77601 | 碱式铬酸铅 |
| 钼铬酸铅 | 橙色到红色 | 颜料红 No.104，第2部分，Ref.77605 | 硫代钼铬酸铅 |

**表2 基本要求**

| 特性 | 要求 | 试验方法 |
|---|---|---|
| 105℃挥发物（质量分数）/%<br>柠檬黄、浅黄和钼铬红<br>其他 | <br>≤2<br>≤1 | GB/T 5211.3—1985 |
| 水溶物（质量分数）（冷萃取法）/% | ≤1 | GB/T 5211.1—2003，取20 g试样 |
| 水萃取液的酸碱度/mL | ≤20 | GB/T 5211.13—1986，取20 g试样 |
| 水悬浮液的pH值 | 4～8 | GB/T 1717—1986 |
| 筛余物（质量分数）（45 μm）/% | ≤0.3 | GB/T 5211.18—1988 |

**表3 条件要求**

| 特性 | 要求 | 试验方法 |
|---|---|---|
| 颜色[a] | 商定 | GB/T 1864—1989（目视法）或<br>GB/T 5211.20—1999（仪器法） |
| 冲淡色 | | GB/T 5211.19—1988 |
| 相对着色力[a] | | GB/T 5211.19—1988（目视法）或<br>GB/T 13451.2—1992（仪器法） |
| 易分散程度 | 不差于商定参照颜料（见4.2） | GB/T 9287—1988，在2.5 min、5 min，此后每隔5 min测量研磨细度 |
| 耐光性 | 不差于商定参照颜料（见4.2） | GB/T 1710 |
| 吸油量 | 与商定值之差不大于15% | GB/T 5211.15—1988 |
| 总铅含量（质量分数）（以Pb计）/% | 与商定值之差不大于3% | 见第6章 |
| 在0.07 mol/L HCl中可溶性铅含量（质量分数）/% | 如需要，由有关双方商定 | 见第7章 |
| [a] 仪器法和目视法可选择使用，仲裁时选用仪器法。 | | |

## 5 取样

按GB/T 3186—2006的规定取受试产品的代表性样品。

## 6 总铅含量的测定

本标准规定了两种方法:6.1 是重量法,6.2 是滴定分析法。采用哪一种方法,应由有关双方商定。有争议时,应使用 6.1 重量法。

### 6.1 重量法

#### 6.1.1 原理

将试样溶解于盐酸中,铅以硫化铅形式析出,用重量法测定以硫酸铅沉淀出来的铅,然后用乙酸铵萃取。

#### 6.1.2 试剂

所用试剂均应采用分析纯试剂,并使用符合 GB/T 6682 规定的纯度至少为 3 级的水。

**警告——应按照适当的健康和安全规则使用试剂。**

6.1.2.1 乙酸铵。

6.1.2.2 硫化氢。

6.1.2.3 酒石酸。

6.1.2.4 硝酸/溴试剂

以溴饱和的 $c(HNO_3)=4$ mol/L 的硝酸。

6.1.2.5 浓盐酸,质量分数约为 37%,$\rho\approx1.19$ g/mL。

6.1.2.6 浓硫酸,质量分数约为 96%,$\rho\approx1.84$ g/mL。

6.1.2.7 稀硫酸

冷却下将 5 mL 浓硫酸(6.1.2.6)加到水中稀释,再加水至(总体积为)100 mL。

6.1.2.8 乙醇,体积分数为 95%。

6.1.2.9 硫化钠,50 g/L 溶液(新配制)。

6.1.2.10 乙酸铵,饱和溶液。

6.1.2.11 氨溶液,质量分数约为 25%, $\rho\approx0.91$ g/mL。

#### 6.1.3 仪器设备

普通的实验室仪器,以及下列仪器:

6.1.3.1 烧结(多孔)玻璃坩埚,孔隙度 P16。

6.1.3.2 烧结(多孔)石英坩埚,孔隙度 P16。

6.1.3.3 干燥烘箱,能保持 105℃±2℃。

6.1.3.4 马弗炉,能保持 500℃±20℃。

#### 6.1.4 操作步骤

平行测定二次。

##### 6.1.4.1 试样

称取约 0.5 g 样品,准确至 0.1 mg。

##### 6.1.4.2 测定

将试样(6.1.4.1)放入 600 mL 的烧杯中,加入 2 mL 乙醇(6.1.2.8)作还原剂,再加入 100 mL 水和 15 mL 盐酸(6.1.2.5)。用表面皿盖住烧杯,加热至沸。慢慢地沸腾直到所有醛味消失。用热水稀释到 200 mL。趁热通过慢速滤纸过滤该溶液,并用热水充分洗涤滤纸和残留物,直到几滴滤液与硫化钠溶液(6.1.2.9)相遇不显色为止。合并滤液和洗涤液。使其冷却到室温。

搅拌下慢慢地加入氨溶液(6.1.2.11),直到生成不消失的微细沉淀物。然后加 0.5 g 酒石酸(6.1.2.3)和盐酸(6.1.2.5),直到溶液的 pH 值在 1～2 之间。在通风橱里将硫化氢(6.1.2.2)通入溶液中,使其饱和。稀释该溶液到 400 mL,再通硫化氢使其饱和。使沉淀的硫化铅静置,最好过夜。倾出上层清液用轻微抽滤使之通过烧结玻璃坩埚(6.1.3.1)。用经硫化氢饱和的水以倾析法将沉淀物洗涤一次，用一股硫化氢水流，借助带橡皮头的玻璃棒将沉淀物移至坩埚中。用硫化氢饱和的水洗涤坩埚上的沉淀物 5 次，弃去滤液和洗涤液。

将该烧结玻璃坩埚置于原来的 600 mL 烧杯中，加入硝酸/溴试剂(6.1.2.4)使硫化铅沉淀溶解。用热水冲洗坩埚，将洗涤液收集于同一烧杯中。盖住烧杯，在通风橱里加热该物料，通过另一个烧结玻璃坩埚(6.1.3.1)过滤。

用热水冲洗烧杯、盖和坩埚 5 次，将滤液和洗涤液转移到第二个 600 mL 烧杯中。冷却该溶液，加入 15 mL 浓硫酸(6.1.2.6)，小心蒸发该溶液，直至放出浓的白烟。冷却该烧杯和物料，用水冲洗烧杯内壁，再次蒸发物料直至冒白烟。冷却该烧杯，加 40 mL 乙醇(6.1.2.8)和 75 mL 水，并使整体放置隔夜。

将上层清液倾入已称量过的烧结石英坩埚(6.1.3.2)，用等分的乙醇和稀硫酸(6.1.2.7)的混合液以倾析法将沉淀物洗涤一次，并用一股相同的洗涤液流，借助带橡皮头的玻璃棒将沉淀物移到坩埚内。用乙醇洗涤沉淀物，直到洗涤液呈中性。在干燥烘箱(6.1.3.3)内干燥坩埚和沉淀物，然后在马弗炉(6.1.3.4)中于(500℃±20℃)加热坩埚。在干燥器中冷却、称量至恒重。

用结晶乙酸铵(6.1.2.1)装满坩埚，通过它慢慢地倒入 50 mL 沸腾的乙酸铵溶液(6.1.2.10)。用热水充分洗涤，直到几滴洗液与硫化钠相遇不显色为止。再按前述方法进行干燥、灼烧、冷却和再称重。

**6.1.5 结果的表示**

按式(1)计算颜料的总铅含量 $w(\mathrm{Pb})$，以质量分数(%)表示：

$$w(\mathrm{Pb}) = \frac{0.683\,2 \times m_1}{m_0} \times 100 \qquad \cdots\cdots(1)$$

式中：

$m_0$——试样的质量，单位为克(g)；

$m_1$——沉淀物($PbSO_4$)的质量，即用乙酸铵萃取前、后二次称量值之间的差，单位为克(g)；

0.683 2——$PbSO_4$ 克数换算成 Pb 克数的系数。

如果总铅含量需要以 PbO 的质量分数(%)表示，则按式(2)计算：

$$w(\mathrm{PbO}) = \frac{0.736 \times m_1}{m_0} \times 100 \qquad \cdots\cdots(2)$$

式中：

$w(\mathrm{PbO})$——颜料总铅含量，以 PbO 质量分数表示；

$m_0$ 和 $m_1$——意义与上式相同；

0.736——$PbSO_4$ 克数换算成 PbO 克数的系数。

如果两次测定值之差大于 0.5%(以 Pb 计)，则应重做。

计算两次有效测定的平均值。报告其结果，精确到 0.1%。

## 6.2 滴定分析法(采用电解分离)

**6.2.1 原理**

将试样溶解于硝酸中，通过电解作用使铅变为二氧化铅而分离出来。将二氧化铅沉淀溶解于硝酸和过氧化氢中，再用 EDTA 溶液来络合滴定铅。

**6.2.2 试剂**

所用试剂未注明要求时均应采用分析纯试剂，并使用符合 GB/T 6682 规定的纯度至少为 3 级的水。

**警告——应按照适当的健康和安全规则使用试剂。**

6.2.2.1 浓硝酸，质量分数约为 70%，$\rho \approx 1.42$ g/mL。

6.2.2.2 过氧化氢，质量分数约为 30%的溶液。

6.2.2.3 尿素。

6.2.2.4 硝酸铜。

6.2.2.5 丙酮。

6.2.2.6 EDTA 标准滴定溶液，$c(\text{EDTA})=0.025\ \text{mol/L}$。

用乙二胺四乙酸二钠基准物质直接配制。

6.2.2.7 二甲酚橙混合物

将 1 g 二甲酚橙加到 100 g 氯化钠(或硝酸钾)中，混匀。

6.2.2.8 六次甲基四胺。

**6.2.3 仪器**

普通实验室仪器，以及下列仪器：

6.2.3.1 电解设备。

6.2.3.2 铂电极。

**6.2.4 操作步骤**

平行测定二次。

6.2.4.1 试样

称取约 0.25 g 样品，准确至 0.1 mg。

6.2.4.2 试验溶液的制备

将试样(6.2.4.1)置于 250 mL 高型烧杯中，加 10 mL 硝酸(6.2.2.1)、10 mL 水和少量硝酸铜(6.2.2.4)。

加热至试样溶解。加 10 滴过氧化氢溶液(6.2.2.2)，缓缓煮沸 10 min。用约 50 mL 水稀释，再加 5 mL 硝酸和少量尿素(6.2.2.3)，加热至沸。

注：在这一步可能会留有少量不溶性残余物，但它与测定无关。

6.2.4.3 采用电解方法分离以 $PbO_2$ 形式分离铅。

注：电解时的最佳电压取决于所用的设备，一般在 1.6 V～2.8 V 之间。因此，为确定所用设备待施加的最佳电压，应使用已知铅含量的铬酸铅，进行预先试验。所谓最佳电压是指在该电压下，二氧化铅沉淀完全，没有明显气泡生成。

以下说明中所给的电压只是例子。

电解前，将铂电极(阳极)(6.2.3.2)浸入丙酮(6.2.2.5)中，以除去油脂。在 2 V 电压下开始电解，无任何搅拌。几秒钟后，当出现沉淀时，降低电压到 1.6 V～1.7 V。继续电解，慢慢地搅拌，于约 80℃ 下保持 30 min。30 min 后，将烧杯提高 1 cm～2 cm，再继续电解 15 min。然后把烧杯放回原来位置，用目视法检验曝露部分电极上有无二氧化铅沉淀。如果有沉淀物生成，则继续电解 15 min。

电解完成后，从溶液中慢慢提出电极，但施加的电压不变。同时用洗瓶以一股水流冲洗电极。

6.2.4.4 用络合滴定法测定铅

注：当存在钼和锑时，电解时会部分地沉淀出钼和锑的氧化物。但是，这些元素不影响铅的滴定测定。

将沉积有二氧化铅(见 6.2.4.3)的铂电极浸于盛有 150 mL 水，3 mL 硝酸(6.2.2.1)及 2 mL 过氧化氢溶液(6.2.2.2)的 250 mL 烧杯中 15 min。沉淀物会迅速溶解。从溶液中取出铂电极，同时用水进行冲洗。将溶液蒸发到约 50 mL，使所有剩余的过氧化氢分解。然后加约 100 mL 水。

加入 0.1 g 二甲酚橙混合物(6.2.2.7)后，再加入少量六次甲基四胺(6.2.2.8)直至溶液颜色由黄色变为粉红色。再加过量 0.4 g～0.5 g 六次甲基四胺。之后在搅拌下，用 EDTA 溶液(6.2.2.6)滴定到溶液颜色刚变黄为止。

**6.2.5 结果的表示**

**6.2.5.1 计算**

按式(3)计算，颜料的总铅含量 $w(\text{Pb})$，以质量分数(%)表示：

$$w(\text{Pb})=\frac{0.207cV}{m_2}\times 100 \qquad\cdots\cdots(3)$$

式中：

$w(Pb)$——颜料的总铅含量，以 Pb 质量分数表示；

$m_2$——试样的质量，单位为克(g)；

$c$——EDTA 标准滴定溶液的浓度，单位为摩尔每升(mol/L)；

$V$——滴定消耗 EDTA 标准溶液的体积，单位为毫升(mL)；

0.207——总铅的毫摩尔数换算成铅克数的系数。

如果需要用 PbO 的质量分数(%)表示总铅含量，则按式(4)计算：

$$w(PbO) = \frac{0.223cV}{m_2} \times 100 \qquad (4)$$

式中：

$w(PbO)$——颜料的总铅含量，以 PbO 质量分数表示；

$m_2$、$c$ 和 $V$——意义与式(3)相同；

0.223——总铅的毫摩尔数换算成氧化铅克数的系数。

如果两次测定值之差大于 0.8%(以 Pb 计)，则应重做。

计算两次有效测定的平均值，报告其结果，精确到 0.1%。

#### 6.2.5.2 精密度

a) 重复性 $r$

由同一操作者在同一试验室里用同样设备和标准试验方法，在短的时间间隔内对同一物料进行试验，所得到的两个试验结果之间的差值若低于 0.85%，可预料其概率为 95%。

b) 再现性 $R$

由不同操作者在不同的实验室，采用标准的试验方法对同一物料进行试验所得到的两个试验结果之间的差值若低于 2%，可预料其概率为 95%。

## 7 可溶性铅含量的测定

### 7.1 可溶性铅的萃取

#### 7.1.1 试剂

所用试剂均应采用分析纯试剂，并使用符合 GB/T 6682 规定的纯度至少为 3 级的水。

**警告——应按照适当的健康和安全规则使用试剂。**

7.1.1.1 稀盐酸，$c(HCl)=0.07$ mol/L。

7.1.1.2 盐酸，稀释 1+1。

将 1 体积浓盐酸(质量分数约为 37%，$\rho \approx 1.19$ g/mL)加到 1 体积水中。

7.1.1.3 铅标准溶液：浓度为 100 mg/L 或 1 000 mg/L。

#### 7.1.2 仪器

普通实验室仪器，以及下列仪器：

7.1.2.1 火焰原子吸收光谱仪：配备铅空心阴极灯，并装有可通入空气和乙炔的燃烧器。仪器工作条件：测试波长：283.3 nm；原子化方法：空气-乙炔火焰法；背景校正：氘灯。

7.1.2.2 适宜的机械搅拌器。

7.1.2.3 带有电极的 pH 计。

7.1.2.4 薄膜过滤器，孔径 0.15 μm，或能得到 7.1.3.2 中清彻滤液的其他适宜的过滤器。

7.1.2.5 过滤装置，用于薄膜过滤器(7.1.2.4)。

7.1.2.6 水浴，能保持在 23℃±2℃。

7.1.2.7 容量瓶：25 mL、50 mL、100 mL。

7.1.2.8 移液管：1 mL、2 mL、5 mL、10 mL、25 mL。

#### 7.1.3 操作步骤

##### 7.1.3.1 试样

按第 6 章所述测定颜料的总铅含量。

根据颜料的总铅量，按式(5)计算测定可溶性铅含量的试样量 $m_3$：

$$m_3 = \frac{60}{w(\mathrm{Pb})} \times 0.5 \qquad \cdots\cdots(5)$$

式中：

$w(\mathrm{Pb})$——颜料的总铅量，以质量分数表示；

60——典型铬酸铅颜料的平均铅含量，以质量分数表示。

##### 7.1.3.2 萃取

进行一式两份颜料的平行萃取。

称取试样 $m_3$(准确至 1 mg)，将其置于清洁、干燥的 1 000 mL 烧杯中。装上搅拌器(7.1.2.2)向烧杯中加入用水浴(7.1.2.6)预先将温度调到 23℃±2℃的稀盐酸(7.1.1.1)500 mL，将烧杯置于水浴中立即开始搅拌该混合物(见下一段)。将 pH 计(7.1.2.3)的电极插入混合物中。如有必要，用 1+1 盐酸(7.1.1.2)将混合物的 pH 值调到与稀盐酸(7.1.1.1)的 pH 值相同。

在整个萃取过程中，应控制搅拌速度，使颜料保持悬浮，同时注意避免悬浮液溅出。

继续搅拌 60 min±1 min，确保在整个试验过程中，使混合物的温度维持在 23℃±2℃。通过小心加入 1+1 盐酸(7.1.1.2)使混合物的 pH 值保持不变。在搅拌期结束后，使混合物于 23℃±2℃下再静置 60 min±1 min。然后采用过滤装置(7.1.2.5)，倾注该混合物通过薄膜过滤器(7.1.2.4)过滤，将最初 10 min 内得到的滤液收集在一个适宜的玻璃容器里，立即盖住容器。

保留过滤后的萃取液按 7.2 的规定测定可溶性铅含量，每次取适当的等分试样进行测定。

滤液中可溶性铅含量的测定应在萃取液制备后 4 h 内尽快进行。

### 7.2 可溶性铅的测定 火焰原子吸收光谱(AAS)法

#### 7.2.1 标准曲线的绘制

选用合适的容量瓶(7.1.2.7)和移液管(7.1.2.8)，用稀盐酸(7.1.1.1)逐级稀释铅标准溶液(7.1.1.3)，配制下列质量浓度的标准参比溶液(μg/mL)：0.00，2.5，5.0，10.0，20.0，30.0。

注：系列标准参比溶液应在使用的当天配制。

用火焰原子吸收光谱仪(7.1.2.1)分别测试标准参比溶液的吸光度，仪器会以吸光度值对应浓度自动绘制出标准曲线。

#### 7.2.2 测定

进行一式两份试样的平行测定。

使用按 7.1 规定制备的溶液，测试试验溶液的吸光度。根据标准曲线和试验溶液的吸光度，仪器自动给出试验溶液中铅的浓度值。如果试验溶液中铅的浓度超出工作曲线最高点，则应对试验溶液用盐酸溶液(7.1.1.1)进行适当稀释后再测试。

如果两次测试结果(浓度值)的相对偏差大于 10%。需按第 7 章的试验步骤重新进行试验。

#### 7.2.3 结果的表示

按式(6)计算颜料可溶性铅含量 $w(\mathrm{Pb})_s$，以质量分数(%)表示：

$$w(\mathrm{Pb})_s = \frac{500 \times \rho(\mathrm{Pb}) \times F}{m_3 \times 10^6} \times 10^2 \qquad \cdots\cdots(6)$$

式中：

$\rho(\mathrm{Pb})$——由标准曲线上查得的试验溶液的铅质量浓度，单位为微克每毫升(μg/mL)；

$F$——试验溶液的稀释倍数；

$m_3$——按 7.1.3.1 规定制备试验溶液所取试样的质量，单位为克(g)。

## 8 检验规则

### 8.1 检验分类

8.1.1 产品检验分为出厂检验和型式检验。

8.1.2 出厂检验项目包括105℃挥发物、水溶物、水萃取液的酸碱度、水悬浮液的pH值、筛余物、颜色、冲淡色、相对着色力、吸油量。

8.1.3 型式检验项目包括本标准所列的全部技术要求。在正常生产情况下，易分散程度、耐光性、总铅含量、在0.07 mol/L HCl中可溶性铅含量每年至少检验一次。

### 8.2 检验结果的判定

按GB/T 1250中修约值比较法进行。

## 9 标志、包装、运输和贮存

### 9.1 标志

产品包装袋上应有牢固、清晰的标志，包括生产厂名称和厂址、产品名称、注册商标、标准编号、生产批号或生产日期、净含量及规定的“防潮”标志等。

### 9.2 包装

产品可用内衬塑料薄膜袋的塑料编织袋包装，也可用其他适宜的包装材料包装。

### 9.3 运输

运输、装卸时要轻装、轻卸，防止包装污染和破损。产品在运输中应防止雨淋和日光曝晒。

### 9.4 贮存

产品应按等级、分批存放在通风干燥处，严禁与产品可发生反应的物品接触，并注意防潮。

# 附　录　A
（资料性附录）
本标准与 ISO 3711:1990 技术性差异及其原因

表 A.1 给出了本标准与 ISO 3711:1990 的技术性差异及其原因的一览表。

表 A.1　本标准与 ISO 3711:1990 技术性差异及其原因

| 本标准的章条编号 | 技术性差异 | 原因 |
|---|---|---|
| 1 | 在范围中增加了“产品分类、取样、检验规则及标志、包装、运输和贮存。”<br>增加了“该产品主要用于涂料、塑料、橡胶和油墨等行业。” | 使标准适用范围更明确，符合我国习惯 |
| 2 | 引用了采用国际标准的我国标准，而非国际标准 | 适合我国国情，便于使用 |
| 表 2 | “105℃挥发物/%”要求根据不同产品定不同指标 | 柠檬黄、浅黄和钼铬红此项目产品质量水平难以达到国际标准的要求 |
| 表 2 | “水溶物(冷萃取法)/%”要求以“1”代替“2” | 国内产品此项目的质量水平高于国际标准的要求 |
| 表 3 | 增加了“颜色测定——色度法”和“相对着色力测定——光度计法” | 仪器法测色较目视法先进科学，已经得到广泛应用 |
| 5 | GB/T 3186—2006 等同采用 ISO 15528:2000，而“ISO 15528:2000”则代替了“ISO 842:1984” | ISO 842:1984 已被 ISO 15528:2000 代替，ISO 15528:2000 已被转化为国标 GB/T 3186—2006，采用国标便于使用 |
| 6.2.5 | 改变了国际标准中的计算公式的表示形式 | 适合我国国情，便于实际操作 |
| 7 | 删除了“可溶性铅含量的测定　双硫腙分光光度法” | 该试验方法由于使用了有害的氰化钾，故删除 |
| 7.2 | 改变了国际标准中可溶性铅的测定过程 | 适应现在国内可溶性铅的测定过程 |
| 8～9 | 增加了“第 8 章　检验规则”和“第 9 章　标志、包装、运输和贮存”。<br>删除了 ISO 3711:1990 中“第 8 章　试验报告” | 适合我国国情，用户需求 |

## 参 考 文 献

[1] GB/T 601 化学试剂 标准滴定溶液的制备.
[2] GB/T 603 化学试剂 试验方法中所用制剂及制品的制备(GB/T 603—2002，ISO 6353-1：1982，NEQ).
[3] GB/T 6682 分析实验室用水规格和试验方法(GB/T 6682—1992,neq ISO 3696:1987).
[4] HG/T 2457 颜料产品检验、标志、包装、运输和贮存通则.

中华人民共和国国家标准

GB/T 3185—92

代替 GB 3185—82

# 氧 化 锌 (间 接 法)

**Zinc oxide (Indirect method)**

## 1 主题内容与适用范围

本标准规定了间接法制备的氧化锌的技术要求、试验方法、检验规则和标志、包装、运输、贮存。

本标准适用于涂料、橡胶、医药、化工和轻工等工业用的氧化锌。

分子式:ZnO

相对分子质量:81.39(1987年国际原子量)

## 2 引用标准

GB 601 化学试剂 滴定分析(容量分析)用标准溶液的制备

GB 603 化学试剂 试验方法中所用制剂及制品的制备

GB 1715 颜料筛余物测定法

GB 1864 颜料颜色的比较

GB 5211.2 颜料水溶物测定 热萃取法

GB 5211.3 颜料在105℃挥发物的测定

GB 5211.15 颜料吸油量的测定

GB 5211.16 白色颜料消色力的比较

GB 6682 实验室用水规格

GB 9285 色漆和清漆用原材料 取样

GB 9723 化学试剂火焰原子吸收光谱法通则

## 3 产品分类

根据用途不同分为两类,每类分为下列等级:

**a.** BA01-05(Ⅰ型)橡胶用,优级品、一级品、合格品;

**b.** BA01-05(Ⅱ型)涂料用,优级品、一级品、合格品。

## 4 技术要求

氧化锌的技术指标应符合下表要求:

国家技术监督局1992-06-09批准　　　　1993-06-01实施

| 项目 | | 指标 | | | | | |
|---|---|---|---|---|---|---|---|
| | | BA01-05(Ⅰ型) | | | BA01-05(Ⅱ型) | | |
| | | 优级品 | 一级品 | 合格品 | 优级品 | 一级品 | 合格品 |
| 氧化锌(以干品计),% | ≥ | 99.70 | 99.50 | 99.40 | 99.70 | 99.50 | 99.40 |
| 金属物(以 Zn 计),% | ≤ | 无 | 无 | 0.008 | 无 | 无 | 0.008 |
| 氧化铅(以 Pb 计),% | ≤ | 0.037 | 0.05 | 0.14 | — | — | — |
| 锰的氧化物(以 Mn 计),% | ≤ | 0.000 1 | 0.000 1 | 0.000 3 | — | — | — |
| 氧化铜(以 Cu 计),% | ≤ | 0.000 2 | 0.000 4 | 0.000 7 | — | — | — |
| 盐酸不溶物,% | ≤ | 0.006 | 0.008 | 0.05 | — | — | — |
| 灼烧减量,% | ≤ | 0.2 | 0.2 | 0.2 | — | — | — |
| 筛余物(45 μm 网眼),% | ≤ | 0.10 | 0.15 | 0.20 | 0.10 | 0.15 | 0.20 |
| 水溶物,% | ≤ | 0.10 | 0.10 | 0.15 | 0.10 | 0.10 | 0.15 |
| 105℃挥发物,% | ≤ | 0.3 | 0.4 | 0.5 | 0.3 | 0.4 | 0.5 |
| 吸油量,g/100 g | ≤ | — | — | — | 14 | 14 | 14 |
| 颜色[1](与标准样比) | | — | — | — | 近似 | 微 | 稍 |
| 消色力[1](与标准样比),% | ≥ | — | — | — | 100 | 95 | 90 |

注:1) Ⅱ型"颜色""消色力"的标准样提供单位:兰州化工原料厂。

## 5 试验方法

本标准所用的试剂,在没有注明其他要求时,均使用分析纯试剂。本标准使用 GB 6682 规定的三级水或相应纯度的水。

5.1 氧化锌含量的测定

5.1.1 原理

将试样溶于盐酸中,中和之后,用 EDTA 标准滴定溶液滴定氧化锌含量。

5.1.2 试剂和材料

5.1.2.1 盐酸(GB 622):优级纯,稀释 1+1。

5.1.2.2 氨水(GB 631):优级纯。

5.1.2.3 氨水(GB 631):优级纯,稀释 1+1。

5.1.2.4 缓冲溶液(pH=10)。

称取 54 g 氯化铵(GB 658)溶于 200 mL 水中,加 350 mL 氨水(5.1.2.2),再继续用水稀释至 1 000 mL。

5.1.2.5 铬黑 T 指示剂:5 g/L,按 GB 603 配制。

5.1.2.6 乙二胺四乙酸二钠(EDTA)标准滴定溶液:$C$(EDTA)=0.05 mol/L,按 GB 601 配制与标定。

5.1.3 仪器和设备

5.1.3.1 天平:感量 0.000 1 g。

5.1.3.2 锥形烧瓶:500 mL。

5.1.3.3 电炉。

5.1.4 分析步骤

5.1.4.1 试样

称取预先干燥(105±1℃)的试样 0.13～0.15 g，准确至 0.000 1 g。

5.1.4.2 测定

将试样置于 500 mL 锥形烧瓶中，加少量水润湿，加盐酸(5.1.2.1)3 mL，加热溶解后，加水至 200 mL，用氨水(5.1.2.3)中和至 pH 7～8(有氢氧化锌沉淀生成)，再加缓冲液(5.1.2.4)10 mL 和铬黑 T 指示剂(5.1.2.5)5 滴，用 EDTA 标准滴定溶液(5.1.2.6)滴定至溶液由葡萄紫色变为蓝色即为终点。

5.1.5 结果表示

氧化锌含量($X_1$)以质量百分数表示，按式(1)计算：

$$X_1 = \frac{0.081\,39 \times C \cdot V}{m} \times 100 \qquad \cdots\cdots(1)$$

式中：$X_1$——氧化锌之百分含量，以质量百分数表示；

$C$——EDTA 标准滴定溶液之物质的量浓度，mol/L；

$V$——EDTA 标准滴定溶液之用量，mL；

$m$——试样的质量，g；

0.081 39——与 1.00 mL EDTA 标准滴定溶液〔$C$(EDTA)=1.000 mol/L〕相当的以克表示的氧化锌的质量。

取两次测定的平均值，结果保留二位小数。

5.1.6 允许差

两次平行测定值的相对误差不得大于 0.1%。

5.2 金属物(以 Zn 计)含量的测定

5.2.1 原理

定性试验：将试样溶于盐酸中，观察其溶解过程。

定量试验：将试样溶于碘标准溶液和盐酸中，冷却，用硫代硫酸钠标准滴定溶液滴定锌。

5.2.2 试剂和材料

5.2.2.1 盐酸(GB 622)：优级纯，稀释 1+1。

5.2.2.2 盐酸(GB 622)：优级纯，稀释 1+3。

5.2.2.3 碘标准溶液：$C(\frac{1}{2}I_2)$=0.05 mol/L，按 GB 601 配制。

5.2.2.4 硫代硫酸钠标准滴定溶液：$C(Na_2S_2O_3)$=0.05 mol/L，按 GB 601 配制与标定。

5.2.2.5 淀粉溶液：5 g/L，按 GB 603 配制。

5.2.3 仪器和设备

5.2.3.1 天平：感量 0.1 g。

5.2.3.2 烧杯：400 mL。

5.2.3.3 碘量瓶：500 mL。

5.2.3.4 移液管：25 mL。

5.2.4 分析步骤

5.2.4.1 试样

称取试样 30 g、10 g，准确至 0.1 g。

5.2.4.2 测定

定性试验：将 30 g 试样置于 400 mL 烧杯中，以少量水润湿，加盐酸(5.2.2.1)200 mL，用玻璃棒搅拌并观察氧化锌溶解情况。在溶解过程中，如没有发现黑色点状金属物及放出氢气泡的现象，则认为不含金属物，否则需进行定量试验。

定量试验：将 10 g 试样置于装有玻璃球的 500 mL 碘量瓶中，以水润湿，用移液管加入碘标准溶液(5.2.2.3)25 mL，摇动混合，盖上瓶塞并加水密封，置于暗处 1 h，时时振摇，然后徐徐加入盐酸(5.2.2.2)90 mL，盖紧瓶塞，立即以流水冷却至室温，待氧化锌完全溶解后，以蒸馏水冲洗瓶塞及瓶壁，立即以硫代硫酸钠标准滴定溶液(5.2.2.4)滴定，待溶液变为浅蓝色，加入淀粉溶液(5.2.2.5)1～2 mL，继续滴定至蓝色消失为终点，同时作空白试验。

5.2.5 结果表示

金属物以锌(Zn)计含量($X_2$)以质量百分数表示，按式(2)计算：

$$X_2 = \frac{0.032\,69 \times C \cdot (V_0 - V_1)}{m} \times 100 \qquad \cdots\cdots(2)$$

式中：$X_2$——金属物以锌计之百分含量，以质量百分数表示；

$C$——硫代硫酸钠标准滴定溶液之物质的量浓度，mol/L；

$V_0$——空白试验用硫代硫酸钠标准滴定溶液之用量，mL；

$V_1$——滴定试样用硫代硫酸钠标准滴定溶液之用量，mL；

$m$——试样质量，g；

0.032 69——与1.00 mL 硫代硫酸钠标准滴定溶液〔$C(Na_2S_2O_3)$＝1.000 mol/L〕相当的以克表示的锌的质量。

5.3 氧化铅(以 Pb 计)含量测定

按下列的 A 法(氧化还原法)或 B 法(原子吸收光谱法)进行测定。

5.3.1 A 法——氧化还原法

5.3.1.1 试剂和材料

5.3.1.1.1 硝酸(GB 626)：优级纯，稀释 1＋1。

5.3.1.1.2 氢氧化钠溶液(GB 629)：优级纯，100 g/L，按 GB 603 配制。

5.3.1.1.3 甲基橙指示剂：1 g/L，按 GB 603 配制。

5.3.1.1.4 冰乙酸溶液(GB 676)：2%($V/V$)，按 GB 603 配制。

5.3.1.1.5 冰乙酸溶液(GB 676)：12%($V/V$)，按 GB 603 配制。

5.3.1.1.6 铬酸钾溶液：50 g/L，按 GB 603 配制。

5.3.1.1.7 硝酸银溶液(GB 670)：10 g/L，按 GB 603 配制。

5.3.1.1.8 盐酸(GB 622)：优级纯，稀释 1＋1。

5.3.1.1.9 氯化钠饱和溶液(GB 1266)。

5.3.1.1.10 盐酸-氯化钠混合液

取氯化钠饱和溶液(5.3.1.1.9)100 mL，加入盐酸(5.3.1.1.8)30 mL 混匀。

5.3.1.1.11 碘化钾(GB 1272)。

5.3.1.1.12 硫代硫酸钠标准滴定溶液：$C(Na_2S_2O_3)$＝0.01 mol/L，按 GB 601 配制与标定。

5.3.1.1.13 淀粉溶液：5 g/L，按 GB 603 配制。

5.3.1.2 仪器和设备

5.3.1.2.1 天平：感量 0.1 g。

5.3.1.2.2 烧杯：300 mL。

5.3.1.2.3 磨口锥形瓶：300 mL。

5.3.1.2.4 电炉。

5.3.1.3 分析步骤

5.3.1.3.1 试样

称取试样 10 g,准确至 0.1 g。

5.3.1.3.2 测定

将试样置于 300 mL 烧杯中,先以少量水润湿,加入硝酸(5.3.1.1.1)40 mL,溶解后,再加入氢氧化钠溶液(5.3.1.1.2)中和至有白色悬浮状沉淀生成时,加入甲基橙指示剂(5.3.1.1.3)2 滴,再加入氢氧化钠溶液(5.3.1.1.2)中和至甲基橙由红色变为橙黄色(pH=5)时,再加冰乙酸溶液(5.3.1.1.5)酸化至 pH=3.5(用 0.5~5.5 精密 pH 试纸对照),在搅拌下逐渐地加入铬酸钾溶液(5.3.1.1.6)5 mL,加热煮沸 5 min,冷却,待铬酸铅凝聚后过滤,滤纸上的沉淀先用冰乙酸溶液(5.3.1.1.4)30 mL 冲洗至滤液不呈黄色,再以水洗至无铬酸根离子存在为止〔用硝酸银溶液(5.3.1.1.7)试验至无红色沉淀〕。用热盐酸-氯化钠混合液(5.3.1.1.10)50 mL 将沉淀溶解于 300 mL 磨口锥形瓶中,先用热水后用冷水洗涤滤纸至无铬酸根离子为止,然后加入碘化钾(5.3.1.1.11)0.5 g,置于暗处 15 min,用硫代硫酸钠标准滴定溶液(5.3.1.1.12)滴定至淡黄色,再加淀粉溶液(5.3.1.1.13)2~3 mL,继续滴定至蓝色消失为终点。

5.3.1.4 结果表示

氧化铅以铅(Pb)计含量($X_3$)以质量百分数表示,按式(3)计算:

$$X_3=\frac{0.069\,06\times C\cdot V}{m}\times 100 \qquad\cdots\cdots(3)$$

式中:$X_3$——氧化铅以铅计之百分含量,以质量百分数表示;

$C$——硫代硫酸钠标准滴定溶液之物质的量浓度,mol/L;

$V$——硫代硫酸钠标准滴定溶液之用量,mL;

$m$——试样的质量,g;

0.069 06——与1.00 mL 硫代硫酸钠标准滴定溶液〔$C(Na_2S_2O_3)=1.000$ mol/L〕相当的以克表示的铅的质量。

5.3.2 B 法——原子吸收光谱法

按 GB 9723 中规定进行,试样量取 5 g。

5.4 锰的氧化物(以 Mn 计)含量测定

按下列的 A 法(氧化还原法)或 B 法(原子吸收光谱法)进行测定。

5.4.1 A 法——氧化还原法

5.4.1.1 试剂和材料

5.4.1.1.1 硝酸(GB 626):优级纯,稀释 1+3。

5.4.1.1.2 硫酸(GB 625):优级纯。

5.4.1.1.3 磷酸(GB 1282):优级纯。

5.4.1.1.4 高碘酸钾:优级纯。

5.4.1.1.5 锰标准溶液(甲)

准确称取 0.274 9 g 在 400~500℃灼烧至恒重的无水硫酸锰(优级纯)置于烧杯中,加入 100 mL 水使其溶解,移入 1 000 mL 棕色容量瓶中稀释至刻度,摇匀。此溶液每毫升中含锰 0.1 mg。

锰标准溶液(乙)

吸取锰标准溶液(甲)25 mL,加入 250 mL 棕色容量瓶中,用水稀释至刻度,摇匀。此溶液中每毫升中含锰 0.01 mg。本溶液需当天配制。

注:锰标准溶液用二次蒸馏水配制。

5.4.1.2 仪器和设备

5.4.1.2.1 天平:感量 0.1 g。

5.4.1.2.2 烧杯:100 mL。

5.4.1.2.3 比色管:50 mL。

5.4.1.2.4 电炉。

5.4.1.3 分析步骤

5.4.1.3.1 试样

称取试样 5 g,准确至 0.1 g。

5.4.1.3.2 测定

将试样置于烧杯中,加硝酸(5.4.1.1.1)25 mL,使其溶解,再加入硫酸(5.4.1.1.2)5 mL 及磷酸(5.4.1.1.3)5 mL,然后将其煮沸 5 min,冷却后加入高碘酸钾(5.4.1.1.4)0.5 g,再煮沸 5~10 min,迅速冷却将其移入 50 mL 比色管中,用水稀释至刻度,供比色用。另吸取锰标准溶液〔5.4.1.1.5(乙)〕与试样同样处理,然后进行比色,当试样颜色不深于标准时,即为合格。

锰标准溶液按下列数量吸取:

优级品:吸取锰标准溶液〔5.4.1.1.5(乙)〕0.5 mL(相当于锰含量 0.000 1%)。

一级品:吸取锰标准溶液〔5.4.1.1.5(乙)〕0.5 mL(相当于锰含量 0.000 1%)。

合格品:吸取锰标准溶液〔5.4.1.1.5(乙)〕1.5 mL(相当于锰含量 0.000 3%)。

5.4.2 B 法——原子吸收光谱法

按 GB 9723 中规定进行,试样量取 5 g。

5.5 氧化铜(以 Cu 计)含量测定

按下列的 A 法(氧化还原法)或 B 法(原子吸收光谱法)进行测定。

5.5.1 A 法——氧化还原法

5.5.1.1 试剂和材料

5.5.1.1.1 硝酸(GB 626):优级纯,稀释 1+1。

5.5.1.1.2 氨水(GB 631):优级纯,稀释 1+1。

5.5.1.1.3 三氯甲烷(GB 682)。

5.5.1.1.4 酚酞乙醇溶液:10 g/L。

5.5.1.1.5 金属铜:99.95%。

5.5.1.1.6 二乙基二硫代氨基甲酸钠(铜试剂)溶液:1 g/L。

准确称取铜试剂 0.1 g 溶于 100 mL 二次蒸馏水中,用时现配制。

5.5.1.1.7 柠檬酸三铵:200 g/L。

提纯方法:取 20%柠檬酸铵溶液 100 mL 放入 250 mL 分液漏斗中,加酚酞(5.5.1.1.4)2 滴,用 1∶1 氢氧化铵中和至呈红色,再过量 6 滴,加铜试剂(5.5.1.1.6)10 mL,加三氯甲烷(5.5.1.1.3)25 mL,盖紧瓶塞振荡 1 min,然后分离除去有机溶剂层,再加三氯甲烷 10 mL 重复萃取,直至有机溶剂层无色,最后分离除去有机溶剂层。将柠檬酸三铵溶液放入试剂瓶中备用。

5.5.1.1.8 铜标准溶液(甲)

准确称取金属铜(5.5.1.1.5)0.100 0 g,放入 200 mL 烧杯中,加入硝酸(5.5.1.1.1)10 mL 溶解,加热驱除氮的氧化物,取下放冷,洗入 1 000 mL 容量瓶中,用水稀释至刻度,摇匀。此溶液每毫升中含铜 0.1 mg。

铜标准溶液(乙)

吸取铜标准溶液(甲)5 mL 于 500 mL 容量瓶中,用水稀释至刻度,摇匀。此溶液每毫升中含铜 0.001 mg。

5.5.1.2 仪器和设备

5.5.1.2.1 天平:感量 0.1 g。

5.5.1.2.2 烧杯:100 mL。

5.5.1.2.3　分液漏斗：250 mL。

5.5.1.2.4　比色管：50 mL。

5.5.1.2.5　电炉。

5.5.1.3　分析步骤

5.5.1.3.1　试样

称取试样 2 g，准确至 0.1 g。

5.5.1.3.2　测定

将试样置于烧杯中，用少量水润湿，加硝酸(5.5.1.1.1)10 mL 溶解，加热蒸发至约 5 mL，冷却，洗入 250 mL 分液漏斗中，体积为 30 mL 左右，加柠檬酸三铵(5.5.1.1.7)40 mL，加酚酞(5.5.1.1.4) 2 滴，再加氨水(5.5.1.1.2)中和至呈红色并过量 6 滴，加入铜试剂(5.5.1.1.6)10 mL，准确加入三氯甲烷(5.5.1.1.3)5 mL，盖紧瓶塞，振荡 1 min，待有机溶剂层分层后，将有机溶剂层移入 50 mL 比色管中，供比色用。另吸取铜标准溶液〔5.5.1.1.8(乙)〕与试样同样处理，然后同试样进行比色。当试样之颜色不深于标准时，即为合格。

铜标准溶液按下列数量吸取：

优级品：吸取铜标准溶液〔5.5.1.1.8(乙)〕4 mL(相当于铜含量 0.000 2%)。

一级品：吸取铜标准溶液〔5.5.1.1.8(乙)〕8 mL(相当于铜含量 0.000 4%)。

合格品：吸取铜标准溶液〔5.5.1.1.8(乙)〕10 mL(相当于铜含量 0.000 5%)。

5.5.2　B 法——原子吸收光谱法

按 GB 9723 中规定进行，试样量取 5 g。

5.6　盐酸不溶物含量的测定

5.6.1　试剂和材料

5.6.1.1　盐酸(GB 622)：优级纯，稀释 1+1。

5.6.1.2　硝酸银(GB 670)：10 g/L，按 GB 603 配制。

5.6.2　仪器和设备

5.6.2.1　天平：感量 0.1 g，0.000 1 g。

5.6.2.2　烧杯：300 mL。

5.6.2.3　坩埚。

5.6.2.4　电炉。

5.6.2.5　滤纸：定量滤纸。

5.6.2.6　干燥器。

5.6.2.7　高温炉：800℃。

5.6.3　分析步骤

5.6.3.1　试样

称取试样 30 g，准确至 0.1 g。

5.6.3.2　测定

将试样置于烧杯中，用少量水润湿，加入盐酸(5.6.1.1)200 mL，加热溶解后，用定量滤纸过滤，残渣用水洗至无氯离子为止〔用硝酸银溶液(5.6.1.2)试验，应不呈混浊〕，将滤纸移入已恒重的坩埚中，使滤纸全部炭化后，移入高温炉中，在 800℃灼烧 30 min，取出坩埚，移入干燥器中，冷却至室温后称至恒重。

5.6.4　结果表示

盐酸不溶物含量($X_4$)以质量百分数表示，按式(4)计算：

$$X_4 = \frac{m_1 - m_0}{m} \times 100 \qquad \cdots\cdots(4)$$

式中：$X_4$——盐酸不溶物之百分含量，以质量百分数表示；

$m_1$——坩埚及盐酸不溶物的总质量，g；

$m_0$——坩埚的质量，g；

$m$——试样的质量，g。

5.7 灼烧减量的测定

5.7.1 仪器和设备

5.7.1.1 天平：感量 0.000 1 g。

5.7.1.2 坩埚

5.7.1.3 高温炉：800～850℃。

5.7.1.4 干燥器

5.7.2 分析步骤

5.7.2.1 试样

称取预先干燥（105～110℃）的试样 2～3 g，准确至 0.000 2 g。

5.7.2.2 测定

将试样置于已恒重的坩埚中，于高温炉中在 800～850℃灼烧 2 h，然后取出坩埚移至干燥器中，冷却至室温称量（称 准至 0.000 2 g），直至恒重。

5.7.3 结果表示

灼烧减量（$X_5$）以质量百分数表示，按式（5）计算：

$$X_5 = \frac{m_0 - m_1}{m} \times 100 \qquad \cdots\cdots(5)$$

式中：$X_5$——灼烧减量之百分含量，以质量百分数表示；

$m_0$——试样与 坩埚灼烧前的质量，g；

$m_1$——试样与坩埚灼烧后的质量，g；

$m$——试样的质量，g。

5.8 筛余物的测定

按 GB 1715 中的甲法进行。

5.9 水溶物的测定

按 GB 5211.2 中的规定进行。

5.10 105℃挥发物的测定

按 GB 5211.3 中的规定进行。

5.11 吸油量的测定

按 GB 5211.15 中的规定进行。试样量取 10 g。

5.12 颜色的比较

按 GB 1864 中的规定进行。试样量取 2 g，精制亚麻仁油第一次加 0.7 mL 研磨 200 转（50×4）后再补加 0.7 mL 研磨 25 转。

5.13 消色力的比较

按 GB 5211.16 中的规定进行。

## 6 检验规则

6.1 氧化锌产品应由生产厂质量检验部门负责检验，生产厂应保证所有出厂的氧化锌产品质量符合本标准的技术要求，每一批出厂的氧化锌应附有产品的合格证书。

6.2 每批产品出厂均需逐项按本标准规定的试验方法进行检验。

6.3 取样方法：按 GB 9285 中有关规定进行。

6.4 使用单位有权按本标准所规定的技术要求和试验方法对所收到的产品进行检验，如检验结果不符合本标准规定时，应自原批号中按 6.3 的规定加倍抽样进行复验，复验结果仍不符合本标准规定时，则整批产品即为不合格品。

6.5 如双方对复验结果有异议而需进行仲裁时，仲裁机构由双方协议选定。

## 7 标志、包装、运输、贮存

7.1 标志

包装上应有明显标志，包括生产厂名，产品名称，商标，标准号，生产批号，型号，等级以及净重等，并附有质量合格证。

7.2 包装

氧化锌用塑料编织袋内衬塑料薄膜或防水纸袋包装，每袋净重 25 kg 或 50 kg。

7.3 运输

运输装卸时要求轻装、轻卸，应防止碰撞和破裂，按运输有关规定进行。

7.4 贮存

氧化锌贮存于干燥通风处，严禁与酸、碱物品接触，按上述贮存条件，自生产日期起未拆封的氧化锌有效贮存期为半年。期满后按本标准各条规定进行检验，如达到本标准各项要求时，可继续使用。

---

**附加说明：**

本标准由中华人民共和国化学工业部提出。

本标准由全国涂料和颜料标准化技术委员会归口。

本标准由上海涂料研究所负责起草。

本标准主要起草人杨芬、水丽琴。

本标准参照采用 JIS K 1410—1962(1983 确认)《氧化锌》和 JIS K 5102—1965(1978 确认)《氧化锌(颜料)》。

# 中华人民共和国国家标准

GB/T 3673—1995

代替 GB 3673—83

# 酞菁绿 G

**Phthalocyanine green G**

## 1 主题内容与适用范围

本标准规定了酞菁绿G的技术要求、试验方法、检验规则和标志、包装、运输、贮存。

本标准适用于铜酞菁在三氯化铝及氯化钠的熔融体中,以氯化铜为催化剂通以氯气而制成的多氯代铜酞菁经颜料化而成的酞菁绿G颜料。产品主要用于油漆、油墨、涂料印花浆、橡胶、塑料和文教用品等。

结构式:

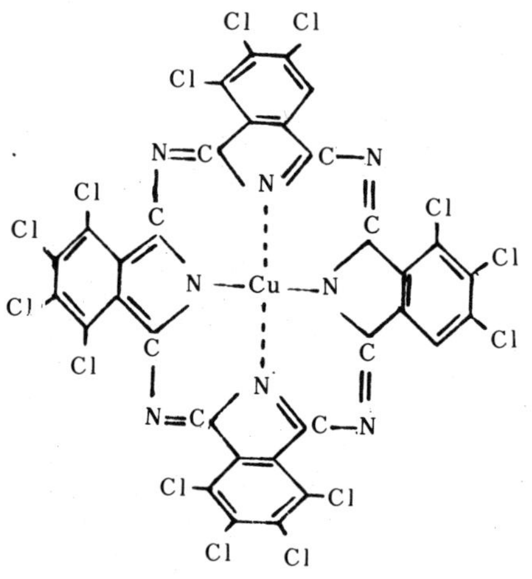

(14或15 Cl)

实验式:$C_{32}H_2N_8Cl_{14}Cu$

相对分子质量:1 058.31(1987年国际相对原子质量)

## 2 引用标准

GB/T 1710 颜料耐光性测定法

GB/T 1711 颜料在烘干型漆料中热稳定性的比较

GB/T 1715 颜料筛余物测定法

GB/T 1864 颜料颜色的比较

GB/T 5211.1 颜料水溶物的测定 冷萃取法

GB/T 5211.3 颜料在105℃挥发物的测定

GB/T 5211.5 颜料耐水性测定法

GB/T 5211.6 颜料耐酸性测定法

国家技术监督局1995-12-21批准　　　　1996-08-01实施

GB/T 5211.7　颜料耐碱性测定法

GB/T 5211.8　颜料耐油性测定法

GB/T 5211.10　颜料耐石蜡性测定法

GB/T 5211.15　颜料吸油量的测定

GB/T 5211.19　着色颜料的相对着色力和冲淡色的测定　目视比较法

HG/T 2457　颜料产品检验、标志、包装、运输和贮存通则

## 3　技术要求

酞菁绿 G 应符合下表所列技术要求：

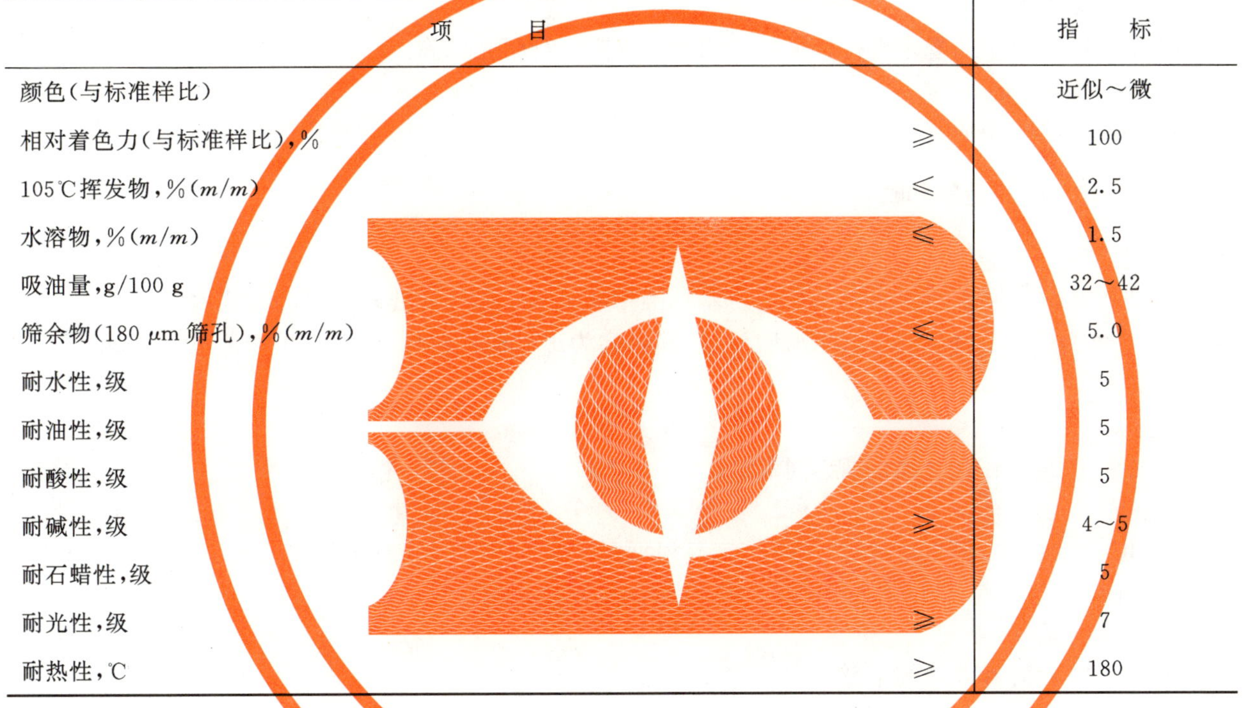

| 项　　目 | | 指　　标 |
|---|---|---|
| 颜色(与标准样比) | | 近似～微 |
| 相对着色力(与标准样比),% | ≥ | 100 |
| 105℃挥发物,%(*m*/*m*) | ≤ | 2.5 |
| 水溶物,%(*m*/*m*) | ≤ | 1.5 |
| 吸油量,g/100 g | | 32～42 |
| 筛余物(180 μm 筛孔),%(*m*/*m*) | ≤ | 5.0 |
| 耐水性,级 | | 5 |
| 耐油性,级 | | 5 |
| 耐酸性,级 | | 5 |
| 耐碱性,级 | ≥ | 4～5 |
| 耐石蜡性,级 | | 5 |
| 耐光性,级 | ≥ | 7 |
| 耐热性,℃ | ≥ | 180 |

## 4　试验方法

### 4.1　颜色的比较

按 GB/T 1864 中的规定进行。试样量为 0.5 g。精制亚麻仁油加量第一次为 1 mL,研磨 200 转后,补加 0.8 mL,再研磨 25 转。

### 4.2　相对着色力的测定

按 GB/T 5211.19 中的规定进行。颜料分散体的研磨浓度采用 0.5 g 颜料和 1.5 g 漆基,颜料分散体的研磨转数为 200 转,冲淡比为 1∶20,即着色颜料色浆 0.24 g,白颜料浆 3.0 g。

### 4.3　105℃挥发物的测定

按 GB/T 5211.3 中的规定进行。试样量为 5 g。

### 4.4　水溶物的测定

按 GB/T 5211.1 中的规定进行。试样量为 2.5 g。

### 4.5　吸油量的测定

按 GB/T 5211.15 中的规定进行。试样量为 2 g。

### 4.6　筛余物的测定

按 GB/T 1715 中乙法的规定进行。

### 4.7　耐水性的测定

按 GB/T 5211.5 中的规定进行。其中试液制备按 3.1.1 规定。

4.8 耐油性的测定

按 GB/T 5211.8 中的规定进行。

4.9 耐酸性的测定

按 GB/T 5211.6 中的规定进行。结果以滤液沾色表示。

4.10 耐碱性的测定

按 GB/T 5211.7 中的规定进行。结果以滤液沾色表示。

4.11 耐石蜡性的测定

按 GB/T 5211.10 中的规定进行。

4.12 耐光性的测定

按 GB/T 1710 中的规定进行。采用日晒牢度机法进行耐光试验。

4.13 耐热性的测定

按 GB/T 1711 中的规定进行。其中颜料分散体的制备按 GB 1710 中规定的方法进行。

## 5 检验、标志、包装、运输和贮存

5.1 检验规则

按 HG/T 2457 中第 3 章的规定进行。本标准中所列的全部技术要求项目为型式检验项目，其中颜色、相对着色力、105℃挥发物、水溶物、吸油量、筛余物为出厂检验项目。在正常生产情况下，每年至少进行一次型式检验。

5.2 标志

按 HG/T 2457 中第 4 章的规定进行。

5.3 包装

按 HG/T 2457 中第 5 章的规定进行。产品根据需要可选用内衬塑料薄膜袋的铁桶、木桶、硬纸板桶或纤维板桶。

5.4 运输和贮存

按 HG/T 2457 中第 6 章的规定进行。

---

**附加说明：**

本标准由中华人民共和国化学工业部提出。

本标准由全国涂料和颜料标准化技术委员会归口。

本标准由上海染料化工一厂负责起草。

本标准主要起草人于奇、陈丽玲、郑文娟。

中华人民共和国国家标准

# 酞 菁 蓝 B

**Phthalocyanine blue B**

GB/T 3674—93

代替 GB 3674—83

## 1 主题内容与适用范围

本标准规定了酞菁蓝 B 的技术要求、试验方法、检验规则和标志、包装、运输、贮存。

本标准适用于由邻苯二甲酸酐、尿素、氯化亚铜等原料制成的非稳定 α-型结晶体酞菁蓝 B 颜料。产品主要用于油墨、涂料印花浆、橡胶、塑料和文教用品等。

结构式：

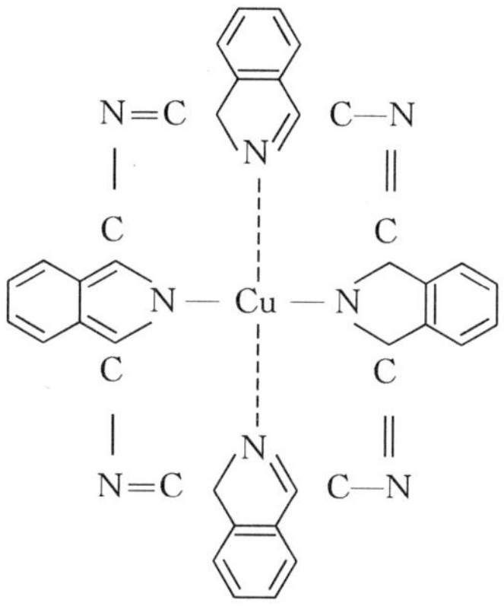

实验式：$C_{32}H_{16}N_8Cu$

相对分子质量：576.08（1987 年国际相对原子质量）

## 2 引用标准

GB 1250 极限数值的表示方法和判定方法

GB 1715 颜料筛余物测定法

GB 1864 颜料颜色的比较

GB 5211.2 颜料水溶物测定 热萃取法

GB 5211.3 颜料在 105℃挥发物的测定

GB 5211.5 颜料耐水性测定法

GB 5211.6 颜料耐酸性测定法

GB 5211.7 颜料耐碱性测定法

GB 5211.8 颜料耐油性测定法

GB 5211.10 颜料耐石蜡性测定法

GB 5211.15 颜料吸油量的测定

GB 5211.19 着色颜料相对着色力和冲淡色的测定 目视比较法

GB 9285 色漆和清漆用原材料 取样

国家技术监督局1993-12-30批准 1994-10-01实施

## 3 技术要求

酞菁蓝B应符合下表所列技术要求。

| 项　　目 | | 指　　标 |
|---|---|---|
| 颜色(与标准样比) | | 近似～微 |
| 相对着色力(与标准样比),% | ≥ | 100 |
| 105℃挥发物,%(*m*/*m*) | ≤ | 2.0 |
| 水溶物,%(*m*/*m*) | ≤ | 1.5 |
| 吸油量,g/100 g | | 35～45 |
| 筛余物(180 μm 筛孔),%(*m*/*m*) | ≤ | 5.0 |
| 耐水性,级 | | 5 |
| 耐酸性,级 | | 5 |
| 耐碱性,级 | | 5 |
| 耐油性,级 | | 5 |
| 耐石蜡性,级 | | 5 |

## 4 试验方法

4.1 颜色的比较

按GB 1864中的规定进行。其中试样量为0.5 g。精制亚麻仁油加量,研磨时和研磨后均为1 mL。

4.2 相对着色力的测定

按GB 5211.19中的规定进行。其中颜料分散体的研磨浓度采用0.5 g颜料和1.5 g漆基,颜料分散体的研磨转数为200转,冲淡比为1∶20,即着色颜料色浆0.24 g与3.0 g白颜料浆混合。

4.3 105℃挥发物的测定

按GB 5211.3中的规定进行。

4.4 水溶物的测定

按GB 5211.2中的规定进行。

4.5 吸油量的测定

按GB 5211.15中的规定进行。

4.6 筛余物的测定

按GB 1715中乙法的规定进行。

4.7 耐水性的测定

按GB 5211.5中的规定进行。其中试液制备按3.1.1规定。

4.8 耐酸性的测定

按GB 5211.6中的规定进行。结果以滤液沾色表示。

4.9 耐碱性的测定

按 GB 5211.7 中的规定进行。结果以滤液沾色表示。

4.10 耐油性的测定

按 GB 5211.8 中的规定进行。

4.11 耐石蜡性的测定

按 GB 5211.10 中的规定进行。

## 5 检验规则

5.1 酞菁蓝 B 产品在出厂前，应由生产厂的检验部门按本标准的规定进行检验，生产厂应保证所有出厂产品都符合本标准的技术要求。每一批出厂的产品应附有产品合格证。

5.2 本标准中所列的全部技术要求项目为型式检验项目，其中颜色、相对着色力、105℃挥发物、水溶物、吸油量和筛余物六项为出厂检验项目。在正常生产情况下，每年至少进行一次型式检验。

5.3 取样方法：按 GB 9285 中有关规定进行。

5.4 接收部门有权按产品标准的规定对产品进行检验，如发现质量不符合本标准规定时，供需双方共同按 5.3 条的规定重新取双倍试样进行复验，如仍不符合本标准的规定，产品即为不合格品。

5.5 供需双方在产品质量上发生争议时，应由产品质量监督检验机构进行仲裁。

5.6 本标准中检验结果的判定按 GB 1250 中修约值比较法进行。

## 6 标志、包装、运输、贮存

6.1 标志

产品包装桶上应印有牢固、清晰的标志，包括生产厂名称、产品名称、注册商标、标准代号、生产批号、净重、生产日期及规定的“怕湿”标志。

6.2 包装

产品应用内衬塑料薄膜袋的纸板桶、纤维板桶、木桶或铁桶包装。

6.3 运输

运输、装卸时应轻装、轻卸，防止包装污染和破损。产品在运输中应防止雨淋和日光曝晒。

6.4 贮存

产品应分批存放在通风、干燥处，严禁与产品可发生反应的物品接触，并注意防潮。

---

**附加说明：**

本标准由中华人民共和国化学工业部提出。

本标准由全国涂料和颜料标准化技术委员会归口。

本标准由上海染料化工一厂负责起草。

本标准主要起草人于奇、张立民、陈丽玲。

ICS 77.150.60
H 62

# 中华人民共和国国家标准

GB/T 6890—2012
代替 GB/T 6890—2000

# 锌　粉

**Zinc powder**

2012-12-31 发布　　2013-10-01 实施

中华人民共和国国家质量监督检验检疫总局
中国国家标准化管理委员会　发布

# 前　言

本标准按照 GB/T 1.1—2009 给出的规则起草。

本标准代替 GB/T 6890—2000《锌粉》。本标准与 GB/T 6890—2000 相比，主要变化如下：

——化学成分中增加了对砷的要求；

——粒度规格的表示方法修改为：30 μm、45 μm 、90 μm、125 μm；

——附录中增加了砷含量的测定方法。

本标准由全国有色金属标准化技术委员会（SAC/TC 243）归口。

本标准负责起草单位：中冶葫芦岛有色金属集团有限公司、河南豫光金铅集团铅盐有限责任公司。

本标准参加起草单位：株洲冶炼集团股份有限公司、巴彦淖尔紫金有色金属有限公司。

本标准主要起草人：杨如中、李遵义、孔祥征、李秀静、王健、刘斌莲、向德磊、贺护林、冷希学、郭新玲、翟保珍、孟庆武、胡渊明。

本标准所代替标准的历次版本发布情况为：

——GB/T 6890—2000；

——GB/T 6890—1986。

# 锌　　粉

## 1　范围

本标准规定了锌粉的要求、试验方法、检验规则及包装、标志、运输、贮存、质量证明书、使用说明书和合同(或订货单)内容。

本标准适用于以金属锌或含锌物料为原料,用蒸馏法、雾化法、电热还原法生产的金属锌粉。主要供冶金、涂料、染料、化工及制药等工业部门使用。

## 2　规范性引用文件

下列文件对于本文件的应用是必不可少的。凡是注日期的引用文件,仅注日期的版本适用于本文件。凡是不注日期的引用文件,其最新版本(包括所有的修改单)适用于本文件。

GB/T 5314　粉末冶金用粉末　取样方法

GB/T 6524　金属粉末　粒度分布的测量　重力沉降光透法

HG/T 3852　颜料筛余物测定法

## 3　要求

### 3.1　产品分类

3.1.1　锌粉按化学成分分为一级、二级、三级、四级四个等级。

3.1.2　锌粉按粒度分为 30 μm、45 μm、90 μm、125 μm 四种规格。

### 3.2　化学成分

3.2.1　锌粉的化学成分应符合表 1 的规定。

**表 1　锌粉的化学成分**

| 等级 | 化学成分质量分数/% | | | | | | |
|---|---|---|---|---|---|---|---|
| | 主品位,不小于 | | 杂质,不大于 | | | | |
| | 全锌 | 金属锌 | Pb | Fe | As | Cd | 酸不溶物 |
| 一级 | 98 | 96 | 0.1 | 0.05 | 0.000 5 | 0.1 | 0.2 |
| 二级 | 98 | 94 | 0.2 | 0.2 | 0.000 5 | 0.2 | 0.2 |
| 三级 | 96 | 92 | 0.3 | — | 0.000 5 | — | 0.2 |
| 四级 | 92 | 88 | — | — | — | — | 0.2 |
| **注**:以含锌物料为原料生产的四级锌粉,其硫含量应不大于 0.5%。 | | | | | | | |

3.2.2　锌粉用作与饮用水接触的涂料时,杂质铅和镉的含量应分别不大于 0.01%。

3.2.3　生产立德粉用的锌粉,铅含量可不做规定;生产保险粉用的锌粉,除金属锌和筛余物外,其他成分可不做规定。

### 3.3 粒度及筛余物

锌粉的粒度应符合表 2 的规定。

表 2 锌粉的粒度

| 规格/μm | 筛余物,不大于 | | 粒度分布/%,不小于 | |
|---|---|---|---|---|
| | 最大粒径/μm | 含量/% | 30 μm 以下 | 10 μm 以下 |
| 30 | 45 | — | 99.5 | 80 |
| 45 | 90 | 0.3 | — | — |
| 90 | 125 | 0.1 | — | — |
| 125 | 200 | 1.0 | — | — |

### 3.4 外观质量

锌粉外观呈灰色,锌粉内不应混入外来夹杂物。

### 3.5 其他

需方如对化学成分或粒度有特殊要求时,由供需双方商定。

## 4 试验方法

### 4.1 化学成分分析方法

锌粉的化学成分仲裁分析方法按附录 A、附录 B、附录 C、附录 D、附录 E、附录 F 的规定进行。

### 4.2 粒度的测定方法

4.2.1 锌粉粒度分布的仲裁测定方法按 GB/T 6524 的规定进行。
4.2.2 锌粉筛余物的仲裁测定方法按 HG/T 3852 中的规定进行。

### 4.3 外观质量

外观质量用目视法检测。

## 5 检验规则

### 5.1 检查和验收

5.1.1 锌粉由供方技术监督部门进行检验,保证产品质量符合本标准及合同(或订货单)的规定,并填写质量证明书。
5.1.2 需方应对收到的产品按本标准的规定进行检验,如检验结果与本标准及合同(或订货单)的规定不符时,应在收到产品之日起 30 d 内向供方提出,由供需双方协商解决。如需仲裁,仲裁取样在需方,由供需方共同进行。

### 5.2 组批

锌粉应成批提交验收,每批应由同一规格、等级的锌粉组成(若干个生产批构成一个检验批的时间应不超过 7 d)。每批净重不超过 60 t。

### 5.3 检验项目

每批锌粉应进行化学成分、粒度、筛余物和外观质量的检验。

### 5.4 仲裁取样和制样

5.4.1 仲裁取样按 GB/T 5314 的规定进行。

5.4.2 将所有试样混匀,并缩分至 1 kg,均匀分成四等份,1 份供供方分析用,1 份供需方分析用,1 份供仲裁分析用,1 份备用。

### 5.5 检验结果判定

5.5.1 锌粉的化学成分、粒度的检测结果与本标准或合同(或订货单)的规定不符时,判该批为不合格。

5.5.2 锌粉的颜色与本标准规定不符时,判该批为不合格;有外来夹杂物时,判该桶为不合格。

## 6 包装、标志、运输、贮存、质量证明书和使用说明书

### 6.1 包装

锌粉用铁桶包装,内衬塑料袋,袋口封紧,桶盖应牢固并密封。每桶净重分为 25 kg、40 kg、50 kg。需方如有特殊要求时,由供需双方商定。

### 6.2 标志

6.2.1 包装桶表面应涂上不易脱落的颜色标志,各包装桶的颜色标志规定如表 3 所示。

表 3 包装桶的颜色标志

| 规格/μm | 颜色标志 |
|---|---|
| 30 | 黑色 |
| 45 | 黄色 |
| 90 | 绿色 |
| 125 | 蓝色 |

6.2.2 包装桶上应注明:

a) 生产厂名称及厂址;

b) 产品名称;

c) 净重;

d) 注册商标;

e) 防潮、防火、轻放标志。

6.2.3 每个包装桶上应有产品合格证,其上注明:

a) 生产厂名称及厂址;

b) 产品名称;

c) 批号;

d) 规格、等级;

e) 标准编号;

f) 生产日期。

### 6.3 运输和贮存

6.3.1 锌粉在运输过程中应防潮、防火、轻放，避免撞击和跌落。

6.3.2 锌粉应贮存在通风、干燥、防火的库房内。

### 6.4 质量证明书

每批锌粉出厂时应附有产品质量证明书，其上应注明：

a) 生产厂名称及厂址；
b) 产品名称；
c) 批号；
d) 规格、等级、批净重和桶数；
e) 主要技术指标检验结果及技术监督部门印记；
f) 标准编号；
g) 出厂日期。

### 6.5 使用说明书

每批锌粉出厂时应附有产品使用说明书，说明书内一般应包括下列内容：

a) 产品特点；
b) 主要用途及适用范围；
c) 主要参数；
d) 使用注意事项；
e) 生产厂名称、厂址等。

## 7 合同(或订货单)内容

本标准所列材料的合同(或订货单)内应包括下列内容：

7.1 产品名称；

7.2 规格；

7.3 等级；

7.4 数量；

7.5 本标准编号；

7.6 其他。

# 附 录 A
（规范性附录）
# 全锌量的测定 $Na_2EDTA$ 滴定法

## A.1 范围

本附录规定了锌粉中全锌含量的测定方法。

本附录适用于锌粉中全锌含量的测定。测定范围：90.00%～99.50%。

## A.2 方法提要

用盐酸和过氧化氢溶解试料，在 pH5～6 的乙酸-乙酸钠的缓冲溶液中，以二甲酚橙为指示剂，用 $Na_2EDTA$ 标准滴定溶液滴定，由紫红色变亮黄色为终点。

## A.3 试剂

除非另有说明，在分析中仅使用确认为分析纯试剂和蒸馏水或去离子水或相当纯度的水。

**A.3.1** 抗坏血酸。

**A.3.2** 无水乙酸钠。

**A.3.3** 盐酸（$\rho$1.19 g/mL）。

**A.3.4** 氨水（$\rho$0.90 g/mL）。

**A.3.5** 冰乙酸（$\rho$1.049 g/mL）。

**A.3.6** 过氧化氢（30%）。

**A.3.7** 盐酸（1+1）。

**A.3.8** 氨水（1+1）。

**A.3.9** 乙酸-乙酸钠缓冲溶液（pH5.5）：称取 150 g 无水乙酸钠（A.3.2）溶于水中，加入 18 mL 冰乙酸（A.3.5），用水稀释至 1 000 mL，混匀。

**A.3.10** 硫代硫酸钠溶液（100 g/L）。

**A.3.11** 氟化钾溶液（200 g/L）。

**A.3.12** 乙二胺四乙酸二钠（$Na_2EDTA$）标准滴定溶液[$c(C_{10}H_{14}N_2O_5Na_2 \cdot 2H_2O)=0.000\ 05$ mol/mL]。

**A.3.12.1** 配制：称取 18.6 g 乙二胺四乙酸二钠溶于少量水中，移入 1 000 mL 容量瓶中，用水稀释至刻度，混匀，放置 3 d 后标定。

**A.3.12.2** 标定：称取 3 份 0.100 0 g 金属锌（$w_{Zn} \geq 99.99\%$）置于 400 mL 烧杯中，加入 10 mL 盐酸（A.3.7），盖上表皿，低温溶解，取下冲洗表皿，冷至室温，稀释至 50 mL，加 1 滴甲基橙溶液（A.3.13），用氨水（A.3.8）和盐酸（A.3.7）调至溶液恰变红色，加入 15 mL 乙酸-乙酸钠缓冲溶液（A.3.9），加入 2 滴二甲酚橙溶液（A.3.14），用待标定的 $Na_2EDTA$ 标准滴定溶液（A.3.12）滴定至溶液由紫红色变亮黄色为终点。

同时做空白试验。

按式(A.1)计算 $Na_2EDTA$ 标准滴定溶液的实际浓度：

$$c = \frac{m}{65.38 \times (V - V_0)} \qquad \cdots\cdots (A.1)$$

式中：

$c$ ——$Na_2EDTA$ 标准滴定溶液的实际浓度，单位为摩尔每毫升(mol/mL)；

$m$ ——称取金属锌质量，单位为克(g)；

65.38——锌的摩尔质量，单位为克每摩尔(g/mol)；

$V$ ——标定时消耗 $Na_2EDTA$ 标准滴定溶液的体积，单位为毫升(mL)；

$V_0$ ——空白试验消耗 $Na_2EDTA$ 标准滴定溶液的体积，单位为毫升(mL)。

平行标定3份，结果保留4位有效数字，其极差值不大于 $8 \times 10^{-8}$ mol/mL 时，取其平均值。否则重新标定。

**A.3.13** 甲基橙溶液(1 g/L)。

**A.3.14** 二甲酚橙溶液(5 g/L)，限两周内使用。

## A.4 分析步骤

### A.4.1 试料

称取0.15 g试样，精确至0.000 1 g。

### A.4.2 空白试验

随同试料做空白试验。

### A.4.3 测定

**A.4.3.1** 将试料(A.4.1)放入400 mL烧杯中，加5 mL盐酸(A.3.3)，滴入4滴～5滴过氧化氢(A.3.6)，盖上表皿，低温加热至试料完全溶解，取下表皿，用少许水吹洗表皿及杯壁，用水稀释至100mL，冷却。

**A.4.3.2** 加入两滴甲基橙指示剂(A.3.13)，用氨水(A.3.8)和盐酸(A.3.7)调至溶液恰变红色，加入0.1 g抗坏血酸(A.3.1)，加入15 mL乙酸-乙酸钠缓冲溶液(A.3.9)，摇匀，加入5 mL硫代硫酸钠溶液(A.3.10)、5 mL氟化钾溶液(A.3.11)，摇匀。加入1滴～2滴二甲酚橙指示剂(A.3.14)，用 $Na_2EDTA$ 标准滴定溶液(A.3.12)滴定至溶液由紫红色变亮黄色为终点。

## A.5 分析结果的计算

全锌量以全锌的质量分数 $w_{全Zn}$ 计，数值以%表示，按式(A.2)计算：

$$w_{全Zn} = \frac{c \times 65.38 \times (V_1 - V_2)}{m_1} \times 100 \qquad \cdots\cdots (A.2)$$

式中：

$c$ ——$Na_2EDTA$ 标准滴定溶液的实际浓度，单位为摩尔每毫升(mol/mL)；

65.38——锌的摩尔质量，单位为克每摩尔(g/mol)；

$V_1$ ——滴定消耗 $Na_2EDTA$ 标准滴定溶液的体积，单位为毫升(mL)；

$V_2$ ——空白消耗 $Na_2EDTA$ 标准滴定溶液的体积，单位为毫升(mL)；

$m_1$ ——试料质量，单位为克(g)。

计算结果表示至小数点后2位。

## A.6 精密度

### A.6.1 重复性

在重复性条件下获得的两次独立测试结果的测定值，在以下给出的平均值范围内，这两个测试结果的绝对差值不超过重复性限($r$)，超过重复性限($r$)的情况不超过5%，重复性限($r$)按表A.1数据采用线性内插法求得。

**表 A.1 重复性限** %

| $w_{全Zn}$ | 90.00 | 93.59 | 95.81 | 99.08 |
|---|---|---|---|---|
| $r$ | 0.36 | 0.38 | 0.43 | 0.49 |

### A.6.2 再现性

在再现性条件下获得的两次独立测试结果的绝对差值不大于再现性限($R$)，超过再现性限($R$)的情况不超过5%，再现性限($R$)按表A.2数据采用线性内插法求得。

**表 A.2 再现性限** %

| $w_{全Zn}$ | 90.00 | 93.59 | 95.81 | 99.08 |
|---|---|---|---|---|
| $R$ | 0.61 | 0.62 | 0.63 | 0.65 |

## A.7 试验报告

试验报告应包括下列内容：

a) 试样；

b) 使用的标准；

c) 使用的方法；

d) 分析结果及其表示；

e) 与基本分析步骤的差异；

f) 测定中观察到的异常现象；

g) 试验日期。

# 附　录　B
（规范性附录）
# 金属锌量的测定　高锰酸钾滴定法

## B.1　范围

本附录规定了锌粉中金属锌含量的测定方法。

本附录适用于锌粉中金属锌含量的测定。测定范围：87.00%～99.00%。

## B.2　方法提要

在二氧化碳作保护气的条件下，试料中金属锌与硫酸铁作用（铜盐作催化剂）生成相当量的硫酸亚铁，用高锰酸钾标准滴定溶液滴定，间接计算试料中金属锌的含量。

## B.3　试剂

除非另有说明，在分析中仅使用确认为分析纯试剂和蒸馏水或去离子水或相当纯度的水。

**B.3.1**　二氧化碳（瓶装，临时制备见 B.4.1）。

**B.3.2**　磷酸（$\rho$1.69 g/mL）。

**B.3.3**　硫酸（1+19）。

**B.3.4**　硫酸铜溶液（200 g/L）：称取 200 g 硫酸铜（$CuSO_4 \cdot 5H_2O$）溶于 1 000 mL 水中。

**B.3.5**　硫酸铁溶液（330 g/L）：称取 330 g 硫酸铁[$Fe_2(SO_4)_3$]溶于 1 000 mL 水中，加热至完全溶解。

**B.3.6**　高锰酸钾标准滴定溶液。

**B.3.6.1**　配制：称取 20 g 的高锰酸钾置于 3 L 的烧杯中，加入 2 L 蒸馏水，煮沸 1 h，冷却，静置至次日，移入 2 L 容量瓶中，用煮沸并冷却的蒸馏水稀释至刻度，混匀。放置至沉淀下降，经玻璃丝或瓷过滤器过滤于棕色瓶中，盖上玻璃塞。

**B.3.6.2**　标定：称取 0.720 0 g 无水草酸钠（在 105 ℃±5 ℃烘箱中干燥 1 h，冷却至室温）置于 500 mL 锥形瓶中，加入 200 mL 硫酸（B.3.3），加热至 70 ℃～80 ℃，立即用高锰酸钾标准滴定溶液滴定至出现淡红色为终点。

同时做空白试验。

按式（B.1）计算高锰酸钾标准滴定溶液的实际浓度：

$$c=\frac{m\times 2}{134.00\times(V-V_0)\times 5} \qquad \cdots\cdots(B.1)$$

式中：

$c$　　——高锰酸钾标准滴定溶液的实际浓度，单位为摩尔每毫升（mol/mL）；

$m$　　——称取草酸钠质量，单位为克（g）；

134.00 ——草酸钠的摩尔质量，单位为克每摩尔（g/mol）；

$V$　　——标定时消耗高锰酸钾标准滴定溶液的体积，单位为毫升（mL）；

$V_0$　　——空白试验消耗高锰酸钾标准滴定溶液的体积，单位为毫升（mL）。

平行标定 3 份，结果保留 4 位有效数字，其极差值不大于 $6\times10^{-8}$ mol/mL 时，取其平均值。否则重新标定。

**B.3.7**　甲基橙溶液（1 g/L）：称取 0.10 g 甲基橙溶于 100 mL 的乙醇（1+1）溶液中。

## B.4 分析步骤

### B.4.1 二氧化碳的制备

**B.4.1.1** 在一个干燥的 750 mL 锥形瓶中充满二氧化碳并盖紧瓶塞。若无二氧化碳，按 B.4.1.2 执行。

**B.4.1.2** 在一个干燥的 750 mL 锥形瓶中加入 35 mL 的饱和碳酸氢钠溶液，滴加 2 滴甲基橙溶液(B.3.7)，加入 10 mL 硫酸(B.3.3)，在摇动下将瓶内空气赶尽，再继续滴加硫酸(B.3.3)直到溶液由黄色变为红色，立即塞好胶塞。

### B.4.2 试料

称取 0.40 g 试样，精确至 0.000 1 g(差减法称量)。

### B.4.3 空白试验

随同试料做空白试验。

### B.4.4 测定

**B.4.4.1** 迅速打开瓶塞将试料(B.4.2)倒入锥形瓶中，立即塞好胶塞，摇动，使试料散开(避免生成聚焦物)。

**B.4.4.2** 向锥形瓶中加入 10 mL 硫酸铜溶液(B.3.4)，剧烈摇动 1 min，然后加入 50 mL 硫酸铁溶液(B.3.5)冲洗锥形瓶颈部和瓶内壁，把附着在上面的金属粒子冲下去，塞紧胶塞，放置在搅拌器上搅拌或用手摇动直至完全溶解(约 15 min～30 min)。

**B.4.4.3** 试料完全溶解后，加入 20 mL 磷酸(B.3.2)、200 mL 硫酸(B.3.3)混匀，立即用高锰酸钾标准滴定溶液滴定至淡红色为终点。

## B.5 分析结果的计算

金属锌的质量分数以 $w_{金属Zn}$ 计，数值以%表示，按式(B.2)计算：

$$w_{金属Zn}=\frac{c\times 65.38\times (V_1-V_2)\times 5}{m_1\times 2}\times 100 \qquad \cdots\cdots(B.2)$$

式中：

$c$ ——高锰酸钾标准滴定溶液的实际浓度，单位为摩尔每毫升(mol/mL)；

65.38——锌的摩尔质量，单位为克每摩尔(g/mol)；

$V_1$ ——滴定消耗高锰酸钾标准滴定溶液的体积，单位为毫升(mL)；

$V_2$ ——空白消耗高锰酸钾标准滴定溶液的体积，单位为毫升(mL)；

$m_1$ ——试料质量，单位为克(g)。

计算结果表示至小数点后 2 位。

## B.6 精密度

### B.6.1 重复性

在重复性条件下获得的 2 次独立测试结果的测定值，在以下给出的平均值范围内，这 2 个测试结果的绝对差值不超过重复性限($r$)，超过重复性限($r$)的情况不超过 5%，重复性限($r$)按表 B.1 数据采用线性内插法求得。

表 B.1 重复性限

%

| $w_{金属Zn}$ | 88.75 | 93.19 | 95.78 | 99.25 |
|---|---|---|---|---|
| $r$ | 0.43 | 0.56 | 0.58 | 0.60 |

### B.6.2 再现性

在再现性条件下获得的2次独立测试结果的绝对差值不大于再现性限($R$)，超过再现性限($R$)的情况不超过5%，再现性限($R$)按表B.2数据采用线性内插法求得。

表 B.2 再现性限

%

| $w_{金属Zn}$ | 88.75 | 93.19 | 95.78 | 99.25 |
|---|---|---|---|---|
| $R$ | 0.75 | 0.80 | 0.85 | 0.90 |

## B.7 试验报告

试验报告应包括下列内容：

a) 试样；

b) 使用的标准；

c) 使用的方法；

d) 分析结果及其表示；

e) 与基本分析步骤的差异；

f) 测定中观察到的异常现象；

g) 试验日期。

# 附　录　C
（规范性附录）
# 铅、镉、铁量测定　火焰原子吸收光谱法

## C.1　范围

本附录规定了锌粉中铅、镉、铁含量的测定方法。

本附录适用于锌粉中铅、镉、铁量的测定。测定范围：0.005 0%～0.40%。

## C.2　方法提要

试料以盐酸、过氧化氢分解，在盐酸介质中分别于原子吸收光谱仪波长 283.3 nm、228.8 nm、248.3 nm处以空气-乙炔火焰测量铅、镉、铁的吸光度，用标准曲线法计算铅、镉、铁含量。

## C.3　试剂

除非另有说明，在分析中仅使用确认为分析纯试剂和蒸馏水或去离子水或相当纯度的水。

**C.3.1**　盐酸（$\rho$1.19 g/mL）。

**C.3.2**　过氧化氢（30%）。

**C.3.3**　盐酸（1+1）。

**C.3.4**　硝酸（1+3）。

**C.3.5**　铅标准溶液：称取 0.100 0 g 金属铅（$w_{Pb}$≥99.99%）于 250 mL 烧杯中，加入 10 mL 硝酸（C.3.4），加热至完全溶解，取下冷却，移入 1 000 mL 容量瓶中，用水稀释至刻度，混匀。此溶液 1 mL 含铅 0.1 mg。

**C.3.6**　铁标准溶液：称取 0.100 0 g 金属铁（$w_{Fe}$≥99.99%）于 250 mL 烧杯中，加入 10 mL 硝酸（C.3.4），加热至溶解完全，取下冷却，移入 1 000 mL 容量瓶中，用水稀释至刻度，混匀。此溶液 1 mL 含铁 0.1 mg。

**C.3.7**　镉标准溶液：称取 0.100 0 g 金属镉（$w_{Cd}$≥99.99%）于 250 mL 烧杯中，加入 10 mL 硝酸（C.3.4），加热至溶解完全，取下冷却，移入 1 000 mL 容量瓶中，用水稀释至刻度，混匀。此溶液 1 mL 含镉 0.1 mg。

## C.4　仪器

原子吸收光谱仪，附铅、镉、铁空心阴极灯。

在仪器最佳工作条件下，凡能达到下列指标者均可使用：

——特征浓度：在与测量试料溶液的基体相一致的溶液中，铅的特征浓度应不大于 0.2 μg/mL，镉和铁的特征浓度应不大于 0.1 μg/mL。

——精密度：用最高浓度的标准溶液测量 10 次吸光度，其标准偏差应不超过平均吸光度的 1.0%；用最低浓度的标准溶液（不是“零”浓度的标准溶液）测量 10 次吸光度，其标准偏差应不超过最高浓度的标准溶液平均吸光度的 0.5%。

——工作曲线线性：将工作曲线按浓度等分成五段，最高段的吸光度差值与最低段的吸光度差值之比，应不小于 0.8。

## C.5 分析步骤

### C.5.1 试料

按表 C.1 称取试样，精确至 0.000 1 g。

表 C.1 试料质量

| 铅、镉、铁的质量分数/% | 试料质量/g |
|---|---|
| 0.005 0～0.025 | 2.00 |
| >0.025～0.050 | 1.00 |
| >0.050～0.10 | 0.50 |
| >0.10～0.50 | 1.00 |

### C.5.2 空白试验

随同试料做空白试验。

### C.5.3 测定

**C.5.3.1** 将试料(C.5.1)置于 250 mL 烧杯中，加入 10 mL～15 mL 盐酸(C.3.3)和 1 mL 过氧化氢(C.3.2)，盖上表皿，低温加热至溶解完全，煮沸片刻，冷却，移入 100 mL 容量瓶中，用水稀释至刻度，混匀。

**C.5.3.2** 当铅、镉、铁的质量分数大于 0.10%时，分取 10.00 mL 试液于 100 mL 容量瓶中，补加 10 mL盐酸(C.3.3)，用水稀释至刻度，混匀。

**C.5.3.3** 将试液于原子吸收光谱仪波长 283.3 nm、228.8 nm、248.3 nm 处，使用空气-乙炔火焰，以水调零，测量溶液的吸光度，减去试料空白溶液的吸光度，从工作曲线上查出相应的铅、镉、铁浓度。

### C.5.4 工作曲线的绘制

**C.5.4.1** 移取 0 mL、1.00 mL、2.00 mL、3.00 mL、4.00 mL、5.00 mL 铅(C.3.5)、镉(C.3.7)、铁(C.3.6)标准溶液于一组 100 mL 容量瓶中，分别加入 10 mL 盐酸(C.3.3)，用水稀释至刻度，混匀。

**C.5.4.2** 使用空气-乙炔火焰，于原子吸收光谱仪波长 283.3 nm、228.8 nm、248.3 nm 处，以水调零，测量系列标准溶液的吸光度，减去系列标准溶液中“零”浓度溶液的吸光度，以铅、镉、铁浓度为横坐标，吸光度为纵坐标绘制工作曲线。

## C.6 分析结果的计算

铅、镉、铁的质量分数以 $w_X$ 计，数值以%表示，按式(C.1)计算：

$$w_X = \frac{\rho \cdot V_0 \cdot V_2 \times 10^{-6}}{m \cdot V_1} \times 100 \qquad \text{(C.1)}$$

式中：

$\rho$ ——自工作曲线查得的质量浓度，单位为微克每毫升(μg/mL)；

$V_0$——试料总体积，单位为毫升(mL)；

$V_1$——试料的分取体积，单位为毫升(mL)；

$V_2$——试料的测定体积，单位为毫升(mL)；

$m$ ——试料的质量，单位为克(g)。

计算结果表示至小数点后 2 位;若铅、镉、铁的质量分数小于 0.10%时,表示至小数点后 3 位;铅、镉、铁的质量分数小于 0.010%时,表示至小数点后 4 位。

## C.7 精密度

### C.7.1 重复性

在重复性条件下获得的 2 次独立测试结果的测定值,在以下给出的平均值范围内,这 2 个测试结果的绝对差值不超过重复性限($r$),超过重复性限($r$)的情况不超过 5%,重复性限($r$)铅按表 C.2、镉按表 C.3、铁按表 C.4 数据采用线性内插法求得。

表 C.2 重复性限

%

| $w_{Pb}$ | 0.005 7 | 0.046 | 0.090 | 0.19 | 0.39 |
|---|---|---|---|---|---|
| $r$ | 0.000 6 | 0.004 | 0.012 | 0.02 | 0.02 |

表 C.3 重复性限

%

| $w_{Cd}$ | 0.017 | 0.044 | 0.080 | 0.28 | 0.40 |
|---|---|---|---|---|---|
| $r$ | 0.001 | 0.002 | 0.004 | 0.02 | 0.02 |

表 C.4 重复性限

%

| $w_{Fe}$ | 0.009 6 | 0.057 | 0.11 | 0.31 | 0.51 |
|---|---|---|---|---|---|
| $r$ | 0.001 8 | 0.005 | 0.01 | 0.03 | 0.04 |

### C.7.2 再现性

在再现性条件下获得的 2 次独立测试结果的绝对差值不大于再现性限($R$),超过再现性限($R$)的情况不超过 5%,再现性限($R$)铅按表 C.5、镉按表 C.6、铁按表 C.7 数据采用线性内插法求得。

表 C.5 再现性限

%

| $w_{Pb}$ | 0.005 7 | 0.046 | 0.090 | 0.19 | 0.39 |
|---|---|---|---|---|---|
| $R$ | 0.000 8 | 0.007 | 0.014 | 0.03 | 0.05 |

表 C.6 再现性限

%

| $w_{Cd}$ | 0.017 | 0.044 | 0.080 | 0.28 | 0.40 |
|---|---|---|---|---|---|
| $R$ | 0.003 | 0.006 | 0.010 | 0.02 | 0.03 |

表 C.7 再现性限

%

| $w_{Fe}$ | 0.009 6 | 0.057 | 0.11 | 0.31 | 0.51 |
|---|---|---|---|---|---|
| $R$ | 0.002 3 | 0.008 | 0.03 | 0.04 | 0.05 |

## C.8 试验报告

试验报告应包括下列内容：

a) 试样；

b) 使用的标准；

c) 使用的方法；

d) 分析结果及其表示；

e) 与基本分析步骤的差异；

f) 测定中观察到的异常现象；

g) 试验日期。

# 附 录 D
# （规范性附录）
# 酸不溶物量测定 重量法

## D.1 范围

本附录规定了锌粉中酸不溶物量的测定方法。

本附录适用于锌粉中酸不溶物量的测定。测定范围：0.10%～0.30%。

## D.2 方法提要

试料用盐酸和少量硝酸溶解，过滤、洗涤残渣、烘干，称至恒重，用重量法计算酸不溶物的含量。

## D.3 试剂

除非另有说明，在分析中仅使用确认为分析纯试剂和蒸馏水或去离子水或相当纯度的水。

**D.3.1** 盐酸（$\rho$1.19 g/mL）。

**D.3.2** 硝酸（$\rho$1.42 g/mL）。

**D.3.3** 盐酸（1+1）。

**D.3.4** 盐酸（1+49）。

**D.3.5** 硝酸银溶液（10 g/L）。

## D.4 仪器

玻璃坩埚4号（$G_4$漏斗）。

## D.5 分析步骤

### D.5.1 试料

称取10.0 g试样，精确至0.01 g。

### D.5.2 测定

**D.5.2.1** 将试料（D.5.1）置于300 mL锥形瓶中，加入100 mL盐酸（D.3.3），盖上表皿，煮沸15 min～30 min，加入1 mL硝酸（D.3.2），煮沸10 min，取下冷却，用已恒重的玻璃坩埚（D.4）进行过滤，用热盐酸（D.3.4）洗涤5次，用水洗残渣和杯壁至无氯离子[用硝酸银溶液（D.3.5）检查]。

**D.5.2.2** 将坩埚放入烘箱于105 ℃±5 ℃烘1 h，取出坩埚，放入干燥器内，冷却至室温，称重。重复此操作直到恒重。

## D.6 分析结果的计算

酸不溶物的质量分数以$w_X$计，数值以%表示，按式（D.1）计算：

$$w_X = \frac{m_1 - m_2}{m} \times 100 \quad \cdots\cdots (D.1)$$

式中：

$m_1$ ——坩埚与残渣的总质量，单位为克(g)；

$m_2$ ——坩埚质量，单位为克(g)；

$m$ ——试料质量，单位为克(g)。

计算结果表示至小数点后2位。

## D.7 精密度

### D.7.1 重复性

在重复性条件下获得的2次独立测试结果的测定值，在以下给出的平均值范围内，这2个测试结果的绝对差值不超过重复性限($r$)，超过重复性限($r$)的情况不超过5%，重复性限($r$)按表D.1数据采用线性内插法求得。

**表 D.1 重复性限** %

| $w_X$ | 0.10 | 0.20 | 0.28 |
|---|---|---|---|
| $r$ | 0.02 | 0.03 | 0.04 |

### D.7.2 再现性

在再现性条件下获得的2次独立测试结果的绝对差值不大于再现性限($R$)，超过再现性限($R$)的情况不超过5%，再现性限($R$)按表D.2数据采用线性内插法求得。

**表 D.2 再现性限** %

| $w_X$ | 0.10 | 0.20 | 0.28 |
|---|---|---|---|
| $R$ | 0.03 | 0.04 | 0.05 |

## D.8 试验报告

试验报告应包括下列内容：

a) 试样；

b) 使用的标准；

c) 使用的方法；

d) 分析结果及其表示；

e) 与基本分析步骤的差异；

f) 测定中观察到的异常现象；

g) 试验日期。

# 附 录 E
# （规范性附录）
# 硫量测定 重量法

## E.1 范围

本附录规定了锌粉中硫含量的测定方法。

本附录适用于锌粉中硫量的测定。测定范围：0.10%～1.00%。

## E.2 方法提要

试样在750 ℃～780 ℃经碳酸钠、氧化锌半熔后，用水溶解可溶物，并用氯化钡沉淀溶液中的硫酸根。沉淀经过滤、灼烧后称重，按硫酸钡的质量计算试料中的硫含量。

## E.3 试剂

除非另有说明，在分析中仅使用确认为分析纯试剂和蒸馏水或去离子水或相当纯度的水。

E.3.1 无水碳酸钠（优级纯）。

E.3.2 氧化锌（纯度>99.99%）。

E.3.3 盐酸（$\rho$1.19 g/mL），优级纯。

E.3.4 氯化钡溶液（100 g/L）。

E.3.5 混合熔剂：无水碳酸钠（E.3.1）和氧化锌（E.3.2）按1∶2比例放入研钵中研磨，混匀。

E.3.6 碳酸钠溶液（20 g/L）。

E.3.7 硝酸银溶液（10 g/L）。

E.3.8 甲基橙溶液（1 g/L）。

## E.4 分析步骤

### E.4.1 试料

称取4.00 g试样，精确至0.000 1 g。

### E.4.2 空白试验

随同试料做空白试验。

### E.4.3 测定

**E.4.3.1** 将试料（E.4.1）放入盛有10 g混合熔剂（E.3.5）的50 mL瓷坩埚内，翻转数次，使试料混合均匀，转入另一底部铺有2 g混合熔剂（E.3.5）的瓷坩埚中，再用2 g混合熔剂（E.3.5）分两次扫净原瓷坩埚，并入试料混合物上。

**E.4.3.2** 将盛有试料的瓷坩埚置于电炉盘上干燥，再放入马弗炉750 ℃～780 ℃灼烧，恒温1 h～1.5 h后，取出稍冷。

E.4.3.3 将坩埚中的半熔物放入 500 mL 的烧杯中，用热水浸取熔块后，放到电热板上煮沸 2 min～3 min，趁热过滤于 500 mL 的烧杯中，用热碳酸钠溶液(E.3.6)洗涤烧杯 2 次～3 次，洗涤沉淀 8 次～10 次。

E.4.3.4 向滤液中加入 1 滴甲基橙溶液(E.3.8)，用盐酸(E.3.3)中和至变红色，再过量 3 mL。

E.4.3.5 将滤液体积保持 300 mL，加热煮沸，趁热徐徐加入煮沸的 20 mL 氯化钡溶液(E.3.4)，边加入边搅拌，保温 1 h，静止 4 h。

E.4.3.6 用定量滤纸过滤，用热水洗涤沉淀至无氯离子，用硝酸银溶液(E.3.7)检验。

E.4.3.7 将沉淀连同滤纸放入已恒重的 10 mL 瓷坩埚内，烘干灰化，于 750 ℃～780 ℃灼烧至恒重，冷却至室温后称量。

## E.5 分析结果的计算

硫的质量分数以 $w_S$ 计，数值以%表示，按式(E.1)计算：

$$w_S = \frac{(m_1 - m_2 - m_3) \times 0.137\,4}{m_0} \times 100 \qquad \text{(E.1)}$$

式中：

$m_0$ ——试料的质量，单位为克(g)；

$m_1$ ——沉淀与瓷坩埚的质量，单位为克(g)；

$m_2$ ——瓷坩埚的质量，单位为克(g)；

$m_3$ ——空白质量，单位为克(g)；

0.137 4——硫酸钡换算成硫的系数。

计算结果表示至小数点后 2 位。

## E.6 精密度

### E.6.1 重复性

在重复性条件下获得的 2 次独立测试结果的测定值，在以下给出的平均值范围内，这 2 个测试结果的绝对差值不超过重复性限($r$)，超过重复性限($r$)的情况不超过 5%，重复性限($r$)按表 E.1 数据采用线性内插法求得。

**表 E.1 重复性限** %

| $w_S$ | 0.10 | 0.31 | 0.60 | 1.00 |
|---|---|---|---|---|
| $r$ | 0.02 | 0.02 | 0.03 | 0.04 |

### E.6.2 再现性

在再现性条件下获得的 2 次独立测试结果的绝对差值不大于再现性限($R$)，超过再现性限($R$)的情况不超过 5%，再现性限($R$)按表 E.2 数据采用线性内插法求得。

表 E.2 再现性限

%

| $w_S$ | 0.10 | 0.31 | 0.60 | 1.00 |
|---|---|---|---|---|
| $R$ | 0.02 | 0.03 | 0.05 | 0.05 |

## E.7 试验报告

试验报告应包括下列内容：

a） 试样；

b） 使用的标准；

c） 使用的方法；

d） 分析结果及其表示；

e） 与基本分析步骤的差异；

f） 测定中观察到的异常现象；

g） 试验日期。

# 附 录 F
（规范性附录）
# 砷量测定 氢化物发生-原子荧光光谱法

## F.1 范围

本附录规定了锌粉中砷含量的测定方法。

本附录适用于锌粉中砷量的测定。测定范围：0.000 20%～0.004 0%。

## F.2 方法提要

试料以硝酸溶解。用硫脲-抗坏血酸将砷预还原，同时也掩蔽铜、铁等杂质元素，在氢化物发生器中，砷被硼氢化钾还原为氢化物，用氩气导入石英炉原子化器中，于原子荧光光谱仪上测量其荧光强度。

## F.3 试剂

除非另有说明，在分析中仅使用确认为分析纯试剂和蒸馏水或去离子水或相当纯度的水。

**F.3.1** 盐酸（$\rho$1.19 g/mL）。

**F.3.2** 硝酸（$\rho$1.42 g/mL）。

**F.3.3** 盐酸（1+9）。

**F.3.4** 氢氧化钾（5 g/L）。

**F.3.5** 氢氧化钾（100 g/L）。

**F.3.6** 硫脲-抗坏血酸溶液（50 g/L），当天配制。

**F.3.7** 硼氢化钾溶液（20 g/L）：称取 10.0 g 硼氢化钾溶解于 500 mL 氢氧化钾溶液（F.3.4）中，当天配制。

**F.3.8** 砷标准贮存溶液：称取 0.132 0 g 三氧化二砷（$w_{As_2O_3}\geqslant$99.99%，于硫酸干燥器中干燥）于 300 mL烧杯中，加 20 mL 氢氧化钾（F.3.5），加热溶解，加盐酸（F.3.1）中和至微酸性，用水稀释至 1 000 mL，混匀。此溶液 1 mL 含 100 μg 砷。

**F.3.9** 砷标准溶液：移取 2.00 mL 砷标准贮存溶液（F.3.8）于 500 mL 容量瓶中，加入 75 mL 盐酸（F.3.1），用水稀释至刻度，混匀。此溶液 1 mL 含 0.4 μg 砷。

## F.4 仪器

原子荧光光谱仪，附砷高强度空心阴极灯。

在仪器最佳工作条件下，凡能达到下列指标者均可使用：

——检出限：不大于 1 ng/mL。

——精密度：最高浓度标准溶液荧光强度及“零”浓度溶液荧光强度相对于最高浓度标准溶液荧光强度平均值的变异系数应分别不大于 5.0%和 1.0%。

——工作曲线线性：将工作曲线按浓度等分成五段，最高段的荧光强度差值与最低段的荧光强度差值之比，应不小于 0.90。

## F.5 分析步骤

### F.5.1 试料

称取 2.00 g 试样，精确至 0.000 1 g。

### F.5.2 空白试验

随同试料做空白试验。

### F.5.3 测定

**F.5.3.1** 将试料(F.5.1)置于 150 mL 烧杯中，加入 10 mL 硝酸(F.3.2)，于电炉上低温溶解完全，并蒸至小体积，取下冷却，移入 100 mL 容量瓶中，加入 10 mL 盐酸(F.3.1)，用水稀释至刻度，混匀。

**表 F.1 分取试液体积**

| 砷的质量分数/% | 分取试液体积/mL |
|---|---|
| 0.000 20～0.001 0 | 20.00 |
| >0.001 0～0.004 0 | 5.00 |

**F.5.3.2** 按表 F.1 分取试液体积于 100 mL 的容量瓶中，补加 10 mL 盐酸(F.3.1)、10 mL 硫脲-抗坏血酸溶液(F.3.6)，用水稀释至刻度，混匀，放置 30 min。

**F.5.3.3** 在原子荧光光谱仪上，以盐酸(F.3.3)为载流，硼氢化钾溶液(F.3.7)为还原剂，以砷空心阴极灯为激发光源，测量试料溶液砷的荧光值，减去试料空白溶液的荧光值，从工作曲线上查出砷的浓度。

### F.5.4 工作曲线的绘制

**F.5.4.1** 移取 0 mL、2.00 mL、4.00 mL、6.00 mL、8.00 mL、10.00 mL 砷标准溶液(F.3.9)分别于一组 100 mL 的容量瓶中，加入 10 mL 盐酸(F.3.1)、10 mL 硫脲-抗坏血酸溶液(F.3.6)，用水稀释至刻度，混匀，放置 30 min。

**F.5.4.2** 在与测定试料溶液相同的条件下，以盐酸(F.3.3)为载流，硼氢化钾溶液(F.3.7)为还原剂，测量砷系列标准溶液的荧光强度，减去系列标准溶液中“零”浓度溶液的荧光强度。以砷的浓度为横坐标，荧光强度为纵坐标，绘制工作曲线。

## F.6 分析结果的计算

砷含量以砷的质量分数 $w_{As}$ 计，数值以%表示，按式(F.1)计算：

$$w_{As}=\frac{\rho V_0 V_1 \times 10^{-9}}{V_2 m}\times 100 \qquad \cdots\cdots(F.1)$$

式中：

$\rho$ ——从工作曲线上查得的试液砷质量浓度，单位为纳克每毫升(ng/mL)；

$V_0$——试液总体积，单位为毫升(mL)；

$V_1$——测定体积，单位为毫升(mL)；

$V_2$——分取体积，单位为毫升(mL)；

$m$ ——试料的质量，单位为克(g)。

计算结果表示至小数点后 4 位；砷的质量分数小于 0.001 0%时，表示至小数点后 5 位。

## F.7 精密度

### F.7.1 重复性

在重复性条件下获得的2次独立测试结果的测定值，在以下给出的平均值范围内，这2个测试结果的绝对差值不超过重复性限($r$)，超过重复性限($r$)的情况不超过5%，重复性限($r$)按表F.2数据采用线性内插法求得。

**表F.2 重复性限** %

| $w_{As}$ | 0.000 20 | 0.000 52 | 0.002 0 | 0.003 8 |
|---|---|---|---|---|
| $r$ | 0.000 04 | 0.000 06 | 0.000 3 | 0.000 5 |

### F.7.2 再现性

在再现性条件下获得的2次独立测试结果的绝对差值不大于再现性限($R$)，超过再现性限($R$)的情况不超过5%，再现性限($R$)按表F.3数据采用线性内插法求得。

**表F.3 再现性限** %

| $w_{As}$ | 0.000 20 | 0.000 52 | 0.002 0 | 0.003 8 |
|---|---|---|---|---|
| $R$ | 0.000 05 | 0.000 10 | 0.000 4 | 0.000 7 |

## F.8 试验报告

试验报告应包括下列内容：

a) 试样；

b) 使用的标准；

c) 使用的方法；

d) 分析结果及其表示；

e) 与基本分析步骤的差异；

f) 测定中观察到的异常现象；

g) 试验日期。

ICS 87.060.10
G 54

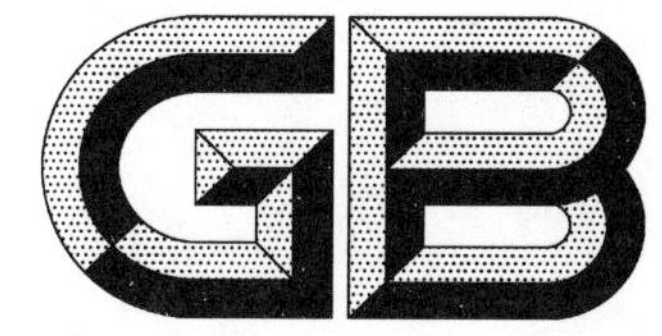

# 中华人民共和国国家标准

GB/T 20785—2006

# 氧 化 铬 绿 颜 料

## Chrome oxide green pigments

(ISO 4621:1986,Chrome oxide green pigments—
Specifications and methods of test,MOD)

2006-12-29 发布 2007-06-01 实施

中华人民共和国国家质量监督检验检疫总局
中国国家标准化管理委员会 发布

# 前　言

本标准修改采用国际标准 ISO 4621:1986《氧化铬绿颜料　规格和试验方法》(英文版)。

本标准根据国际标准 ISO 4621:1986《氧化铬绿颜料　规格和试验方法》重新起草。

本标准在采用国际标准时进行了修改,这些技术性差异用垂直单线标识在它们所涉及的条款的页边空白处。在附录 A 中给出了技术性差异及其原因的一览表以供参考。

本标准与国际标准 ISO 4621:1986 相比,主要技术差异为:

——本标准中所用试验方法大部分采用了现行国家标准,其中多数方法系等效或等同采用相应国际标准;

——本标准改变了国际标准中铬含量(以 $Cr_2O_3$ 表示)测定的方法;

——本标准中"铬含量(以 $Cr_2O_3$ 表示)要求"改为"≥99%",国际标准中为"≥96%";

——本标准中"可溶性铬含量要求"改为"≤0.03%",国际标准中为"≤0.02%";

——本标准中"水溶物含量要求"改为"≤0.4%",国际标准中为"≤0.2%";

——本标准增加了"第 8 章　检验结果的判定"和"第 9 章　标志、包装、运输和贮存";

——本标准删除了国际标准的前言。

本标准的附录 A 为资料性附录。

本标准由中国石油和化学工业协会提出。

本标准由全国涂料和颜料标准化技术委员会归口。

本标准主要起草单位:中国化工建设总公司常州涂料化工研究院、衡水友谊化工有限责任公司、河北铬盐化工有限公司、四川省安县银河建化集团有限公司。

本标准主要起草人:沈苏江、赵玲、王卫东、孙玉江、唐俊清、黄逸东。

# 氧 化 铬 绿 颜 料

## 1 范围

本标准规定了氧化铬绿颜料的定义、分等分级、要求、取样、试验方法、检验结果的判定及标志、包装、运输和贮存。

本标准适用于一般用途的氧化铬绿颜料。该产品主要用于陶瓷、涂料、油墨等行业。

## 2 规范性引用文件

下列文件中的条款通过本标准的引用而成为本标准的条款。凡是注日期的引用文件,其随后所有的修改单(不包括勘误的内容)或修订版均不适用于本标准,然而,鼓励根据本标准达成协议的各方研究是否可使用这些文件的最新版本。凡是不注日期的引用文件,其最新版本适用于本标准。

GB/T 1250 极限数值的表示方法和判定方法

GB/T 1717—1986 颜料水悬浮液 pH 值的测定(eqv ISO 787-9:1981)

GB/T 1864—1989 颜料颜色的比较(eqv ISO 787-1:1982)

GB/T 3186 色漆、清漆和色漆与清漆用原材料 取样(GB/T 3186—2006,ISO 15528:2000,IDT)

GB/T 5211.2—2003 颜料水溶物测定 热萃取法(ISO 787-3:2000,General methods of test for pigments and extenders—Part 3:Determination of matter soluble in water-Hot extraction method,IDT)

GB/T 5211.3—1985 颜料在 105℃挥发物的测定(eqv ISO 787-2:1981)

GB/T 5211.15—1988 颜料吸油量的测定(eqv ISO 787-5:1980)

GB/T 5211.18—1988 颜料筛余物的测定 水法 手工操作(neq ISO 787-7:1981)

GB/T 5211.19—1988 着色颜料的相对着色力和冲淡色的测定 目视比较法(eqv ISO 787-16:1986)

GB/T 9287—1988 颜料易分散程度的比较 振荡法(eqv ISO 787-20:1975)

GB/T 9758.6—1988 色漆和清漆"可溶性"金属含量的测定 第 6 部分:色漆的液体部分中铬总含量的测定 火焰原子吸收光谱法(idt ISO 3856-6:1984)

GB/T 9760—1988 色漆和清漆 液体或粉末状色漆中酸萃取物的制备(idt ISO 6713:1984)

## 3 定义

氧化铬绿颜料:由氧化铬(Ⅲ)($Cr_2O_3$)组成的干粉状态的无机着色颜料。

## 4 分等分级

本标准规定了下列三种等级的氧化铬绿颜料,颜料中不应掺杂其他有机或无机类着色物,并且应无各种体质颜料或冲淡物:

1 级:筛余物(45 μm 筛孔)应不大于 0.01%。

2 级:筛余物(45 μm 筛孔)可大于 0.01%,但应不大于 0.1%。

3 级:筛余物(45 μm 筛孔)可大于 0.1%,但应不大于 0.5%。

## 5 要求

5.1 符合本标准的氧化铬绿颜料,其基本要求规定于表 1 中,条件要求规定于表 2 中。条件要求将由有关双方商定。

5.2 表 2 中提及的商定参照颜料应符合表 1 规定的要求。

表 1 基本要求

| 特性 | | | 要求 |
| --- | --- | --- | --- |
| 铬含量(质量分数)(以 $Cr_2O_3$ 表示)/% | | ≥ | 99 |
| 可溶性铬含量(质量分数)/% | | ≤ | 0.03 |
| 105℃挥发物(质量分数)/% | | ≤ | 0.3 |
| 1 000℃灼烧损失(质量分数)/% | | ≤ | 1 |
| 水溶物(质量分数)(热萃取法)/% | | ≤ | 0.4 |
| 筛余物(质量分数)(45 μm)/% | 1 级 | | ≤0.01 |
| | 2 级 | | >0.01<br>≤0.1 |
| | 3 级 | | >0.1<br>≤0.5 |

表 2 条件要求

| 特性 | 要求 |
| --- | --- |
| 颜色 | 商定 |
| 相对着色力 | 商定 |
| 易分散程度 | 应不差于商定参照颜料(5.2) |
| 水悬浮液 pH 值 | 与商定参照颜料(5.2)相差不大于 1 pH 单位 |
| 吸油量 | 相差应不大于供需双方商定值的 15% |
| 耐酸性和耐碱性 | 颜色变化应不大于商定参照颜料(5.2)的变化 |

## 6 取样

按 GB/T 3186 的规定取受试产品的代表性样品。

## 7 试验方法

### 7.1 铬含量(以 $Cr_2O_3$ 表示)的测定

#### 7.1.1 试剂

所用试剂未注明要求时均应采用分析纯试剂,并使用符合 GB/T 6682 规定的纯度至少为 3 级的水。

**警告——应按照适当的健康和安全规范来使用试剂。**

7.1.1.1 硫磷混合酸:磷酸+硫酸:6+4。

7.1.1.2 硫磷混合酸溶液:磷酸+硫酸+水:1+1+4。

7.1.1.3 高氯酸。

7.1.1.4 硝酸银溶液:25 g/L。

7.1.1.5 过硫酸铵。

7.1.1.6 邻苯氨基苯甲酸溶液:1 g/L

称取 0.1 g 邻苯氨基苯甲酸,溶于 100 mL(2 g/L)碳酸钠溶液中。

7.1.1.7 硫酸铁(Ⅱ)铵标准滴定溶液:$c[Fe(NH_4)_2(SO_4)_2]$约为 0.2 mol/L。

7.1.1.7.1 配制

称取约 80 g 六水合硫酸铁(Ⅱ)铵,溶于 300 mL 硫酸溶液(1+8)中,加入 700 mL 水,混合均匀。临用前标定。

7.1.1.7.2 标定

称取约 0.25 g(精确至 0.2 mg)于(120±2)℃下干燥至恒重的基准重铬酸钾溶于 200 mL 水中,加入 20 mL 硫磷混合酸溶液(7.1.1.2),用硫酸铁(Ⅱ)铵标准滴定溶液滴定至黄绿色,然后加入 1 mL 邻苯氨基苯甲酸指示液(7.1.1.6),继续滴定至紫红色变为亮绿色为终点。

用下式计算硫酸铁(Ⅱ)铵标准滴定溶液的浓度 $c$,以摩尔每升(mol/L)表示:

$$c = \frac{m_1}{49.03 \times V_2} \times 1\ 000 \qquad \cdots\cdots (1)$$

式中:

$m_1$——重铬酸钾质量,单位为克(g);

$V_2$——标定时所消耗的硫酸铁(Ⅱ)铵标准滴定溶液的体积,单位为毫升(mL);

49.03——重铬酸钾($1/6K_2Cr_2O_7$)的摩尔质量,单位为克每摩尔(g/mol)。

7.1.2 **步骤**

称取约 0.2 g 于(105±2)℃下干燥过的试样(精确至 0.2 mg),置于 500 mL 锥形瓶中,加入 20 mL 硫磷混合酸(7.1.1.1),2 mL 高氯酸(7.1.1.3)于电炉上加热至溶液透明,底部无绿色颗粒,取下冷却至室温,加 150 mL 水,5 mL 硝酸银溶液(7.1.1.4),4 g~5 g 过硫酸铵(7.1.1.5),摇动使其溶解,静置 5 min 后,继续加热至小泡转为大泡(破坏过量的氧化剂),保持 10 min,取下冷却至室温,加水稀释至 200 mL,用硫酸铁(Ⅱ)铵标准滴定溶液(7.1.1.7)滴至溶液呈黄绿色,加入 1 mL 邻苯氨基苯甲酸指示液(7.1.1.6),继续滴定至溶液呈亮绿色为终点,同时作空白试验。

7.1.3 **结果的表示**

用下式计算颜料的铬含量 $w(Cr_2O_3)$,质量分数以(%)表示:

$$w(Cr_2O_3) = \frac{(V_1 - V_0) \times c \times 0.025\ 33}{m_2} \times 100 \qquad \cdots\cdots (2)$$

式中:

$V_1$——滴定试验溶液所消耗的硫酸铁(Ⅱ)铵标准滴定溶液的体积,单位为毫升(mL);

$V_0$——滴定空白溶液所消耗的硫酸铁(Ⅱ)铵标准滴定溶液的体积,单位为毫升(mL);

$c$——硫酸铁(Ⅱ)铵标准滴定溶液的浓度,单位为摩尔每升(mol/L);

$m_2$——试样质量,单位为克(g);

0.025 33——与 1.00 mL 硫酸铁(Ⅱ)铵标准滴定溶液$\{c[Fe(NH_4)_2(SO_4)_2]=1.000\ mol/L\}$相当的以克表示的三氧化二铬的质量。

取二次测定的平均值,如果两次测定的差值大于 0.3%,则需重新进行测定。

7.2 **可溶性铬含量的测定**

7.2.1 **盐酸萃取液的制备**

按 GB/T 9760—1988 中 8.2 规定制备颜料样品的盐酸萃取液。

7.2.2 **测定**

提供了二种方法:A 法(原子吸收光谱法)和 B 法(分光光度法)。可商定选用,仲裁时选用 A 法。

7.2.2.1 **A 法(原子吸收光谱法)**

按 GB/T 9758.6—1988 中规定的方法取盐酸萃取液(7.2.1)作试验溶液进行测定。用下式计算出颜料的可溶性铬含量 $w(Cr)$,质量分数以(%)表示:

$$w(Cr) = \frac{100 \times m_0}{m_5} \qquad \cdots\cdots (3)$$

式中：

$m_0$——盐酸萃取液(7.2.1)中可溶性铬的质量，单位为克(g)；

$m_5$——为制备盐酸萃取液(7.2.1)所取的颜料试样的质量，单位为克(g)。

**7.2.2.2　B法(分光光度法)**

**7.2.2.2.1　试剂**

所用试剂未注明要求时均应采用分析纯试剂，并使用符合GB/T 6682规定的纯度至少为3级的水。

**警告——应按照适当的健康和安全规范来使用试剂。**

7.2.2.2.1.1　盐酸，$c(HCl)=0.07$ mol/L。

7.2.2.2.1.2　氢氧化钠，约40 g/L溶液。

7.2.2.2.1.3　过氧化氢，质量分数为30%的溶液。

7.2.2.2.1.4　铬，每升含100 mg铬的标准溶液。

称取282.9 mg(精确至0.2 mg)于(120±2)℃下干燥至恒重的基准重铬酸钾于1 000 mL容量瓶中，用盐酸(7.2.2.2.1.1)溶解，并用同种盐酸稀释至刻度，并混合均匀。

**7.2.2.2.2　仪器**

使用普通实验室仪器以及下列仪器：

7.2.2.2.2.1　分光光度计，配备10 mm比色池。

**7.2.2.2.3　步骤**

**7.2.2.2.3.1　标准比色溶液的配制**

下列溶液应在临用前配制。

按表3取规定体积的标准铬溶液(7.2.2.2.1.4)分别置于六个100 mL容量瓶中。

向每个容量瓶中加入50 mL氢氧化钠溶液(7.2.2.2.1.2)，用水稀释至刻度，混合均匀。

**表3　标准比色溶液**

| 标准比色溶液编号 | 标准铬溶液(7.2.2.2.1.4)的体积/mL | 标准比色溶液中相应的铬浓度/(μg/mL) |
|---|---|---|
| 0 | 0 | 0 |
| 1 | 2.5 | 2.5 |
| 2 | 5 | 5 |
| 3 | 7.5 | 7.5 |
| 4 | 10 | 10 |
| 5 | 12.5 | 12.5 |
| 注：0号为空白试验溶液。 | | |

**7.2.2.2.3.2　标准工作曲线**

用10 mm比色池(以水作参比)在分光光度计最大吸收波长(约366 nm)处测定标准比色溶液的吸光度。

以标准比色溶液中相应的铬质量浓度(μg/mL)为横坐标，以相应的吸光度值减去空白试验溶液的吸光度值为纵坐标绘制标准工作曲线。

**7.2.2.2.3.3　测定**

用移液管移取按7.2.1所述方法得到的体积不超过50 mL的盐酸萃取液，放入150 mL烧杯中，其移取量应使该溶液的吸光度值在标准工作曲线范围内。用水稀释至50 mL。加25 mL氢氧化钠溶液(7.2.2.2.1.2)和1 mL过氧化氢溶液(7.2.2.2.1.3)，煮沸该溶液15 min。

冷却至室温后，将溶液和也许已经形成的沉淀一起转移至100 mL容量瓶中。用氢氧化钠溶液(7.2.2.2.1.2)淋洗烧杯，并将淋洗液转移至容量瓶中。用同种氢氧化钠溶液稀释至刻度，然后滤去沉淀。

按 7.2.2.2.3.2 中的条件测量溶液或滤液的吸光度。

7.2.2.2.4 **结果的表示**

用下式计算颜料的可溶性铬含量 $w(\mathrm{Cr})$，质量分数以(%)表示：

$$w(\mathrm{Cr})=\frac{\rho(\mathrm{Cr})\times V_3}{m_5\times V_4\times 100} \quad \cdots\cdots(4)$$

式中：

$\rho(\mathrm{Cr})$——由标准工作曲线查得的试验溶液铬的质量浓度，单位为微克每毫升(μg/mL)；

$m_5$——按 GB/T 9760—1988 中 8.2 制备盐酸萃取液时所取试样的质量，单位为克(g)；

$V_3$——按 GB/T 9760—1988 中 8.2 制备盐酸萃取液时所加入的盐酸和乙醇的体积，单位为毫升(mL)；

$V_4$——7.2.2.2.3.3 中所用的盐酸萃取液的体积，单位为毫升(mL)。

7.3 **105℃挥发物的测定**

按 GB/T 5211.3—1985 中的规定进行。

7.4 **1 000℃灼烧损失的测定**

7.4.1 **仪器**

7.4.1.1 马弗炉，能保持温度在(1 000±50)℃。

7.4.1.2 铂坩埚

7.4.2 **步骤**

7.4.2.1 **试样**

称取约 5 g(精确至 0.2 mg)样品，置于铂坩埚(7.4.1.2)中，该坩埚在使用之前应于(1 000±50)℃下加热 15 min，冷却并称量过。

7.4.2.2 **测定**

将盛有颜料的坩埚置于马弗炉(7.4.1.1)中，于(1 000±50)℃下加热 15 min，取出放入干燥器中冷却至室温并称量。

7.4.3 **结果的表示**

用下式计算颜料 1 000℃灼烧损失 $w$，质量分数以(%)表示：

$$w=\frac{100\times(m_3-m_4)}{m_3} \quad \cdots\cdots(5)$$

式中：

$m_3$——试样的质量，单位为克(g)；

$m_4$——残留物的质量，单位为克(g)。

7.5 **水溶物的测定**

按 GB/T 5211.2—2003 中的规定进行，试样量为 10 g。

7.6 **筛余物的测定**

按 GB/T 5211.18—1988 中的规定进行。

7.7 **颜色的测定**

按 GB/T 1864—1989 中的规定进行。试样量为 2 g，精制亚麻仁油加量为 0.8 mL～1.0 mL。

7.8 **相对着色力的测定**

按 GB/T 5211.19—1988 中的规定进行。

7.9 **易分散程度的测定**

按 GB/T 9287—1988 中的规定进行。

注：也可使用有关双方商定的方法。

### 7.10 水悬浮液pH值的测定

按GB/T 1717—1986中的规定进行。

### 7.11 吸油量的测定

按GB/T 5211.15—1988中的规定进行。

### 7.12 耐酸性和耐碱性的测定

#### 7.12.1 试剂

所用试剂均应采用分析纯试剂，并使用符合GB/T 6682规定的纯度至少为3级的水。

**警告——应按照适当的健康和安全规范来使用试剂。**

7.12.1.1 盐酸，1+4。

7.12.1.2 氢氧化钠，200 g/L溶液。

#### 7.12.2 步骤

称取约2 g试样置于试管中，加入适宜体积的盐酸(7.12.1.1)，振荡试管并放置1 h。以相同的时间和相同的方法处理商定的参照颜料。在另一试管中加入盐酸(7.12.1.1)，分别观察受试颜料悬浮液中上层清液与盐酸(7.12.1.1)的颜色差异以及参照颜料悬浮液中上层清液与盐酸(7.12.1.1)的颜色差异。用氢氧化钠溶液(7.12.1.2)代替盐酸重新试验，并观察受试颜料悬浮液中上层清液与氢氧化钠(7.12.1.2)的颜色差异以及参照颜料悬浮液中上层清液与氢氧化钠(7.12.1.2)的颜色差异。

## 8 检验结果的判定

按GB/T 1250中修约值比较法进行。

## 9 标志、包装、运输和贮存

### 9.1 标志

产品包装袋上应印有牢固、清晰的标志，包括生产厂名称、产品名称、注册商标、标准代号、等级、生产批号或生产日期、净含量及规定的“防潮”标志。

### 9.2 包装

产品可用内衬塑料薄膜袋的塑料编织袋包装，也可用其他适宜的包装材料包装。

### 9.3 运输

运输、装卸时要轻装、轻卸，防止包装污染和破损。产品在运输中应防止雨淋和日光曝晒。

### 9.4 贮存

产品应按等级、分批存放在通风干燥处，严禁与产品可发生反应的物品接触，并注意防潮。

# 附 录 A
（资料性附录）
# 本标准与 ISO 4621:1986 技术性差异及其原因

表 A.1 给出了本标准与 ISO 4621:1986 的技术性差异及其原因的一览表。

**表 A.1 本标准与 ISO 4621:1986 技术性差异及其原因**

| 本标准的章条编号 | 技 术 性 差 异 | 原 因 |
|---|---|---|
| 1 | 在范围中增加了“产品分类、检验结果的判定及标志、包装、运输和贮存。”<br>增加了“本标准适用于一般用途的氧化铬绿颜料。该产品主要用于陶瓷、涂料、油墨等行业。” | 使标准适用范围更明确，符合我国习惯。 |
| 2 | 引用了采用国际标准的我国标准，而非国际标准。 | 适合我国国情，便于使用。 |
| 表 1<br>表 2 | 删除 ISO 4621:1986 表 1、表 2 中“试验方法”一栏。 | 按照国内习惯在第 7 章中分别详细描述。 |
| 表 1 | “铬含量(质量分数)(以 $Cr_2O_3$ 表示)/%”要求以“99”代替“96”。 | 验证试验表明此项目测定结果均大于 99。 |
| 表 1 | “可溶性铬含量(质量分数)/%”要求以“0.03”代替“0.02”。 | 验证试验表明国内产品质量水平难以达到国际标准要求。 |
| 表 1 | “水溶物(质量分数)(热萃取法)/%”要求以“0.4”代替“0.2”。 | 国内产品质量水平难以达到国际标准要求。 |
| 6 | 以“GB/T 3186”代替了“ISO 842”。 | GB/T 3186—2006/ISO 15528:2000 已包含了 ISO 842:1984 的内容。 |
| 7 | 增加第 7 章“试验方法”，将国际标准中第 7～10 章内容并入第 7 章中。 | 使标准内容更清晰，符合国内使用习惯。 |
| 7.1 | 改变了国际标准中铬含量(以 $Cr_2O_3$ 表示)测定的方法。 | 本标准中方法在行业内已使用多年，操作快速方便，ISO 4621:1986 中第 7 章方法操作繁琐，且经验证试验发现存在诸多问题，难以实施。 |
| 7.2.2.2 | 删除国际标准中原理一条。 | 文本前后表述一致。 |
| 7.2.2.2.1.4 | 以“0.2 mg”代替了“0.1 mg”。 | 感量为万分之一的天平已满足称量要求。 |
| 7.2.2.2.2 | 删除“移液管、滴定管、容量瓶”。 | 均属普通实验室仪器。 |
| 7.4 | 删除了“注”。 | 解释性内容，无需保留。 |
| 7.5<br>7.7 | 对试验条件作了具体补充规定。 | 便于操作。 |
| 7.12.2 | 文字表述作修改。 | 表述更清晰，便于理解，符合国内习惯。 |
| 8～9 | 增加“第 8 章 检验结果的判定”和“第 9 章 标志、包装、运输和贮存”。<br>删除 ISO 4621:1986 中“第 11 章 试验报告”。 | 适合我国国情，用户需求。 |

## 参 考 文 献

[1] GB/T 601 化学试剂 标准滴定溶液的制备(GB/T 601—2002)
[2] GB/T 602 化学试剂 杂质测定用标准溶液的制备(GB/T 602—2002,neq ISO 6353-1:1982)
[3] GB/T 603 化学试剂 试验方法中所用制剂及制品的制备(GB/T 603—2002,neq ISO 6353-1:1982)
[4] GB/T 6682 分析实验室用水规格和试验方法(GB/T 6682—1992,neq ISO 3696:1987)
[5] HG/T 2457 颜料产品检验、标志、包装、运输和贮存通则(HG/T 2457—1993)

中华人民共和国化工行业标准

HG 2351—92

# 镉红颜料

本标准参照采用国际标准 ISO 4620—1986《镉颜料　规格和试验方法》。

## 1　主题内容和适用范围

本标准规定了适合于一般用途的镉红颜料的技术要求、试验方法、检验规则以及包装、标志、运输和贮存。

本标准适用于以可溶性镉盐、硫化钠和硒粉等为原料制得的镉红颜料。该产品主要用于搪瓷、玻璃、色漆、塑料和橡胶等。

## 2　引用标准

GB 1711　颜料在烘干型漆料中热稳定性的比较
GB 1717　颜料水悬浮液 pH 值的测定
GB 1864　颜料颜色的比较
GB 5211.1　颜料水溶物测定　冷萃取法
GB 5211.3　颜料在 105℃挥发物的测定
GB 5211.15　颜料吸油量的测定
GB 5211.18　颜料筛余物的测定　水法　手工操作
GB 5211.19　着色颜料相对着色力和冲淡色的测定　目视比较法
GB 6682　实验室用水规格
GB 9760　色漆和清漆　液体或粉末状色漆中酸萃取物的制备
GB 7686　化工产品中砷含量测定的通用方法
GB 9285　色漆和清漆用原材料　取样
GB 9287　颜料易分散程度的比较　振荡法
GB 9758.1　色漆和清漆"可溶性"金属含量的测定　第一部分：铅含量的测定　火焰原子吸收光谱法和双硫腙分光光度法
GB 9758.2　色漆和清漆"可溶性"金属含量的测定　第二部分：锑含量的测定　火焰原子吸收光谱法和若丹明 B 分光光度法
GB 9758.3　色漆和清漆"可溶性"金属含量的测定　第三部分：钡含量的测定　火焰原子发射光谱法
GB 9758.4　色漆和清漆"可溶性"金属含量的测定　第四部分：镉含量的测定　火焰原子吸收光谱法和极谱法
GB 9758.6　色漆和清漆"可溶性"金属含量的测定　第六部分：色漆的液体部分中铬总含量的测定　火焰原子吸收光谱法
GB 9758.7　色漆和清漆"可溶性"金属含量的测定　第七部分：色漆的颜料部分和水可稀释漆的液体部分的汞含量的测定　无焰原子吸收光谱法

中华人民共和国化学工业部 1992-07-14 批准　　　　1993-05-01 实施

## 3 产品分型

根据用途镉红颜料分为如下三种类型：

Ⅰ型：浓缩品种。为调整其相对着色力，这类颜料所含体质颜料不得大于30%(*m*/*m*)。

Ⅱ型：淡质品种。为便于加工，这类颜料所含体质颜料不得大于70%(*m*/*m*)。

Ⅲ型：纯粹品种。这种颜料基本上是纯的，且不含任何体质颜料。

## 4 技术要求

镉红颜料是一种无机彩色颜料，主要由硫化镉与硒化镉的混晶组成，其中部分镉可由锌取代，但不得含有有机物质、其他有色的无机颜料和发光剂。

镉红颜料的技术指标应符合表1要求。

表 1

| 项目 | 指标 | | | | | | | | |
|---|---|---|---|---|---|---|---|---|---|
| | Ⅰ型 | | | Ⅱ型 | | | Ⅲ型 | | |
| | 优等品 | 一等品 | 合格品 | 优等品 | 一等品 | 合格品 | 优等品 | 一等品 | 合格品 |
| 总量〔镉(Cd)+锌(Zn)+硒(Se)+硫(S)〕,% ≥ | 70 | | | 30 | | | 98 | 95 | 90 |
| 在0.07mol/L盐酸中的可溶物,% ≤ | | | | | | | | | |
| 锑(Sb) | 0.05 | 0.1 | 0.1 | 0.05 | 0.1 | 0.1 | 0.05 | 0.1 | 0.1 |
| 砷(As) | 0.01 | | | 0.01 | | | 0.01 | | |
| 钡(Ba) | 0.01 | 0.05 | 0.1 | 0.01 | 0.05 | 0.1 | 0.01 | 0.05 | 0.1 |
| 镉(Cd) | 0.1 | 0.3 | 0.8 | 0.1 | 0.3 | 0.8 | 0.1 | 0.3 | 0.8 |
| 铬(Cr) | 0.1 | | | 0.1 | | | 0.1 | | |
| 铅(Pb) | 0.01 | 0.02 | 0.02 | 0.01 | 0.02 | 0.02 | 0.01 | 0.02 | 0.02 |
| 硒(Se) | 0.01 | | | 0.01 | | | 0.01 | | |
| 在105℃挥发物,% ≤ | 0.5 | | | 0.5 | | | 0.5 | | |
| 水溶物(冷萃取法),% ≤ | 0.3 | | | 0.3 | | | 0.3 | | |
| 水悬浮液pH | 5～8 | | | 5～8 | | | 5～8 | | |
| 筛余物(45μm),% ≤ | 0.1 | 0.3 | 0.5 | 0.1 | 0.3 | 0.5 | 0.1 | 0.3 | 0.5 |
| 颜色(与标准样比) | 近似 | 微 | 稍 | 近似 | 微 | 稍 | 近似 | 微 | 稍 |
| 相对着色力(与标准样比),% ≥ | 100 | 95 | 90 | 100 | 95 | 90 | 100 | 95 | 90 |
| 易分散程度,μm/30min ≤ | 20 | | | 20 | | | 20 | | |
| 吸油量,g/100g | 10～15 | | | 8～14 | | | 15～20 | | |
| 热稳定性(与标准样比) | 颜色不应有较大的变化 | | | 颜色不应有较大的变化 | | | 颜色不应有较大的变化 | | |

注：① 在0.07mol/L盐酸中的“可溶性”金属的限值，在某些情况下可增添锌的限值，在5.2.9条中规定了测定“可溶性”锌含量的试验方法。若用户需要增添汞的限值，其试验方法可采用GB 9758.7所规定的方法，或由有关双方商定。

② 如果用户需要测定颜料本身的砷或铅的含量，即可取代盐酸可溶物中砷或铅的测定，测定方法应由有关双方商定。

③ 若用户对颜色、相对着色力、易分散程度、吸油量、热稳定性等技术指标有特殊要求，可另行商定。但应按本标

准规定的试验方法进行检验。

④ “颜色”、“相对着色力”的标准样：Ⅰ型，湘潭市化工研究设计院；Ⅱ型，湘潭市染料化工总厂；Ⅲ型，湘潭市化工研究设计院、上海玻搪化工厂。

## 5 试验方法

在分析过程中，所用试剂均应采用分析纯试剂，使用 GB 6682 规定的三级水或相应纯度的水。

5.1 总量〔镉(Cd)＋锌(Zn)＋硒(Se)＋硫(S)〕的测定

5.1.1 镉和锌含量的测定

5.1.1.1 原理

将试样溶于盐酸和硝酸中，中和后，加入氰化钾，并用 EDTA 标准滴定溶液滴定碱土金属。加入甲醛溶液以破坏氰化镉和氰化锌络合物，用 EDTA 标准滴定溶液滴定镉离子和锌离子总量。在滴定溶液里用二乙基二硫代氨基甲酸钠破坏镉－EDTA 络合物，并用氨水沉淀镉，用硫酸镁标准溶液滴定原先与镉络合的 EDTA。

5.1.1.2 试剂

5.1.1.2.1 盐酸：1.18g/mL。

5.1.1.2.2 盐酸溶液：用 1.18g/mL 盐酸稀释，1＋115。

5.1.1.2.3 硝酸：1.40g/mL。

5.1.1.2.4 氢氧化钠溶液：100g/L。

5.1.1.2.5 氨水：0.91g/mL。

5.1.1.2.6 甲醛溶液：30％($m/m$)。

5.1.1.2.7 氯化铵溶液：107g/L。

5.1.1.2.8 二乙基二硫代氨基甲酸钠。

5.1.1.2.9 氰化钾。

加倍注意：氰化钾是一种致死的毒品。

5.1.1.2.10 EDTA 标准滴定溶液：$c$(EDTA)＝0.01mol/L。准确称取乙二胺四乙酸二钠($C_{10}H_{14}N_2O_8Na_2 \cdot 2H_2O$)3.722 3g溶于水，移入 1 000mL 容量瓶中，并稀释至刻度，摇匀。

5.1.1.2.11 硫酸镁标准溶液：$c(MgSO_4)$＝0.01mol/L。准确称取硫酸镁($MgSO_4 \cdot 7H_2O$)2.463 7g 溶于盐酸溶液(0.5＋999.5)，移入 1 000mL 容量瓶中，用同一盐酸溶液稀释至刻度，摇匀。

5.1.1.2.12 甲基橙溶液：0.1g/L。

5.1.1.2.13 铬黑 T 指示剂。将 1g 铬黑 T 与 100g 氯化铵混和并研磨均匀。

5.1.1.2.14 缓冲溶液。将 70g 氯化铵溶于 774mL 氨水中，并用水稀释至 1 000 mL。

5.1.1.3 仪器

一般实验室仪器和

5.1.1.3.1 容量瓶：250mL、1 000mL。

5.1.1.3.2 移液管：25mL。

5.1.1.3.3 滴定管：50mL。

5.1.1.4 操作步骤

进行两份样品的平行测定。

称取试样 0.3～0.4g(精确至 0.000 1g)置于 250mL 烧杯中，用少量水润湿试样，加入约 10mL 盐酸(5.1.1.2.1)，小心加热，直至盐酸蒸干，向残余物中加 2mL 硝酸(5.1.1.2.3)，烧杯上盖以表面皿，在电炉上加热 10min 或直至溶液清晰。加 100mL 水，煮沸 2～3min。若有不溶物，用致密滤纸过滤。先用盐酸溶液(5.1.1.2.2)洗涤，而后用水洗涤，将滤液和洗涤液收集在 250mL 容量瓶中，稀释至刻度并充分混匀。

用移液管吸取上述溶液 25mL，置于 250mL 烧杯中，用水稀释至 100mL，加 1～2 滴甲基橙溶液(5.1.1.2.12)，用氢氧化钠溶液(5.1.1.2.4)中和，加 2～3mL 缓冲溶液(5.1.1.2.14)，0.25g 络黑 T 指示剂(5.1.1.2.13)及约 2g 氰化钾(5.1.1.2.9)。用 EDTA 标准滴定溶液(5.1.1.2.10)滴定至溶液由红色变为蓝色。

向得到的溶液中加入约 20mL 甲醛溶液(5.1.1.2.6)，滴加氯化铵溶液(5.1.1.2.7)至 pH 为 10～10.5。用 EDTA 标准滴定溶液(5.1.1.2.10)滴定至溶液由红色变为蓝色。记录滴定用 EDTA 标准滴定溶液的体积。

向已滴定的溶液中加入约 1g 二乙基二硫代氨基甲酸钠(5.1.1.2.8)和 2～3 滴氨水(5.1.1.2.5)，用硫酸镁标准溶液(5.1.1.2.11)滴定至溶液由蓝色变为红色。记录滴定用硫酸镁溶液的体积。

5.1.1.5 结果的表示

镉的质量百分数以 $W_{Cd}$ 表示，按式(1)计算：

$$W_{Cd}=\frac{V_1c_1\times 0.1124}{m\times\frac{25}{250}}\times 100=\frac{V_1\times 1.124}{m} \quad\cdots\cdots(1)$$

锌的质量百分数以 $W_{Zn}$ 表示，按式(2)计算：

$$W_{Zn}=\frac{(V_0-V_1)c_2\times 0.0654}{m\times\frac{25}{250}}\times 100=\frac{(V_0-V_1)\times 0.654}{m} \quad\cdots\cdots(2)$$

式中：$V_0$——EDTA 标准滴定溶液的体积，mL；

$V_1$——硫酸镁标准溶液的体积，mL；

$c_1$——硫酸镁标准溶液的浓度，mol/L；

$c_2$——EDTA 标准滴定溶液的浓度，mol/L；

$m$——试样的质量，g；

0.112 4——与 1.00mL 硫酸镁标准溶液〔$c(MgSO_4)$=1.000mol/L〕相当的，以克表示的镉的质量；

0.065 4——与 1.00mL EDTA 标准滴定溶液〔$c$(EDTA)=1.000mol/L〕相当的，以克表示的锌的质量。

平行测定结果的差值不大于 0.4%。取算样平均值为测定结果。

5.1.2 硒含量的测定

5.1.2.1 原理

将试样溶于溴水，待溴驱尽之后，用二盐酸联胺将硒还原、沉淀，而后称量。

5.1.2.2 试剂和材料

5.1.2.2.1 盐酸：1.18g/mL。

5.1.2.2.2 盐酸溶液：用 1.18g/mL 盐酸稀释，1+115。

5.1.2.2.3 溴。

5.1.2.2.4 二盐酸联胺($H_2N\cdot NH_2\cdot 2HCl$)。

加倍注意：二盐酸联胺是一种剧毒品。

5.1.2.2.5 二氧化碳或氮气：压缩气体。

5.1.2.3 仪器

一般实验室仪器和

5.1.2.3.1 锥形瓶:100mL,磨口塞规格 18.8mm/19mm。

5.1.2.3.2 直形冷凝管:长度为 400mm,上、下口内直径为 13mm,下端为磨塞型,规格 18.8mm/19mm。

5.1.2.3.3 安全移液管:1mL。

5.1.2.3.4 水浴:能保持在 98±2℃。

5.1.2.3.5 玻璃滤器:孔径为 7～8μm。

5.1.2.3.6 电热干燥箱:能保持 105±2℃。

5.1.2.3.7 干燥器:内装有效干燥剂。

5.1.2.4 操作步骤

加倍注意:凡进行溴的操作,都应在通风厨里进行,并使用安全手套。

进行两份样品的平行测定。

称取试样约 0.5g(精确至 0.000 1g),置于带磨口玻璃塞的 100mL 锥形瓶内,使其悬浮在 10mL 水中,用安全移液管加入 1mL 溴(5.1.2.2.3),盖上瓶塞,让其静置至少 3h 或放置过夜。

用约 20mL 水稀释溶液,在锥形瓶上装以直形冷凝管。将一根拉成尖咀的玻璃管通过冷凝管插到靠近锥形瓶的底部,使玻璃管与二氧化碳或氮气(5.1.2.2.5)的气源连接。在缓慢加热下,将二氧化碳或氮气通入溶液,直至将溴完全驱尽。在冷凝管的上口用碘化钾-淀粉试纸检验溴。

向无溴的溶液中加入 5mL 盐酸(5.1.2.2.1),若有不溶物,则用致密滤纸过滤。先用盐酸溶液(5.1.2.2.2)洗涤,而后用热水洗涤至无氯化物。

向每 100mL 滤液和洗涤液里加入 20～30mL 盐酸(5.1.2.2.1),溶液冷却后,加入约 5g 二盐酸联胺(5.1.2.2.4),在水浴上加热。当红色沉淀物完全转变成黑色状态时,用已称量过的玻璃滤器过滤,并用热水洗涤之。合并滤液和洗涤液,供测定硫含量(见 5.1.3 条)用。

将玻璃滤器和滤渣置于电热干燥箱内,在 105℃干燥 1h。置于干燥器内,冷却至室温后,称量(精确至 0.000 1g)。重复进行干燥、冷却和称量操作,直至恒重。

5.1.2.5 结果的表示

硒的质量百分数以 $W_{Se}$表示,按式(3)计算:

$$W_{Se}=\frac{m_2}{m_1}\times 100 \qquad (3)$$

式中:$m_1$——试样的质量,g;

$m_2$——硒的质量,g。

平行测定结果的差值不大于 0.4%。取算术平均值为测定结果。

5.1.3 硫含量的测定

用本方法测定的硫含量既有硫化物中的硫又有硫酸盐中的硫,但不溶性的硫酸盐,如硫酸钡中的硫除外。

5.1.3.1 试剂

5.1.3.1.1 氨水:0.91g/mL。

5.1.3.1.2 盐酸溶液:用 1.18g/mL 盐酸稀释,1+12。

5.1.3.1.3 氯化钡溶液:100g/L。

5.1.3.1.4 甲基橙溶液:0.1g/L。

5.1.3.2 仪器

一般实验室仪器和

5.1.3.2.1 瓷坩埚:30mL。

5.1.3.2.2　箱形电阻炉：能保持在 800±25℃。

5.1.3.2.3　干燥器：内装有效干燥剂。

5.1.3.3　操作步骤

进行两份样品的平行测定。

向第 5.1.2.4 条所述测定硒含量时所得的滤液和洗涤液中加 5～6 滴甲基橙溶液(5.1.3.1.4)，用氨水(5.1.3.1.1)中和，每 100mL 溶液中加 3～5mL 盐酸溶液(5.1.3.1.2)，加热至沸，在搅拌下逐滴加入约 15mL 氯化钡溶液(5.1.3.1.3)，并再次煮沸。

待沉淀析出后(如有必要，可静置过夜。)用致密滤纸过滤，先用盐酸溶液(5.1.3.1.2)洗涤沉淀，而后再用热水洗涤之。将滤纸和沉淀置于已称量过的瓷坩埚里，通入空气，加热，使滤纸缓慢灰化。将瓷坩埚和残余物置于箱形电阻炉内，加热至约 800℃，灼烧 30min，置于干燥器内，冷却至室温后，称量。

5.1.3.4　结果的表示

硫的质量百分数以 $W_S$ 表示，按式(4)计算：

$$W_S=\frac{m_3\times 13.74}{m_1} \qquad (4)$$

式中：$m_1$——试样的质量，g；

$m_3$——硫酸钡的质量，g；

13.74——$BaSO_4$ 换算为 S 之系数乘以 100。

平行测定结果的差值不大于 0.4%。取算术平均值为测定结果。

5.1.4　镉、锌、硒和硫总含量的计算

颜料的 Cd、Zn、Se 和 S 的总含量，以质量百分数 $W_{总}$ 表示，按式(5)计算：

$$W_{总}=W_{Cd}+W_{Zn}+W_{Se}+W_S \qquad (5)$$

式中：$W_{Cd}$——按 5.1.1 条测定的颜料镉含量；

$W_{Zn}$——按 5.1.1 条测定的颜料锌含量；

$W_{Se}$——按 5.1.2 条测定的颜料硒含量；

$W_S$——按 5.1.3 条测定的颜料硫含量。

5.2　在 0.07mol/L 盐酸中的可溶物——锑、砷、钡、镉、铬、铅、硒和锌的测定

5.2.1　盐酸萃取溶液的制备

按 GB 9760 第 8.2.3 条所述的操作步骤制备镉红颜料样品中，包含铅在内的所有金属的盐酸萃取溶液。同时按 GB 6760 第 8.4 条所述的操作步骤，制备空白试验溶液。

5.2.2　"可溶性"锑含量的测定

按 GB 9758.2 第 3 章所述的方法(火焰原子吸收光谱法)测定颜料样品的"可溶性"锑含量，并用 GB 9758.2 第 3.6.1.1 条的公式(1)计算盐酸萃取溶液中"可溶性"锑的质量 $m_0$ 乘以 $10^2/m_4$($m_4$ 为制备盐酸萃取溶液所用试样的质量，采用的是 5.00±0.01g)，计算颜料的"可溶性"锑含量。

5.2.3　"可溶性"砷含量的测定

按 GB 7686 所述的方法测定颜料样品的"可溶性"砷含量，并用 GB 7686 第 6 章测定的盐酸萃取溶液中"可溶性"砷的质量 $m_0$ 乘以 $10^2/m_4$($m_4$ 为制备盐酸萃取溶液所用试样的质量，采用的是 5.00±0.01g)，计算颜料的"可溶性"砷含量。

5.2.4　"可溶性"钡含量的测定

5.2.4.1　火焰原子发射光谱法(仲裁法)

按 GB 9758.3 所述的方法测定颜料样品的"可溶性"钡含量，并用 GB 9758.3 第 7.1.1 条的公式(1)计算盐酸萃取溶液中"可溶性"钡的质量 $m_0$ 乘以 $10^2/m_4$($m_4$ 为制备盐酸萃取溶液所用试样的质量，采用的是 5.00±0.01g)，计算颜料的"可溶性"钡含量。

5.2.4.2　硫酸钡浊度法

5.2.4.2.1　试剂

a.　盐酸：$c(HCl)=0.07mol/L$；

b.　硫酸：$c(\frac{1}{2}H_2SO_4)$约为 1mol/L；

c.　钡标准溶液：每升含 100mg 钡(Ba)。在 1 000mL 容量瓶中，将 0.1779g 二水合氯化钡($BaCl_2 \cdot 2H_2O$)溶于水，稀释至刻度并充分混匀，此标准溶液 1mL 含 100μg 钡(Ba)。

5.2.4.2.2　仪器

一般实验室仪器和

a.　滴定管：10mL；

b.　移液管：10mL；

c.　比色管：10mL；

d.　容量瓶：1 000mL。

5.2.4.2.3　操作步骤

a.　标准浊度溶液的制备

用滴定管向 5 支比色管中，分别加入 5mL 盐酸及表 2 所示的钡标准溶液和水的体积。

表 2　钡的标准浊度溶液

| 标准浊度溶液<br>No | 钡标准溶液(5.2.4.2.1c)的体积<br>mL | 水<br>mL | 标准浊度溶液中含有钡的质量<br>μg |
|---|---|---|---|
| 0 | 0 | 5 | 0 |
| 1 | 0.5 | 4.5 | 50 |
| 2 | 1.0 | 4.0 | 100 |
| 3 | 1.5 | 3.5 | 150 |
| 4 | 2.0 | 3.0 | 200 |

向每一溶液中加入 0.5mL 硫酸并充分混匀。

b.　测定

进行两份样品的平行测定。

用移液管量取按第 5.2.1 条所述操作步骤制备的盐酸萃取溶液 1mL，或 2mL、或 10mL，置于比色管中，用盐酸稀释至 10mL 加 0.5mL 硫酸(5.2.4.2.1b)，并充分混匀。15min 后与标准比较。

5.2.4.2.4　结果的表示

钡的质量百分数以 $W_{Ba \cdot S}$表示，按式(6)计算：

$$W_{Ba \cdot S}=\frac{a \cdot V_1}{m_4 \cdot V_2}\times 10^{-5} \quad \cdots\cdots (6)$$

式中：$a$——由钡的标准浊度溶液系列测得所用盐酸萃取溶液中钡的质量，μg；

$V_1$——由第 5.2.1 条所述萃取用盐酸与乙醇的体积之和(采用的是 77mL)，mL；

$V_2$——测定用盐酸萃取溶液的体积(采用的是 1mL、或 2mL、或 10mL)，mL；

$m_4$——由第 5.2.1 条所述制备盐酸萃取溶液所用试样的质量(采用的是 5.00±0.01g)，g。

5.2.5　"可溶性"镉含量的测定

5.2.5.1　火焰原子吸收光谱法(仲裁法)

按 GB 9758.4 第 3 章所述的方法(火焰原子吸收光谱法)测定颜料样品的"可溶性"镉含量，并用 GB 9758.4 中 3.5.1.1 条公式(1)计算盐酸萃取溶液中"可溶性"镉的质量 $m_0$ 乘以 $10^2/m_4$($m_4$ 为制备盐酸萃取溶液所用试样的质量，采用的是 5.00±0.01g)，计算颜料的"可溶性"镉含量。

5.2.5.2　络合滴定法

5.2.5.2.1 原理

用EDTA标准滴定溶液滴定镉和锌离子的总量，以二乙基二硫代氨基甲酸钠破坏滴定溶液中的镉-EDTA络合物，用硫酸镁标准溶液滴定原先与镉络合的EDTA。

为滴定锌，需要用EDTA标准滴定溶液滴定另一份试验溶液中的碱土金属，用所耗EDTA标准滴定溶液体积之差计算锌含量。

5.2.5.2.2 试剂

a. 氨水：0.91g/mL；

b. 二乙基二硫代氨基甲酸钠；

c. 氰化钾溶液：65g/L；

加倍注意：氰化钾是一种致死的毒品。

d. EDTA标准滴定溶液：$c(EDTA)=0.01mol/L$；

e. 硫酸镁标准溶液：$c(MgSO_4)=0.01mol/L$，制备方法见本标准第5.1.1.2.11条；

f. 铬黑T指示剂：制备方法见本标准第5.1.1.2.13条；

g. 甲基橙溶液：0.1g/L。

5.2.5.2.3 仪器

通常使用二等实验玻璃仪器，但在有争议时，应采用一等仪器。

一般实验室仪器和

a. 移液管：20mL；

b. 滴定管：10mL。

5.2.5.2.4 操作步骤

进行两份样品的平行测定。

用移液管量取按5.2.1条所述的操作步骤制备的盐酸萃取溶液20mL，置于锥形瓶中，用水稀释至50mL，加入1～2滴甲基橙溶液(5.2.5.2.2g)，用氨水(5.2.5.2.2a)中和，再多加1mL氨水，而后加0.25g铬黑T指示剂(5.2.5.2.2f)。用EDTA标准滴定溶液(5.2.5.2.2d)滴定至颜色由红变蓝，再准确加入3mL EDTA标准滴定溶液，摇匀。记录加入EDTA标准滴定溶液的总体积。再用硫酸镁标准溶液(5.2.5.2.2e)回滴至稳定的红色，记录所用硫酸镁标准溶液的体积。

加入约1g二乙基二硫代氨基甲酸钠(5.2.5.2.2b)，摇匀。用硫酸镁标准溶液(5.2.5.2.2e)滴定释放出的EDTA，直至颜色改变。记录所用硫酸镁标准溶液的体积。

用移液管量取上述用的盐酸萃取溶液(5.2.1)20mL，用水稀释至50mL，加入1～2滴甲基橙溶液(5.2.5.2.2g)，用氨水(5.2.5.2.2a)中和，再多加1mL氨水，并加入10mL氰化钾溶液(5.2.5.2.2c)及0.25g铬黑T指示剂(5.2.5.2.2f)。用EDTA标准滴定溶液滴定至颜色改变，记录所用EDTA标准滴定溶液的体积。

5.2.5.2.5 结果的表示

镉的质量百分数以$W_{Cd\cdot S}$表示，按式(7)计算：

$$W_{Cd\cdot S}=\frac{V_5c_1\times 0.1124}{\frac{V_2}{V_1}\cdot m_4}\times 100$$

$$=\frac{V_1\cdot V_5\times 0.1124}{V_2\cdot m_4} \qquad (7)$$

颜料的“可溶性”锌含量$W_{Zn\cdot S}$，以锌质量百分数表示，按式(8)计算：

$$W_{Zn\cdot S}=\frac{[V_3-(V_4+V_5+V_6)]\cdot c_2\times 0.065\ 4}{\frac{V_2}{V_1}\cdot m_4}\times 100$$

$$=\frac{V_1\cdot[V_3-(V_4+V_5+V_6)]\times 0.065\ 4}{V_2\cdot m_4}\quad\cdots\cdots(8)$$

式中：$V_1$——由第 5.2.1 条所述萃取用盐酸与乙醇的体积之和(采用的是 77mL)，mL；

$V_2$——测定用盐酸与乙醇萃取溶液的体积(采用的是 20mL)，mL；

$V_3$——滴加到试验溶液中的 EDTA 标准滴定溶液的总体积，mL；

$V_4$——加入二乙基二硫代氨基甲酸钠之前，滴定用硫酸镁标准溶液的体积，mL；

$V_5$——加入二乙基二硫代氨基甲酸钠之后，滴定用硫酸镁标准溶液的体积，mL；

$V_6$——滴定用氰化钾处理的溶液所用 EDTA 标准滴定溶液的体积，mL；

$c_1$——硫酸镁标准溶液的浓度，mol/L；

$c_2$——EDTA 标准滴定溶液的浓度，mol/L；

$m_4$——由第 5.2.1 条所述制备盐酸萃取溶液所用试样的质量(采用的是 5.00±0.01g)，g；

0.112 4——与 1.00mL 硫酸镁标准溶液[$c(MgSO_4)$=1.000mol/L]相当的，以克表示的镉的质量；

0.065 4——与 1.00mL EDTA 标准滴定溶液[$c$(EDTA)=1.000mol/L]相当的，以克表示的锌的质量。

5.2.6 "可溶性"铬含量的测定

按 GB 9758.6 所述的方法测定颜料样品的"可溶性"铬含量。并用 GB 9758.6 中 7.1 条的公式(1)计算盐酸萃取溶液中"可溶性"铬的质量 $m_0$ 乘以 $10^2/m_4$($m_4$ 为制备盐酸萃取溶液所用试样的质量，采用的是 5.00±0.01g)，计算颜料的"可溶性"铬含量。

5.2.7 "可溶性"铅含量的测定

按 GB 9758.1 第 3 章所述的方法(火焰原子吸收光谱法)测定颜料样品的"可溶性"铅含量。并用 GB 9758.1中 3.5.1.1 条公式(1)计算盐酸萃取溶液中"可溶性"铅的质量 $m_0$ 乘以 $10^2/m_4$($m_4$ 为制备盐酸萃取溶液所用试样的质量，采用的是 5.00±0.01g)，计算颜料的"可溶性"铅含量。

5.2.8 "可溶性"硒含量的测定

5.2.8.1 原理

硒与 3,3′-二氨基联苯胺盐酸盐形成的有色络合物用甲苯萃取之后，在波长 420nm 处，用分光光度计测定有机相的吸光度。

5.2.8.2 试剂

5.2.8.2.1 甲酸溶液：100g/L。

5.2.8.2.2 氨水：0.91g/mL。

5.2.8.2.3 EDTA 溶液：120g/L。

5.2.8.2.4 高氯酸：$\rho$ 约为 1.67g/mL。

5.2.8.2.5 硝酸：$\rho$ 约为 1.40g/mL。

5.2.8.2.6 间甲酚紫溶液，1g/L：

取 0.1g 间甲酚紫和一粒氢氧化钠，加 10mL 水，微热溶解，冷却至室温后，稀释至 100mL。

5.2.8.2.7 3,3′-二氨基联苯胺盐酸盐溶液：5g/L。

5.2.8.2.8 甲苯。

5.2.8.2.9 硫酸钠：400℃煅烧 1～2h。

5.2.8.2.10 硒标准贮备溶液，每升含 1g 硒(Se)：

将 1.000 0g 纯硒粉用最少量的硝酸溶解，置于水浴上蒸干。加水溶解，移入到 1 000mL 容量瓶中，稀释至刻度并充分混匀。

此标准贮备溶液 1mL 含 1mg 硒(Se)。

5.2.8.2.11 硒标准溶液,每升含 10mg 硒(Se):

此溶液应在使用的当天制备。

移取 10mL 硒标准贮备溶液于 1 000mL 容量瓶中,稀释至刻度并充分混匀。

此标准溶液 1mL 含 10μg 硒(Se)。

5.2.8.3 仪器

一般实验室仪器和

5.2.8.3.1 分光光度计:适于在波长 420nm 处测量,配有厚度为 50mm 的吸收池。

5.2.8.3.2 水浴:能保持在 100℃。

5.2.8.3.3 移液管:10mL。

5.2.8.3.4 滴定管:10mL。

5.2.8.3.5 容量瓶:50mL 和 1 000mL。

5.2.8.3.6 分液漏斗:100mL。

5.2.8.4 操作步骤

5.2.8.4.1 标准比对溶液的制备

用滴定管向 5 只 250mL 锥形瓶中分别加入表 3 所示体积的硒标准溶液(5.2.8.2.11)。

表 3 硒的标准比对溶液

| 标准比对溶液 No | 硒标准溶液(5.2.8.2.11)的体积 mL | 标准比对溶液中硒的相应浓度 μg/mL |
| --- | --- | --- |
| 0[1] | 0 | 0 |
| 1 | 1.0 | 0.5 |
| 2 | 2.0 | 1.0 |
| 3 | 3.0 | 1.5 |
| 4 | 4.0 | 2.0 |

注:1) 空白溶液。

向每份溶液中加入 3ml 高氯酸(5.2.8.2.4),加热蒸发至体积为 2mL,冷却至室温。加 50mL 水、5mL EDTA 溶液(5.2.8.2.3)及 2 滴间甲酚紫溶液(5.2.8.2.6),滴加氨水(5.2.8.2.2)直至颜色变黄。而后加 2mL 甲酸溶液(5.2.8.2.1)和 2mL 3,3′-二氨基联苯胺盐酸盐溶液(5.2.8.2.7),混匀。置于沸水浴中加热 5min,取出,冷却至室温。滴加氨水(5.2.8.2.2)直至颜色变紫。

将溶液移入分液漏斗中,用 20mL 甲苯(5.2.8.2.8)萃取 30s。将有机相移入 50mL 容量瓶中,用 3g 硫酸钠(5.2.8.2.9)进行干燥。

5.2.8.4.2 分光光度法测量

用分光光度计在波长 420nm 处,以参比池中的甲苯(5.2.8.2.8)为参照,测量各标准比对溶液的吸光度。每次测量之前,要用标准比对溶液冲洗吸收池,分别将各标准比对溶液的吸光度值减去空白溶液的吸光度值。

5.2.8.4.3 标准曲线绘制

以标准比对溶液中硒的浓度(以 μg/mL 计)为横坐标,相应的吸光度值为纵坐标,绘制标准曲线。如果准确地按操作步骤进行,则此标准曲线应为一条直线。

5.2.8.4.4 测定

进行两份样品的平行测定。

用移液管量取一定体积的按 5.2.1 条所述的操作步骤制备的盐酸萃取溶液和空白试验溶液,置于

250mL 锥形瓶中。所取盐酸萃取溶液的体积数应能使其吸光度值处于标准曲线的范围之内。加 10mL 硝酸(5.2.8.2.5)和 4mL 高氯酸(5.2.8.2.4),加热蒸发至体积为 2mL。按 5.2.8.4.1 条的操作步骤处理溶液。而后按 5.2.8.4.2 条的操作步骤测量吸光度值。

5.2.8.5 结果的表示

硒的质量百分数以 $W_{Se\cdot s}$表示,按式(9)计算:

$$W_{Se\cdot s}=\frac{20(a_1-a_0)\times 10^{-6}}{\frac{V_2}{V_1}\cdot m_4}\times 100$$

$$=\frac{20(a_1-a_0)\cdot V_1}{V_2\cdot m_4}\times 10^{-4} \qquad (9)$$

式中:$a_0$——由标准曲线上测得的空白比对溶液中硒的浓度,μg/mL;

$a_1$——由标准曲线上测得的试样比对溶液中硒的浓度,μg/mL;

$V_1$——由 5.2.1 条所述萃取用盐酸与乙醇的体积之和(采用的是 77mL),mL;

$V_2$——测定用盐酸和乙醇萃取溶液的体积,mL;

20——测定中萃取有机相用甲苯的体积(采用的是 20mL),mL;

$m_4$——由 5.2.1 条所述制备盐酸萃取溶液所用试样的质量(采用的是 5.00±0.01g),g。

5.2.9 "可溶性"锌含量的测定

5.2.9.1 火焰原子吸收光谱法(仲裁法)

将试验溶液吸入到乙炔-空气火焰中,测量由锌空心阴极灯或锌无极放电灯发射的选择谱线波长在 213.9nm 处的吸收。

5.2.9.1.1 试剂和材料

**a.** 盐酸:$c(HCl)=0.07$mol/L;

**b.** 乙炔:工业用,装在钢瓶中;

**c.** 压缩空气;

**d.** 锌标准贮备溶液:每升含 1g 锌(Zn),在 1 000mL 容量瓶中,将 4.398 0g 七水合硫酸锌($ZnSO_4\cdot 7H_2O$)溶于盐酸,用同一盐酸稀释至刻度并充分混匀。此标准贮备溶液 1mL 含 1mg 锌(Zn);

**e.** 锌标准溶液:每升含 10mg 锌(Zn),此溶液应在使用的当天制备。移取 10mL 锌标准贮备溶液于 1 000mL 容量瓶中,用盐酸稀释至刻度并充分混匀。此标准溶液 1mL 含 10μg 锌(Zn)。

5.2.9.1.2 仪器

通常使用二等实验玻璃仪器,但在有争议时,应采用一等仪器。

一般实验室仪器和

**a.** 火焰原子吸收光谱仪:适合于波长在 213.9nm 处测量,并装有一个可通入乙炔和空气的燃烧器;

**b.** 锌空心阴极灯或锌无极放电灯;

**c.** 移液管:10mL;

**d.** 滴定管:10mL;

**e.** 容量瓶:100mL 和 1 000mL。

5.2.9.1.3 操作步骤

**a.** 标准参比溶液的制备

用滴定管向 7 只 100mL 容量瓶中分别加入表 3 所示体积的锌标准溶液(5.2.9.1.1e),用盐酸(5.2.9.1.1a)稀释至刻度并充分混匀。

**b.** 光谱测量

将锌光谱源安装在光谱仪上，选定测定锌的最佳条件。按仪器说明书调节仪器，为取得最大吸光度，调节单色器波长至213.9nm处。

按照吸气器-燃烧器的特性，调节乙炔和空气的流量，点燃火焰。若适宜，则调整标尺扩展，以使№6标准参比溶液（见表4）给出接近满刻度的读数。

表4　锌的标准参比溶液

| 标准参比溶液<br>No | 锌标准溶液（5.2.9.1.1e）的体积<br>mL | 标准参比溶液中锌的相应浓度<br>μg/mL |
|---|---|---|
| 0[1] | 0 | 0 |
| 1 | 5 | 0.5 |
| 2 | 10 | 1.0 |
| 3 | 15 | 1.5 |
| 4 | 20 | 2.0 |
| 5 | 25 | 2.5 |
| 6 | 30 | 3.0 |

注：1）空白溶液。

按照浓度由低到高的顺序，将每个标准参比溶液吸入火焰，并用№5标准参比溶液重复检验仪器的稳定性。在每次测量之间，都要吸入水使之通过燃烧器。每次测量必需保持相同的吸入率。

**c.**　标准曲线绘制

以1mL标准参比溶液中所含锌的质量（以μg计）为横坐标，相应的吸光度值减去空白参比溶液的吸光度值为纵坐标，绘制标准曲线。

**d.**　测定

进行两份样品的平行测定。

在已调整好的光谱仪上，首先测量盐酸（5.2.9.1.1a）的吸光度，然后测量按5.2.1条所述的操作步骤制备的每个试验溶液的吸光度。每个试验溶液都测量三次。随后再测量盐酸的吸光度。最后为证实仪器的灵敏度没有变化，需要测定№5标准参比溶液的吸光度。若试验溶液的吸光度大于最高浓度标准参比溶液的吸光度，可用已知体积的盐酸（5.2.9.1.1a）适当地稀释该试验溶液（稀释因子 $F$）。

5.2.9.1.4　结果的表示

锌的质量百分数以 $W_{Zn.s}$ 表示，按式（10）计算：

$$W_{Zn.s}=\frac{(a_1-a_0)\cdot V_1\cdot F}{m_4}\times 10^{-4} \qquad (10)$$

式中：$a_0$——由标准曲线上测得的空白试验溶液中锌的浓度，μg/mL；

$a_1$——由标准曲线上测得的试验溶液中锌的浓度，μg/mL；

$V_1$——由5.2.1条所述萃取用盐酸与乙醇的体积之和（采用的是77mL），mL；

$F$——5.2.9.1.3d条中所述的稀释因子；

$m_4$——由5.2.1条所述制备盐酸萃取溶液所用试样的质量（采用的是5.00±0.01g），g。

5.2.9.2　络合滴定法

同5.2.5.2条。

5.3　在105℃挥发物的测定

按GB 5211.3中的规定进行。

5.4　水溶物的测定

按GB 5211.1中的规定进行。

5.5 水悬浮液 pH 值的测定

按 GB 1717 中的规定进行。

5.6 筛余物的测定

按 GB 5211.18 中的规定进行。

5.7 颜色的测定

按 GB 1864 中的规定进行。

5.8 相对着色力的测定

按 GB 5211.19 中的规定进行。

5.9 易分散程度的测定

按 GB 9287 中的规定进行。

5.10 吸油量的测定

按 GB 5211.15 中的规定进行。

5.11 热稳定性的测定

按 GB 1711 中的规定，称取颜料样品 1g(精确至 0.01g)，加 0.8mLW61-55 有机硅树脂，用调刀充分调匀，用 100μm 湿膜制备器涂布在无色玻璃片上。将涂过试验样品和标准样品的样板在空气中干燥 1～2h，而后置于不高于 100℃的温度下，烘烤一段合适的时间，使之固化。取出，冷却至室温，切割成宽度不小于 30mm 的窄条。

注：留出一窄条作为对比用的标准样板。

将涂过试验样品的样板及标准样品的样板的窄条置于 400±25℃的温度下，在惰性气氛中烘烤 5min。取出，冷却至室温。按 GB 1711 中的规定，将其同相应的在低温下烘烤的标准样板作比较。记录试验颜料的变色程度是小于、等于或大于标准样品的变色程度。

## 6 检验规则

6.1 镉红颜料产品应由生产厂的质量检验部门负责检验，生产厂应保证每批出厂的产品都符合本标准的要求。每批出厂产品应附有产品质量的合格证书。

6.2 镉红颜料产品的全部技术指标为型式检验项目，其中在 105℃挥发物、水溶物、"可溶性"钡、"可溶性"镉、筛余物、颜色、相对着色力和吸油量等八项技术指标为出厂检验项目。在正常生产情况下，每半年进行一次型式检验。

6.3 取样方法：按 GB 9285 中的有关规定进行。

6.4 使用单位有权按本标准所规定的取样方法和试验方法对收到的镉红颜料进行质量检验，检验是否符合本标准的规定。如检验结果不符合本标准的规定时，应按 6.3 条的规定自原批号中加倍抽样进行复验，复验结果仍不符合本标准规定时，则整批产品为不合格品。

6.5 当供需双方对产品质量发生异议时，按照《全国产品质量仲裁检验暂行办法》规定办理。

## 7 包装、标志、运输和贮存

7.1 包装

镉红颜料用内衬塑料袋的铁桶包装，每桶净重 20kg。每件包装好的成品都应附有质量合格证，内容包括：生产厂名称、产品名称、商标、生产日期、批号、产品型号、等级、净重及本标准编号等。

7.2 标志

每个包装容器上应涂有牢固的标志，内容包括：生产厂名称、产品名称、商标、产品型号、等级、净重及本标准编号等。

7.3 运输

运输过程中注意防雨、运输装卸时，要求轻装轻卸，防止碰撞和破裂。

7.4 贮存

镉红颜料应存放在干燥通风处，严禁与酸、碱等有腐蚀性的物品存放在一起。

---

**附加说明：**

本标准由中华人民共和国化学工业部科技司提出。
本标准由全国涂料和颜料标准化技术委员会归口。
本标准由湘潭市化工研究设计院负责起草。
本标准主要起草人刘君生、邹致君、戴立新、易培根。

ICS 87.060.10
G 54
备案号:41892—2013

# 中华人民共和国化工行业标准

HG/T 2456.1—2013
代替 HG/T 2456—1993

# 涂料用铝颜料　第1部分:铝粉浆

## Aluminium pigments for paints—Part 1:Aluminium paste

(neq ISO 1247:1974,Aluminium pigments for paints)

2013-10-17 发布　　2014-03-01 实施

中华人民共和国工业和信息化部　发布

# 前　言

HG/T 2456《涂料用铝颜料》分为五个部分：

——第1部分：铝粉浆；

——第2部分：铝粉；

——第3部分：聚合物包覆铝粉浆；

——第4部分：真空镀铝悬浮液；

——第5部分：水性铝粉浆。

本部分为HG/T 2456的第1部分。

本部分按照GB/T 1.1—2009给出的规则起草。

本部分代替HG/T 2456—1993《铝粉浆》，与前版HG/T 2456—1993相比主要技术差异如下：

——"105 ℃挥发物"项目的技术要求"≤35"后增加了脚注"特殊产品该指标可商定"内容（见第4章和1993年版的第4章）；

——"筛余物"项目的技术要求由"≤1.0(45 μm筛孔)"改为"无(180 μm筛孔)，商定(45 μm筛孔)"（见第4章和1993年版的第4章）；

——"制漆外观"技术要求中增加了"与商定参照样品制备的漆膜外观接近"内容（见第4章和1993年版的第4章）；

——删除了对"铁含量"的单独限量要求（见第4章和1993年版的第4章）；

——将"制漆外观"项目操作步骤中"使用研钵研磨制漆"改为"采用低速搅拌分散制漆"，所用材料"酚醛清漆、NY-200溶剂油"改为"商定的介质和适宜的溶剂"，加注说明"推荐使用丙烯酸类树脂"，操作步骤文字表述作了修改，并增加了与商定参照样品比较的步骤（见6.4和1993年版的5.3）；

——改变了"水含量"试验方法，增加了"A法　卡尔·费休滴定法"，将前版中气相色谱法由"外标法"改为"内标法"，列入B法（见6.9和1993年版的5.8）；

——"铅含量"试验方法由"分光光度法"改为"原子吸收光谱法"（见6.10和1993年版的5.10）；

——"铁含量"试验方法由"分光光度法"改为"原子吸收光谱法"（见6.11和1993年版的5.9）；

——增加了"铜、硅、锌含量"试验方法及"铜＋铁＋铅＋硅＋锌总含量"试验项目、限量要求（见第4章和6.12～6.15）。

本部分使用重新起草法参考国际标准ISO 1247：1974《涂料用铝颜料》及其修改单ISO 1247 AMD.1：1982《涂料用铝颜料》编制，与ISO 1247：1974及其修改单ISO 1247 AMD.1：1982的一致性程度为非等效。

本部分由中国石油和化学工业联合会提出。

本部分由全国涂料和颜料标准化技术委员会(SAC/TC 5)归口。

本部分起草单位：中海油常州涂料化工研究院、长沙族兴新材料股份有限公司、合肥旭阳铝颜料有限公司、章丘市金属颜料有限公司、海洋化工研究院有限公司、济南雅思达化工技术发展有限公司、东营银桥金属颜料有限公司。

本部分主要起草人：沈苏江、曾孟金、董前年、刘荣衍、尹继凯、刘勤、李广义。

本部分所代替标准的历次版本发布情况为：

——HG/T 2456—1993。

# 涂料用铝颜料　第1部分:铝粉浆

## 1　范围

本部分规定了涂料用铝粉浆的产品分类、要求、试验方法、检验规则及标志、包装和贮存等内容。

本部分适用于铝、表面处理剂和有机溶剂经湿法球磨制成的铝粉浆。

## 2　规范性引用文件

下列文件对于本文件的应用是必不可少的。凡是注日期的引用文件,仅注日期的版本适用于本文件。凡是不注日期的引用文件,其最新版本(包括所有的修改单)适用于本文件。

GB 1922—2006　油漆及清洗用溶剂油

GB/T 3186　色漆、清漆和色漆与清漆用原材料　取样

GB/T 5211.3　颜料在105 ℃挥发物的测定

GB/T 6283—2008　化工产品中水分含量的测定　卡尔·费休法(通用方法)

GB/T 6682—2008　分析实验室用水规格和试验方法

GB/T 6890—2000　锌粉

GB/T 8170　数值修约规则与极限数值的表示和判定

GB/T 9271　色漆和清漆　标准试板

GB/T 9758.1—1988　色漆和清漆"可溶性"金属含量的测定　第1部分:铅含量的测定　火焰原子吸收光谱法和双硫腙分光光度法

GB/T 20975.3—2008　铝及铝合金化学分析方法　第3部分:铜含量的测定

GB/T 20975.5—2008　铝及铝合金化学分析方法　第5部分:硅含量的测定

GB/T 20975.8—2008　铝及铝合金化学分析方法　第8部分:锌含量的测定

SH 0004—1990　橡胶工业用溶剂油

## 3　产品分类

产品分为漂浮型和非浮型两种类型。

## 4　要求

4.1　产品应符合表1所列的要求。

表1 要求

| 项目 | | 指标 | |
|---|---|---|---|
| | | 漂浮型 | 非浮型 |
| 105 ℃挥发物的质量分数/% | | ≤35[a] | |
| 有机溶剂可溶物的质量分数/% | | ≤4.0 | ≤6.0 |
| 制漆外观 | | 具有良好的银白色金属光泽及装饰性、平整性，与商定参照样品制备的漆膜外观接近 | |
| 筛余物的质量分数/% | 180 μm 筛孔 | 无 | |
| | 45 μm 筛孔 | 商定 | |
| 水面覆盖力/($m^2$/g) | | ≥1.35 | — |
| 漂浮力/% | | ≥65 | 无 |
| 水含量的质量分数/% | | ≤0.15 | |
| 铅含量的质量分数/%(以干颜料为基准) | | ≤0.03 | |
| 铜＋铁＋铅＋硅＋锌总含量的质量分数/%(以干颜料为基准) | | ≤1.0 | |
| [a] 特殊产品该指标可商定。 | | | |

## 5 取样

按 GB/T 3186 的规定取受试产品的代表性样品。

## 6 试验方法

### 6.1 一般规定

除另有规定外，所用试剂的纯度应在分析纯及以上，实验用水应符合 GB/T 6682—2008 中三级水的规格。

### 6.2 105 ℃挥发物的测定

按 GB/T 5211.3 中的规定进行。

### 6.3 有机溶剂可溶物的测定

#### 6.3.1 方法1(供漂浮型产品使用)

##### 6.3.1.1 原理

用盐酸处理样品，将铝粉溶解，用丙酮萃取出油状残渣和脂肪物质，蒸发，干燥后称量，计算得到有机溶剂可溶物。

##### 6.3.1.2 试剂

6.3.1.2.1 盐酸溶液：1＋1

6.3.1.2.2 丙酮

##### 6.3.1.3 操作步骤

6.3.1.3.1 **试样**

称取铝粉浆约 2 g，精确至 0.001 g。

6.3.1.3.2 测定

将上述试样置于 400 mL 烧杯中，加 100 mL 热水至试样中，盖上表面皿。分数次加入盐酸(6.3.1.2.1)，每次加盐酸后慢慢加热，使其完全反应，直至所有铝粉都溶解为止。盐酸的加量应不超过 60 mL。

将烧杯及物料冷却至室温，用已经酸洗且无油脂的滤纸过滤物料，用冷水将烧杯、表面皿及滤纸冲洗干净。

让滤纸滴干，并在过滤漏斗中完全干燥。如有需要，将原烧杯徐徐加热至不超过 50 ℃，摇动烧杯，以便尽可能地把烧杯中的水除去。

在漏斗下面放一只已称量的 100 mL 烧杯，用温热丙酮(6.3.1.2.2)冲洗原烧杯及表面皿，并把洗液倒在滤纸上，用温热丙酮冲洗滤纸，至少洗 5 次，每次加至约滤纸的一半。最后冲洗漏斗的上部。将烧杯置于水浴上徐徐加热，直至丙酮完全挥发掉。把烧杯置于(105±2) ℃烘箱中加热 1 h，放入干燥器中冷却，称量。

6.3.1.4 结果的表示

按式(1)计算有机溶剂可溶物 $\omega$，以质量分数(%)表示：

$$\omega = \frac{m_1}{m} \times 100\% \qquad \cdots\cdots(1)$$

式中：

$m$ ——试样的质量，单位为克(g)；

$m_1$——剩余物的质量，单位为克(g)。

6.3.2 方法 2(供非浮型产品使用)

6.3.2.1 原理

样品分散在溶剂中，过滤，收集溶剂萃取出的物质，蒸发，干燥后称量，计算得到有机溶剂可溶物。

6.3.2.2 试剂

6.3.2.2.1 甲苯

6.3.2.2.2 丙酮

6.3.2.2.3 混合溶剂：由 3 份(体积)甲苯与 1 份(体积)丙酮混合而得。

6.3.2.3 仪器

烧结玻璃过滤坩埚：牌号 P16(孔径大于 10 μm，小于或等于 16 μm)。

6.3.2.4 操作步骤

6.3.2.4.1 试样

称取铝粉浆约 2 g，精确至 0.001 g。

6.3.2.4.2 测定

将上述试样置于 250 mL 烧杯中，加 20 mL 混合溶剂(6.3.2.2.3)，摇晃烧杯中的物料使其分散。当完全分散时，再加 10 mL 混合溶剂，摇晃烧杯使其完全混匀，然后静置 1 h，使铝粉沉降。

将上层清液转移至烧结玻璃过滤坩埚中，抽滤到一清洁烧瓶内。

当所有液体过滤完毕，再加 30 mL 混合溶剂至剩余物的烧杯中，并反复摇晃，使铝粉再分散，将此分散液通过烧结玻璃过滤坩埚进行过滤，用适量的丙酮(6.3.2.2.2)冲洗烧杯。

把烧瓶中的滤液转移到一个 250 mL 烧杯中，蒸发至最小量(约 50 mL)。将浓缩的滤液转移至一已称量的 100 mL 烧杯中，用丙酮洗涤烧杯，洗液也并入到 100 mL 烧杯中。将烧杯中的物料蒸发至刚干，再置于(105±2) ℃烘箱中加热 1 h，放入干燥器中冷却，称量。

6.3.2.5 结果的表示

同 6.3.1.4。

6.4 制漆外观

6.4.1 材料和仪器

6.4.1.1 分散介质：商定。

注：推荐使用丙烯酸类树脂。

6.4.1.2 溶剂：与分散介质相适宜。

6.4.1.3 底材：平整、不吸收。如合适尺寸的马口铁板、钢板、玻璃板等，也可采用黑白卡纸。

注：马口铁板、钢板、玻璃板等底材的处理可按照 GB/T 9271 规定进行。

6.4.1.4 商定参照样品

6.4.2 操作步骤

6.4.2.1 试样

称取铝粉浆约 2 g，精确至 0.01 g。

6.4.2.2 测定

将上述试样与分散介质和溶剂以商定的比例混合，采用低速搅拌使样品充分分散到介质中。采用适当方法将其涂布于底材上，自然干燥或以商定的方式干燥，制备得到试样的漆膜样板。

用相同方法制备商定参照样品的漆膜样板。

6.4.2.3 评定

目视观察试样的漆膜样板，并与商定参照样品制备的漆膜样板比较，观察样板是否具有良好的银白色金属光泽及装饰性、平整性，且与商定参照样品制备的漆膜外观接近。

6.5 筛余物的测定

6.5.1 试剂

6.5.1.1 丙酮

6.5.1.2 合适的溶剂油

注：推荐使用 150 溶剂。

6.5.2 仪器

6.5.2.1 容器：三个(具有能适应筛子的合适尺寸)。

6.5.2.2 试验筛：孔径 180 μm、45 μm。

6.5.3 操作步骤

6.5.3.1 试样

称取铝粉浆约 1 g，精确至 0.001 g。

6.5.3.2 测定

平行测定两次。

往两个容器中分别装入约一半溶剂油(6.5.1.2)，往第三个容器中装入约一半丙酮(6.5.1.1)。将试样置于已恒重的试验筛内(筛内带有玻璃棒)，手持筛子至第一容器的溶剂油中(不要使溶剂油超过筛子边缘)，用玻璃棒慢慢搅动，晃动筛子以冲洗筛上的试样。继续此操作 1 min，然后在第二个容器中重复操作约 2 min。直到试验筛流出的溶剂油中有少量的铝粉时，再移至第三个装有丙酮的容器内重复以上操作 2 min～3 min。再用丙酮冲洗筛壁和玻璃棒，放置片刻，使丙酮挥发，将筛子置于(105±2) ℃烘箱中烘至恒重。

注：丙酮挥发中不能关闭烘箱门以防丙酮蒸气爆炸或内燃的危险，当筛上残余物明显干燥时关闭烘箱门。

6.5.4 结果的表示

按式(2)计算筛余物 $\omega$，以质量分数(%)表示：

$$\omega = \frac{m_2 - m_1}{m} \times 100\% \qquad \cdots\cdots(2)$$

式中：

$m$ ——试样的质量，单位为克(g)；

$m_1$——试验筛和玻璃棒的质量,单位为克(g);

$m_2$——试验筛、玻璃棒及筛余物的总质量,单位为克(g)。

平行测定的相对误差应不大于10%,结果取两次测定的平均值。

## 6.6 水面覆盖力的测定

### 6.6.1 原理

将铝粉浆经溶剂油洗涤,真空抽滤后放在标准仪器中测定。

### 6.6.2 试剂

6.6.2.1 溶剂油:符合 SH 0004—1990 要求。

6.6.2.2 2-丁醇

6.6.2.3 石蜡

### 6.6.3 仪器

6.6.3.1 蒸发皿:直径 200 mm。

6.6.3.2 小毛刷

6.6.3.3 烧结玻璃过滤坩埚:牌号 P10(孔径大于 4 μm,小于等于 10 μm)。

6.6.3.4 长方形水槽:见图 1,长约 650 mm,宽约 120 mm,深度至少为 13 mm,上部表面经机械加工平整。

6.6.3.5 档片:两个,供槽用,由宽约 25 mm、厚约 7 mm 的金属制成,其上端长度比槽的宽度稍长,下端稍嵌入,当档片放在槽边时,它的下端卡在槽边内。

6.6.3.6 表面皿:直径约为 50 mm。

6.6.3.7 抽滤瓶:2 500 mL。

单位为毫米

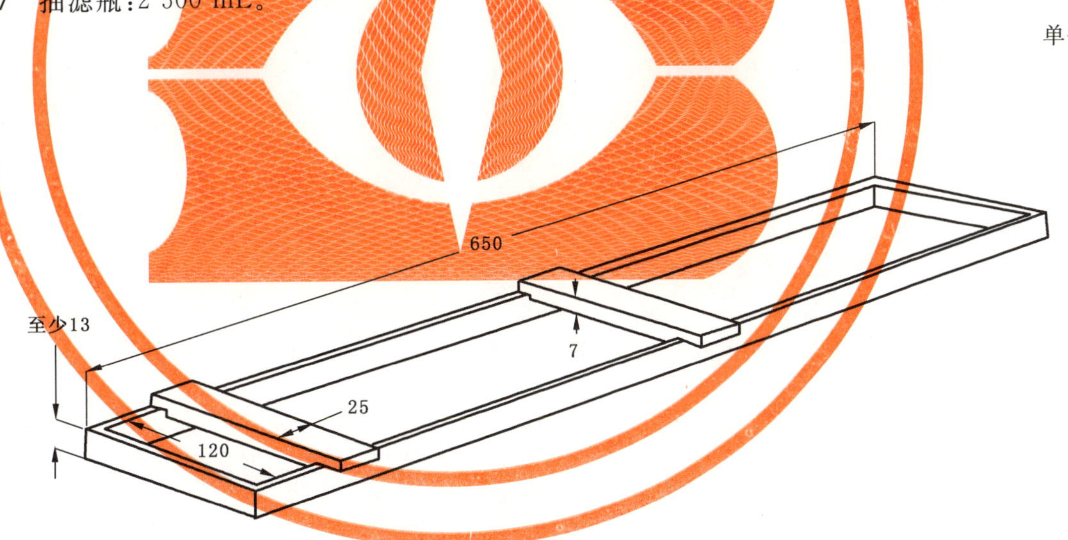


图 1 测定水面覆盖力用槽

### 6.6.4 样品的预处理

称取铝粉浆约 1 g,精确至 0.001 g。将其置于蒸发皿(6.6.3.1)中,分数次加入 50 mL 溶剂油(6.6.2.1),用小毛刷将其完全分散,静置 10 min,用烧结玻璃过滤坩埚(6.6.3.3)进行抽滤,抽干。卸脱真空管路,把滤饼用刷子移至蒸发皿中,用 50 mL 溶剂油(6.6.2.1)进行再分散,其中部分溶剂油(6.6.2.1)用来冲洗蒸发皿,如上述步骤再进行过滤。

按上述规定进行三次抽滤洗涤,并在滤饼近干后再抽吸 30 min,取出滤饼放在清洁干燥的大气中,室温干燥 2 h。将干燥滤饼放在有光纸上,并用干燥刷子进行充分混合。

### 6.6.5 槽的准备

将槽(6.6.3.4)擦干净,干燥,加热至 45 ℃~50 ℃,用石蜡(6.6.2.3)擦,并用软布抛光,备用。往槽内放水，直到在槽边上能看出弯月状水面为止，根据需要调节水平。用一个档片在水面上从一端到另一端驱扫，直到看不见灰尘为止。把档片放在槽的一头，并吹去水面上的灰尘。把第二个档片横靠着第一个，并朝槽的另一头滑动，结果就在两个档片之间出现一段清澈区域。调整水平面以便使水刚好和档片下边接触。

**6.6.6 操作步骤**

**6.6.6.1 试样**

在表面皿上称取经三次抽滤洗涤的样品约 0.02 g，精确至 0.000 1 g。

**6.6.6.2 测定**

往试样中滴入一定量 2-丁醇(6.6.2.2)，用玻璃棒搅拌 30 s 后，得到一均匀稠度的浆料(一般至少需 2 mL)。握住表面皿以一倾斜位置放入槽中，使表面皿正好浸在水中，使浆料分布在槽中水面上的档片之间，浆料立即并几乎完全分布在水面。用洗瓶中的水把表面皿中剩余的浆料冲洗至槽中。

当形成的颜料膜面停止移动时，往槽内加水以提高水的液面，直至能看到液面在槽的上边缘时为止。用玻璃棒轻轻搅动以便试样在水面完全分布，防止铝粒子交叠。

把一个档片向另一个档片移动，轻轻地掠过其前面的膜面，档片前后移动，褶皱生成和消失交替发生，档片调整在皱纹刚好消失的位置上。

注 1：档片不能用于搅拌膜面。

注 2：在全部试验时间内要防止吹风，并不能用吹的方法来分布颜料膜。

注 3：档片的移动要慢且前后一致，以得到未受破坏的颜料膜，对膜面移动过多可能产生差的结果。

测量档片间颜料膜的长度，以毫米(mm)计。

测定完之后，检查粘在档片、玻璃棒及槽边的颜料量较多时，则需重复上述全部操作。

**6.6.7 结果的表示**

按式(3)计算水面覆盖力 $\omega$，以 $m^2/g$ 表示：

$$\omega = \frac{Lb}{10^6 m} \qquad \cdots\cdots(3)$$

式中：

$L$ ——膜面的长度，单位为毫米(mm)；

$b$ ——膜面的宽度，单位为毫米(mm)；

$m$ ——试样的质量，单位为克(g)。

以三次测定的平均值作为水面覆盖力的值，精确至 0.01 $m^2/g$。三次测定值与其平均值之差应不大于 0.05 $m^2/g$。

**6.7 漂浮力的测定**

**6.7.1 材料**

**6.7.1.1 溶剂**

在 3 号普通型油漆及清洗用溶剂油(符合 GB 1922—2006 要求)中加入二甲苯使芳烃含量调节至体积分数为 20%，相对密度 0.780～0.790(20 ℃)。

**6.7.1.2 古马隆-茚树脂**

**6.7.1.3 漂浮试验用漆料**

把 50 g 古马隆-茚树脂(6.7.1.2)溶于 100 mL 溶剂(6.7.1.1)中，漆料的相对密度为 0.877～0.883 (20 ℃)。

溶液形成是在不超过 90 ℃的温度下慢慢进行的，任何溶剂的损失可以质量为基准而补上，冷却后用筛网过滤备用。

使用前在(23±2) ℃下静置 24 h 没有沉淀。

**6.7.2 仪器**

**6.7.2.1** 钢片：长不低于 140 mm、宽(13±0.5)mm、厚不超过 1.0 mm，末端成直角，钢片表面需经抛光，无加工痕迹。

6.7.2.2 玻璃量筒：高约 200 mm，内径约 40 mm。

6.7.2.3 软木塞：适合装在玻璃量筒上，底部带有小钩。

6.7.2.4 试管：长约 150 mm，内径约 19 mm～20 mm。

6.7.2.5 蒸发皿：35 mL～50 mL。

### 6.7.3 操作步骤

#### 6.7.3.1 试样

称取铝粉浆约 3 g，精确至 0.001 g。

#### 6.7.3.2 测定

将上述试样置于蒸发皿中，量取 25 mL 漂浮试验漆料(6.7.1.3)倒入蒸发皿中约 1 mL，用小刷子将其混合，直至形成均匀混合物为止。再加约 1 mL 漂浮试验漆料重复操作，混合均匀，慢慢地把剩余漆料全部加入，小心混合，不能让气泡进入混合物中。立即把一定量的混合物移到试管中(试管倾斜 45°角)，使试管液面高度约为 110 mm，避免形成空气泡。尽快调节温度在(23±2) ℃，将钢片立即插入试管中混合液底部。

使钢片以每秒 1/4 周(90°)慢慢旋转 10 s，旋转方向应每秒钟相反一次，并避免飞溅。在不接触试管壁情况下以均匀速度[总时间(6±1) s]取出钢片(从钢片上滴下混合物不多于 2 滴或 3 滴)。立即将钢片垂直悬挂在已盛有 5 mL 漂浮试验漆料(注)的玻璃量筒中，避光，量筒中的气氛由漂浮试验漆料的蒸气所饱和。

**注：**在试验前一天把 5 mL 漂浮试验用漆料(6.7.1.3)置于玻璃量筒中，并用软木塞塞紧，放置过夜。

任何时候钢片均不能和量筒底部漆料接触，静置 6 min，然后测定其漂浮面积的长度。其长度以完全覆盖表面无裂纹或破损为准(见图 2)，读出钢片两面的读数，精确至 1 mm，计算出两个面的平均值。同时测定钢片浸入总长度，精确至 1 mm。

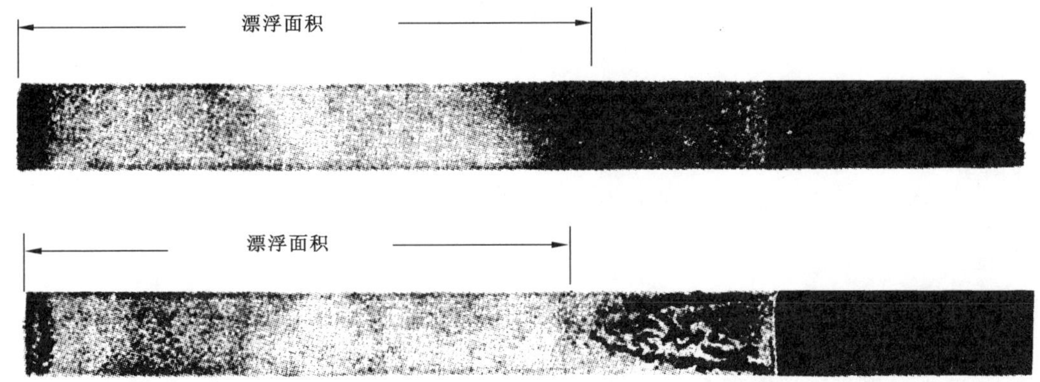


图 2 漂浮面积测量示例

### 6.7.4 结果的表示

按式(4)计算漂浮力 $\omega$，以百分数(%)表示：

$$\omega = \frac{L_2}{L_1} \times 100\% \qquad \cdots\cdots(4)$$

式中：

$L_1$ ——浸入总长度，单位为毫米(mm)；

$L_2$ ——漂浮面的长度，单位为毫米(mm)。

以三次测定的平均值作为漂浮力的值，精确至 1%，单次测定值与其平均值之差应不大于 3%。

## 6.8 无漂浮力的测定

### 6.8.1 试剂

二甲苯。

6.8.2 操作步骤

6.8.2.1 试样

称取铝粉浆约 5 g,精确至 0.01 g。

6.8.2.2 测定

将上述试样加入到盛有 50 mL 二甲苯(6.8.1)的合适容器中,搅拌使其完全分散,让其静置 5 min,然后观察铝粉在二甲苯表面的情况。如果在表面没有铝粉漂浮,则表示无漂浮力。

6.9 水含量的测定

6.9.1 总则

提供了两种方法,即 A 法 卡尔·费休滴定法和 B 法 气相色谱法。可商定选用其中任一方法。仲裁时选用 A 法 卡尔费休滴定法。

6.9.2 **A 法 卡尔·费休滴定法**

按 GB/T 6283—2008 中的规定进行。

6.9.3 **B 法 气相色谱法**

6.9.3.1 试剂和材料

6.9.3.1.1 稀释溶剂:无水丙二醇甲醚或其他的在选定色谱条件下对水和内标物无干扰的但必须水溶性好的化合物。

6.9.3.1.2 内标物:无水异丙醇。

6.9.3.1.3 载气:氢气或氦气,纯度不小于 99.995%。

6.9.3.2 仪器设备

6.9.3.2.1 气相色谱仪:配有热导检测器。

6.9.3.2.2 色谱柱:填装高分子多孔微球的不锈钢柱。

6.9.3.2.3 进样器:微量注射器,容量至少是进样量的两倍。

6.9.3.2.4 配样瓶:约 15 mL 的玻璃瓶,具有可密封的瓶盖。

6.9.3.2.5 天平:精度 0.1 mg。

6.9.3.3 气相色谱测试条件

色谱柱:柱长 2 m,外径 3.2 mm,填装 177 μm~250 μm 高分子多孔微球的不锈钢柱。

柱温:170 ℃;

汽化室温度:220 ℃;

检测器:温度 230 ℃。

注:也可根据所用气相色谱仪的性能及待测试样的实际情况选择最佳的气相色谱测试条件。

6.9.3.4 测试步骤

6.9.3.4.1 测试水的相对校正因子 $R$

在同一配样瓶中称取 0.02 g 左右的蒸馏水和 0.02 g 左右的内标物(6.9.3.1.2),精确至 0.1 mg,再加入 10 mL 的稀释溶剂(6.9.3.1.1),密封配样瓶并摇匀。用进样器(6.9.3.2.3)吸取 1 μL 配样瓶中的混合液注入色谱仪中,记录色谱图。按式(5)计算水的相对校正因子 $R$:

$$R = \frac{m_i A_w}{m_w A_i} \qquad \cdots\cdots(5)$$

式中:

$R$ ——水的相对校正因子;

$m_i$ ——内标物的质量,单位为克(g);

$m_w$ ——水的质量,单位为克(g);

$A_i$ ——内标物的峰面积;

$A_w$ ——水的峰面积。

若内标物和稀释溶剂不是无水试剂,则以同样量的内标物和稀释溶剂(混合液),但不加水作为空白样，记录空白样中水的峰面积 $A_0$。按式(6)计算水的相对校正因子 $R$：

$$R = \frac{m_i(A_w - A_0)}{m_w A_i} \quad \cdots\cdots(6)$$

式中：

$R$ ——水的相对校正因子；

$m_i$ ——内标物的质量，单位为克(g)；

$m_w$ ——水的质量，单位为克(g)；

$A_i$ ——内标物的峰面积；

$A_w$ ——水的峰面积；

$A_0$ ——空白样中水的峰面积。

$R$ 值取两次测试结果的平均值，其相对偏差应小于 5%，保留三位有效数字。

**6.9.3.4.2 样品分析**

称取搅拌均匀后的试样约 2 g 以及与水含量近似相等的内标物(6.9.3.1.2)于配样瓶中，精确至 0.1 mg，再加入 10 mL 稀释溶剂(6.9.3.1.1)，密封配样瓶并摇匀。同时准备一个不加试样的内标物和稀释溶剂混合液作为空白样。用力摇动装有试样的配样瓶 15 min，使其沉淀(可使用离心机)。用进样器(6.9.3.2.3)吸取 1 μL 配样瓶中的上层清液，注入色谱仪中，记录色谱图。

**6.9.3.4.3 结果的表示**

按式(7)计算试样中的水含量 $w_w$，以质量分数(%)表示：

$$w_w = \frac{m_i(A_w - A_0)}{m_s A_i R} \times 100\% \quad \cdots\cdots(7)$$

式中：

$R$ ——水的相对校正因子；

$m_i$ ——内标物的质量，单位为克(g)；

$m_s$ ——试样的质量，单位为克(g)；

$A_i$ ——内标物的峰面积；

$A_w$ ——试样中水的峰面积；

$A_0$ ——空白样中水的峰面积。

平行测定两次，结果取两次测定结果的平均值，精确至小数点后两位。

**6.10 铅含量的测定**

按 GB/T 9758.1—1988 中火焰原子吸收光谱法的规定进行。

**6.11 铁含量的测定**

按 GB/T 6890—2000 中附录 D(火焰原子吸收光谱法)的规定进行。

**6.12 铜含量的测定**

按 GB/T 20975.3—2008 中方法二：火焰原子吸收光谱法的规定进行。

**6.13 硅含量的测定**

按 GB/T 20975.5—2008 中方法一：钼蓝分光光度法的规定进行。

**6.14 锌含量的测定**

按 GB/T 20975.8—2008 中方法二：火焰原子吸收光谱法的规定进行。

**6.15 铜＋铁＋铅＋硅＋锌总含量的计算**

将按 6.10、6.11、6.12、6.13、6.14 测定得到的结果加和计算出铜＋铁＋铅＋硅＋锌总含量。

注：铅、铁、铜、锌含量也可使用其它合适的分析仪器如电感耦合等离子体原子发射光谱仪(ICP-OES)，根据仪器制造商的相关说明进行测试得到。

## 7 检验规则

### 7.1 检验分类

7.1.1 产品检验分为出厂检验和型式检验。

7.1.2 出厂检验项目包括 105 ℃挥发物、制漆外观、筛余物和漂浮力共 4 个项目。

7.1.3 型式检验项目包括本部分所列的全部技术要求。在正常生产情况下有机溶剂可溶物、水面覆盖力和铅含量每半年至少进行一次型式检验,其余项目一年至少进行一次型式检验。

### 7.2 检验结果的判定

7.2.1 检验结果的判定按 GB/T 8170 中修约值比较法进行。

7.2.2 所有项目的检验结果均达到本部分要求时,该试验样品为符合本部分要求。

## 8 标志、包装和贮存

### 8.1 标志

产品包装桶上应有牢固清晰的标志,包括生产厂名称、产品名称、注册商标、标准编号、生产批号、净含量、生产日期及“易燃”、“怕湿”、“不准倒置”的标志。

### 8.2 包装

产品用铁桶包装。

### 8.3 贮存

产品贮存时应保证通风、干燥,防止日光直接照射,应与水、酸、碱、氧化剂及火源隔绝,并远离热源。夏季气温过高时,应设法降温。产品应根据类型定出贮存期,并在包装标志上明示。

---

ICS 87.060.10
G 54
备案号：50888—2015

# 中华人民共和国化工行业标准

HG/T 2456.3—2015

# 涂料用铝颜料 第3部分：聚合物包覆铝粉浆

## Aluminum pigments for paints—Part 3: Polymer coated aluminum paste

2015-07-14 发布

2016-01-01 实施

中华人民共和国工业和信息化部 发布

# 前　言

HG/T 2456《涂料用铝颜料》分为5个部分：

——第1部分：铝粉浆；

——第2部分：铝粉；

——第3部分：聚合物包覆铝粉浆；

——第4部分：真空镀铝悬浮液；

——第5部分：水性铝粉浆。

本部分为HG/T 2456的第3部分。

本部分按照GB/T 1.1—2009给出的规则起草。

本部分由中国石油和化学工业联合会提出。

本部分由全国涂料和颜料标准化技术委员会(SAC/TC 5)归口。

本部分起草单位：长沙族兴新材料股份有限公司、中海油常州涂料化工研究院有限公司、合肥旭阳铝颜料有限公司、星铂联雅思达颜料(济南)有限公司、章丘市金属颜料有限公司、苏州世名科技股份有限公司。

本部分主要起草人：周明、沈苏江、董前年、刘勤、刘恩鹏、杜长森。

# 涂料用铝颜料
# 第3部分:聚合物包覆铝粉浆

## 1 范围

本部分规定了聚合物包覆铝粉浆的产品分类,要求,取样,试验方法,检验规则以及标志、包装和贮存。

本部分适用于用雾化铝粉、表面处理剂和有机溶剂在湿法球磨后再由带有活性基团的有机物经化学反应形成的聚合物包覆在片状铝粒子表面而成的聚合物包覆铝粉浆。产品主要用于涂料工业。

## 2 规范性引用文件

下列文件对于本文件的应用是必不可少的。凡是注日期的引用文件,仅注日期的版本适用于本文件。凡是不注日期的引用文件,其最新版本(包括所有的修改单)适用于本文件。

GB/T 1725—2007 色漆、清漆和塑料 不挥发物含量的测定

GB/T 1766—2008 色漆和清漆 涂层老化的评级方法

GB/T 3186 色漆、清漆和色漆与清漆用原材料 取样

GB/T 6682—2008 分析实验室用水规格和试验方法

GB/T 6890—2012 锌粉

GB/T 8170 数值修约规则与极限数值的表示和判定

GB/T 9271 色漆和清漆 标准试板

GB/T 9274—1988 色漆和清漆 耐液体介质的测定

GB/T 20975.3—2008 铝及铝合金化学分析方法 第3部分:铜含量的测定

GB/T 20975.5—2008 铝及铝合金化学分析方法 第5部分:硅含量的测定

GB/T 20975.8—2008 铝及铝合金化学分析方法 第8部分:锌含量的测定

HG/T 2456.1—2013 涂料用铝颜料 第1部分:铝粉浆

## 3 产品分类

在本部分中,根据耐化学性将产品分为A、B、C3个类型,并分别对其主要用途做了说明,见表1。

**表1 聚合物包覆铝粉浆的分类**

| 类型 | 耐化学性 | 用 途 |
|---|---|---|
| A | 优 | 主要用于耐候性、耐化学性要求较高的方面,如卷材涂料、建筑外墙涂料等 |
| B | 良 | |
| C | 一般 | 主要用于对耐化学性、铝粉附着力有一定要求的方面,如塑料涂料、油墨等 |

## 4 要求

产品应符合表2所列的要求。

表2 要求

<table>
<tr><th colspan="2" rowspan="2">项　　目</th><th colspan="3">指　　标</th></tr>
<tr><th>A</th><th>B</th><th>C</th></tr>
<tr><td colspan="2">105 ℃不挥发物的质量分数/%　　≥</td><td colspan="2">45</td><td>50</td></tr>
<tr><td colspan="2">涂膜外观</td><td colspan="3">具有良好的银白色金属光泽及装饰性、平整性，与商定参照样品制备的涂膜外观接近</td></tr>
<tr><td rowspan="2">筛余物的质量分数/%</td><td>180 μm 筛孔</td><td colspan="3">无</td></tr>
<tr><td>45 μm 筛孔</td><td colspan="3">商定</td></tr>
<tr><td colspan="2">耐碱性(浸入质量分数为 5% 的 NaOH 溶液)/h</td><td>48</td><td>24</td><td>6</td></tr>
<tr><td colspan="2">耐酸性(浸入质量分数为 5% 的 HCl 溶液)</td><td colspan="3">$\Delta E^* \leqslant 3.0$ 或不大于商定参照样品涂膜样板浸泡前后色差 $\Delta E^*$</td></tr>
<tr><td colspan="2">耐电压</td><td colspan="2">施加 2 000 V 直流电压，正负极间隔 10 mm，1 min无放电、击穿现象</td><td>施加商定直流电压，正负极间隔 10 mm，1 min 无放电、击穿现象</td></tr>
<tr><td colspan="2">聚合物含量的质量分数/%　　≥</td><td>5</td><td>4</td><td>1</td></tr>
<tr><td colspan="2">贮存稳定性</td><td colspan="2">在 50 ℃±2 ℃贮存 30 d 后与室温贮存的对比，目视无颗粒、遮盖力无明显下降</td><td>在 50 ℃±2 ℃贮存商定天数后与室温贮存的对比，目视无颗粒、遮盖力无明显下降</td></tr>
<tr><td colspan="2">水含量的质量分数/%　　≤</td><td colspan="3">0.2</td></tr>
<tr><td colspan="2">铁含量的质量分数/%　　≤</td><td colspan="3">0.2</td></tr>
<tr><td colspan="2">铅含量的质量分数/%　　≤</td><td colspan="3">0.03</td></tr>
<tr><td colspan="2">铜+铁+铅+硅+锌总含量的质量分数/%　　≤</td><td colspan="3">1.0</td></tr>
</table>

## 5 取样

按 GB/T 3186 的规定取受试产品的代表性样品。

## 6 试验方法

### 6.1 一般规定

除另有规定外，所用试剂的纯度应在分析纯及以上，实验用水应符合 GB/T 6682—2008 中三级水的规格。

### 6.2 105 ℃不挥发物

按 GB/T 1725—2007 的规定进行。称样量约 2 g，烘烤温度 105 ℃±2 ℃，烘烤时间 3 h。

### 6.3 涂膜外观

按 HG/T 2456.1—2013 中 6.4 的规定进行。

### 6.4 筛余物

按 HG/T 2456.1—2013 中 6.5 的规定进行。

### 6.5 耐碱性和耐酸性

#### 6.5.1 方法概述

将试样、商定参照样品先制成涂料，然后用相同方法制备试样和商定参照样品的涂膜样板，以适当方式干燥，再按 GB/T 9274—1988 中 5.4(浸泡法)的规定将样板浸入质量分数为 5%的 NaOH 溶液或质量分数为 5%的 HCl 溶液中规定时间，测定试样和商定参照样品涂膜样板颜色变化，以试样涂膜样板浸泡前后色差 $\Delta E^*$ 或与商定参照样品涂膜样板浸泡前后色差 $\Delta E^*$ 比较的结果表示试样的耐碱性或耐酸性。

#### 6.5.2 材料和仪器

6.5.2.1 分散介质：商定。

注：推荐使用丙烯酸类树脂。

6.5.2.2 溶剂：与分散介质相适宜。

6.5.2.3 底材：平整、不吸收。如合适尺寸的 ABS 塑料片、马口铁板、钢板、铝板、玻璃板等，马口铁板、钢板、铝板、玻璃板等底材的处理按照 GB/T 9271 的规定进行。

6.5.2.4 商定参照样品。

6.5.2.5 天平：精度 0.01 g。

6.5.2.6 喷漆设备或湿膜制备器。

6.5.2.7 测色仪。

6.5.2.8 恒温干燥箱：能维持 50 ℃±2 ℃。

6.5.2.9 氢氧化钠。

6.5.2.10 浓盐酸：质量分数浓度约 37%，$\rho\approx1.19$ g/mL。

#### 6.5.3 步骤

##### 6.5.3.1 制板

涂料制备条件：铝颜料∶分散介质=10∶100(质量比，均以不挥发物计算)。

将试样与分散介质(见 6.5.2.1)和溶剂(见 6.5.2.2)以适当的比例混合，采用低速搅拌使样品充分分散到介质中。采用适当方法将其涂布于底材(见 6.5.2.3)上，自然干燥或以商定的方式干燥，制备得到试样的涂膜样板。

用相同方法制备商定参照样品的涂膜样板。

注：可按下列方法制备涂料：称取 10 g 样品(不挥发物 50%时)，放入烧杯中，加入 25 g 溶剂，先手工搅拌 5 min 分散样品，再加入分散介质 100 g(不挥发物 50%时)，用搅拌器以 300 r/min～500 r/min 的搅拌速率搅拌 15 min。

##### 6.5.3.2 测定

按 GB/T 9274—1988 中 5.4 的规定将样板浸入质量分数为 5%的 NaOH 溶液或质量分数为 5%的 HCl 溶液中，至规定的时间取出样板，用清水清洗干净后，用滤纸吸干表面水分，然后放入恒温干燥箱(见 6.5.2.8)，50 ℃烘烤 3 min 后取出，冷却，目视观察，结果的评定按 GB/T 1766—2008 的规定进行。用测色仪(见 6.5.2.7)测定试样和商定参照样品涂膜样板浸泡前后颜色变化 $\Delta E^*$，测定时所选取的测试区域(浸泡区域和未浸泡区域)位置离底材边缘的距离应大于 10 mm，选取的测试区域(浸泡区域和未浸泡区域)应分别至少 5 处，结果取 5 处测定值的平均值。

#### 6.5.4 结果表示

以试样涂膜样板浸泡前后色差 $\Delta E^*$ 或与商定参照样品涂膜样板浸泡前后色差 $\Delta E^*$ 比较的结果表示试样的耐碱性或耐酸性。

6.6 耐电压

6.6.1 方法概述

将试样先制成涂料，然后用湿膜制备器将涂料刮涂在底材上，以适当方式干燥，得到试样的涂膜样板。用耐压测试仪测定涂膜样板在规定时间、规定间隔和规定电压作用下有无放电击穿现象，由此评价样品耐电压性能。

6.6.2 材料和仪器

6.6.2.1 底材：平整、不吸收，PET 塑料片，尺寸 100 mm×150 mm。

6.6.2.2 湿膜制备器：规格 100 μm。

6.6.2.3 天平：精度 0.01 g。

6.6.2.4 耐压测试仪。

6.6.3 步骤

6.6.3.1 涂膜制备

涂料制备条件：铝颜料：树脂＝40：100(质量比，均以不挥发物计算)。

将试样与分散介质和溶剂以适当的方式混合，采用低速搅拌使样品充分分散到介质中。用 100 μm 湿膜制备器(见 6.6.2.2)将涂料刮涂在底材(见 6.6.2.1)上，自然干燥或以商定的方式干燥，制备得到试样的涂膜样板。

注：可按下列方法制备涂料：称取 20 g 样品(不挥发物 50%时)，放入烧杯中，加入 50 g 溶剂，先手工搅拌 5 min 分散样品，再加入分散介质 50 g(不挥发物 50%时)，用搅拌器以 300 r/min～500 r/min 的搅拌速率搅拌 15 min。

6.6.3.2 测定

按照耐压测试仪(见 6.6.2.4)操作说明书进行测定。测试电压为直流 2 000 V 或商定的测试电压值。

测定时，将正、负极探头置于涂膜之上，间距 10 mm±0.5 mm，通电时间 1 min，观察并记录有无放电击穿现象。

测试时，在涂膜样板上、中、下部分各随机选取 1 个点共 3 个点进行测试，所选取的点离底材边缘的距离应大于 10 mm。

6.6.4 结果判定

在 1 min 内，所测试的 3 个点均无放电击穿现象，判定为符合本项目要求。

6.7 聚合物含量

6.7.1 方法原理

试样先用混合溶剂清洗，去除原有溶剂、油脂及可溶物，然后用混合酸与铝粉反应除去铝，最后将反应后的溶液过滤，干燥并称量，计算得到聚合物含量。

6.7.2 试剂

6.7.2.1 甲苯。

6.7.2.2 丙酮。

6.7.2.3 浓盐酸：质量分数浓度约 37%，$\rho\approx1.19$ g/mL。

6.7.2.4 浓硝酸：质量分数浓度约 70%，$\rho\approx1.42$ g/mL。

6.7.2.5 混合溶剂：由 3 份(体积)甲苯与 1 份(体积)丙酮混合而得。

6.7.2.6 混合酸溶液：3 份(体积)浓盐酸与 1 份(体积)浓硝酸混合，再将此混合酸稀释 3 倍制得。

6.7.3 仪器

6.7.3.1 烧结玻璃过滤坩埚：牌号 P16(孔径大于 10 μm 且小于或等于 16 μm)。

6.7.3.2 天平：精度 0.001 g。

6.7.3.3 烘箱：能维持 50 ℃±2 ℃和 105 ℃±2 ℃。

6.7.4 步骤

6.7.4.1 试样

称取铝粉浆约 10 g($m$),精确至 0.001 g。

6.7.4.2 测定

将试样置于 250 mL 烧杯中,加入 100 mL 混合溶剂(见 6.7.2.5),摇晃烧杯中的物料使其分散。完全分散后,再加入 50 mL 混合溶剂(见 6.7.2.5),摇晃烧杯使其完全混匀,静置 1 h。然后摇晃烧杯使铝粉再次混匀,将此分散液通过已知质量($m_1$)的烧结玻璃过滤坩埚(见 6.7.3.1)抽滤到一清洁烧瓶内。用适量混合溶剂(见 6.7.2.5)将烧杯中的剩余物再次分散,将此分散液通过过滤坩埚进行抽滤。用适量丙酮(见 6.7.2.2)冲洗干净烧杯,洗液倒入过滤坩埚进行抽滤。用适量丙酮(见 6.7.2.2)抽滤洗涤坩埚中滤饼,并在滤饼近干后再抽吸 30 min,然后将坩埚与滤饼一起放入 50 ℃±2 ℃的烘箱中烘烤 1 h,取出后放入干燥器中冷却,称量($m_2$)。

称取上述去油脂后的铝粉约 3 g($m_3$),精确至 0.001 g。将其置于一个 1 000 mL 烧杯中,先加入 20 mL蒸馏水,用玻璃棒搅拌烧杯中的物料使其分散,然后缓慢滴加 100 mL 混合酸溶液(见 6.7.2.6),在滴加的同时不停地搅拌,使烧杯中的物料分散均匀,直至混合酸溶液滴加完毕,继续搅拌 15 min 后,再加入 50 mL 混合酸溶液(见 6.7.2.6),搅拌使其完全混匀,然后静置足够长时间,使铝粉完全反应。

在上述反应完全后的溶液中加入 500 mL 蒸馏水,至少搅拌 15 min,然后将溶液倒入一个已恒重($m_4$)的烧结玻璃过滤坩埚(见 6.7.3.1)中进行抽滤,用蒸馏水清洗干净烧杯,洗液倒入过滤坩埚中,再用 500 mL 以上的蒸馏水冲洗剩余物,边冲洗边过滤,过滤完毕后,将坩埚及剩余物置于 105 ℃±2 ℃烘箱中加热,放入干燥器中冷却,称量($m_5$),直至恒重。

6.7.4.3 结果表示

按公式(1)计算聚合物含量 $\omega$,以质量分数表示:

$$\omega=\frac{m_2-m_1}{m}\times\frac{m_5-m_4}{m_3}\times 100\% \qquad (1)$$

式中:

$m_2$ ——过滤用坩埚及去油脂后铝粉的质量的数值,单位为克(g);

$m_1$ ——得到去油脂后铝粉所用过滤坩埚的质量的数值,单位为克(g);

$m$ ——称取铝粉浆的质量的数值,单位为克(g);

$m_5$ ——过滤用坩埚及剩余物的质量的数值,单位为克(g);

$m_4$ ——得到剩余物(聚合物)所用过滤坩埚的质量的数值,单位为克(g);

$m_3$ ——称取去油脂后铝粉的质量的数值,单位为克(g)。

6.8 贮存稳定性

6.8.1 方法概述

将热贮存试验[(50±2)℃,30 d]后的样品与同时室温贮存的样品分别制成涂料,刮涂制备得到由热贮存试验后与同时室温贮存的样品制备的涂膜样板,目视比较,以其外观变化情况评价试样的贮存稳定性。

6.8.2 材料和仪器

6.8.2.1 压盖式金属漆罐:容积 100 mL。

6.8.2.2 遮盖力测试纸(黑白卡纸)。

6.8.2.3 恒温干燥箱:能维持 50 ℃±2 ℃。

6.8.2.4 天平:精度 0.01 g。

6.8.2.5 湿膜制备器:规格 100 μm。

6.8.3 步骤

在4个压盖式金属漆罐(见6.8.2.1)中分别装入约30 g样品,将盖盖紧。

称量已装入样品的金属漆罐质量,精确至0.01 g。随机选取1罐留作对比样,室温放置。另3罐放入恒温干燥箱(见6.8.2.3)中,将干燥箱从室温升至50 ℃±2 ℃,保温30 d,保温结束后将样品罐从干燥箱中取出,在室温下自然冷却大于16 h。

称量热贮存试验后的金属漆罐质量,如与贮存前的质量差值≤2%,则认为符合实际存放时的包装条件。

注:如贮存前后金属漆罐的质量差异>2%,则认为包装异常,需重新试验。

按如下方法制备得到热贮存试验后样品的涂料:从符合条件的罐中称取约10 g样品,放入清洁的烧杯中,加入25 g溶剂,先手工搅拌5 min分散样品,然后补加100 g分散介质(树脂),再用搅拌器以300 r/min~500 r/min的搅拌速率搅拌15 min。

用相同方法制备室温贮存(未经热贮存试验)的样品的涂料。

用规格100 μm的湿膜制备器(见6.8.2.5)在遮盖力测试纸(黑白卡纸)(见6.8.2.2)上刮涂一道上述涂料,按适当方式完全干燥后得到由热贮存试验后与同时室温贮存的样品制备的涂膜样板,目视观察比较涂膜表面状况。

6.8.4 结果表示

以热贮存试验后涂膜表面有无颗粒以及与同时室温贮存的样品涂膜样板对比后遮盖力有无明显下降表示结果。

6.9 水含量

按HG/T 2456.1—2013中6.9的规定进行。

6.10 铁含量

按GB/T 6890—2012附录C(火焰原子吸收光谱法)的规定进行。

6.11 铅含量

按GB/T 6890—2012附录C(火焰原子吸收光谱法)的规定进行。

6.12 铜+铁+铅+硅+锌总含量

6.12.1 铜含量

按GB/T 20975.3—2008"方法二:火焰原子吸收光谱法"的规定进行。

6.12.2 硅含量

按GB/T 20975.5—2008"方法一:钼蓝分光光度法"的规定进行。

6.12.3 锌含量

按GB/T 20975.8—2008"方法二:火焰原子吸收光谱法"的规定进行。

6.12.4 铜+铁+铅+硅+锌总含量

将按6.12.1、6.10、6.11、6.12.2、6.12.3测定得到的结果加和,计算出铜+铁+铅+硅+锌总含量。

注:铁、铅、铜、锌含量也可使用其他合适的分析仪器,如电感耦合等离子体原子发射光谱仪(ICP-OES),根据仪器制造商的相关说明进行测试得到。

## 7 检验规则

7.1 检验分类

7.1.1 产品检验分为出厂检验和型式检验。

7.1.2 出厂检验项目包括105 ℃不挥发物、涂膜外观、筛余物、耐碱性共4个项目。

7.1.3 型式检验项目包括本部分所列的全部技术要求。在正常生产情况下,每年至少进行一次型式检验。

7.2 检验结果的判定

7.2.1 检验结果的判定按GB/T 8170中修约值比较法进行。

7.2.2 所有项目的检验结果均达到本部分要求时,该试验样品为符合本部分要求。

## 8 标志、包装和贮存

### 8.1 标志

产品包装桶上应有牢固清晰的标志，内容包括：生产厂名称、产品名称及类型、注册商标、标准编号、生产批号、净含量、生产日期以及“易燃”“怕湿”“不准倒置”的标志。

### 8.2 包装

产品用铁桶包装。

### 8.3 贮存

产品贮存时应保证通风、干燥，防止日光直接照射，应与水、酸、碱、氧化剂及火源隔绝，并远离热源。夏季气温过高时，应设法降温。产品应根据类型定出贮存期，并在包装标志上明示。

# 参 考 文 献

[1] GB/T 6753.3—1986 涂料贮存稳定性试验方法

ICS 87.060.10
G 54
备案号：50889—2015

# 中华人民共和国化工行业标准

HG/T 2456.4—2015

# 涂料用铝颜料 第4部分：真空镀铝悬浮液

Aluminum pigments for paints—Part 4：Vacuum metallized aluminum paste

2015-07-14 发布 2016-01-01 实施

中华人民共和国工业和信息化部 发布

# 前　言

HG/T 2456《涂料用铝颜料》分为 5 个部分：

——第 1 部分：铝粉浆；

——第 2 部分：铝粉；

——第 3 部分：聚合物包覆铝粉浆；

——第 4 部分：真空镀铝悬浮液；

——第 5 部分：水性铝粉浆。

本部分为 HG/T 2456 的第 4 部分。

本部分按照 GB/T 1.1—2009 给出的规则起草。

本部分由中国石油和化学工业联合会提出。

本部分由全国涂料和颜料标准化技术委员会(SAC/TC 5)归口。

本部分起草单位：长沙族兴新材料股份有限公司、中海油常州涂料化工研究院有限公司、合肥旭阳铝颜料有限公司、星铂联雅思达颜料(济南)有限公司、章丘市金属颜料有限公司。

本部分主要起草人：罗夔、沈苏江、董前年、仲卫弟、刘恩鹏。

# 涂料用铝颜料
# 第4部分:真空镀铝悬浮液

## 1 范围

本部分规定了真空镀铝悬浮液的要求,取样,试验方法,检验规则以及标志、包装和贮存。

本部分适用于用真空镀铝膜为原材料制作的铝片厚度小于100 nm的悬浮液状铝颜料。产品主要用于涂料和印刷油墨工业。

## 2 规范性引用文件

下列文件对于本文件的应用是必不可少的。凡是注日期的引用文件,仅注日期的版本适用于本文件。凡是不注日期的引用文件,其最新版本(包括所有的修改单)适用于本文件。

GB/T 1725—2007 色漆、清漆和塑料 不挥发物含量的测定

GB/T 3186 色漆、清漆和色漆与清漆用原材料 取样

GB/T 6682—2008 分析实验室用水规格和试验方法

GB/T 6890—2012 锌粉

GB/T 8170 数值修约规则与极限数值的表示和判定

GB/T 20975.3—2008 铝及铝合金化学分析方法 第3部分:铜含量的测定

GB/T 20975.5—2008 铝及铝合金化学分析方法 第5部分:硅含量的测定

GB/T 20975.8—2008 铝及铝合金化学分析方法 第8部分:锌含量的测定

HG/T 2456.1—2013 涂料用铝颜料 第1部分:铝粉浆

YS/T 617.7—2007 铝、镁及其合金粉理化性能测定方法 第7部分:粒度分布的测定 激光散射/衍射法

## 3 要求

产品应符合表1所列的要求。

表1 要求

| 项目 | 指标 |
|---|---|
| 105 ℃不挥发物的质量分数/% | 10.0±0.5或商定 |
| 涂膜外观 | 具有良好的镀铬效果或镜面效果及装饰性、平整性,与商定参照样品制备的涂膜外观接近 |
| 粒径 | 商定 |
| 筛余物的质量分数/% (45 μm筛孔) ≤ | 1.0 |
| 水含量的质量分数/% ≤ | 0.2 |
| 铜+铁+铅+硅+锌总含量的质量分数/% ≤ | 0.1 |

## 4 取样

按GB/T 3186的规定取受试产品的代表性样品。

## 5 试验方法

### 5.1 一般规定

除另有规定外，所用试剂的纯度应在分析纯及以上，实验用水应符合 GB/T 6682—2008 中三级水的规格。

### 5.2 105 ℃不挥发物

按 GB/T 1725—2007 的规定进行。称样量约 2 g，烘烤温度 105 ℃±2 ℃，烘烤时间 3 h。

### 5.3 涂膜外观

按 HG/T 2456.1—2013 中 6.4 的规定进行。结果评定时目视观察试样的涂膜样板，并与商定参照样品制备的涂膜样板比较，观察样板是否具有良好的镀铬效果或镜面效果及装饰性、平整性，而且与商定参照样品制备的涂膜外观接近。

### 5.4 粒径

按 YS/T 617.7—2007 的规定进行。

### 5.5 筛余物

按 HG/T 2456.1—2013 中 6.5 的规定进行。

### 5.6 水含量

按 HG/T 2456.1—2013 中 6.9 的规定进行。

### 5.7 铜＋铁＋铅＋硅＋锌总含量

#### 5.7.1 铜含量

按 GB/T 20975.3—2008“方法二：火焰原子吸收光谱法”的规定进行。

#### 5.7.2 铁含量

按 GB/T 6890—2012 附录 C（火焰原子吸收光谱法）的规定进行。

#### 5.7.3 铅含量

按 GB/T 6890—2012 附录 C（火焰原子吸收光谱法）的规定进行。

#### 5.7.4 硅含量

按 GB/T 20975.5—2008“方法一：钼蓝分光光度法”的规定进行。

#### 5.7.5 锌含量

按 GB/T 20975.8—2008“方法二：火焰原子吸收光谱法”的规定进行。

#### 5.7.6 铜＋铁＋铅＋硅＋锌总含量

将按 5.7.1～5.7.5 测定得到的结果加和，计算出铜＋铁＋铅＋硅＋锌总含量。

注：铜、铁、铅、锌含量也可使用其他合适的分析仪器，如电感耦合等离子体原子发射光谱仪（ICP-OES），根据仪器制造商的相关说明进行测试得到。

## 6 检验规则

### 6.1 检验分类

6.1.1 产品检验分为出厂检验和型式检验。

6.1.2 出厂检验项目包括 105 ℃不挥发物、涂膜外观、粒径、筛余物共 4 个项目。

6.1.3 型式检验项目包括本部分所列的全部技术要求。在正常生产情况下，每年至少进行一次型式检验。

### 6.2 检验结果的判定

6.2.1 检验结果的判定按 GB/T 8170 中修约值比较法进行。

6.2.2 所有项目的检验结果均达到本部分要求时，该试验样品为符合本部分要求。

## 7 标志、包装和贮存

### 7.1 标志

产品包装桶上应有牢固清晰的标志，包括：生产厂名称、产品名称、注册商标、标准编号、生产批号、净含量、生产日期以及“易燃”“怕湿”“不准倒置”的标志。

### 7.2 包装

产品用金属罐包装。

### 7.3 贮存

产品贮存时应保证通风、干燥，防止日光直接照射，应与水、酸、碱、氧化剂及火源隔绝，并远离热源。夏季气温过高时，应设法降温。产品应根据类型定出贮存期，并在包装标志上明示。

---

中华人民共和国化工行业标准

HG/T 2659—95

# 耐晒黄 G

代替 GB 3679—83

## 1 主题内容与适用范围

本标准规定了耐晒黄 G 的技术要求、试验方法、检验规则和标志、包装、运输、贮存。

本标准适用于用邻硝基对甲苯胺经重氮化反应后，与乙酰乙酰苯胺偶合反应生成的黄色颜料。产品主要用于油墨、涂料印花浆和文教用品等。

结构式：

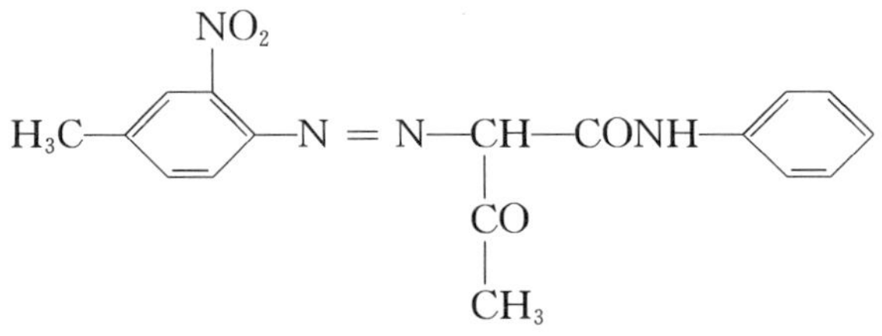

$$
\begin{array}{c}
NO_2 \\
H_3C\text{—}\langle\text{苯环}\rangle\text{—}N=N\text{—}\underset{\underset{\displaystyle CH_3}{|}}{\underset{\displaystyle CO}{\underset{|}{CH}}}\text{—}CONH\text{—}\langle\text{苯环}\rangle
\end{array}
$$

分子式：$C_{17}H_{16}O_4N_4$

相对分子质量：340.36（按 1991 年国际相对原子质量）

## 2 引用标准

GB/T 1710　颜料耐光性测定法

GB/T 1715　颜料筛余物测定法

GB/T 1864　颜料颜色的比较

GB/T 5211.2　颜料水溶物测定　热萃取法

GB/T 5211.3　颜料在 105℃挥发物的测定

GB/T 5211.5　颜料耐水性测定法

GB/T 5211.6　颜料耐酸性测定法

GB/T 5211.7　颜料耐碱性测定法

GB/T 5211.8　颜料耐油性测定法

GB/T 5211.15　颜料吸油量的测定

GB/T 5211.19　着色颜料的相对着色力和冲淡色的测定　目视比较法

HG/T 2457 颜料产品检验、标志、包装、运输和贮存通则

## 3 技术要求

耐晒黄 G 应符合下表所列技术要求。

中华人民共和国化学工业部 1995-03-06 批准　　1996-06-01 实施

| 项　　目 | | 指　　标 |
|---|---|---|
| 颜色(与标准样比) | | 近似～微 |
| 相对着色力(与标准样比),% | ≥ | 100 |
| 105℃挥发物,%(*m*/*m*) | ≤ | 2.0 |
| 水溶物,%(*m*/*m*) | ≤ | 1.5 |
| 吸油量 g/100g | | 25～35 |
| 筛余物(400μm 筛孔),%(*m*/*m*) | ≤ | 5.0 |
| 耐水性,级 | | 5 |
| 耐酸性,级 | | |
| 耐碱性,级 | ≥ | 4 |
| 耐油性,级 | ≥ | |
| 耐光性,级 | ≥ | 7 |

## 4　试验方法

4.1　颜色的比较

按 GB/T 1864 中的规定进行。试样量为 0.5g,精制亚麻仁油加量第一次为 1mL,研磨 200 转后,补加 0.8mL,再研磨 25 转。

4.2　相对着色力的测定

按 GB/T 5211.19 中的规定进行。颜料分散体的研磨浓度采用 1.0g 颜料和 1.5g 漆基,颜料分散体的研磨转数为 200 转,冲淡比为 1∶10,即着色颜料色浆 0.30g,白颜料浆 3.0g。

4.3　105℃挥发物的测定

按 GB/T 5211.3 中的规定进行。试样量为 5g。

4.4　水溶物的测定

按 GB/T 5211.2 中的规定进行。试样量为 2.5g。

4.5　吸油量的测定

按 GB/T 5211.15 中的规定进行。试样量为 2g。

4.6　筛余物的测定

按 GB/T 1715 中乙法的规定进行。

4.7　耐水性的测定

按 GB/T 5211.5 中的规定进行。其中试液的制备按 3.1.1 规定。

4.8　耐酸性的测定

按 GB/T 5211.6 中的规定进行。结果以滤液沾色表示。

4.9　耐碱性的测定

按 GB/T 5211.7 中的规定进行。结果以滤液沾色表示。

4.10　耐油性的测定

按 GB/T 5211.8 中的规定进行。

4.11　耐光性的测定

按 GB/T 1710 中的规定进行,采用日晒牢度机法进行耐光试验。

## 5　检验、标志、包装、运输和贮存

5.1　检验规则

按 HG/T 2457 中第 3 章的规定进行。本标准中所列的全部技术要求项目为型式检验项目，其中颜色、相对着色力、105℃挥发物、水溶物、吸油量和筛余物为出厂检验项目。在正常生产情况下，每年至少进行一次型式检验。

5.2 标志

按 HG/T 2457 中第 4 章的规定进行。

5.3 包装

按 HG/T 2457 中第 5 章的规定进行。产品根据需要可选用内衬塑料薄膜袋的铁桶、木桶、硬纸板桶或纤维板桶。

5.4 运输和贮存

按 HG/T 2457 中第 6 章的规定进行。

---

**附加说明：**

本标准由中华人民共和国化学工业部技术监督司提出。

本标准由全国涂料和颜料标准化技术委员会归口。

本标准由天津染化八厂负责起草。

本标准主要起草人赵惠红、裴连娥。

自本标准实施之日起，原中华人民共和国国家标准 GB 3679—83《耐晒黄 G》作废。

# 前　　言

本标准是对 GB/T 3675—83 的修订，在技术内容上有所增加并作了局部变动。

本标准与 GB/T 3675 重要技术内容的不同之处：

——增加耐水性、耐酸性、耐油性三项要求；

——删除易分散型品种；

——将色光和水分两项目名称分别改为颜色和 105℃挥发物；

——相对着色力指标由原来 95%～105%改为不低于 100%，筛余物筛孔孔径的规定由 800 μm 改为 400 μm，两项指标比前版均有所提高；

——将 GB/T 3675 中的色光、着色力、水分、水溶物、吸油量和耐热性的试验方法均转换成相应新的国家标准。

本标准自实施之日起，代替 GB/T 3675—83。

本标准由中华人民共和国化学工业部技术监督司提出。

本标准由全国涂料和颜料标准化技术委员会归口。

本标准起草单位：化学工业部常州涂料化工研究院。

本标准主要起草人：郑文娟、金莲娣。

中华人民共和国化工行业标准

# 大　红　粉

HG/T 2883—1997

**Pigment scarlet**

## 1　范围

本标准规定了大红粉的要求、试验方法及标志、标签、包装。

本标准适用于由苯胺经重氮化与色酚 AS 偶合后，再经酸化及加热生成的大红粉颜料。产品主要用于涂料工业。

结构式：

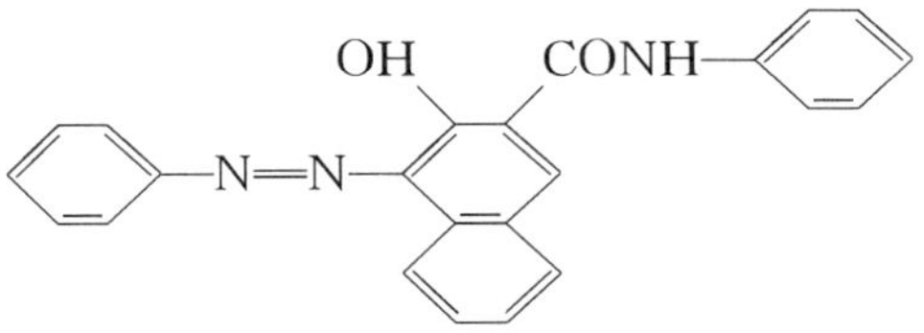

实验式：$C_{23}H_{17}N_3O_2$

相对分子质量：367.41（1991 年国际相对原子质量）

## 2　引用标准

下列标准所包含的条文，通过在本标准中引用而构成为本标准的条文。本标准出版时，所示版本均为有效。所有标准都会被修订，使用本标准的各方应探讨使用下列标准最新版本的可能性。

GB 1250—89　极限数据的表示方法和判定方法

GB/T 1710—79　颜料耐光性测定法

GB/T 1711—89　颜料在烘干型漆料中热稳定性的比较（eqv ISO 787/21：1979）

GB/T 1715—79　颜料筛余物测定法

GB/T 1864—89　颜料颜色的比较（eqv ISO 787/1：1982）

GB/T 5211.2—85　颜料水溶物测定　热萃取法（neq ISO 787/3：1979）

GB/T 5211.3—85　颜料在 105℃挥发物的测定（eqv ISO 787/2：1981）

GB/T 5211.5—85　颜料耐水性测定法

GB/T 5211.6—85　颜料耐酸性测定法

GB/T 5211.8—85　颜料耐油性测定法

GB/T 5211.15—88　颜料吸油量的测定（eqv ISO 787/5：1980）

GB/T 5211.19—88　着色颜料相对着色力和冲淡色的测定　目视比较法（eqv ISO 787/16：1986）

GB 9285—88　色漆和清漆用原材料　取样（eqv ISO 842：1984）

HG/T 2457—93　颜料产品检验、标志、包装、运输和贮存通则

中华人民共和国化学工业部 1997-04-21 批准　　　　1997-10-01 实施

## 3 要求

产品应符合表1所列技术要求：

表1 技术要求

| 项　　目 | | 指　　标 |
|---|---|---|
| 颜色(与标准样比) | | 近似～微 |
| 相对着色力(与标准样比),% | ≥ | 100 |
| 105℃挥发物($m/m$),% | ≤ | 1.0 |
| 水溶物($m/m$),% | ≤ | 1.0 |
| 吸油量,g/100 g | | 30～40 |
| 筛余物(400 μm 筛孔)($m/m$),% | ≤ | 5 |
| 耐水性,级 | ≥ | 4 |
| 耐酸性,级 | ≥ | 4 |
| 耐油性,级 | ≥ | 3 |
| 耐光性,级 | ≥ | 6 |
| 耐热性,℃ | ≥ | 120 |

## 4 试验方法

产品应按 GB 9285 进行采样，样品分成两份，一份密封贮存备查，另一份作检验用样品。

### 4.1 颜色的比较

按 GB/T 1864 中的规定进行。试样量为 0.5 g，精制亚麻仁油加量第一次为 1 mL，研磨 200 转后，补加 0.8 mL，再研磨 25 转。

### 4.2 相对着色力的测定

按 GB/T 5211.19 中的规定进行。颜料分散体的研磨浓度采用 1.0 g 颜料和 1.5 g 漆基，颜料分散体的研磨转数为 200 转，冲淡比为 1∶10，即着色颜料色浆 0.30 g，白颜料浆 3.0 g。

### 4.3 105℃挥发物的测定

按 GB/T 5211.3 中的规定进行。试样量为 5g。

### 4.4 水溶物的测定

按 GB/T 5211.2 中的规定进行。试样量为 2.5 g。

### 4.5 吸油量的测定

按 GB/T 5211.15 中的规定进行。试样量为 2 g。

### 4.6 筛余物的测定

按 GB/T 1715—79 中第 3 条的规定进行。

### 4.7 耐水性的测定

按 GB/T 5211.5 中的规定进行。其中试液的制备按 3.1.1 规定。

### 4.8 耐酸性的测定

按 GB/T 5211.6 中的规定进行。结果以滤液沾色表示。

### 4.9 耐油性的测定

按 GB/T 5211.8 中的规定进行。

### 4.10 耐光性的测定

按 GB/T 1710 中的规定进行。采用日晒牢度机法进行耐光试验。

4.11 耐热性的测定

按 GB/T 1711 中的规定进行。其中颜料分散体的制备按 GB/T 1710 中第 2 条的规定进行。

本标准中所列的全部技术要求项目为型式检验项目，其中颜色、相对着色力、105℃挥发物、水溶物、吸油量、筛余物为出厂检验项目。在正常生产情况下，每年至少进行一次型式检验。

本标准中检验结果的判定按 GB 1250 中 5.2 规定进行。

## 5 标志、标签、包装

5.1 标志

按 HG/T 2457 中第 4 章的规定进行。

5.2 标签

产品应附有标签，标明产品的标准号、型号、名称、批号、数量、质量合格标记、生产厂名及生产日期。

5.3 包装

按 HG/T 2457 中第 5 章的规定进行。产品根据需要可选用内衬塑料薄膜袋的铁桶、木桶、硬纸板桶或纤维板桶。

备案号:3880—1999

HG/T 3001—1999

# 前　　言

本标准是非等效采用国际标准 ISO 2495:1995(E)《色漆用铁蓝颜料》(第二版),对 HG/T 3001—1988《铁蓝颜料》修订而成。

本标准与 ISO 2495:1995(E)的主要差异为:

——ISO 2495:1995(E)不分品种,本标准分为三个品种;

——取消 ISO 2495:1995(E)中 4.1 组成及第 7 章、第 8 章相应的试验方法;

——ISO 2495:1995(E)中水溶物要求不超过 2.0%,本标准规定为不大于 1%,高于国际标准;

——取消 9.2 挥发物测定 B 法;

——ISO 2495:1995(E)中易分散程度的指标为不低于商定样品,本标准规定了具体指标;

——取消 ISO 2495:1995(E)中第 6 章定性鉴别。

本标准与 HG/T 3001—1988 的主要技术差异为:

——颜色比较和冲淡后颜色比较由原来(与标准样比)近似~微,改为(与商定样品比)接近商定样品;

——相对着色力由原来(与标准样比)不小于 95%,改为(与商定样品比)接近商定样品;

——60℃挥发物测定中取消了 B 法;

——吸油量指标由原来规定具体数值,改为不大于商定值的 110%;

——水萃取液酸度测定中氢氧化钠标准滴定溶液浓度由原来的 $c(NaOH)=0.005$ mol/L,改为 $c(NaOH)=0.01$ mol/L。

本标准自实施之日起,同时代替 HG/T 3001—1988。

本标准由中华人民共和国原化学工业部技术监督司提出。

本标准由全国涂料和颜料标准化技术委员会归口。

本标准起草单位:上海染料化工十二厂、化工部常州涂料化工研究院。

本标准主要起草人:孙雅芬、金莲娣。

本标准首次发布日期为 1980 年,1988 年作了第一次修订。

# ISO 前 言

国际标准化组织(简称ISO)是一个世界性的各国标准团体(ISO成员团体)组成的联合机构。国际标准的制定工作是通过ISO技术委员会来进行的。对已设置技术委员会的某专业领域感兴趣的每个成员团体均有权参加该委员会。与ISO有联系的政府和非政府性的国际组织也可参与此项工作。ISO与从事电工技术标准化事务的国际电工委员会(IEC)密切合作。

技术委员会所受理的国际标准草案应先发送给各成员团体投票表决,至少要有75%的成员团体投票表决同意,才能作为国际标准发布。

国际标准ISO 2495是由ISO/TC 35色漆和清漆技术委员会,SC 2颜料和体质颜料分技术委员会制定的。

本版(第二版)对第一版(ISO 2495:1972)进行了技术上的修订后取消和代替了该版。

本国际标准的附录A仅供参考。

中华人民共和国化工行业标准

# 铁 蓝 颜 料

**Iron blue pigments**

HG/T 3001—1999
eqv ISO 2495:1972(E)

代替 HG/T 3001—1988

## 1 范围

本标准规定了铁蓝颜料的要求、采样、试验方法、检验规则和标志、包装、运输、贮存。

本标准适用于由亚铁氰化钾(钠)和亚铁盐反应后经氧化处理而成的铁蓝颜料。其中除了为改进颜料性能而加入的适量助剂外,不含有其他颜料、填充料等。产品主要用于涂料、油墨、绘画颜料、复写纸等。

## 2 引用标准

下列标准所包含的条文,通过在本标准中引用而构成为本标准的条文。本标准出版时,所示版本均为有效。所有标准都会被修订,使用本标准的各方应探讨使用下列标准最新版本的可能性。

GB/T 1250—1989 极限数值的表示方法和判定方法

GB/T 1864—1989 颜料颜色的比较(eqv ISO 787-1:1982)

GB/T 5211.2—1985 颜料水溶物测定 热萃取法(neq ISO 787-3:1979)

GB/T 5211.15—1988 颜料吸油量的测定(eqv ISO 787-5:1980)

GB/T 5211.19—1988 着色颜料相对着色力和冲淡色的测定 目视比较法(eqv ISO 787-16:1986)

GB 9285—1988 色漆和清漆用原材料 取样(eqv ISO 842:1984)

GB/T 9287—1988 颜料易分散程度的比较 振荡法(eqv ISO 787-20:1975)

HG/T 2457—1993 颜料产品检验、标志、包装、运输和贮存通则

## 3 产品分类[1]

根据颜料的色相和结构分成三个品种,见表1。

表1 产品分类

| 型号 | 名称 | 分子式 | 备注 |
|---|---|---|---|
| LA 09-01 | 铁蓝 | $K_xFe_y[Fe(CN)_6]_z \cdot nH_2O$ | 钾盐、铜光 |
| LA 09-02 | 铁蓝 | $(NH_4)_xFe_y[Fe(CN)_6]_z \cdot nH_2O$ | 铵盐、铜光 |
| LA 09-03 | 铁蓝 | $(NH_4)_xFe_y[Fe(CN)_6]_z \cdot nH_2O$ | 铵盐、无铜光 |

## 4 要求

产品的三个品种均应符合表2所列的要求。

采用说明:

1] ISO 2495:1995(E)中不分品种。

国家石油和化学工业局1999-06-16批准 2000-06-01实施

表 2 要求

| 项目 | | 指标 |
|---|---|---|
| 颜色 | | 接近商定样品 |
| 冲淡后颜色 | | 接近商定样品 |
| 相对着色力 | | 接近商定样品 |
| 60℃挥发物,%(质量分数) | ≤ | 2～6 |
| 水溶物[2],%(质量分数) | ≤ | 1 |
| 吸油量 | ≤ | 商定值的 110% |
| 水萃取液酸度,mL | ≤ | 20 |
| 易分散程度[3],μm | ≤ | 20 |

## 5 采样

按 GB 9285 的规定采取受试产品的代表性样品。

## 6 试验方法[4]

6.1 颜色的比较

按 GB/T 1864 中的规定进行。试样量为 0.5g,精制亚麻仁油加量第一次为 1.0mL,研磨 200 转后,补加 0.5mL,再研磨 25 转。

6.2 冲淡后颜色和相对着色力的测定

按 GB/T 5211.19 中的规定进行。颜料分散体的研磨浓度采用 1.0g 颜料和 1.5g 漆基,颜料分散体的研磨转数为 200 转,冲淡比为 1∶20,即着色颜料色浆 0.15g,白颜料浆 3.0g。

6.3 60℃挥发物的测定

6.3.1 操作

称取一定量颜料样品(精确至 1mg)置于直径约为 65mm 的称量瓶中,颜料均匀层的深度不超过 5mm。

将称量瓶及试样在(60±2)℃连续加热 16h,并放在含干燥硅胶的干燥器内冷却并再称量。

6.3.2 结果的表示

以质量百分数表示的 60℃挥发物($X_1$)按式(1)计算:

$$X_1 = \frac{m_1 - m_2}{m_0} \times 100 \qquad (1)$$

式中:$m_0$——试样质量,g;

$m_1$——试样及称量瓶加热前质量,g;

$m_2$——试样及称量瓶加热后质量,g。

记录结果精确至 0.1%(质量分数)。

6.4 水溶物的测定

采用说明:

2] ISO 2495:1995(E)中水溶物要求为不超过 2.0%。

3] ISO 2495:1995(E)中规定与商定样品比较,无具体指标。

4] ISO 2495:1995(E)中有定性鉴别章节。

按 GB/T 5211.2 中的规定进行，试样量为 2.5g。

6.5　吸油量的测定

按 GB/T 5211.15 中的规定进行。

6.6　水萃取液酸度的测定

6.6.1　试剂

氢氧化钠标准滴定溶液：$c$(NaOH)＝0.01mol/L。

6.6.2　操作

取 100mL 滤液(按 GB/T 5211.2 测定水溶物所得到的)，用氢氧化钠标准滴定溶液[$c$(NaOH)＝0.01mol/L]，通过微量滴定管滴定至 pH 值为 5.5，以 pH 计指示。

6.6.3　结果的表示

每 100g 颜料用去氢氧化钠标准滴定溶液[$c$(NaOH)＝0.1mol/L]的毫升数($X_2$)按式(2)计算：

$$X_2 = \frac{V_1 c_1 \times 2\,500}{m_3} \quad \cdots\cdots (2)$$

式中：$V_1$——滴定样品消耗氢氧化钠标准滴定溶液的体积，mL；

$c_1$——氢氧化钠标准滴定溶液的实际浓度，mol/L；

$m_3$——测定水溶物时所取试样的质量，g。

6.7　易分散程度的测定

按 GB/T 9287 中的规定进行。其中醇酸树脂：豆油、梓油改性的季戊四醇-苯二甲酸酐缩聚而成的干性醇酸树脂，固体含量 53%～57%，粘度 200～400s；研磨浓度 15%(质量分数)。

结果以研磨 30min 后颜料达到的细度来表示。

## 7　检验规则

7.1　按 HG/T 2457—1993 中第 3 章的规定进行。本标准中所列的全部要求项目为型式检验项目，其中颜色、冲淡后颜色、相对着色力、60℃挥发物、水溶物、吸油量、水萃取液酸度为出厂检验项目。在正常生产情况下，每一年至少进行一次型式检验。

7.2　本标准中检验结果的判定，按 GB/T 1250—1989 中 5.2 规定进行。

## 8　标志、包装、运输和贮存

8.1　标志

按 HG/T 2457—1993 中第 4 章的规定进行，并增加质量合格标记。

8.2　包装

按 HG/T 2457—1993 中第 5 章的规定进行。产品应用内衬塑料袋的铁桶、硬纸板桶、纤维板桶或编织袋包装，每桶(袋)净含量 20kg、25kg、30kg 三种。

8.3　运输和贮存

按 HG/T 2457—1993 中第 6 章的规定进行。产品应避免接近高温，严禁与碱性物品接触，不可与易燃性物质堆放在一起，远离火源，保持清洁完整。

中华人民共和国国家标准

UDC 667.21 -123

GB 3677—83

# 黄　丹

**Yellow lead**

本标准适用于化工原料——黄丹。黄丹为黄色粉末，其主要成分为一氧化铅。

黄丹应用于铬黄颜料、铅盐、陶瓷、玻璃、橡胶等工业。

## 1　技术规格

黄丹应符合下列各项技术指标：

| 项目 | | 指标 | | |
|---|---|---|---|---|
| | | 其它工业用 | | 玻璃工业用 |
| | | 一级 | 二级 | |
| 氧化铅，% | 不小于 | 99.3 | 99 | 99 |
| 金属铅，% | 不大于 | 0.1 | 0.2 | 0.2 |
| 过氧化铅，% | 不大于 | 0.05 | 0.1 | 0.1 |
| 硝酸不溶物，% | 不大于 | 0.1 | 0.2 | 0.2 |
| 水分，% | 不大于 | 0.2 | 0.2 | 0.2 |
| 三氧化二铁，% | 不大于 | | | 0.005 |
| 氧化铜，% | 不大于 | | | 0.002 |
| 筛余物（180目），% | 不大于 | 0.2 | 0.5 | 0.5 |

## 2　检验方法

### 2.1　氧化铅含量测定方法

#### 2.1.1　试剂和溶液

冰乙酸（GB 676—78）：1:3溶液。

乙酸铵（GB 1292—77）：20%溶液。

六次甲基四胺（GB 1400—78）：20%溶液。

二甲酚橙：0.5%溶液。

乙二胺四乙酸二钠（GB 1401—78）：0.02M标准溶液（按GB 601—77配制）。

#### 2.1.2　主要仪器

电光分析天平：最大载荷200克，感量0.1毫克。

#### 2.1.3　测定手续

国家标准局1983-05-14发布　　1984-03-01实施

称取试样10克（准确至0.0002克），置于300毫升烧杯中，用少许水湿润，在不断搅拌下加入乙酸溶液50毫升，加热，溶解后过滤，将滤液收集在1000毫升容量瓶中，用热蒸馏水冲洗烧杯及漏斗数次至无铅离子为止（以10%重铬酸钾溶液试验），冷却后加蒸馏水稀释至刻度，摇匀，准确吸取25毫升移入250毫升锥形瓶中，加蒸馏水使总体积达150毫升左右，加乙酸铵溶液10毫升、六次甲基四胺溶液10毫升，加二甲酚橙指示剂3～4滴，以乙二胺四乙酸二钠标准溶液滴至亮黄色透明即为终点。

**2.1.4 结果的表示和计算**

氧化铅含量按下式计算：

$$PbO\% = \frac{V \cdot M \times 0.2232}{G \times \frac{25}{1000}} \times 100 \cdots\cdots (1)$$

式中：$V$——滴定消耗乙二胺四乙酸二钠标准溶液之体积，毫升；

$M$——乙二胺四乙酸二钠克分子浓度；

$G$——试样重量，克；

0.2232——每毫克分子氧化铅的克数。

**2.2 金属铅含量测定方法**

**2.2.1 试剂和溶液**

硝酸（GB 626—78）：1:3溶液。

氨水（GB 631—77）：1:1溶液。

冰乙酸（GB 676—78）：1:3溶液。

六次甲基四胺（GB 1400—78）：20%溶液。

乙酸铵（GB 1292—77）：20%溶液。

二甲酚橙：0.5%溶液。

乙二胺四乙酸二钠（GB 1401—78）：0.02M标准溶液（按GB 601—77配制）。

**2.2.2 测定手续**

将分析氧化铅含量的滤渣收集在原烧杯中，加硝酸溶液10毫升，加热溶解后，以原滤纸过滤，将滤液收集在另一个300毫升烧杯中，以热蒸馏水冲洗至无铅离子(以10%重铬酸钾溶液试验)，然后将半条石蕊试纸投入烧杯中，用氨水溶液中和至微碱性，再以乙酸溶液酸化至pH5～6，加乙酸铵溶液5毫升、六次甲基四胺溶液5毫升，加二甲酚橙指示剂3～4滴，加蒸馏水使总体积达200毫升左右，用乙二铵四乙酸二钠标准溶液滴至亮黄色透明即为终点。

**2.2.3 结果的表示和计算**

金属铅含量按下式计算：

$$Pb\% = \frac{V \cdot M \times 0.2072}{G} \times 100 \cdots\cdots (2)$$

式中：$V$——滴定消耗乙二胺四乙酸二钠标准溶液之体积，毫升；

$M$——乙二胺四乙酸二钠克分子浓度；

$G$——试样重量，克；

0.2072——每毫克分子金属铅的克数。

**2.3 过氧化铅测定方法**

**2.3.1 试剂和溶液**

冰乙酸（GB 676—78）：1:3溶液。

乙酸钠（GB 693—77）：加蒸馏水配制成饱和溶液。

硫代硫酸钠（GB 637—77）：0.1N标准溶液（按GB 601—77配制）。

可溶性淀粉（HGB 3095—59）：0.5%溶液。

碘化钾（GB 1272—77）。

乙酸与饱和乙酸钠混合溶液：取5毫升乙酸加入到95毫升饱和乙酸钠溶液中。

**2.3.2** 测定手续

称取试样10克（准确至0.01克），置于500毫升碘量瓶中，加数十粒直径为2～4毫米的玻璃珠，用少许蒸馏水湿润，加入乙酸溶液20毫升，全溶后，加入150～200毫升乙酸与饱和乙酸钠混合溶液，再加0.5克碘化钾，盖好瓶塞，摇动至溶解，用蒸馏水冲洗瓶塞及瓶壁，以硫代硫酸钠标准溶液滴定至淡黄色。加淀粉指示剂约2毫升，继续滴定至无色透明，即为终点。

**2.3.3** 结果的表示和计算

过氧化铅含量按下式计算：

$$PbO_2\% = \frac{V \cdot N \times 0.1196}{G} \times 100 \qquad (3)$$

式中：$V$——滴定消耗硫代硫酸钠标准溶液之体积，毫升；

$N$——硫代硫酸钠标准溶液的当量浓度；

$G$——试样重量，克；

0.1196——每毫克当量过氧化铅的克数。

**2.4** 硝酸不溶物测定方法

**2.4.1** 试剂和溶液

硝酸（GB 626—78）：1:3溶液。

过氧化氢（GB 1616—79）：1:1溶液。

**2.4.2** 主要仪器

2X-1型旋片式真空泵：抽气速率1升/秒。

极限真空度 $5 \times 10^{-4}$ 毫米汞柱。

电光分析天平：最大载荷200克，感量0.1毫克。

$G_4$坩埚式过滤器：滤板孔径3～4微米。

**2.4.3** 测定手续

称取试样20克（准确至0.01克）置于300毫升烧杯中，加80毫升硝酸溶液，加热，在不断搅拌下用滴瓶逐滴加入过氧化氢溶液，直到过氧化铅还原溶解透明为止。用烘至恒重的$G_4$坩埚式过滤器吸滤并用热水洗至中性，然后将过滤器放入105～110℃烘箱中烘至恒重。

**2.4.4** 结果的表示和计算

硝酸不溶物含量按下式计算：

$$硝酸不溶物\% = \frac{A - B}{G} \times 100 \qquad (4)$$

式中：$A$——过滤器及残渣重量，克；

$B$——过滤器重量，克；

$G$——试样重量，克。

**2.5** 三氧化二铁含量测定方法

**2.5.1** 试剂和溶液

硝酸（GB 626—78）（优级纯）：1:1、1:3溶液。

盐酸（GB 622—77）：1:1溶液。

氨水（GB 631—77）：1:1溶液。

乙二胺四乙酸二钠（GB 1401—78）。

乙二胺四乙酸二钠溶液：称取327克乙二胺四乙酸二钠溶解于500毫升水中，加入160毫升氨水并以蒸馏水稀释至1000毫升。

乙酸铵（GB 1292—77）：20%溶液。

盐酸羟胺（HB 3—967—76）：10%溶液（新配制）。

邻菲啰啉（GB 1293—77）：0.25%溶液。

纯铁（纯度不小于99.9%）。

过氧化氢（GB 1616—79）：1:1溶液。

铁标准溶液：称取纯铁0.1克(准确至0.0002克)，加1:1硝酸溶液10毫升，加热溶解，煮沸赶净氧化氮，冷却，将溶液移入1000毫升容量瓶中，以蒸馏水稀释至刻度，摇匀，吸取25毫升于500毫升容量瓶中，加入1:1盐酸5毫升并加水稀释至刻度，摇匀，配制成每毫升含铁量为5微克的溶液。

**2.5.2 主要仪器**

72型分光光度计：光源电压10伏/5.5伏

波长范围420～700纳米。

电光分析天平：最大载荷200克，感量0.1毫克。

**2.5.3 标准曲线绘制**

分别移取0.00、1.00、2.00、3.00、4.00、5.00、6.00毫升铁标准溶液于100毫升烧杯中，加入乙二胺四乙酸二钠溶液6毫升，滴加氨水溶液或盐酸溶液，调节pH约等于6（以pH试纸试验），再加入乙酸铵溶液2.5毫升和盐酸羟胺溶液1毫升，摇匀，烧杯浸于沸水浴中，经两分钟后加入邻菲啰啉溶液4毫升，摇匀，继续加热5分钟，取下放冷，移入50毫升容量瓶中，加水稀释至刻度，摇匀，置于比色槽中，于波长500～515纳米处，依次测出消光值。

**2.5.4 测定手续**

称取试样1克（准确至0.0002克），置于100毫升烧杯中，加入1:3硝酸溶液5毫升，加热溶解，用过氧化氢还原至透明后慢慢加热蒸发至析出大量硝酸铅结晶为止，取下冷却，然后加乙二胺四乙酸二钠溶液6毫升，滴加氨水或盐酸溶液，调节pH约等于6（以pH试纸试验），再加入乙酸胺溶液2.5毫升和盐酸羟胺溶液1毫升摇匀，烧杯浸于沸水浴中，经两分钟后加入邻菲啰啉溶液4毫升摇匀，继续加热5分钟，取下冷却。移入50毫升容量瓶中加水稀释至刻度摇匀，置于比色槽中，于波长500～515纳米处，测溶液的消光值（分析试样时，同时做空白试验）。

**2.5.5 结果的表示和计算**

三氧化二铁含量按下式计算：

$$Fe_2O_3\% = \frac{A \times 1.43}{G \times 10^6} \times 100 \quad (5)$$

式中：$A$——比色测得铁的量，微克；

$G$——试样重量，克；

1.43——铁换算成三氧化二铁的系数。

**2.6 氧化铜含量测定方法**

**2.6.1 试剂和溶液**

硝酸（GB 626—78）:(优级纯)：1:1、1:3溶液。

氨水（GB 631—77）：1:1溶液。

乙酸铵（GB 1292—77）。

过氧化氢（GB 1616—79）：1:1溶液。

无水乙醇（GB 678—78）。

三氯甲烷（GB 682—78）。

纯铜（纯度不小于99.9%）。

乙酸铵溶液：称取乙酸铵150克，溶于蒸馏水中并稀至500毫升，以1:1硝酸溶液调节pH约等于4.5，加盐酸羟铵溶液5毫升，新亚铜灵溶液5毫升，三氯甲烷5毫升萃取除铜，直至有机相无色为止，弃去有机相，水相以滤纸滤后备用。

盐酸羟胺（HG 3—967—76）：10%溶液(新配制)(按乙酸铵除铜方法除铜)。

新亚铜灵：0.1%无水乙醇溶液。

铜标准溶液：称取纯铜0.1克(准确至0.0002克)置于200毫升烧杯中，加1∶1硝酸溶液10毫升，缓缓加热溶解，赶净氧化氮，取下冷却后移入1000毫升容量瓶中，以水稀释至刻度，准确吸取25毫升于500毫升容量瓶中，以水稀释至刻度，摇匀，配制成每毫升含铜量为5微克的溶液。

**2.6.2　主要仪器**

72型分光光度计：光源电压10伏/5.5伏。

波长范围420～700纳米。

电光分析天平：最大载荷200克，感量0.1毫克。

**2.6.3　标准曲线绘制**

分别取铜标准溶液0.00、1.00、2.00、3.00、4.00、5.00毫升，置于125毫升分液漏斗中，用水稀释至约40毫升，加乙酸铵溶液5毫升，用1∶1硝酸溶液或氨水溶液调节pH约等于4.5，加盐酸羟胺溶液2毫升，新亚铜灵溶液2毫升，摇匀放置5分钟，加三氯甲烷10毫升，震荡1分钟，静置分层后将有机相放入比色槽中，于波长470纳米处依次测出消光值。

**2.6.4　测定手续**

称取试样1克(准确至0.0002克)置于100毫升烧杯中，加1∶3硝酸溶液5毫升，加热，滴加过氧化氢溶液还原至使溶液透明。除去氧化氮，移入125毫升分液漏斗中，用水稀释至约40毫升，加乙酸铵溶液5毫升，用1∶1硝酸或氨水溶液调节pH约等于4.5，加盐酸羟胺溶液2毫升，新亚铜灵溶液2毫升，摇匀，放置5分钟，加入三氯甲烷10毫升，震荡1分钟，静置分层后将有机相放入比色槽中，于波长470纳米处测消光值（分析试样时，同时作空白试验）。

**2.6.5　结果的表示和计算**

氧化铜含量按下式计算：

$$CuO\% = \frac{A \times 1.25}{G \times 10^6} \times 100 \quad (6)$$

式中：$A$——比色测得铜的量，微克；

$G$——试样重量，克；

1.25——铜换算成氧化铜的系数。

**2.7　筛余物测定方法**

按GB 1715—79《颜料筛余物测定法》中甲法进行。

**2.8　水分含量测定方法**

按GB 1714—79《颜料水分测定法》进行。

## 3　检验规则

**3.1**　产品应由生产厂质量检验部门负责检验，保证所有出厂产品符合本标准要求。每批出厂的产品应附有产品等级的合格证。

**3.2**　使用单位按本标准所规定的检验规则和试验方法进行检验。如检验结果不符合本标准时，应重新在原批号中按两倍量的取样桶数取样复验。

**3.3**　双方对复验结果有异议时，可进行仲裁，仲裁机构由双方协议选定。

**3.4**　取样方法以批为单位。每批桶数1～2桶全取，3～8桶取2桶，9～25桶取3桶，26～100桶取5桶，101～500桶取8桶，501～1000桶取13桶，1001～3000桶取20桶，3001～10000桶取32桶。用取样器从桶上、桶下取100克，如果桶数少试样不足，应增加取样量。

样品混匀，以四分法取平均样0.5公斤，分装在两个清洁干燥的磨口瓶中，贴上标签，注明生产厂、品名、生产日期、等级、批号、取样日期。一瓶供检验，另一瓶密封保存一年，以备复检。

## 4　包装、标志、贮存和运输

**4.1　包装**

红丹包装用内衬塑料袋、牛皮纸袋的铁桶、木箱、塑料编织袋包装，净重分别为25、40、50公斤。

**4.2　标志**

在桶上应有制造厂名、产品名称、商标、牌号、等级、净重、生产日期及注意潮湿、小心轻放、有毒等标志。

**4.3　贮存**

红丹应放在干燥处保存，严禁潮湿，要与酸碱物品隔离存放。

**4.4　运输**

搬运时应小心，勿使碰撞跌落，以免包装损坏。

---

附加说明：

本标准由全国涂料和颜料标准化技术委员会颜料产品标准分技术委员会提出，由全国涂料和颜料标准化技术委员会归口。

本标准由红、黄丹国标工作组组长厂沈阳油漆厂负责起草。

本标准主要起草人王景发、田雅珍、翟秀云。

中华人民共和国国家标准　　UDC 668.8

GB 3678—83

# 甲 苯 胺 红

**Toluidine red**

本标准适用于由邻硝基对甲苯胺经重氮化反应后，与β-萘酚偶合反应生成的红色颜料，称甲苯胺红。本产品主要用于涂料，以及适用于橡胶着色。

结构式：

$NO_2$　OH

$H_3C$—⟨苯环⟩—N═N—⟨萘环⟩

实验式：$C_{17}H_{13}N_3O_3$

分子量：307.31（按1977年国际原子量）

## 1　技术要求

颜料甲苯胺红技术指标应符合下表要求：

| 项　目　名　称 | 一般型指标 | 易分散型指标 |
|---|---|---|
| 色光（与标准品比） | 近似～微 | 近似～微 |
| 着色力（与标准品比），% | 95～105 | 95～105 |
| 水分，%　不大于 | 1.0 | 1.5 |
| 吸油量，% | 35～50 | 35～50 |
| 水溶物，%　不大于 | 1.0 | 1.5 |
| 筛余物（40目），%　不大于 | 5 | 5 |
| 耐光性，级　不低于 | 6 | 6 |
| 耐热性，℃ | 120 | 120 |

注：① 表列项目中，耐光性、耐热性两项为保证指标外，其它项目为每批产品出厂必检指标。

② 易分散型：同条件研磨至细度为20μ时所需时间应不大于普通型的70%。

## 2　试验方法

**2.1**　色光测定：按GB 1864—80《颜料色光测定法》测定。

**2.2**　着色力测定：按GB 1708—79《颜料着色力测定法》测定。

**2.3**　水分测定：按GB 1714—79《颜料水分测定法》测定。

**2.4**　吸油量测定：按GB 1712—79《颜料吸油量测定法》测定。

**2.5**　水溶物测定：按GB 1718—79《颜料水溶物测定法》测定。

国家标准局1983-05-14发布　　1984-03-01实施

**2.6** 筛余物测定：按GB 1715—79《颜料筛余物测定法》中乙法（干筛法）测定。
**2.7** 耐光性测定：按GB 1710—79《颜料耐光性测定法》中日晒牢度机法测定。
**2.8** 耐热性测定：按GB 1911—79《颜料在介质中耐热性测定法》测定。

## 3 检验规则

**3.1** 甲苯胺红成品应由生产厂质量监督部门进行检验，生产厂保证所有出厂甲苯胺红产品都符合本标准要求。

出厂每批产品都应附有质量检验合格单。

**3.2** 使用单位有权对产品按下列规定的取样方法，以及第2章规定中试验方法，对所收到的甲苯胺红进行验收。

**3.3** 取样方法

**3.3.1** 以批为单位，按每批号的桶数，随机取样，1～2桶全取，3～8桶取2桶，9～25桶取3桶，26～100桶取5桶，101～500桶取8桶，501～1000桶取13桶。

**3.3.2** 被取样品包装必须完好，取样前桶盖上灰尘及杂物应仔细清除。然后用不锈钢制取样扦子背部向上斜角插入至桶底部，旋转扦子180度后慢慢取出样品。

**3.3.3** 将所取样品充分混合，并用圆锥四分法缩分后取总量不少于200克试样，分别装入两个清洁干燥的广口瓶中。贴上标签，写明生产厂名、产品名称、出厂批号、生产日期、取样日期及地点。一瓶交质量监督部门进行检验，另一瓶密封保存备查。

**3.4** 将取出样品，按第2章中规定的试验方法逐一进行试验。如有一项不符合指标规定时，应再按3.3中规定加倍抽样复验。复验结果即使有一项指标不符合本标准，则整批产品不能作为合格品。

**3.5** 如果双方对复验结果有争议时，可以进行仲裁，仲裁机构由双方协议选定。

## 4 包装、标志、运输和贮存

**4.1** 成品应装入内衬有塑料袋的木桶，硬纸板桶、纤维板桶或铁桶内。

**4.2** 每个桶上应明显标明生产厂名、产品名称、商标、出厂批号、日期、皮重及净重等，并附有一定格式的质量合格证。

**4.3** 运输时应要求轻装、轻卸，防止碰撞、破裂。

**4.4** 成品应枕垫堆放，贮存在通风干燥处。避免接近高温，不可与易燃性物质堆放在一起，远离火源，保持清洁完整。

---

**附加说明：**

本标准由全国涂料和颜料标准化技术委员会颜料产品标准化分技术委员会（SC5）提出，由全国涂料和颜料标准化技术委员会化学工业部涂料研究所（TC 35）归口。

本标准由SC5/WG5工作组组长厂天津染化六厂负责起草。

本标准主要起草人徐沛文、朱绍勋。

# 前　言

本标准是对化工行业标准 HG/T 3004—1983《耐晒黄 10G》进行修订而成的。在技术内容上有所增加并作了局部变动。

本标准与 HG/T 3004—1983 重要技术内容的不同之处有：

——增加耐水性、耐酸性、耐碱性、耐油性四项要求；

——将色光和水分两项目名称分别改为颜色和 105℃挥发物；

——颜色比较由原来与标准样比改为与商定样比；

——相对着色力由原来与标准样比改为与商定样比，指标由原来 95%～105%改为不低于 100%，吸油量范围由原来 25%～45%改为(25～40) g/100 g，两项指标均有所提高；

——将 1983 年中的色光、着色力、水分、水溶物、吸油量的试验方法均转换成相应新的国家标准。

本标准自实施之日起，同时代替 HG/T 3004—1983。

本标准由中华人民共和国原化学工业部技术监督司提出。

本标准由全国涂料和颜料标准化技术委员会归口。

本标准起草单位：化工部常州涂料化工研究院。

本标准主要起草人：郑文娟、金莲娣。

# 中华人民共和国化工行业标准

## 耐 晒 黄 10G

**Fast yellow 10G**

**HG/T 3004—1999**

代替 HG/T 3004—1983

## 1 范围

本标准规定了耐晒黄 10G 的要求、试验方法及标志、包装。

本标准适用于由邻硝基对氯苯胺经重氮化反应后，与邻氯乙酰乙酰苯胺偶合反应生成的黄色颜料。产品主要用于油墨、涂料印花浆和文教用品等。

结构式：

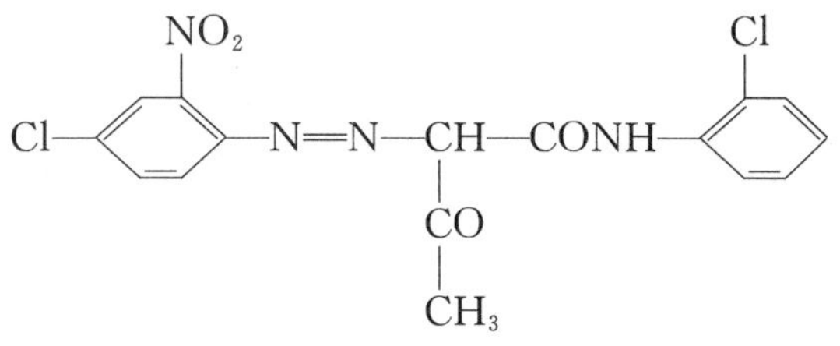

$NO_2$ Cl

Cl—⟨苯环⟩—N═N—CH—CONH—⟨苯环⟩

CO

$CH_3$

实验式：$C_{16}H_{12}O_4N_4Cl_2$

相对分子质量：395.30（1991 年国际相对原子质量）

## 2 引用标准

下列标准所包含的条文，通过在本标准中引用而构成为本标准的条文。本标准出版时，所示版本均为有效。所有标准都会被修订，使用本标准的各方应探讨使用下列标准最新版本的可能性。

GB 1250—1989 极限数值的表示方法和判定方法

GB/T 1710—1979 颜料耐光性测定法

GB/T 1715—1979 颜料筛余物测定法

GB/T 1864—1989 颜料颜色的比较(eqv ISO 787-1:1982)

GB/T 5211.2—1985 颜料水溶物测定 热萃取法(neq ISO 787-3:1979)

GB/T 5211.3—1985 颜料在 105℃挥发物的测定(eqv ISO 787-2:1981)

GB/T 5211.5—1985 颜料耐水性测定法

GB/T 5211.6—1985 颜料耐酸性测定法

GB/T 5211.7—1985 颜料耐碱性测定法

GB/T 5211.8—1985 颜料耐油性测定法

GB/T 5211.15—1988 颜料吸油量的测定(eqv ISO 787-5:1980)

GB/T 5211.19—1988 着色颜料的相对着色力和冲淡色的测定 目视比较法 (eqv ISO 787-16:1986)

GB 9285—1988 色漆和清漆用原材料 取样(eqv ISO 842:1984)

HG/T 2457—1993 颜料产品检验、标志、包装、运输和贮存通则

国家石油和化学工业局 1999-04-20 批准 2000-04-01 实施

## 3 要求

产品应符合表1所列要求。

表1 要求

| 项　　目 | | 指　标 |
|---|---|---|
| 颜色(与商定样比) | | 近似～微 |
| 相对着色力(与商定样比),% | ≥ | 100 |
| 105℃挥发物,%(质量分数) | ≤ | 2.0 |
| 水溶物,%(质量分数) | ≤ | 1.5 |
| 吸油量,g/100 g | | 25～40 |
| 筛余物(400 μm筛孔),质量分数,% | ≤ | 5.0 |
| 耐水性,级 | | 5 |
| 耐酸性,级 | | 5 |
| 耐碱性,级 | ≥ | 4 |
| 耐油性,级 | ≥ | 4 |
| 耐光性,级 | ≥ | 7 |

## 4 试验方法

产品应按GB 9285进行采样,样品分成两份,一份密封贮存备查,另一份作检验用样品。

### 4.1 颜色的比较

按GB/T 1864中的规定进行。试样量为0.5 g,精制亚麻仁油加量第一次为1 mL,研磨200转后,补加0.8 mL,再研磨25转。

### 4.2 相对着色力的测定

按GB/T 5211.19中的规定进行。颜料分散体的研磨浓度采用1.0 g颜料和1.5 g漆基,颜料分散体的研磨转数为200转,冲淡比为1∶10,即着色颜料色浆0.30 g,白颜料浆3.0 g。

### 4.3 105℃挥发物的测定

按GB/T 5211.3中的规定进行。试样量为5 g。

### 4.4 水溶物的测定

按GB/T 5211.2中的规定进行。试样量为2.5 g。

### 4.5 吸油量的测定

按GB/T 5211.15中的规定进行。试样量为2 g。

### 4.6 筛余物的测定

按GB/T 1715—1979中第3条的规定进行。

### 4.7 耐水性的测定

按GB/T 5211.5—1985中的规定进行。其中试液的制备按3.1.1规定。

### 4.8 耐酸性的测定

按GB/T 5211.6中的规定进行。结果以滤液沾色表示。

### 4.9 耐碱性的测定

按GB/T 5211.7中的规定进行。结果以滤液沾色表示。

### 4.10 耐油性的测定

按GB/T 5211.8中的规定进行。

### 4.11 耐光性的测定

按GB/T 1710中的规定进行。采用日晒牢度机法进行耐光试验。

本标准中所列的全部技术要求项目为型式检验项目,其中颜色、相对着色力、105℃挥发物、水溶物、吸油量、筛余物为出厂检验项目。在正常生产情况下,每年至少进行一次型式检验。

本标准中检验结果的判定按 GB 1250—1989 中 5.2 规定进行。

## 5 标志、包装

### 5.1 标志

按 HG/T 2457—1993 中第 4 章的规定进行,并增加质量合格标记。

### 5.2 包装

按 HG/T 2457—1993 中第 5 章的规定进行。产品根据需要可选用内衬塑料薄膜袋的铁桶、木桶、硬纸板桶、纤维板桶或纤维编织袋。

# 中华人民共和国国家标准

UDC 668.8

GB 6754—86

# 联 苯 胺 黄 G

## Benzidine yellow G

本标准适用于3.3′- 二氯联苯胺经过重氮化后与乙酰乙酰苯胺偶合生成的联苯胺黄G颜料。本产品主要用于油墨工业，也可用于橡胶、塑料、印花涂料浆、文教用品及涂料工业。

结构式：

$$\text{C}_6\text{H}_5\text{-HNOC-}\underset{\substack{|\\ \text{CH}_3\text{-CO}}}{\text{HC}}\text{-N=N-}\underset{}{\overset{\text{Cl}}{\text{C}_6\text{H}_3}}\text{-}\overset{\text{Cl}}{\text{C}_6\text{H}_3}\text{-N=N-}\underset{\substack{|\\ \text{CO-CH}_3}}{\text{CH}}\text{-CONH-C}_6\text{H}_5$$

实验式：$C_{32}H_{26}O_4N_6Cl_2$

分子量：629.50

## 1 技术要求

联苯胺黄G 的技术指标应符合下表要求：

| 项 目 名 称 | | | 指 标 |
|---|---|---|---|
| 色光（与标准样品比） | | | 近似～微 |
| 着色力（与标准样品比），% | | | 95～105 |
| 105℃挥发物， | % | 不大于 | 2.0 |
| 水溶物， | % | 不大于 | 2.0 |
| 吸油量， | % | 不大于 | 55 |
| 筛余物（300μm）， | % | 不大于 | 5.0 |
| 流动度， | mm | | 17～23 |
| 耐光性， | 级 | 不低于 | 3～4 |
| 耐酸性， | 级 | 不低于 | 5 |
| 耐碱性， | 级 | 不低于 | 4～5 |
| 耐水性， | 级 | 不低于 | 5 |
| 耐油性， | 级 | 不低于 | 5 |
| 耐溶剂（乙醇）性， | 级 | 不低于 | 4～5 |
| 耐石蜡性， | 级 | 不低于 | 4～5 |

注：表中后七项在生产正常时，每月至少抽样测定一次。

## 2 试验方法

### 2.1 色光测定

国家标准局1986-08-26发布　　　　1987-08-01实施

按照GB 1864—80《颜料色光测定法》中的规定进行。

注：对不同用户的特殊要求，由供需双方协商确定。

**2.2** 着色力测定

按照GB 1708—79《颜料着色力测定法》中的规定进行。

**2.3** 105℃挥发物测定

按照GB 5211.3—85《颜料在105℃挥发物的测定》中的规定进行。

**2.4** 水溶物测定

按照GB 5211.2—85《颜料水溶物的测定 热萃取法》中的规定进行。

**2.5** 吸油量测定

按照GB 1712—79《颜料吸油量测定法》中的规定进行。

**2.6** 筛余物测定

按照GB 1715—79《颜料筛余物测定法》中乙法规定进行。

**2.7** 流动度测定

按照GB 1719—79《颜料流动度测定法》中的规定进行。

**2.8** 耐光性测定

按照GB 1864—80《颜料色光测定法》中的规定制备色浆，但预先在调墨油中加入3～4%（m/m）的白燥油，每次研磨50转，共研磨8次。取色浆在127g/m²的铜版纸上制备厚度均匀膜层，待自然干燥后，按GB 1710—79《颜料耐光性测定法》中第4章和第5章规定进行耐光性试验和评级。

**2.9** 耐酸性测定

按照GB 5211.6—85《颜料耐酸性测定法》中的规定进行，其结果以3.2.1评定。

**2.10** 耐碱性测定

按照GB 5211.7—85《颜料耐碱性测定法》中的规定进行，其结果以3.2.1评定。

**2.11** 耐水性测定

按照GB 5211.5—85《颜料耐水性测定法》中的规定进行，试液制备以3.1.1进行。

**2.12** 耐油性测定

按照GB 5211.8—85《颜料耐油性测定法》中的规定进行。

**2.13** 耐溶剂性测定

按照GB 5211.9—85《颜料耐溶剂测定法》中的规定进行，其结果以3.2评定。

**2.14** 耐石蜡性测定

按照GB 5211.10—85《颜料耐石蜡性测定法》中的规定进行，其结果以3.4评定。

## 3 检验规则

**3.1** 联苯胺黄G应由生产厂质量检验部门负责检验，保证每批出厂产品符合本标准技术指标的要求，并附有质量检验合格单。

**3.2** 使用单位有权按下列规定的取样方法及第2章中规定的试验方法，对所收到的联苯胺黄G进行验收。

**3.3** 取样方法

**3.3.1** 以批为单位，按批号的桶数，随机取样。1～2桶全取，3～8桶取2桶，9～25桶取3桶，26～100桶取5桶，101～500桶取8桶，501～1000桶取13桶。

**3.3.2** 被取样品的包装必须完好。取样前，桶盖上的灰尘和杂物必须仔细清除，取样时不得把外界的杂物落入产品中。然后用不锈钢制取样扦子取样，背部向上，斜角插入至桶底，旋转扦子180°后慢慢抽出，取出样品。

**3.3.3** 将所取的样品充分混合，以圆锥四分法缩分成不少于200g的试样，分别装入二个清洁、干燥的磨口棕色瓶中。贴上标签，写上生产厂名、产品名称、生产日期、出厂批号、取样时间及地点。一瓶交质量检验部门进行试验，另一瓶密封保存备查。

**3.4** 将取出的样品按第2章中规定的试验方法逐一进行试验，如有一项不符合技术指标要求时，应再按3.3中的规定加倍抽样进行复验。复验结果即使仅一项技术指标不符合本标准，则整批联苯胺黄G为不合格品。

**3.5** 如果双方对复验结果有争议时，可进行仲裁，仲裁单位由双方协商确定。

## 4 包装、标志、运输、贮存

**4.1** 联苯胺黄G成品装入内衬塑料袋的木桶、硬纸板桶、纤维板桶或铁桶内，每桶净重25kg。

**4.2** 每个桶上应标明生产厂名、产品名称、商标、生产日期、出厂批号、毛重和净重及“注意防潮”等字样。

**4.3** 运输时要轻装轻卸，防止碰破包装。

**4.4** 联苯胺黄G成品应贮存在通风、干燥处，避免接近高温，不可与易燃物质存放在一起，远离火源，保持清洁完整。自生产日期起，未拆封的成品有效贮存期为5年。

---

附加说明：
本标准由中华人民共和国化学工业部提出，由全国涂料和颜料标准化技术委员会归口。
本标准由颜料产品标准分技术委员会第10工作组负责起草。
本标准主要起草人马江、安永寿、王书涛。

ICS 87.060.10
G 54
备案号：37863—2013

# 中华人民共和国化工行业标准

HG/T 3006—2012
代替 HG/T 3006—1986

# 云母氧化铁颜料

## Micaceous iron oxide pigments

(mod ISO 10601:2007,Micaceous iron oxide pigments for paints—Specifications and test methods)

2012-11-07 发布 2013-03-01 实施

中华人民共和国工业和信息化部 发布

# 前　言

本标准按照 GB/T 1.1—2009 给出的规则起草。

本标准代替 HG/T 3006—1986《云母氧化铁》，与 HG/T 3006—1986 相比主要技术差异如下：

——本标准修改采用 ISO 10601:2007；

——拓宽了标准的适用范围，包括天然的和合成的云母氧化铁颜料，前版仅适用于天然的云母氧化铁颜料(见第 1 章)；

——标准范围中明确了"不包括薄片状粒子含量低于 30％的颜料"(见第 1 章)；

——增加了术语和定义内容(见第 3 章)；

——增加了云母氧化铁颜料的分类方法(见第 4 章)；

——增加了"薄片状粒子含量、总钙量"试验项目及试验方法，删除了前版中"二氧化硅含量"试验项目及试验方法(见表 1、表 3 和 1986 年版的 2.2)；

——试验项目的技术要求均作了相应改变(见表 2 和表 3)。

本标准使用重新起草法修改采用国际标准 ISO 10601:2007《色漆用云母氧化铁颜料　规格和试验方法》。

本标准在采用国际标准时进行了修改，这些技术性差异用垂直单线(|)标识在它们所涉及的条款的页边空白处。附录 A 中给出了技术性差异及其原因的一览表以供参考。

本标准做了下列编辑性修改：

——为与现有标准和行业习惯一致，将标准名称改为《云母氧化铁颜料》；

——增加了附录 A(资料性附录)；

——删除了国际标准前言。

本标准的附录 A 为资料性附录。

本标准由中国石油和化学工业联合会提出。

本标准由全国涂料和颜料标准化技术委员会(SAC/TC 5)归口。

本标准起草单位：中海油常州涂料化工研究院、上海一品颜料有限公司、铜陵羊耳山矿业有限责任公司、洛阳百代矿业有限公司。

本标准主要起草人：沈苏江、王丹英、沈琴华、崔应武、李卫诚、赵建利。

本标准于 1986 年首次发布，本次为第一次修订。

# 云母氧化铁颜料

## 1 范围

本标准规定了云母氧化铁颜料的分类、要求、试验方法、检验规则及标志、包装、运输和贮存等内容。

本标准适用于合成的和天然的云母氧化铁颜料。该产品呈干粉状，主要用于钢构件防护涂料。

本标准不包括薄片状粒子含量低于30%的颜料。

## 2 规范性引用文件

下列文件对于本文件的应用是必不可少的。凡是注日期的引用文件，仅注日期的版本适用于本文件。凡是不注日期的引用文件，其最新版本(包括所有的修改单)适用于本文件。

GB/T 1717—1986 颜料水悬浮液pH值的测定(eqv ISO 787-9:1981)

GB/T 1863—2008 氧化铁颜料(mod ISO 1248—2006)

GB/T 3186—2006 色漆、清漆和色漆与清漆用原材料 取样(idt ISO 15528:2000)

GB/T 5211.2—2003 颜料水溶物测定 热萃取法(idt ISO 787-3:2000)

GB/T 5211.3—1985 颜料在105 ℃挥发物的测定(eqv ISO 787-2:1981)

GB/T 5211.15—1988 颜料吸油量的测定(eqv ISO 787-5:1980)

GB/T 8170 数值修约规则与极限数值的表示和判定

HG/T 3852—2006 颜料筛余物测定法

## 3 术语和定义

下列术语和定义适用于本文件。

### 3.1

**云母氧化铁颜料 micaceous iron oxide pigment**

一种精选的无机矿物(也称为镜铁矿)，或者是主要由氧化铁(Ⅲ)构成的合成产品。它是一种由一定量薄片状粒子构成的带金属光泽的灰色颜料。

### 3.2

**薄片状粒子 thin-flake particles**

通过透射光(也就是检验时光源在样品的背面)在光学显微镜下观察时，能清晰地呈现红色半透明片晶的粒子。

## 4 分类

### 4.1 级别

在本标准中，云母氧化铁颜料按表1所示薄片状粒子含量分为A、B和C三个级别。

### 4.2 型号

在本标准中，云母氧化铁颜料按表2所示筛余物可分为1型、2型、3型共三个类型。

## 5 要求

5.1 符合本标准的云母氧化铁颜料，其基本要求规定于表1和表2中，条件要求规定于表3中。

5.2 表3中所列的参照颜料和条件要求应由有关双方商定。

5.3 表3中所提及的参照颜料应符合表1(A级、B级或C级)和表2(1型、2型或3型)的要求。

表 1　薄片状粒子的分类

| 级 | 薄片状粒子的含量/% |
|---|---|
| A | >65 |
| B | 50～65 |
| C | ≥30,<50 |

表 2　基本要求

| 特性 | | 要求 | | | 试验方法 |
|---|---|---|---|---|---|
| | | 1 型 | 2 型 | 3 型 | |
| 铁的质量分数(以 $Fe_2O_3$ 表示)(在 105 ℃干燥后测定)/% | | ≥85 | | | GB/T 1863—2008 中 8.1.2[a] |
| 105 ℃挥发物的质量分数/% | | ≤0.5 | | | GB/T 5211.3 |
| 水溶物的质量分数(热萃取法)/% | | ≤0.5 | | | GB/T 5211.2 称取试样 10 g |
| 筛余物的质量分数/% | 63 μm | ≤5 | >5,≤15 | >15,≤35 | HG/T 3852—2006 甲法 |
| | 105 μm | ≤0.1 | | | |
| [a] 建议使用 60 mL 质量分数为 37%,密度约为 1.19 g/mL 的盐酸和 0.5 g 氯酸钾来促进试样的溶解。 | | | | | |

表 3　条件要求

| 特性 | 要求 | 试验方法 |
|---|---|---|
| 水悬浮液的 pH 值 | 与商定参照颜料相差不大于 1 pH 单位 | GB/T 1717 |
| 吸油量/(g/100 g) | 与商定参照颜料相差不大于±15% | GB/T 5211.15 |
| 总钙量的质量分数(以 CaO 表示)/% | 由有关双方商定 | GB/T 1863—2008 中 8.8 |

## 6　取样

按 GB/T 3186 的规定取受试产品的代表性样品。

## 7　薄片状粒子含量的评定

### 7.1　试剂

精制亚麻仁油:酸值为 5.0 mg/g～7.0 mg/g(以 KOH 计)。

### 7.2　仪器

7.2.1　显微镜用玻璃载片:约 25 mm×75 mm×1 mm 和盖片。

7.2.2　玻璃棒:长约 100 mm,直径约 5 mm,两端为圆头形。

7.2.3　光学显微镜:能放大 200 倍,物镜放大 20 倍,载物台下装有高亮度照明设备。

### 7.3　步骤

使用下列方法之一制备显微镜载片:

a) 取几毫克有代表性的干颜料样品放在玻璃载片上，加几滴精制亚麻仁油(7.1)，用玻璃棒(7.2.2)慢慢地将颜料和油混合。将盖片放在颜料/油的分散体上，置于显微镜载物台上。

b) 将几毫克干颜料样品铺展在玻璃载片上，不加精制亚麻仁油，按以下所述的方法进行检验。

调节玻璃载片下面的光亮度至最高使用水平，在200倍率处清晰地聚焦，并仔细观察载玻片直至认为得到的视域有代表性，在此范围内至少能看到50个颜料粒子。

薄片状云母氧化铁粒子将清晰地呈现红色半透明片晶体，而较厚和/或较粗的粒子则呈现黑色形状。

评定红色与黑色粒子的比例并分成相应的等级(见表4)。

**表4 薄片状粒子的含量**

| 级 | 现象 | 薄片状粒子的含量/% |
|---|---|---|
| A | 高比例的红色粒子 | >65 |
| B | 相当比例的红色粒子 | 50～65 |
| C | 一定比例的红色粒子 | ≥30，<50 |

如果薄片状粒子含量不明显，则至少以50个粒子为一组来计算红色和黑色粒子的数量。建议用显像框装置来帮助本操作。重复计算第二块载片，并计算红色粒子的平均百分数。

通过透射光用光学显微镜观察得到的三级云母氧化铁颜料的典型照片如图1(a)、1(b)和1(c)所示。

为便于比较，用电子显微镜扫描得到的三级云母氧化铁颜料的典型照片如图2(a)、2(b)和2(c)所示。

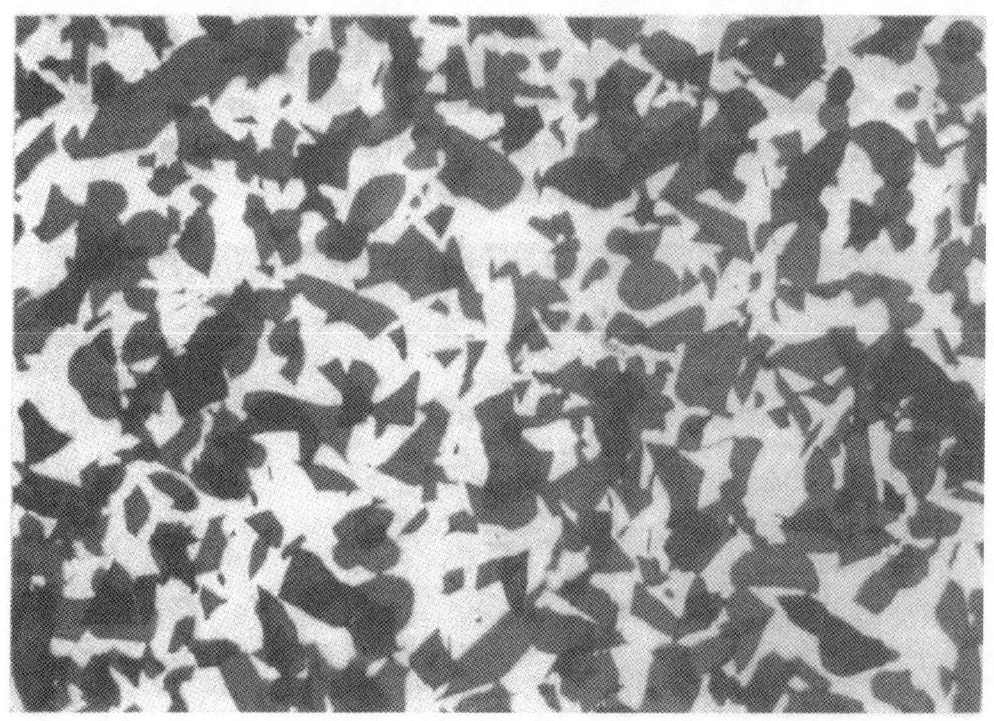

**图1(a) 通过透射光用光学显微镜观察得到的A级(薄片状粒子的含量>65%)云母氧化铁颜料照片**

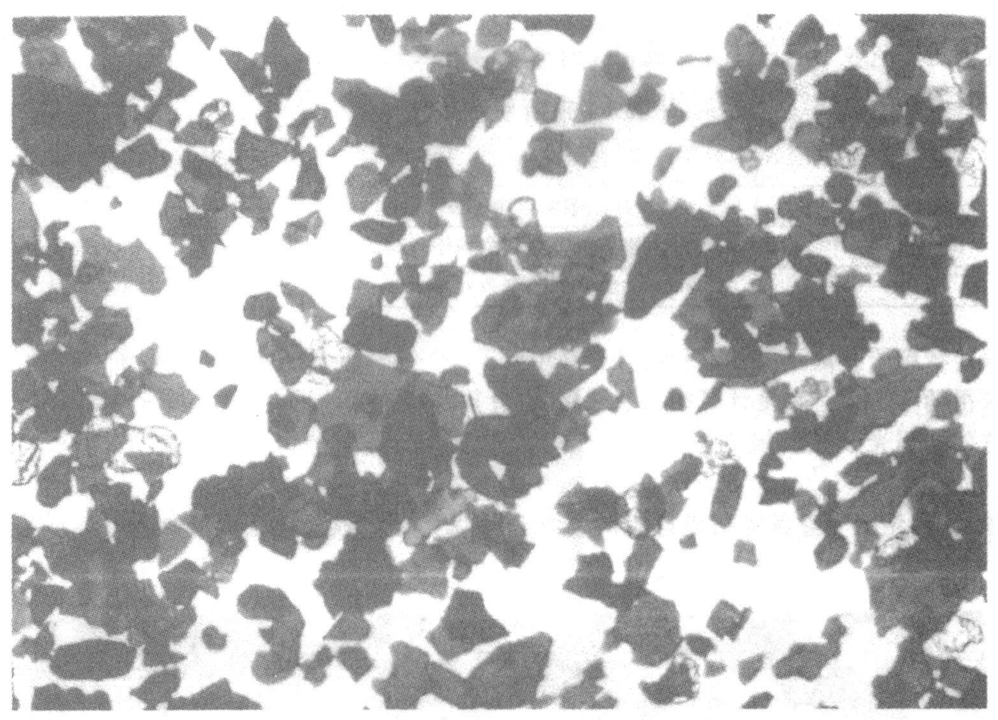

图 1(b) 通过透射光用光学显微镜观察得到的 B 级
(薄片状粒子的含量 50%～65%)云母氧化铁颜料照片

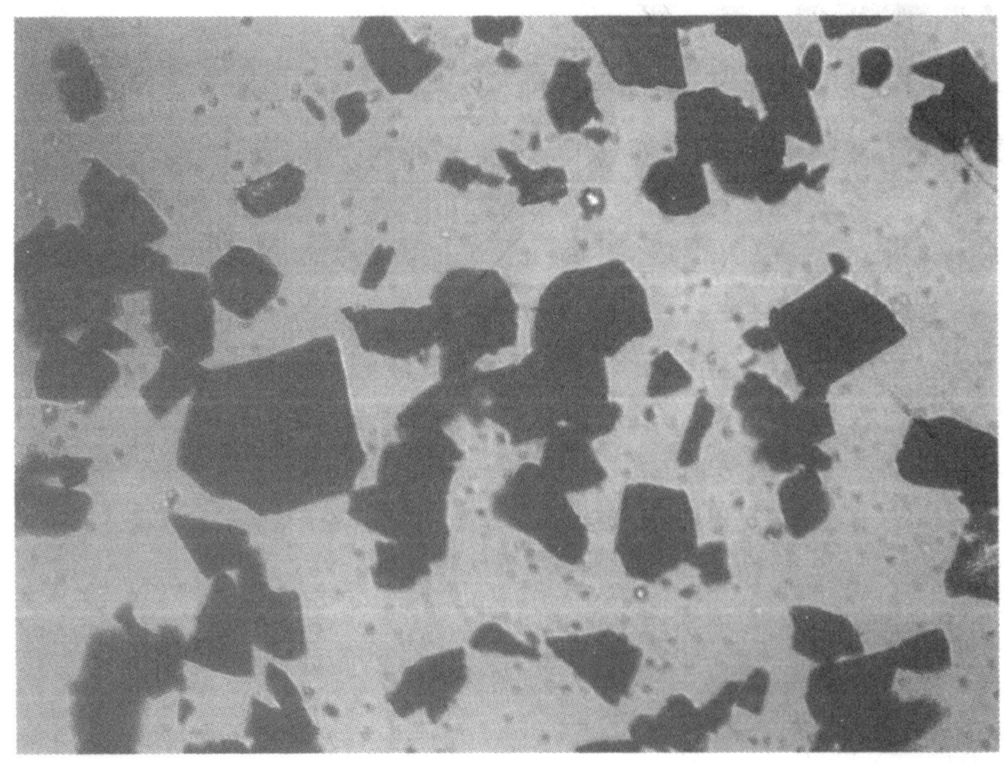

图 1(c) 通过透射光用光学显微镜观察得到的 C 级(薄片状粒子的含量≥30%,<50%)
云母氧化铁颜料照片

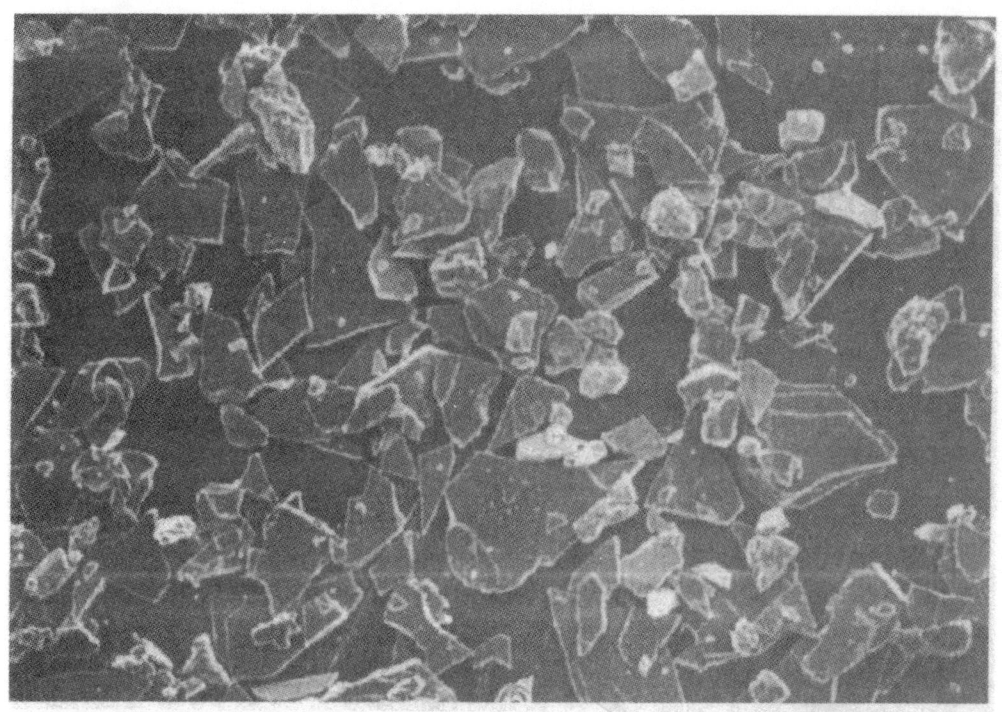

图 2(a)　用扫描电子显微镜得到的 A 级(薄片状粒子的含量>65%)
云母氧化铁颜料照片

图 2(b)　用扫描电子显微镜得到的 B 级(薄片状粒子的含量 50%~65%)
云母氧化铁颜料照片

图 2(c) 用扫描电子显微镜得到的 C 级(薄片状粒子的含量≥30%,<50%)
云母氧化铁颜料照片

## 8 检验规则

### 8.1 检验分类

8.1.1 产品检验分为出厂检验和型式检验。

8.1.2 出厂检验项目包括薄片状粒子的含量、铁的质量分数(以 $Fe_2O_3$ 表示)、105 ℃挥发物、水溶物、筛余物和水悬浮液 pH 值共 6 个项目。

8.1.3 型式检验项目包括本标准所列的全部技术要求。在正常生产情况下一年至少进行一次型式检验。当遇新产品投产和主要原料供应商等有变化时,应进行型式检验。

### 8.2 检验结果的判定

8.2.1 检验结果的判定按 GB/T 8170 中修约值比较法进行。

8.2.2 所有项目的检验结果均达到本标准要求时,该试验样品为符合本标准要求。

## 9 标志、包装、运输和贮存

### 9.1 标志

产品包装袋上应印有牢固、清晰的标志,包括生产厂名称和厂址、产品名称、注册商标、标准编号、生产批号或生产日期、净含量及规定的"防潮"标志等。

### 9.2 包装

产品可用内衬塑料薄膜袋的塑料编织袋包装。也可用其他适宜的包装材料包装。

### 9.3 运输

运输、装卸时要轻装、轻卸,防止包装污染和破损。产品在运输中应防止雨淋和日光曝晒。

### 9.4 贮存

产品应按分类分批存放在通风干燥处,严禁与产品可发生反应的物品接触,并注意防潮。

# 附 录 A
（资料性附录）
本标准与 ISO 10601:2007 的技术性差异及其原因

表 A.1 给出了本标准与 ISO 10601:2007 的技术性差异及其原因的一览表。

**表 A.1 本标准与 ISO 10601:2007 的技术性差异及其原因**

| 本标准的章条编号 | 技术性差异 | 原因 |
|---|---|---|
| 1 | 增加了“检验规则及标志、包装、运输和贮存等内容”；增加了“不包括薄片状粒子含量低于 30%的颜料” | 使标准适用范围更加明确 |
| 2 | 删除了规范性引用文件中的文件“ISO 150” | 文本中未引用 |
| 2 | “ISO 787-2、ISO 787-3、ISO 787-5、ISO 787-9、ISO 1248 和 ISO 15528”改为与之对应的我国文件“GB/T 5211.3、GB/T 5211.2、GB/T 5211.15、GB/T 1717、GB/T 1863—2008 和 GB/T 3186”；“ISO 3549”改为“HG/T 3852—2006” | 采用我国国家或行业标准使用更方便 |
| 3.1 | 云母氧化铁颜料的定义表述作了修改，将“主要由薄片状粒子构成”改为“由一定量薄片状粒子构成” | 使标准更适合我国国情 |
| 4 | 产品分类中增加了 C 级（薄片状粒子含量“≥30%，<50%”的颜料） | |
| 3～4 | 增加了“3.2 薄片状粒子”，删除国际标准中第 4 章关于薄片状粒子的描述 | 使文本结构表述更清晰 |
| 5 | 改变了筛余物的试验方法，“ISO 3549”改为“HG/T 3852—2006” | 适合我国国情，便于操作 |
| 5 | “铁的质量分数、筛余物的质量分数和总钙量的质量分数”试验方法均注明了年代号 | 符合我国标准编写要求 |
| 8～9 | 增加了“第 8 章 检验规则”和“第 9 章 标志、包装、运输和贮存”，删除了国际标准的“前言和引言”和“第 8 章 试验报告” | 适合我国国情，用户需要 |

# 前　　言

本标准是由化工行业标准 HG/T 3007—1988《涂料用偏硼酸钡》修订而成，在技术内容上作了局部改动。

本标准与 HG/T 3007—1988 的主要差异为：

——氧化钡指标由原来的 54%～61%，改为 56%～61%。

——三氧化二硼指标由原来的 21%～28%，改为 22%～28%。

——吸油量指标由原来的不大于 30 g/100 g，改为(20～35)g/100 g。

——水悬浮液 pH 值指标由原来的 9～10.5，改为 9.0～10.5。

本标准自实施之日起，同时代替 HG/T 3007—1988。

本标准由中华人民共和国原化学工业部技术监督司提出。

本标准由全国涂料和颜料标准化技术委员会归口。

本标准主要起草单位：天津东风化工厂、化工部常州涂料化工研究院。

本标准主要起草人：王乃跃、彭华敏、郑文娟、金莲娣。

本标准首次发布日期为 1977 年，1988 年作了修订。

中华人民共和国化工行业标准

HG/T 3007—1999

代替 HG/T 3007—1988

# 涂料用偏硼酸钡

**Barium metaborate for paints**

## 1 范围

本标准规定了涂料用偏硼酸钡的要求、采样、试验方法、检验规则以及标志、包装、运输和贮存。

本标准适用于由硫化钡水溶液和硼砂水溶液合成，用硅酸钠改性而成的偏硼酸钡。产品主要用于涂料工业。

其组成为 $Ba(BO_2)_2 \cdot nH_2O$。

## 2 引用标准

下列标准所包含的条文，通过在本标准中引用而构成为本标准的条文。本标准出版时，所示版本均为有效。所有标准都会被修订，使用本标准的各方应探讨使用下列标准最新版本的可能性。

GB/T 601—1988 化学试剂 滴定分析(容量分析)用标准溶液的制备

GB/T 1250—1989 极限数值的表示方法和判定方法

GB/T 1717—1986 颜料水悬浮液 pH 值的测定(eqv ISO 787-9:1981)

GB/T 5211.3—1985 颜料在 105℃挥发物的测定(eqv ISO 787-2:1981)

GB/T 5211.15—1988 颜料吸油量的测定(eqv ISO 787-5:1980)

GB/T 5211.18—1988 颜料筛余物的测定 水法 手工操作(neq ISO 787-7:1981)

GB/T 6682—1992 分析实验室用水规格和试验方法

GB 9285—1988 色漆和清漆用原材料 取样(eqv ISO 842:1984)

HG/T 2457—1993 颜料产品检验、标志、包装、运输和贮存通则

## 3 要求

产品应符合表 1 的要求。

表 1 要求

| 项 目 | | 指 标 |
|---|---|---|
| 氧化钡，%(质量分数) | | 56～61 |
| 三氧化二硼，%(质量分数) | | 22～28 |
| 二氧化硅，%(质量分数) | | 4～9 |
| 水可溶分，g/100 mL | ≤ | 0.30 |
| 水悬浮液 pH 值 | | 9.0～10.5 |
| 筛余物(45 μm 筛孔)，%(质量分数) | ≤ | 0.5 |
| 吸油量，g/100 g | | 20～35 |
| 挥发物，%(质量分数) | ≤ | 1 |

国家石油和化学工业局 1999-06-16 批准 2000-06-01 实施

## 4 采样

按 GB 9285 的规定采取受试产品的代表性样品。

## 5 试验方法

所用试剂均应采用分析纯试剂；使用 GB/T 6682 规定的三级水或相应纯度的水。

5.1 氧化钡含量的测定

5.1.1 原理

用定量酸溶解偏硼酸钡样品，生成氯化钡和硼酸，用氢氧化钠标准滴定溶液滴定过量的酸，从而测定氧化钡的含量。

5.1.2 试剂和溶液

5.1.2.1 氢氧化钠标准滴定溶液：$c(NaOH)=0.5$ mol/L，按 GB/T 601 配制和标定。

5.1.2.2 盐酸标准溶液：$c(HCl)=0.5$ mol/L 按 GB/T 601 配制。

5.1.2.3 混合指示剂：称取 0.12 g 甲基红指示剂和 0.08 g 亚甲基蓝指示剂，溶于乙醇中，并用乙醇稀释至 100 mL。

5.1.3 试验步骤

称取偏硼酸钡样品 1.5 g（精确至 0.1 mg），放入 500 mL 锥形瓶中，加入 100 mL 水和 30.00 mL 盐酸标准溶液（5.1.2.2），低温微沸 10 min。冷却后加入 2 滴混合指示剂（5.1.2.3），用氢氧化钠标准滴定溶液（5.1.2.1）滴定至绿色终点。

同时做一空白试验。

5.1.4 结果的表示

以质量百分数表示的氧化钡的含量（$X_1$）按式（1）计算：

$$X_1=\frac{(V_0-V_1)\cdot c_1}{m_1}\times 0.07665\times 100 \qquad \cdots\cdots(1)$$

式中：$V_0$——摘定空白消耗氢氧化钠标准滴定溶液的体积，mL；

$V_1$——滴定样品消耗氢氧化钠标准滴定溶液的体积，mL；

$c_1$——氢氧化钠标准滴定溶液的实际浓度，mol/L；

$m_1$——样品质量，g；

0.076 65——与 1.00 mL 氢氧化钠标准滴定溶液[$c(NaOH)=1.000$ mol/L]相当的以克表示的氧化钡的质量。

5.1.5 允许差

平行测定两个结果之差不大于 0.5%。

5.2 三氧化二硼含量的测定

5.2.1 原理

在测氧化钡滴定到终点时的溶液中，用甘露醇强化溶液中的硼酸，再用氢氧化钠标准滴定溶液滴定，从而测定三氧化二硼的含量。

5.2.2 试剂和溶液

5.2.2.1 氢氧化钠标准滴定溶液：$c(NaOH)=0.5$ mol/L，按 GB/T 601 配制和标定。

5.2.2.2 酚酞乙醇溶液指示剂：10 g/L。

5.2.2.3 甘露醇。

5.2.3 试验步骤

在测氧化钡滴定到终点时的溶液中，加入 20 滴酚酞指示剂（5.2.2.2）和约 25 g 甘露醇（5.2.2.3），用氢氧化钠标准滴定溶液（5.2.2.1）滴定。近终点时，再加入 25 g 甘露醇（5.2.2.3）。继续滴定至颜色为第一次加入甘露醇摇匀后的粉红色为终点。

5.2.4 结果的表示

以质量百分数表示的三氧化二硼的含量($X_2$)按式(2)计算:

$$X_2 = \frac{V_2 \cdot c_1}{m_1} \times 0.034\ 81 \times 100 \qquad \cdots\cdots(2)$$

式中:$V_2$——滴定样品消耗氢氧化钠标准滴定溶液的体积,mL;

$c_1$——氢氧化钠标准滴定溶液的实际浓度,mol/L;

$m_1$——同式(1)中 $m_1$;

0.034 81——与 1.00 mL 氢氧化钠标准滴定溶液[$c$(NaOH)=1.000 mol/L]相当的以克表示的三氧化二硼的质量。

5.2.5 允许差

平行测定两个结果之差不大于 0.2%。

5.3 二氧化硅含量的测定

5.3.1 原理

偏硼酸钡用酸溶解后,在有适量氟离子存在时,硅酸根可生成氟硅酸钾沉淀。再将氟硅酸钾水解成氢氟酸,用氢氧化钠标准滴定溶液滴定氢氟酸,从而测定二氧化硅含量。

5.3.2 试剂和溶液

5.3.2.1 盐酸。

5.3.2.2 盐酸溶液:1+1。

5.3.2.3 硝酸。

5.3.2.4 氯化钾。

5.3.2.5 酚酞乙醇溶液指示剂:10 g/L。

5.3.2.6 无水乙醇。

5.3.2.7 定性滤纸。

5.3.2.8 氟化钾溶液:200 g/L。

称取 40 g 氟化钾放在塑料杯中,加入 150 mL 水,并加入盐酸(5.3.2.1)及硝酸(5.3.2.3)各 25 mL 加入氯化钾使之饱和,放置 30 min 后,用塑料漏斗过滤。

5.3.2.9 洗涤液。

用 500 mL 水溶解 50 g 氯化钾后,加入 500 mL 乙醇(5.3.2.6),配成 50 g/L 的氯化钾及乙醇的混合洗涤液(存放适宜温度为 25℃以下)。

5.3.2.10 纸浆。

用普通滤纸撕成小块(1 $cm^2$ 左右)后,用洗涤液(5.3.2.9)浸泡。

5.3.2.11 氢氧化钠标准滴定溶液:$c$(NaOH)=0.1 mol/L 按 GB/T 601 配制和标定。

5.3.3 试验步骤

称取偏硼酸钡样品 0.2 g(精确至 0.2 mg),置于 300 mL 塑料杯中,加入约 1 mL 水浸润后,加入 20 mL煮沸的盐酸(5.3.2.2)。待样品溶解后,加盐酸(5.3.2.1)12 mL,硝酸(5.3.2.3)5 mL,加氯化钾(5.3.2.4)使之饱和。冷却至 25℃以下,用塑料棒不断搅拌,缓缓加入 5 mL 氟化钾溶液(5.3.2.8),并搅拌 1 min,放置片刻,加入 6 块左右的纸浆(5.3.2.10),用塑料漏斗过滤[过滤前应先用洗涤液(5.3.2.9)将滤纸润湿]。待沉淀全部转移至漏斗后,用 25℃以下的洗涤液洗涤 3 次。立刻将滤纸连同沉淀放入原塑料杯中,加入 10 mL 洗涤液和 20 滴酚酞指示剂(5.3.2.5),然后用氢氧化钠溶液中和至浅粉色在 1 min 内不褪色,再加入充分煮沸的水 200 mL,迅速以氢氧化钠标准滴定溶液(5.3.2.11)滴定。滴定终点颜色为中和后的颜色。

同时做一空白试验。

注

1 中和用 0.1 mol/L 氢氧化钠溶液或 30%碱液均可。中和应在 15 min 内完成。

2 用氢氧化钠标准滴定溶液滴定时，被滴液温度应保持在 80℃以上。

3 生成氟硅酸钾沉淀时，加入的氯化钾应过饱和，否则引起结果偏低。但也要避免氯化钾过量太多，以免生成冰晶石($K_3AlF_6$)沉淀，使结果偏高。

4 用洗涤液洗涤时，洗涤次数不宜过多，一般以三次为宜，以免引起氟硅酸钾水解，使结果偏低。另外，过滤、洗涤、中和等操作应迅速，特别是夏季室温较高时，操作更应迅速。如果在沉淀时氯化钾过饱和太多，则需在过滤时，用倾斜法反复洗涤至固体氯化钾完全溶解为止，否则酸不易洗净，引起结果偏高，较多的钾盐存在也使滴定终点颜色不明显。

5.3.4 结果的表示

以质量百分数表示的二氧化硅含量($X_3$)按式(3)计算：

$$X_3 = \frac{(V_3 - V_0) \cdot c_2}{m_2} \times 0.015\,02 \times 100 \quad \cdots\cdots(3)$$

式中：$V_0$——滴定空白消耗氢氧化钠标准滴定溶液的体积，mL；

$V_3$——滴定样品消耗氢氧化钠标准滴定溶液的体积，mL；

$c_2$——氢氧化钠标准滴定溶液的实际浓度，mol/L；

$m_2$——样品质量，g；

0.015 02——与 1.00 mL 氢氧化钠标准滴定溶液[$c$(NaOH)=1.000 mol/L]相当的以克表示的二氧化硅的质量。

5.3.5 允许差

平行测定两个结果之差不大于 0.2%。

5.4 水可溶分的测定

5.4.1 试剂和溶液

蒸馏水：25℃，pH 值 6～7。

5.4.2 仪器、设备

5.4.2.1 单刻度容量瓶：250 mL。

5.4.2.2 定性滤纸。

5.4.2.3 烧杯：150 mL。

5.4.2.4 烘箱：(105±2)℃。

5.4.2.5 干燥器：内装有效干燥剂。

5.4.2.6 吸液管：100 mL。

5.4.3 试验步骤

称取偏硼酸钡样品 5 g(精确至 0.01 g)置于容量瓶(5.4.2.1)中，准确加入 200 mL 水(5.4.1)。摇荡 30 min。过滤到干燥的锥形瓶中。用吸液管(5.4.2.6)吸取此溶液 100 mL，移入已质量恒定的烧杯(5.4.2.3)中，在电炉上低温加热蒸发至近干。放入(105±2)℃烘箱(5.4.2.4)内烘 2 h，取出放入干燥器(5.4.2.5)中，冷却至室温，称量。

注：由于水可溶分的测定结果受试验温度影响，需仲裁时，试验应在(23±2)℃下进行。

5.4.4 结果的表示

以 g/100 mL 表示的水可溶分含量($X_4$)按式(4)计算：

$$X_4 = G_1 - G_2 \quad \cdots\cdots(4)$$

式中：$G_1$——残余物与烧杯总质量，g；

$G_2$——空烧杯质量，g。

5.4.5 允许差

平行测定两个结果之差不大于 0.01 g/100 mL。

5.5 水悬浮液 pH 值的测定

按 GB/T 1717 中的规定进行。样品量 3 g。

5.6 筛余物的测定

按 GB/T 5211.18 中的规定进行。样品量 10 g,加入 300 mL 水,且加入 20 g/L 焦磷酸钠分散剂 20 mL,置于磁力搅拌器上搅拌 30 min。

5.7 吸油量的测定

按 GB/T 5211.15 中的规定进行。样品量 10 g。

5.8 挥发物的测定

按 GB/T 5211.3 中的规定进行。样品量 10 g。加热温度为(90±2)℃,在烘箱中烘烤 2 h。

## 6 检验规则

6.1 按 HG/T 2457—1993 中第 3 章的规定进行。本标准中所列的全部要求项目既为型式检验项目,也为出厂检验项目。

6.2 本标准中检验结果的判定按 GB/T 1250—1989 中 5.2 的规定进行。

## 7 标志、包装、运输和贮存

7.1 标志

按 HG/T 2457—1993 中第 4 章的规定进行。并增加质量合格标记。

7.2 包装

按 HG/T 2457—1993 中第 5 章的规定进行。产品应用内衬塑料袋的塑料编织袋包装。每袋净含量 25 kg 或 50 kg。

7.3 运输和贮存

按 HG/T 2457—1993 中第 6 章的规定进行。产品应贮存在干燥通风处。自生产日期起不拆封的产品可有效贮存十个月。

ICS 87.060.10
G 54
备案号：15067—2005

# 中华人民共和国化工行业标准

HG/T 3744—2004

2004-12-14 发布　　2005-06-01 实施

中华人民共和国国家发展和改革委员会　发布

# 前言

本标准由中国石油和化学工业协会提出。

本标准由全国涂料和颜料标准化技术委员会归口。

本标准负责起草单位:中国化工建设总公司常州涂料化工研究院、常州华珠颜料有限公司。

本标准参加单位:汕头市龙华珠光颜料有限公司、河北欧克精细化工股份有限公司、温州珠光颜料有限公司、温州坤威珠光颜料有限公司、湖北丽明化工股份有限公司。

本标准主要起草人:黄逸东、沈苏江、蒋定凤、龚秀萍。

本标准2004年12月14日首次发布。

本标准由全国涂料和颜料标准化技术委员会负责解释。

# 云母珠光颜料

## 1 范围

本标准规定了云母珠光颜料的产品分类、要求、试验方法、检验规则及标志、包装、运输和贮存。

本标准适用于以云母为基材，在其表面包覆二氧化钛、氧化铁等金属氧化物而成的珠光颜料。该产品主要适用于涂料、油墨、塑料、皮革、化妆品等行业。

## 2 规范性引用文件

下列文件中的条款通过本标准的引用而成为本标准的条款。凡是注日期的引用文件，其随后所有的修改单(不包括勘误的内容)或修订版均不适用于本标准，然而，鼓励根据本标准达成协议的各方研究是否可使用这些文件的最新版本。凡是不注日期的引用文件，其最新版本适用于本标准。

GB/T 1250 极限数值的表示方法和判定方法

GB/T 5211.3—1985 颜料在105℃挥发物的测定(eqv ISO 787—2:1981)

GB/T 5211.15—1988 颜料吸油量的测定(eqv ISO 787—5:1980)

GB/T 11186.3—1989 涂膜颜色的测量方法 第三部分 色差计算(eqv ISO 7724—3:1984)

ISO 15528 色漆、清漆和色漆与清漆用原材料——取样

## 3 产品分类

本标准包括以下四种类型的珠光颜料：

银白系列；

彩虹系列；

氧化铁金属系列；

铁-钛复相金属系列。

## 4 要求

产品应符合表1的技术要求。

**表1 技术要求**

| 项目 | | 指标 | | | |
|---|---|---|---|---|---|
| | | 银白系列 | 彩虹系列 | 氧化铁金属系列 | 铁-钛复相金属系列 |
| 外观 | | 珍珠白色粉末 | 灰相白色粉末 | 古铜～紫红色粉末 | 金黄～棕黄色粉末 |
| 亮度(与参比样[a]比) | | 近似～优于 | | | |
| 颜色[b](与参比样[a]比) | A法——目视法 | 近似～微 | | | |
| | B法——仪器法 | $\Delta E^* \leqslant 1.0$ | $\Delta E^* \leqslant 1.5$ | | |
| 粒度分布[c](与参比样[a]比) | | 基本一致 | | | |
| 杂质含量(质量分数)/% | ≤ | 0.10 | | | |
| 105℃挥发物(质量分数)/% | ≤ | 0.5 | | | |
| 吸油量 | | 商定 | | | |

表 1(完)

| 项目 | 指标 | | | |
|---|---|---|---|---|
| | 银白系列 | 彩虹系列 | 氧化铁金属系列 | 铁-钛复相金属系列 |
| 水悬浮液电导率 | 商定 | | | |
| 水悬浮液 pH 值 | 商定 | | | |

[a] 参比样为有关双方商定的样品。
[b] 可选用 A 法——目视法或 B 法——仪器法。
[c] 可选用 A 法——显微镜法或 B 法——粒度分布仪法，仲裁时选用 B 法。

## 5 取样

按 ISO 15528 的规定取受试产品的代表性样品。

## 6 试验方法

### 6.1 外观

目测。

### 6.2 亮度

#### 6.2.1 材料和仪器

6.2.1.1 黑白卡纸:150 g/m$^2$ 以上，黑板反射率≤1%，白板反射率(80±2)%。

6.2.1.2 树脂:有关双方商定的合适的树脂。

6.2.1.3 天平:感量 0.01 g。

6.2.1.4 湿膜制备器:适宜规格。

#### 6.2.2 制浆

称取树脂 10.00 g 二份分别放入 2 个 50 mL 容器中，待用。另称取试样和参比样各 0.50 g 分别置于上述容器中，用玻璃棒充分搅匀，置待用。

#### 6.2.3 制板

取上述试样和参比样料浆各少许并列置于黑白卡纸上方，参比样料浆放在左边，待测样料浆放在右边，用湿膜制备器制成宽不小于 25 mm，黑白卡纸上接触边长不小于 40 mm 的色浆条带，自然干燥或于60℃下低温吹干。

#### 6.2.4 评定

将 6.2.3 中样板置于散射日光或标准光源下，目视观察黑底和白底上试样与参比样之间的亮度差异，当黑底和白底上观察结果不一致时，以白底上观察结果报出。结果以优于、近似或低于来表示。

### 6.3 颜色

#### 6.3.1 A 法——目视法

6.3.1.1 材料和仪器

(1) 同本标准 6.2.1.1。

(2) 同本标准 6.2.1.2。

(3) 同本标准 6.2.1.3。

(4) 同本标准 6.2.1.4。

6.3.1.2 制浆

同本标准 6.2.2。

**6.3.1.3 制板**

同本标准6.2.3。

**6.3.1.4 评定**

将试样和参比样的样板水平放置，在散射日光或标准光源下观察白底上试样与参比样之间的颜色差异，观察方向与水平面的夹角约30°，结果以近似、微、稍或较表示。

**6.3.2 B法——仪器法**

**6.3.2.1 材料和仪器**

(1)～(4)同6.3.1.1(1)～6.3.1.1(4)。

(5) 测色仪。

**6.3.2.2 制浆**

同本标准6.2.2。

**6.3.2.3 制板**

同本标准6.2.3。

**6.3.2.4 测定**

用测色仪(D65光源/包含表面光泽)分别测定试样和参比样样板$L^*$、$a^*$、$b^*$值(在白卡纸上测定)，并按GB/T 11186.3—1989中3.2计算出$\Delta E^*$值。

**6.4 粒度分布**

**6.4.1 A法——显微镜法**

**6.4.1.1 材料和仪器**

(1) 显微镜：100～300倍。

(2) 无色透明光学玻璃片。

(3) 黑白卡纸。

**6.4.1.2 测定步骤**

将少许颜料涂抹于光学玻璃片上，再将玻璃片放于卡纸黑色部位上方，用显微镜观测颜料颗粒的粒度分布状况和粒径范围，并与参比样比较，结果以基本一致或不一致表示。

**6.4.2 B法——粒度分布仪法**

**6.4.2.1 仪器**

粒度分布仪。

**6.4.2.2 步骤**

用粒度分布仪分别测得试样和参比样的粒度分布曲线。

**6.4.2.3 结果评定**

比较试样和参比样粒度分布图形及在规定范围内的粒子百分数，结果以基本一致或不一致表示。

**6.5 杂质含量**

**6.5.1 材料和仪器**

6.5.1.1 烧杯：容积400 mL。

6.5.1.2 蒸发皿：平底，玻璃制，容积约100 mL。

6.5.1.3 天平：感量0.01 g、0.1 mg。

6.5.1.4 烘箱：能维持温度在(105±2)℃。

**6.5.2 步骤**

6.5.2.1 平行测定两次。

6.5.2.2 称取样品20 g(精确至0.01 g)，加入水至体积约300 mL，用玻璃棒搅匀，静置约30秒，缓慢倒出上层物料，上层剩余约100 mL浆料。下层浆料再加水至体积约300 mL，并重复上述操作直至悬浮液中无明显珠光颜料颗粒，转移残余物至预先在(105±2)℃下加热并称量过的蒸发皿中蒸发近干，再于(105±2)℃下烘干至恒重，称量，计算出杂质含量，以样品中杂质的质量百分数表示。取两次结果的平均值。

6.5.2.3 如果平行试验结果的差值超过 0.1%，则应重复上述操作步骤，如果重复操作两次结果之差仍超过 0.1%，则取四次结果的平均值。

6.5.3 **计算**

用下式计算样品中杂质含量，以质量分数(%)表示：

$$w=\frac{m_2-m_1}{m}\times 100 \quad\cdots\cdots(1)$$

式中：

$m_1$——烘干后蒸发皿质量，单位为克(g)；

$m_2$——烘干后残余物和蒸发皿质量，单位为克(g)；

$m$——称取样品的质量，单位为克(g)。

6.6 **105℃挥发物**

按 GB/T 5211.3—1985 中的规定进行。

6.7 **吸油量**

按 GB/T 5211.15—1988 中的规定进行。终点为刚好能形成均匀团块，铲起不裂不碎。

6.8 **水悬浮液电导率**

6.8.1 **仪器**

6.8.1.1 天平：感量 0.01 g。

6.8.1.2 电导率仪。

6.8.1.3 温度计，最小分度为 0.5℃。

6.8.2 **试剂**

应使用符合 GB/T 6682 规定的纯度至少为 3 级的水。

6.8.3 **步骤**

6.8.3.1 平行测定两次。

6.8.3.2 称取 10.00 g 颜料，于 100 mL 烧杯中，加入 90 mL 水，搅拌 10 min 后再静置 10 min，于(23±0.5)℃下测定水悬浮液电导率，测定时电极应插入液面下 1 cm 处。

6.8.4 **结果表示**

结果取两次测定的平均值，单位：μS/cm。

6.9 **水悬浮液 pH 值**

按 GB/T 1717—1986 的规定进行。

## 7 检验规则

7.1 **检验分类**

7.1.1 产品检验分出厂检验和型式检验。

7.1.2 出厂检验项目包括外观、亮度、颜色、105℃挥发物、水悬浮液 pH 值。

7.1.3 型式检验项目包括本标准所列的全部项目。在正常生产情况下，粒度分布、杂质含量、吸油量、水悬浮液电导率每月至少检验一次。

7.2 **检验结果的判定**

按 GB/T 1250 中修约值比较法进行。

## 8 标志、包装、运输和贮存

8.1 **标志**

产品包装上应印有牢固、清晰的标志，包括生产企业名称、产品名称、商标、标准编号、型号、生产批号、净含量、生产日期及规定的“怕湿”标志。

8.2　**包装**

产品可用塑料袋作为内包装，纸板箱或其他硬质材料箱或桶作为外包装。也可以用其他适宜的包装物包装。

8.3　**运输**

运输、装卸时要轻装、轻卸，防止包装污染和破损。产品在运输中应防止雨淋和日光曝晒。

8.4　**贮存**

产品应分类、分批存放在通风干燥处，严禁与可发生反应的物品接触，并注意防潮。

## 参　考　文　献

1　GB/T 1864—1989　颜料颜色的比较(eqv ISO 787-1:1982)

2　GB/T 6682　分析实验室用水规格和试验方法(GB/T 6682—1992,neq ISO 3696:1987)

3　HG/T 2457　颜料产品检验、标志、包装、运输和贮存通则(HG/T 2457—1993)

ICS 87.060.10
G 54
备案号：18477—2006

# 中华人民共和国化工行业标准

HG/T 3850—2006

2006-07-27 发布　　2006-10-11 实施

中华人民共和国国家发展和改革委员会　发 布

# 前　言

本标准的附录 A 为资料性附录，该附录的技术内容与 ISO 787/7—1981《颜料和体质颜料通用试验方法——第七部分：筛余物的测定——水法——手工操作》基本相同。

本标准由中国石油和化学工业协会提出。

本标准由全国涂料和颜料标准化技术委员会归口。

本标准负责起草单位：颜料产品标准分技术委员会第四工作组。

本标准主要起草人：翟秀云、于同兰、宋明琪。

本标准为国家标准清理评价后由国家标准直接转化为化工行业标准，仅进行了编辑性修改，技术内容不变。

本标准于 1983 年以 GB/T 1705—1983 首次发布，1986 年第一次修订为 GB/T 1705—1986，本次直接转化为化工行业标准。

本标准委托全国涂料和颜料标准化技术委员会负责解释。

# 红　　丹

## 1 范围

本标准规定了红丹的技术要求和相应的试验方法。红丹是由原高铅酸铅($Pb_3O_4$)及一氧化铅(PbO)所组成的橙红至红色的颜料。

本标准参照采用国际标准 ISO 510—1977《色漆用红丹》。

本标准将红丹分为涂料工业用和其他工业用两大类。涂料工业用红丹分为不凝结型红丹(高百分含量红丹)与高分散性红丹两种类型。不凝结型红丹与亚麻仁油混合时,不引起过度增稠。其他工业主要指玻璃、陶瓷工业。

## 2 规范性引用文件

下列文件中的条款通过本标准的引用而成为本标准的条款。凡是注日期的引用文件,其随后所有的修改单(不包括勘误的内容)或修订版均不适用于本标准,然而,鼓励根据本标准达成协议的各方研究是否可使用这些文件的最新版本。凡是不注日期的引用文件,其最新版本适用于本标准。

GB/T 5211.2—2003　颜料水溶物测定　热萃取法

GB/T 5211.3—1985　颜料在 105 ℃挥发物的测定

GB/T 5211.15—1988　颜料吸油量的测定

## 3 技术要求

红丹应具有表 1 所列的特性。

表 1

| 项　目 | | 涂料工业用 | | 其他工业用 | | 试验方法 |
|---|---|---|---|---|---|---|
| | | 不凝结型 | 高分散性 | 一级 | 二级 | |
| 二氧化铅/% | ≥ | 33.9 | 33.9 | 33.9 | 33.2 | 4.1 |
| 原高铅酸铅/% | ≥ | 97 | 97 | 97 | 95 | 4.2 |
| 原高铅酸铅及游离一氧化铅的总量/% | ≥ | 99 | | — | | 4.4 |
| 105 ℃挥发物/% | ≤ | 0.2 | | 0.2 | | GB/T 5211.3—1985 |
| 水浴物/% | ≤ | 0.1 | | — | | GB/T 5211.2—2003 |
| 筛余物(63 μm)/% | ≤ | 0.75 | 0.30 | 0.75 | | 附录 A |
| 吸油量/(g/100 g) | ≤ | 6 | | — | | GB/T 5211.15—1988 |
| 沉降容积/mL | ≥ | — | 30 | — | | 4.5 |
| 不凝结性 | | 制漆后在空气中露置 14 d,能搅匀,易涂刷 | | — | | 4.6 |
| 硝酸不溶物/% | ≤ | 0.1 | | 0.1 | | 4.7 |
| 三氧化二铁/% | ≤ | — | | 0.005 | | 4.8 |
| 氧化铜/% | ≤ | — | | 0.002 | | 4.9 |

注 1:所有百分含量以原样为基准计算。

注 2:不凝结性在生产正常时每季度抽样测定一次。

## 4 试验方法

在分析过程中，只能使用分析纯试剂，且只能使用蒸馏水或与蒸馏水纯度相当的水。

### 4.1 二氧化铅含量的测定

#### 4.1.1 试剂

4.1.1.1 硫代硫酸钠溶液，0.05 mol/L。

4.1.1.2 乙酸，300 g/L。

4.1.1.3 乙酸钠溶液，600 g/L。把 600 g 乙酸钠（$C_2H_3O_2Na \cdot 3H_2O$）溶于水，稀释至 1 L。

4.1.1.4 碘标准溶液：0.1 mol/L。

4.1.1.5 淀粉指示剂溶液，把 10 g 可溶性淀粉与 10 g 碘化汞和约 30 mL 水摇匀成均匀悬浮液。倒入 1 L沸水中，将溶液煮沸 3 min，冷却备用。

#### 4.1.2 操作步骤

4.1.2.1 称取 0.5 g～0.8 g 试样（准确至 1 mg），放入 250 mL 锥形瓶中，在锥形瓶中依次加入下列试剂：用 25 mL 移液管吸取的 25 mL 硫代硫酸钠溶液（4.1.1.1）、25 mL 乙酸钠溶液（4.1.1.3）和 20 mL 乙酸溶液（4.1.1.2）。

慢慢搅拌以溶解试样，以平头玻璃棒把红丹颗粒弄碎，然后小心冲净玻璃棒。若有痕量红丹难于溶解，可加入不多于 0.5 g 的碘化钾。当铅氧化物完全溶解后（除金属铅等不溶物），用碘标准溶液（4.1.1.4）滴定过量的硫代硫酸钠溶液，以淀粉溶液（4.1.1.5）作指示剂。

4.1.2.2 以相同步骤，同样数量的全部试剂，不加试样作空白试验。

#### 4.1.3 结果表示

按式(1)计算二氧化铅含量 $a$，以 $PbO_2$ 的质量分数表示。

$$a = 0.119\,6 \times 100 \times \frac{(V_2 - V_1)T}{m_1} \qquad \cdots\cdots(1)$$

式中：

$V_1$——滴定消耗碘标准溶液（4.1.1.4）体积，单位为毫升（mL）；

$V_2$——空白试验消耗碘标准溶液（4.1.1.4）体积，单位为毫升（mL）；

$T$——碘标准溶液（4.1.1.4）浓度，单位为摩尔每升（mol/L）；

$m_1$——试样质量，单位为克（g）；

0.119 6——相当于 1 mL 0.1 mol/L 碘溶液的二氧化铅毫克数。

### 4.2 原高铅酸铅含量的计算

按式(2)计算原高铅酸铅含量 $c$，以 $Pb_3O_4$ 质量分数表示。

$$c = 2.866a \qquad \cdots\cdots(2)$$

### 4.3 用硫酸盐法测定总铅含量

#### 4.3.1 试剂

4.3.1.1 硫化氢。

4.3.1.2 盐酸，3 mol/L。

4.3.1.3 硝酸，4 mol/L。

4.3.1.4 硝酸（以溴饱和），4 mol/L。

4.3.1.5 硫酸，500 g/L。

4.3.1.6 氢氧化钾溶液，100 g/L。

4.3.1.7 乙酸铵溶液，335 g/L。

4.3.1.8 硫化钠溶液，100 g/L。

4.3.1.9 乙醇，约 95%（体积分数）。

4.3.1.10 过氧化氢，30 g/L，不含硫酸。

#### 4.3.2 操作步骤

称取 0.5 g 试样(准确至 1 mg)放入 400 mL 烧杯中，用少许蒸馏水湿润后加入 10 mL 硝酸(4.3.1.3)，缓缓加热，在不断搅拌下逐滴滴加过氧化氢溶液(4.3.1.10)，直至红丹全部溶解。盖住烧杯，缓缓煮沸 5 min，使过剩的过氧化氢分解，再冲净盖子。

注：如发现红丹中确实含有杂质，则烧杯中的物料作如下处理。

将不溶于硝酸的残留物过滤掉，以热水洗涤滤器，直至不含可溶性铅，蒸发滤液至于，加入 2 mL 盐酸(4.3.1.2)，搅拌混匀，再次在水浴上蒸干。再次重复此操作后，再加入 2 mL 盐酸(4.3.1.2)和 200 mL 水。将烧杯中的溶液煮沸，使铅溶解成氯化铅，通入硫化氢(4.3.1.1)直至冷却。用滤纸过滤硫化铅沉淀，用饱和硫化氢溶液洗涤。

如有锑存在，将沉淀放回到烧杯中洗涤，并用 10 mL 氢氧化钾溶液(4.3.1.6)和 10 mL 硫化钠溶液(4.3.1.8)在不沸腾条件下蒸煮 10 min。

再把硫化铅过滤至同一滤纸上，以 10 倍体积水稀释的硫化钠溶液冲洗之。洗后用尖头玻璃戳破滤纸，并尽可能地把硫化铅沉淀洗到原来的烧杯中。然后将滤纸上剩下的硫化铅用溴饱和硝酸(4.3.1.4)全部溶解。

将 20 mL 硫酸(4.3.1.5)加入溶液中，然后在不沸条件下徐徐蒸发，直至冒浓烟为止。冷却至室温，小心地加 100 mL 水，随后加 100 mL 乙醇，(4.3.1.9)并静置 2 h。

把沉淀移至经(150±5)℃恒重的玻璃滤器(滤片孔径 10 μm～16 μm)中过滤，并以乙醇(4.3.1.9)冲洗至中性。将玻璃滤器移入(150±5)℃的烘箱内烘 1 h，移入干燥器中冷却至室温，称量。如此反复，直至恒重。

把热乙酸铵溶液(4.3.1.7)倒入玻璃滤器，完全萃取硫酸铅，然后用热水冲洗残渣，冲洗至中性后，将玻璃滤器移入(150±5)℃的烘箱内烘 1 h，移入干燥器中冷却室温，称量。如此反复，直至恒重。两次称量之差即为硫酸铅质量。

#### 4.3.3 结果表示

按式(3)计算总铅含量 $b$，以铅的质量分数表示。

$$b=\frac{0.683\,2(m_5-m_6)}{m_4}\times 100 \qquad \cdots\cdots(3)$$

式中：

$m_4$——试样质量，单位为克(g)；

$m_5$——第一次沉淀质量，单位为克(g)；

$m_6$——用乙酸铵萃取后残渣的质量，单位为克(g)；

0.683 2——硫酸铅换算成铅的系数。

### 4.4 原高铅酸铅和游离一氧化铅总量的计算

由于二氧化铅含量 $a$ 已从式(1)求得。总铅量 $b$ 已从式(3)求得，原高铅酸铅 $c$ 已从式(2)求得，由式(4)计算原高铅酸铅和游离一氧化铅总量 $d$。

$$d=1.077(b-2.559a)+c \qquad \cdots\cdots(4)$$

### 4.5 沉降容积的测定

#### 4.5.1 试剂

95%(体积分数)乙醇。

#### 4.5.2 仪器

带玻璃塞的刻度量筒，容量为 50 mL，至 50 mL 刻度线的内部高度为(150±3)mm。

#### 4.5.3 操作步骤

称取(50±0.1)g 试样至量筒中，加入 35 mL 乙醇，摇动 15 min，使之混合均匀，然后加入乙醇至 50 mL刻度处，让其在室温下静置 24 h 后，读取沉降体积，准确到 1 mL。

4.6　**不凝结性测定**

4.6.1　**试剂**

4.6.1.1　酸精制亚麻仁油，酸值 4 mg/g～5 mg/g(以 KOH 计)。

4.6.2　**仪器**

4.6.2.1　容量约为 150 mL，直径约为 65 mm 的广口、敞口容器。

4.6.3　**操作步骤**

将适量试样与亚麻仁油充分研磨，至少制含 8%～10%(体积分数)油的色漆 150 mL，在(23±1)℃下测定黏度，然后倒入广口容器中，漆面离容器上缘约 12 mm，将装有色漆的容器在室温下于空气中露置 14 d，然后搅拌色漆，观察是否有凝结现象，并在(23±1)℃下测定其黏度，注意是否增稠，把搅拌均匀的色漆涂刷在不吸收的表面，注意是否适合涂刷。

4.7　**硝酸不溶物的测定**

4.7.1　**试剂**

4.7.1.1　硝酸，1∶3(体积比)水溶液。

4.7.1.2　过氧化氢，1∶1(体积比)水溶液。

4.7.2　**操作步骤**

称取试样 20 g，准确至 0.01 g，置于 300 mL 烧杯中，加 80 mL 硝酸(4.7.1.1)，加热，在不断搅拌下用滴瓶逐滴滴加过氧化氢(4.7.1.2)，直到可溶部分还原溶解。用经恒重的玻璃滤器(滤片孔径 4 μm～16 μm)过滤，并用热水洗至中性，然后将滤器放入 105 ℃～110 ℃烘箱中烘至恒重。

4.7.3　**结果表示**

按式(5)计算硝酸不溶物含量 $e$，以质量分数表示。

$$e = \frac{A - B}{m_7} \times 100 \qquad \cdots\cdots\cdots\cdots (5)$$

式中：

$A$——滤器加残渣质量，单位为克(g)；

$B$——滤器质量，单位为克(g)；

$m_7$——试样质量，单位为克(g)。

4.8　**三氧化二铁含量测定**

4.8.1　**试剂**

4.8.1.1　硝酸(优级纯)，1∶1 和 1∶3(体积比)溶液。

4.8.1.2　盐酸，1∶1(体积比)。

4.8.1.3　氨水，1∶1(体积比)。

4.8.1.4　乙二胺四乙酸二钠溶液。称取 327 g 乙二胺四乙酸二钠溶于 500 mL 水中，加入 160 mL 氨水(4.8.1.3)并以蒸馏水稀释至 1 000 mL。

4.8.1.5　乙酸铵水溶液，20%。

4.8.1.6　盐酸羟胺水溶液，10%，新配制。

4.8.1.7　邻菲啰啉水溶液，0.25%。

4.8.1.8　纯铁，纯度不小于 99.9%。

4.8.1.9　过氧化氢溶液，1∶1(体积比)。

4.8.1.10　铁标准溶液。称取纯铁(4.8.1.8)0.1 g，准确至 0.000 2 g，加 10 mL 1∶1 硝酸(4.8.1.1)，加热溶解，煮沸赶净氧化氮，冷却，将溶液移入 1 000 mL 容量瓶中，以蒸馏水稀释至刻度，摇匀。吸取 25 mL于 500 mL 容量瓶中，加入 1∶1 盐酸(4.8.1.2)5 mL 后再加水稀释至刻度，摇匀。由此配制成每毫升含铁 5 μg 的溶液。

4.8.2　**标准曲线绘制**

分别移取 0.00 mL、1.00 mL、2.00 mL、3.00 mL、4.00 mL、5.00 mL、6.00 mL 铁标准溶液

(4.8.1.10)，置于100 mL烧杯中，加入乙二胺四乙酸二钠溶液(4.8.1.4)6 mL，滴加氨水(4.8.1.3)或盐酸(4.8.1.2)调至以pH试纸测定pH值约等于6，再加入乙酸铵溶液(4.8.1.5)2.5 mL和盐酸羟胺溶液(4.8.1.6)1 mL，摇匀。将烧杯置于沸水浴上，经2 min后加入邻菲啰啉水溶液(4.8.1.7)4 mL，摇匀。继续加热5 min，取下冷却，移入50 mL容量瓶中，加水稀释至刻度，摇匀。置于分光光度计比色槽中，依次测出各溶液于波长500 nm～515 nm处的吸光度，并依次绘制铁含量对吸光度关系的标准曲线。

**4.8.3 操作步骤**

称取试样1 g，准确至0.000 2 g，置于100 mL烧杯中，加入1∶3硝酸(4.8.1.1)5 mL，加热溶解，用过氧化氢(4.8.1.9)还原至透明后慢慢加热蒸发至析出大量硝酸铅结晶，取下冷却，然后加乙二胺四乙酸二钠溶液(4.8.1.4)6 mL，滴加氨水(4.8.1.3)或盐酸(4.8.1.2)调节pH至用pH试纸测定约为0.6，再加入乙酸铵溶液(4.8.1.5)2.5 mL和盐酸羟胺溶液(4.8.1.6)1 mL，摇匀。烧杯置于沸水浴上经2 min后加入邻菲啰啉水溶液(4.8.1.7)4 mL，摇匀，继续加热5 min。取下冷却后，移入50 mL容量瓶中加水稀释至刻度，摇匀，置于分光光度计比色槽中，测定在500 nm～515 nm波长处的吸光度。测定同时做空白试验。

**4.8.4 结果表示**

以测得吸光度，从绘制的标准曲线(4.8.2)上求得铁量，按式(6)计算试样中三氧化二铁的质量分数 $f$。

$$f = \frac{1.43E}{10^6 m_8} \times 100 \qquad \cdots\cdots(6)$$

式中：

$E$——比色测得的铁量，单位为微克($\mu$g)；

$m_8$——试样质量，单位为克(g)；

1.43——铁换算成三氧化二铁的系数。

**4.9 氧化铜含量的测定**

**4.9.1 试剂**

4.9.1.1 硝酸(优级纯)，1∶1和1∶3(体积比)溶液。

4.9.1.2 氨水，1∶1(体积比)。

4.9.1.3 过氧化氢溶液，1∶1(体积比)。

4.9.1.4 无水乙醇。

4.9.1.5 三氯甲烷。

4.9.1.6 纯铜，纯度不小于99.9%。

4.9.1.7 乙酸铵溶液。称取乙酸铵150 g溶于蒸馏水中并稀释至500 mL，以1∶1硝酸(4.9.1.1)调节pH值约为4.5，加盐酸羟铵溶液(4.9.1.8)5 mL，新亚铜灵(4.9.1.9)溶液5 mL，三氯甲烷(4.9.1.5)5 mL，萃取除铜，直至有机相无色为止。弃去有机相，水相以滤纸过滤后备用。

4.9.1.8 盐酸羟胺水溶液，10%，新配制，用与乙酸铵溶液除铜相同的方法除铜。

4.9.1.9 新亚铜灵，0.1%无水乙醇溶液。

4.9.1.10 铜标准溶液。称取纯铜0.1 g，准确至0.000 2 g，置入200 mL烧杯中，加1∶1硝酸(4.9.1.1)10 mL，缓缓加热，使其溶解，赶净氧化氮，取下冷却后移入1 000 mL容量瓶中，以水稀释至刻度。准确吸取25 mL置于500 mL容量瓶中，用水稀释至刻度，配制成铜含量为5 $\mu$g的溶液。

**4.9.2 标准曲线绘制**

分别取铜标准溶液(4.9.1.10)0.00 mL、1.00 mL、2.00 mL、3.00 mL、4.00 mL、5.00 mL、6.00 mL于125 mL分液漏斗中，用水稀释至约40 mL，加乙酸铵溶液5 mL(4.9.1.7)，用1∶1硝酸(4.9.1.1)或氨水(4.9.1.2)调节pH值至以pH试纸测定pH值约为4.5，再加入盐酸羟胺溶液(4.9.1.8)2 mL，新亚铜灵溶液(4.9.1.9)2 mL，摇匀，放置5 min。加三氯甲烷(4.9.1.5)10 mL，振荡1 min，静置分层后将有机相注入分光光度计比色槽中，依次测出各溶液于波长470 nm处的吸光度，并依此绘制铜含量对吸光度关系的标准曲线。

4.9.3 操作步骤

称取试样 1 g,准确至 0.000 2 g,置于 100 mL 烧杯中,加入 1∶3 硝酸溶液(4.9.1.1)5 mL,加热后滴加过氧化氢溶液(4.9.1.3)使还原至透明。除去氧化氮后移入 125 mL 分液漏斗中,用水稀释至约 40 mL,加乙酸铵溶液(4.9.1.7)5 mL,用 1∶1 硝酸(4.9.1.1)或氨水(4.9.1.2)调节 pH 值约为 4.5(以 pH 试纸试验),加盐酸羟胺溶液(4.9.1.8)2 mL,新亚铜灵溶液(4.9.1.9)2 mL,摇匀,放置 5 min。加入三氯甲烷(4.9.1.5)10 mL,振荡 1 min,静置分层后将有机相注入比色槽中,在 470 nm 波长处测定吸光度。测定同时做空白试验。

4.9.4 结果表示

以测得吸光度,从绘制的标准曲线(4.8.2)上求得铁量,按式(7)计算试样中氧化铜的质量分数 $g$。

$$g = \frac{1.25F}{10^6 m_9} \times 100 \qquad \cdots\cdots(7)$$

式中:

$F$——比色测得的铜量,单位为微克($\mu$g);

$m_9$——试样质量,单位为克(g);

1.25——铜换算成氧化铜的系数。

## 5 检验规则

5.1 产品应由生产厂质量检验部门负责检验,保证所有出厂产品符合本标准要求。每批出厂的产品应附有产品合格证。

5.2 使用单位按本标准所规定的检验规则和试验方法进行检验。如检验结果不符合本标准时,应重新在原批号中按两倍量的取样桶数取样复验。如仍不符合标准规定,则整批红丹为不合格。

5.3 双方对复验结果有异议时,可进行仲裁,仲裁机构由双方协议选定。

5.4 取样以批为单位,随机取应取桶数。每批桶数 1～2 桶全取;3～8 桶取 2 桶;9～25 桶取 3 桶;26～100 桶取 5 桶;101～500 桶取 8 桶;501～1 000 桶取 13 桶;1 001～3 000 桶取 20 桶;3 001～10 000 桶取 32 桶。

取样前,仔细清除桶上的灰尘和杂物,取样时避免杂质落入样品中,用取样器从应取桶的上下对角取出约相同质量的代表性样品,将样品混匀,以圆锥四分法缩分成不少于 500 g 样品,分装于两个清洁干燥的磨口瓶中,贴上标签,注明生产厂、品名、生产日期、等级、批号、取样日期,一瓶供检验用,另一瓶密封保存一年,以备复查。

## 6 包装、标志、贮存和运输

6.1 包装

红丹包装用内衬塑料袋或牛皮纸袋的铁桶、木桶、塑料编织袋包装,净重分为 25 kg、40 kg、50 kg。

6.2 标志

在桶上应有生产厂名、产品名称、商标、牌号、等级、净重、生产日期及注意防潮、小心轻放、有毒等标志。

6.3 贮存

红丹应放在干燥处保存,严禁潮湿,要与酸碱物品隔离存放。

6.4 运输

搬运时应小心,勿使碰撞跌落,以免包装损坏。

# 附　录　A
（资料性附录）
筛余物的测定——水法——手工操作

## A.1　仪器

A.1.1　筛子，孔径为 63 μm。

A.1.2　刷子，猪鬃制，尺寸约为厚 5 mm，宽 20 mm，长 35 mm。

A.1.3　烧杯，50 mL。

A.1.4　烘箱，能维持在(105±2)℃。

## A.2　操作步骤

进行两份试样的平行测定。

### A.2.1　试样

称取试样 50 g，准确至 0.1 g，放入 300 mL～400 mL 的烧杯中。

### A.2.2　分散体的制备

在装有试样(A.2.1)的烧杯中，加入 300 mL～400 mL 蒸馏水[必要时加入颜料量 0.2%～0.5%(质量分数)的适宜分散剂]，置于磁力搅拌器上搅 30 min。

### A.2.3　测定

倾倒分散体使通过筛子(A.1.1)，用装在洗瓶中的分散试样的溶液将烧杯洗干净，并使所有的冲洗液通过筛子。再用同一溶液冲洗试样，直到通过筛子的冲洗液清澈，不含分散体。每次冲洗操作不能超过 5 min。最后用刷子(A.1.2)将粘附在筛子壁上的粒子刷入筛网，用蒸馏水冲洗刷子及筛子上的残余物，直到通过筛子的冲洗液清澈且不含分散剂。

用蒸馏水将残余物冲入预先加热和恒重的 50 mL 烧杯中，蒸去水分，并在(105±2)℃的烘箱中烘 1 h。将烧杯移入干燥器中冷却并称量，准确到 1 mg。重复操作，直至连续两次称量的差值不大于 5 mg，记录较小的一次质量。

## A.3　结果表示

按式(A.1)计算筛余物 $R$。

$$R=\frac{100H}{m_{10}} \qquad \cdots\cdots(A.1)$$

式中：

$H$——残余物的质量，单位为克(g)；

$m_{10}$——试样的质量，单位为克(g)。

计算两次测定结果的平均值，报告结果到两位有效数字。如平均值小于 0.01%，则报告结果“小于 0.01%”。

ICS 87.060.10
G 54
备案号：

# 中华人民共和国化工行业标准

HG/T 4749—2014

# 金属氧化物混相颜料

## Metal oxide mixed-phase pigments

2014-12-31 发布　　　　2015-06-01 实施

中华人民共和国工业和信息化部　发布

# 前　　言

本标准按照 GB/T 1.1—2009 给出的规则起草。

本标准由中国石油和化学工业联合会提出。

本标准由全国涂料和颜料标准化技术委员会(SAC/TC 5)归口。

本标准起草单位:湖南巨发科技有限公司、中海油常州涂料化工研究院有限公司、江西万相新材料科技有限公司。

本标准主要起草人:王文强、沈苏江、雷平岳。

# 金属氧化物混相颜料

## 1 范围

本标准规定了金属氧化物混相颜料的术语和定义、产品分类、要求、取样、试验方法、检验规则，以及标志、包装、运输和贮存。

本标准适用于金属氧化物混相颜料。产品主要应用于涂料、塑料、陶瓷、玻璃、搪瓷等领域。

## 2 规范性引用文件

下列文件对于本文件的应用是必不可少的。凡是注日期的引用文件，仅注日期的版本适用于本文件。凡是不注日期的引用文件，其最新版本(包括所有的修改单)适用于本文件。

GB/T 1717—1986 颜料水悬浮液 pH 值的测定

GB/T 1864—2012 颜料和体质颜料通用试验方法 颜料颜色的比较

GB/T 3186 色漆、清漆和色漆与清漆用原材料 取样

GB/T 5211.2—2003 颜料水溶物测定 热萃取法

GB/T 5211.3—1985 颜料在 105 ℃挥发物的测定

GB/T 5211.5—2008 颜料耐性测定法

GB/T 5211.15 颜料和体质颜料通用试验方法 第 15 部分:吸油量的测定

GB/T 5211.18 颜料和体质颜料通用试验方法 第 18 部分:筛余物的测定 水法(手工操作)

GB/T 5211.19—1988 着色颜料的相对着色力和冲淡色的测定 目视比较法

GB/T 5211.20—1999 在本色体系中白色、黑色和着色颜料颜色的比较 色度法

GB/T 8170 数值修约规则与极限数值的表示和判定

GB/T 13451.2—1992 着色颜料相对着色力和白色颜料相对散射力的测定 光度计法

HG/T 3853—2006 颜料干粉耐热性测定法

## 3 术语和定义

下列术语和定义适用于本文件。

### 3.1

**金属氧化物混相颜料 metal oxide mixed-phase pigments**

以各种金属氧化物或金属盐类化合物为主要原材料经化学合成的干粉状无机着色颜料。

## 4 产品分类

本标准中金属氧化物混相颜料产品按组成分为 5 类，对应的颜料索引号(C.I.号)列于表 1。

表 1 产品分类

| 产品名称 | 颜料索引号 |
| --- | --- |
| 钛铬棕 | 颜料棕 24<br>77310 |
| 钛镍黄 | 颜料黄 53<br>77788 |
| 钴绿 | 颜料绿 50<br>77377 |
| 钴蓝 | 颜料蓝 28<br>77346 |
| 铜铬黑 | 颜料黑 28<br>77428 |

## 5 要求

本标准规定的金属氧化物混相颜料产品应符合表 2 的要求。

表 2 要求

| 项 目 | | 指 标 | | | | |
| --- | --- | --- | --- | --- | --- | --- |
| | | 钛铬棕 | 钛镍黄 | 钴绿 | 钴蓝 | 铜铬黑 |
| 外观 | | 红光黄色粉末 | 绿光黄色粉末 | 绿色粉末 | 蓝色粉末 | 黑色粉末 |
| 颜色 | | 商定 | | | | |
| 相对着色力 | | 商定 | | | | |
| 105 ℃挥发物质量分数/% | | ≤0.3 | | | | |
| 水溶物质量分数/% | | ≤0.4 | | | | |
| 筛余物质量分数/%<br>(45 μm 筛孔) | | ≤0.1 | | | | |
| 吸油量/(g/100 g) | | ≥10,≤25 | | | ≥25,≤40 | ≥10,≤25 |
| 水悬浮液 pH 值 | | ≥6,≤9 | | | | |
| 耐化学品 | 耐酸性/级 | 5 | | | | ≥4~5 |
| | 耐碱性/级 | 5 | | | | ≥4~5 |
| 耐热性/℃ | | ≥800 | | | ≥1 000 | ≥600 |

## 6 取样

按 GB/T 3186 的规定取受试产品的代表性样品。也可按商定方式取样。取样量根据检验需要确定。

## 7 试验方法

### 7.1 外观

目测。

### 7.2 颜色

#### 7.2.1 总则

提供了两种方法:“A法 目视法”和“B法 仪器法”。可商定选用其中任一方法。

#### 7.2.2 A法 目视法

按GB/T 1864—2012的规定进行,分散体的制备选用自动研磨机法。试样量为1.0 g,精制亚麻仁油加量为0.5 mL~1.5 mL。

#### 7.2.3 B法 仪器法

按GB/T 5211.20—1999的规定进行。

### 7.3 相对着色力

#### 7.3.1 总则

提供了两种方法:“A法 目视法”和“B法 仪器法”。可商定选用其中任一方法。

#### 7.3.2 A法 目视法

按GB/T 5211.19—1988的规定进行。建议颜料分散体的研磨浓度选用1.0 g颜料和1.5 g漆基,研磨转数为200转,冲淡比例为1∶5。

#### 7.3.3 B法 仪器法

按GB/T 13451.2—1992的规定进行。

### 7.4 105 ℃挥发物

按GB/T 5211.3—1985的规定进行。

### 7.5 水溶物

按GB/T 5211.2—2003的规定进行。

### 7.6 筛余物

按GB/T 5211.18的规定进行。

### 7.7 吸油量

按GB/T 5211.15的规定进行。

### 7.8 水悬浮液pH值

按GB/T 1717—1986的规定进行。

### 7.9 耐化学品

按GB/T 5211.5—2008的规定进行。耐酸性、耐碱性结果均以滤液的沾色级别表示。

### 7.10 耐热性

按HG/T 3853—2006的规定进行。

## 8 检验规则

### 8.1 检验分类

8.1.1 产品检验分为出厂检验和型式检验。

8.1.2 出厂检验项目包括外观、颜色、相对着色力、105 ℃挥发物、水溶物、筛余物、吸油量、水悬浮液pH值共8个项目。

8.1.3 型式检验项目包括本标准所列的全部技术要求。在正常生产情况下1年至少进行1次型式检验。

### 8.2 检验结果的判定

8.2.1 检验结果的判定按GB/T 8170中修约值比较法进行。

8.2.2 所有项目的检验结果均达到本标准要求时,该试验样品为符合本标准要求。

## 9 标志、包装、运输和贮存

### 9.1 标志

产品包装桶上应印有牢固、清晰的标志，包括生产厂名称、产品名称、注册商标、标准编号、生产批号、净含量、生产日期。

### 9.2 包装

产品应用内衬塑料薄膜袋的塑料桶或铁桶包装。也可用其他适宜的包装材料包装。

### 9.3 运输

运输、装卸时要轻装、轻卸，防止包装污染和破损。产品在运输中应防止雨淋。

### 9.4 贮存

产品应分批放在通风、干燥处，严禁与产品可发生反应的物品接触，并注意防潮。

---

ICS 87.060.10
G 54
备案号：48588—2015

# 中华人民共和国化工行业标准

HG/T 4762—2014

2014-12-31 发布 2015-06-01 实施

中华人民共和国工业和信息化部 发布

# 前　言

本标准按照 GB/T 1.1—2009 给出的规则起草。

本标准由中国石油和化学工业联合会提出。

本标准由全国涂料和颜料标准化技术委员会(SAC/TC 5)归口。

本标准起草单位:中海油常州涂料化工研究院有限公司、上海捷虹颜料化工集团股份有限公司、百合花集团股份有限公司、上海一品颜料有限公司、江苏双乐化工颜料有限公司、苏州世名科技股份有限公司、宣城亚邦化工有限公司、美利达颜料工业有限公司。

本标准主要起草人:沈苏江、刘深元、王峰、王丹英、毛顺明、吕仕铭、钟建权、孙淑平。

# 酞 菁 蓝 BGS

## 1 范围

本标准规定了酞菁蓝 BGS 产品的要求，试验方法，检验规则，以及标志、包装、运输和贮存等内容。

本标准适用于铜酞菁经研磨及酸碱处理制得的 β 型结晶体酞菁蓝 BGS 颜料。产品以颜料索引号颜料蓝 15∶3 标识，主要用于涂料、油墨、橡胶和塑料等领域。

## 2 规范性引用文件

下列文件对于本文件的应用是必不可少的。凡是注日期的引用文件，仅注日期的版本适用于本文件。凡是不注日期的引用文件，其最新版本(包括所有的修改单)适用于本文件。

GB/T 1710—2008 同类着色颜料耐光性比较

GB/T 1717—1986 颜料水悬浮液 pH 值的测定

GB/T 1864—2012 颜料和体质颜料通用试验方法 颜料颜色的比较

GB/T 3186 色漆、清漆和色漆与清漆用原材料 取样

GB/T 5211.2—2003 颜料水溶物测定 热萃取法

GB/T 5211.3—1985 颜料在 105 ℃挥发物的测定

GB/T 5211.5—2008 颜料耐性测定法

GB/T 5211.12—2007 颜料水萃取液电阻率的测定

GB/T 5211.15 颜料和体质颜料通用试验方法 第 15 部分：吸油量的测定

GB/T 5211.18 颜料和体质颜料通用试验方法 第 18 部分：筛余物的测定 水法(手工操作)

GB/T 5211.19—1988 着色颜料的相对着色力和冲淡色的测定 目视比较法

GB/T 5211.20—1999 在本色体系中白色、黑色和着色颜料颜色的比较 色度法

GB/T 8170 数值修约规则与极限数值的表示和判定

GB/T 13451.2—1992 着色颜料相对着色力和白色颜料相对散射力的测定 光度计法

HG/T 3853—2006 颜料干粉耐热性测定法

## 3 产品结构式

本标准规定的酞菁蓝 BGS 产品结构式如下：

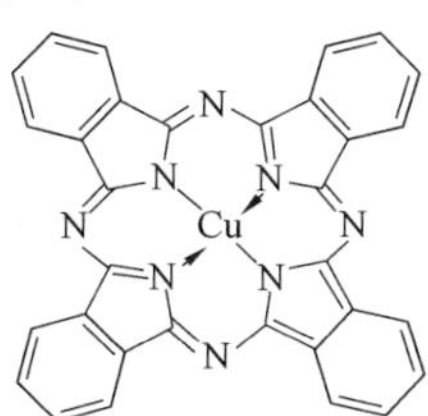


分子式：$C_{32}H_{16}N_8Cu$

相对分子质量：576.08(2009 年国际相对原子质量)

## 4 要求

产品应符合表 1 的要求。

表1 要求

| 项　　目 | | 指　　标 |
|---|---|---|
| 颜色 | | 商定 |
| 相对着色力 | | 商定 |
| 105 ℃挥发物质量分数/% | | ≤1.5 |
| 水溶物质量分数/% | | ≤1.0 |
| 筛余物(45 μm 筛孔)质量分数/% | | ≤0.5 |
| 水悬浮液 pH 值 | | ≥6,≤9 |
| 水萃取液电导率/(μS/cm) | | ≤500 |
| 吸油量/(g/100 g) | | 商定 |
| 耐化学品/级 | 水 | 5 |
| | 酸 | 5 |
| | 碱 | ≥4～5 |
| | 油 | 5 |
| | 溶剂(二甲苯) | 5 |
| | 石蜡 | 5 |
| 耐热性 | | 商定 |
| 耐光性 | | 不差于商定的参比样 |

## 5 取样

产品按 GB/T 3186 的规定取样,也可按商定方法取样。取样量根据检验需要确定。

## 6 试验方法

### 6.1 颜色

#### 6.1.1 总则

提供了两种方法:“A 法　目视法”和“B 法　仪器法”。可商定选用其中任一方法。

#### 6.1.2 A 法　目视法

按 GB/T 1864—2012 的规定进行。

#### 6.1.3 B 法　仪器法

按 GB/T 5211.20—1999 的规定进行。

### 6.2 相对着色力

#### 6.2.1 总则

提供了两种方法:“A 法　目视法”和“B 法　仪器法”。可商定选用其中任一方法。

#### 6.2.2 A 法　目视法

按 GB/T 5211.19—1988 的规定进行。

#### 6.2.3 B 法　仪器法

按 GB/T 13451.2—1992 的规定进行。

### 6.3 105 ℃挥发物

按 GB/T 5211.3—1985 的规定进行,试样量取 3 g～5 g。

6.4 水溶物

按 GB/T 5211.2—2003 的规定进行，试样量取 2.5 g。

6.5 筛余物

按 GB/T 5211.18 的规定进行，试样量取 10 g。

6.6 水悬浮液 pH 值

按 GB/T 1717—1986 的规定进行。

6.7 水萃取液电导率

按 GB/T 5211.12—2007 的规定进行。结果以水萃取液电导率表示，单位为微西门子每厘米（μS/cm）。

6.8 吸油量

按 GB/T 5211.15 的规定进行。

6.9 耐化学品

按 GB/T 5211.5—2008 的规定进行。其中耐水性试液制备按 GB/T 5211.5—2008 中 5.1.2.1 使用冷水进行，耐水性、耐酸性、耐碱性结果均以滤液的沾色级别表示。

6.10 耐热性

按 HG/T 3853—2006 的规定进行。

6.11 耐光性

按 GB/T 1710—2008 中 B 法（暴露于人造日光下）的规定进行。

## 7 检验规则

7.1 检验分类

7.1.1 产品检验分为出厂检验和型式检验。

7.1.2 出厂检验项目包括颜色、相对着色力、105 ℃挥发物、水溶物、筛余物、水悬浮液 pH 值和水萃取液电导率共 7 个项目。

7.1.3 型式检验项目包括本标准所列的全部技术要求。在正常生产情况下 1 年至少进行 1 次型式检验。

7.2 检验结果的判定

7.2.1 检验结果的判定按 GB/T 8170 中修约值比较法进行。

7.2.2 所有项目的检验结果均达到本标准要求时，该试验样品为符合本标准要求。

## 8 标志、包装、运输和贮存

8.1 标志

产品包装上应印有牢固、清晰的标志，包括生产厂名称、产品名称、注册商标、标准编号、生产批号、净含量、生产日期。

8.2 包装

产品应用内衬塑料薄膜袋的纸板桶、纤维板桶、木桶或铁桶包装。也可用其他适宜的包装材料包装。

8.3 运输

运输、装卸时要轻装、轻卸，防止包装污染和破损。产品在运输中应防止雨淋和日光曝晒。

8.4 贮存

产品应分批放在通风、干燥处，严禁与产品可发生反应的物品接触，并注意防潮防火。

ICS 87.060.10
G 54
备案号：48590—2015

# 中华人民共和国化工行业标准

HG/T 4764—2014

# 涂料用导电云母粉

**Conductive mica powders for coatings**

2014-12-31 发布　　2015-06-01 实施

中华人民共和国工业和信息化部　发布

# 前　言

本标准按照 GB/T 1.1—2009 给出的规则起草。

本标准由中国石油和化学工业联合会提出。

本标准由全国涂料和颜料标准化技术委员会(SAC/TC 5)归口。

本标准起草单位：徐州金亚粉体有限责任公司、中海油常州涂料化工研究院有限公司、常州华珠颜料有限公司、上海君江科技有限公司。

本标准主要起草人：王永俊、黄逸东、孙国宏、孙君同、胡伟廷。

# 涂料用导电云母粉

## 1 范围

本标准规定了涂料用导电云母粉的分类，要求，试验方法，检验规则，标志、包装、运输和贮存等内容。

本标准适用于以天然云母粉为原料，采用化学包覆法在绝缘的云母粉体表面包覆导电物质而生成的涂料用导电云母粉。

## 2 规范性引用文件

下列文件对于本文件的应用是必不可少的。凡是注日期的引用文件，仅注日期的版本适用于本文件。凡是不注日期的引用文件，其最新版本(包括所有的修改单)适用于本文件。

GB/T 1717—1986 颜料水悬浮液 pH 值的测定

GB/T 3186 色漆、清漆和色漆与清漆用原材料 取样

GB/T 5211.3—1985 颜料在 105 ℃挥发物的测定

GB/T 5211.15 颜料和体质颜料通用试验方法 第 15 部分：吸油量的测定

GB/T 8170 数值修约规则与极限数值的表示和判定

HG/T 3852—2006 颜料筛余物测定法

JC/T 596—1995 湿磨云母粉

## 3 分类

按粉体电阻率的不同，产品分为Ⅰ型和Ⅱ型。

## 4 要求

产品应符合表 1 的要求。

表 1 要求

| 项目 | | 指标 | |
|---|---|---|---|
| | | Ⅰ型 | Ⅱ型 |
| 外观 | | 灰色或浅灰色粉末 | |
| 粉体电阻率/(Ω·cm) | | ≤100 | >100，≤200 |
| 筛余物/% | ≤ | 0.1(75 μm)<br>2.0(45 μm) | |
| 松散密度/(g/cm³) | | 商定 | |
| 105 ℃挥发物/% | ≤ | 1.0 | |
| 吸油量/(g/100 g) | | 商定 | |
| 水悬浮液 pH 值 | | 商定 | |

## 5 取样

产品按 GB/T 3186 的规定取样，也可按商定方法取样。取样量根据检验需要确定。

## 6 试验方法

### 6.1 外观

目测。

### 6.2 粉体电阻率

#### 6.2.1 粉体电阻率测量装置

##### 6.2.1.1 电阻率测量装置结构示意图

见图1。

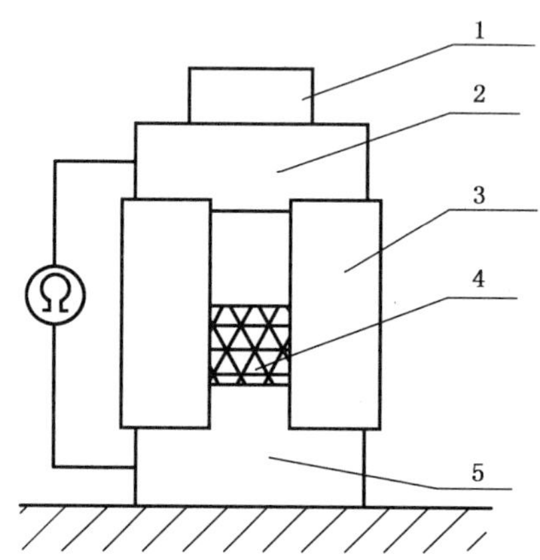


说明：

1——负载；

2——铜质上电极；

3——绝缘套管；

4——试样；

5——铜质下电极。

图1 电阻率测量装置结构示意图

##### 6.2.1.2 电阻率测量装置部件示意图

见图2。

单位为毫米

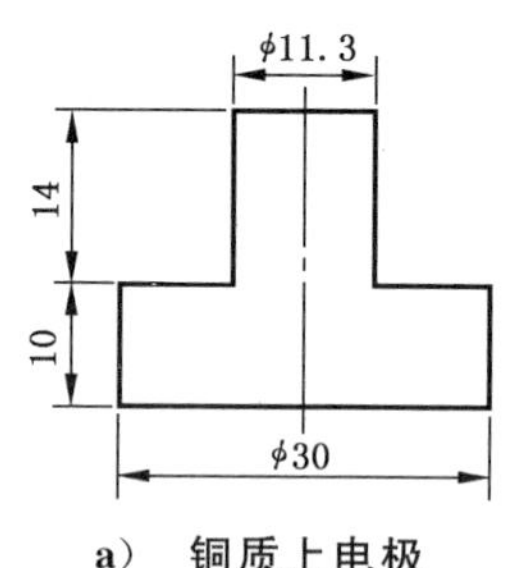


a) 铜质上电极

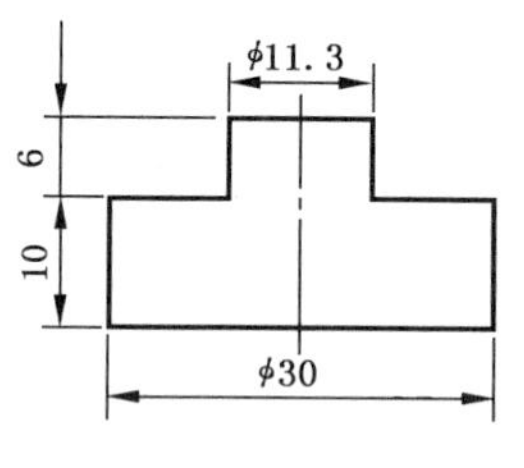


b) 铜质下电极

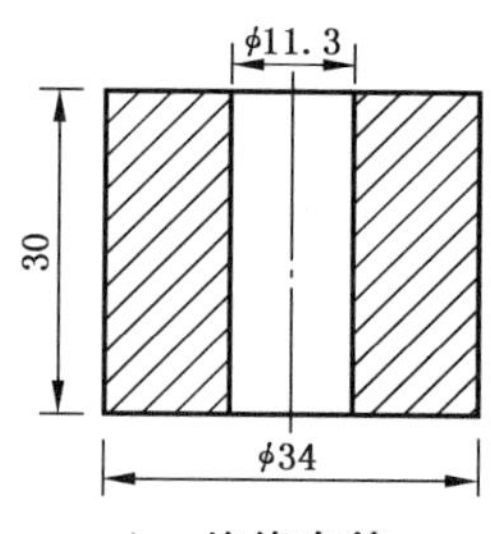


c) 绝缘套管

图2 电阻率测量装置部件示意图

#### 6.2.2 步骤

先将绝缘套管套入铜质下电极，然后用精度为0.1 g的天平称取1.5 g样品装入绝缘套管内腔，再套入铜质上电极，如图1所示置于操作平台上，在上电极上端施加50 kg负载压力，用数字万用表测量上、下电极之间的电阻，读数即为粉体电阻 $R$。

平行测定两次，取两次结果的平均值。如结果的差值超过5 Ω，则应重复上述操作步骤。

#### 6.2.3 结果的表示

试样的电阻率按公式(1)计算：

$$\rho = 10^{-1}R(A/h) \qquad \cdots\cdots (1)$$

式中：

$\rho$ ——电阻率的数值，单位为欧姆厘米（Ω·cm）；

$R$ ——试样的电阻的数值，单位为欧姆（Ω）；

$A$ ——试样的截面积的数值，单位为平方毫米（$mm^2$）；

$h$ ——试样的高度的数值，单位为毫米（mm）；

$10^{-1}$ ——换算系数。

### 6.3 筛余物

按 HG/T 3852—2006 中干筛法的规定进行。

### 6.4 松散密度

按 JC/T 596—1995 中 6.5 的规定进行。

### 6.5 105 ℃挥发物

按 GB/T 5211.3—1985 的规定进行。

### 6.6 吸油量

按 GB/T 5211.15 的规定进行。

### 6.7 水悬浮液 pH 值

按 GB/T 1717—1986 的规定进行。

## 7 检验规则

### 7.1 检验分类

7.1.1 产品检验分出厂检验和型式检验。

7.1.2 出厂检验项目包括外观、粉体电阻率、松散密度、105 ℃挥发物、水悬浮液 pH 值。

7.1.3 型式检验项目包括本标准所列的全部技术要求。在正常生产情况下，每年至少进行 1 次型式检验。

### 7.2 检验结果的判定

7.2.1 检验结果的判定按 GB/T 8170 中修约值比较法进行。

7.2.2 应检项目的检验结果均达到本标准要求时，该试验样品为符合本标准要求。

## 8 标志、包装、运输和贮存

### 8.1 标志

产品包装桶上应印有牢固、清晰的标志，包括生产企业名称、产品名称、商标、标准编号、型号、生产批号、净含量及生产日期等。

### 8.2 包装

产品可用塑料袋作为内包装，纸箱、纸筒或其他硬质材料箱或桶作为外包装。也可用其他适宜的包装材料包装。

### 8.3 运输

运输、装卸时要轻装、轻卸，防止包装污染和破损。产品在运输中应防止雨淋和日光曝晒。

### 8.4 贮存

产品应分类、分批存放在通风、干燥处，严禁与可发生反应的物品接触，并注意防潮。

---

# 广告明细

封二 美利达颜料工业有限公司

封三 淄博福颜化工集团有限公司

文后彩页 安徽旭阳铝颜料有限公司
长沙新威凌锌业发展有限公司
长沙族兴新材料股份有限公司
常州龙宇颜料化学有限公司
杭州信凯实业有限公司
江苏丽王科技股份有限公司
浙江力禾集团有限公司
苏州世名科技股份有限公司
重庆江南化工有限责任公司
上海华谊精细化工有限公司
蓬莱新光颜料化工有限公司
杭州映山花颜料化工有限公司
广州标格达实验室仪器用品有限公司
衡水友谊斯特林化学工业有限公司
海虹老人涂料（广州）有限公司
深圳海川新材料科技有限公司
广州市番禺科迪色彩有限公司
百合花集团有限公司
河北捷虹颜料化工有限公司

# 特别鸣谢


广州标格达实验室仪器用品有限公司 >> 王崇武

重庆江南化工有限责任公司 >> 栾文芳

常州龙宇颜料化学有限公司 >> 蒋建洪

杭州信凯实业有限公司 >> 李治

苏州世名科技股份有限公司 >> 吕仕铭

杭州映山花颜料化工有限公司 >> 沈水清

蓬莱新光颜料化工有限公司 >> 郑宏瑜

衡水友谊斯特林化学工业有限公司 >> 王卫东

深圳海川新材料科技有限公司 >> 张志海

美利达颜料工业有限公司 >> 李进栓、郑进峰

安徽旭阳铝颜料有限公司 >> 董前年、朱双单

百合花集团有限公司 >> 陈立荣、王峰

淄博福颜化工集团有限公司 >> 王兴堂、赵锦芝

河北捷虹颜料化工有限公司 >> 张合义、张合杰

海虹老人涂料（广州）有限公司 >> 危春阳、李荣俊、武春梅

# A Unique Supplier of Organic Pigment

杭州信凯实业有限公司是一家集颜料生产、研发、销售于一体的大型企业。信凯总部位于中国杭州，有四家生产基地。信凯在美国、荷兰和澳大利亚设有分公司，并在南非及印度设有办事处。公司产品销往全球六十余个国家，我们与大部分主要的国际颜料买家有长期贸易往来。作为中国着色剂领域领先的生产商和出口商，信凯拥有中国较好的有机颜料实验室。公司的产品被广泛用于涂料，塑料，油墨和纺织等各个领域。

我们的目标是成为客户最好的供应商。我们不断地挑战自我以满足并超越客户对品质、服务以及价值的期待。

对于REACH注册，我们已经并计划对大批的有机颜料进行正式注册，产品的注册数量将远超国内其他供应商。

**杭州信凯实业有限公司**

地址：杭州市西湖科技经济园
振中路208号
邮编：310030
电话：0571-81957777
传真：0571-81957500
邮箱：sales@trustchem.cn
网站：http://www.trustchem.cn

# 江苏丽王科技股份有限公司

江苏丽王科技股份有限公司，前身是江苏丽王科技有限公司，位于江苏省盐城市阜宁县澳洋工业园，占地26万m²，现有员工320人。公司是中国染料工业协会有机颜料专业委员会成员单位，中国日用化工协会油墨分会会员单位，中国印染协会理事单位。

公司拥有国内生产规模较大、工装设备先进、自动化程度较高的颜料制造生产线，主要生产红、黄、橙系列、酞菁系列、荧光系列、环保系列有机颜料、纺织印花色浆、纺织印染助剂等六大系列产品，设计年生产能力达4万吨，产品广泛应用于油墨、油漆、塑料、橡胶、皮革、印染、涂料等行业。产品畅销全国各地，并出口至欧美、日本、意大利、土耳其、巴基斯坦、台湾地区等20多个国家和地区。

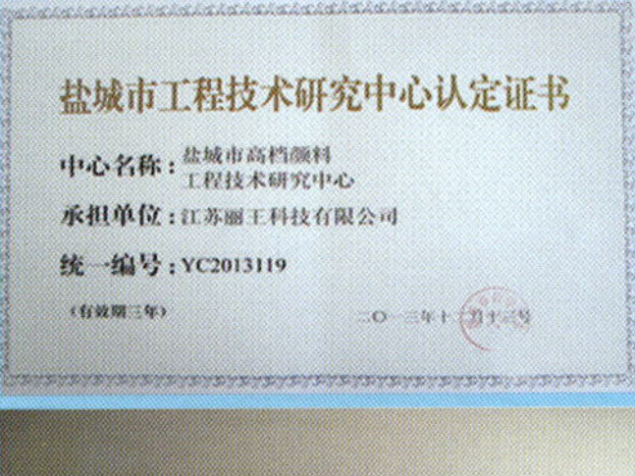


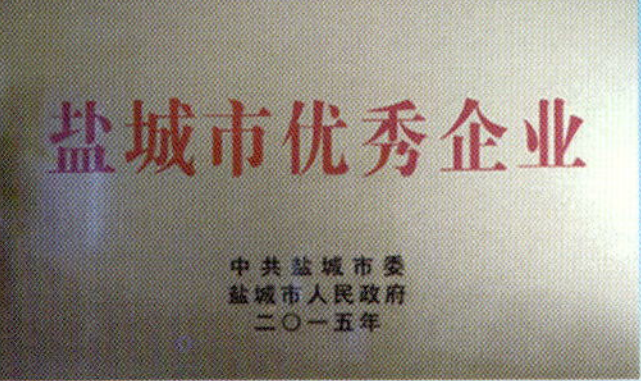


## 一流的品牌　一流的质量　一流的服务

色浆

颜料

工厂鸟瞰图

厂大门、办公楼

地址：江苏省盐城市阜宁县澳洋工业园双昌大道　邮编：224400　电话：0515-69910988　传真：0515-69910988

# 重庆江南化工有限责任公司
Chongqing JiangnanChemical Co.,Ltd.

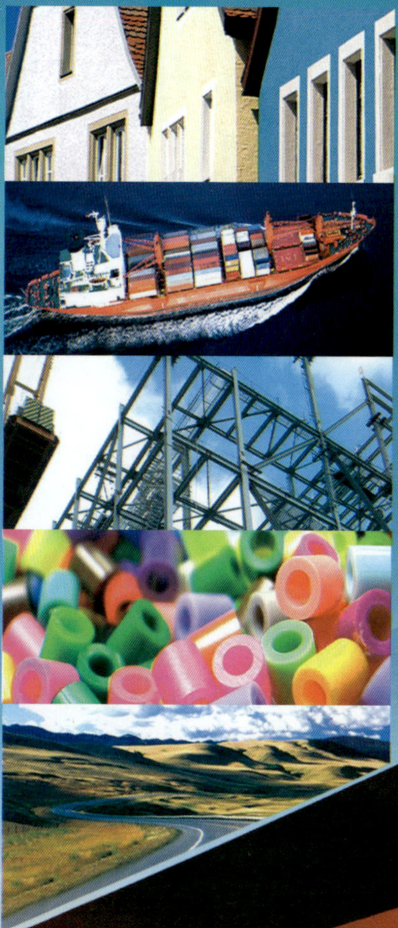

- 主要产品
  - 聚氨脂胶粘剂和密封胶
  - 颜料
    - 无机颜料
      - 钼铬红颜料
      - 铬黄颜料
      - 防锈颜料
      - 铁蓝颜料
    - 有机颜料
      - 橙色颜料
      - 红色颜料
      - 黄色颜料
  - 医药化工产品
    - 硼酸三甲酯
    - 氢化钠
    - 液体硼氢化钠
    - 硼氢化钾

重庆江南化工有限责任公司是原重庆江南化工厂改制企业，始建于1965年，主要生产高、中、低档无机铬系颜料、锶铬黄、锌铬黄等防锈颜料、铁蓝、有机颜料及聚氨酯密封胶，广泛用于油漆、油墨、塑料、橡胶、建筑、汽车等行业，产品畅销全国并长期出口日本、美国、欧洲、东南亚等国家和地区。年生产能力10000吨，是全国铅铬颜料行业的龙头企业。目前公司有两个生产基地和一个中日合资企业--重庆江菊化工有限公司，是中国涂料协会副理事长单位，重庆市南岸区的骨干企业和重点企业，获得了重庆市为国建功立业明星企业、首届重庆知名品牌企业、出口创汇优秀企业和先进外贸企业等殊誉。

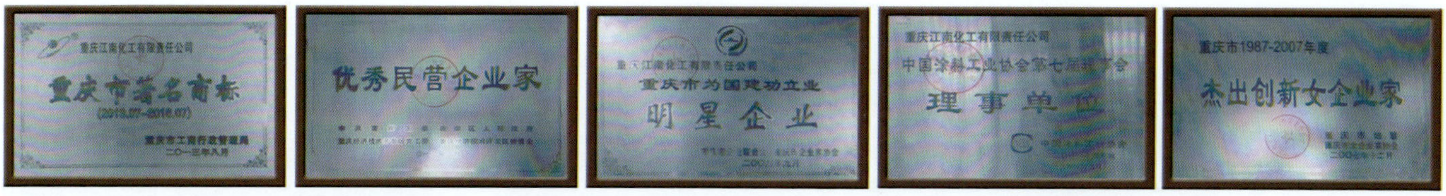


**重庆·总部 重庆江南化工有限责任公司**

地址：中国重庆市南岸区鸡冠石镇盘龙山68号 邮编：400063

**国际部**

电话：+86（23）62504662 传真：+86（23）62513132

电子邮箱：ke.li@cjchem.com

**销售部(重庆)**

电话：+86（23）62513460 传真：+86（23）62516236

电子邮箱：peng.yuliang@cjchem.com

网址：www.cjchem.com www.cjchemical.com

**加拿大分公司**

**重庆江南化工(加拿大)有限公司**

地址：加拿大安大略省温莎市欧莱特大街500号905室

邮编：N9A1B3

电话：+1(519)2533 948

传真：+1(519)2533 949

Biuged

HEMPEL
海虹老人

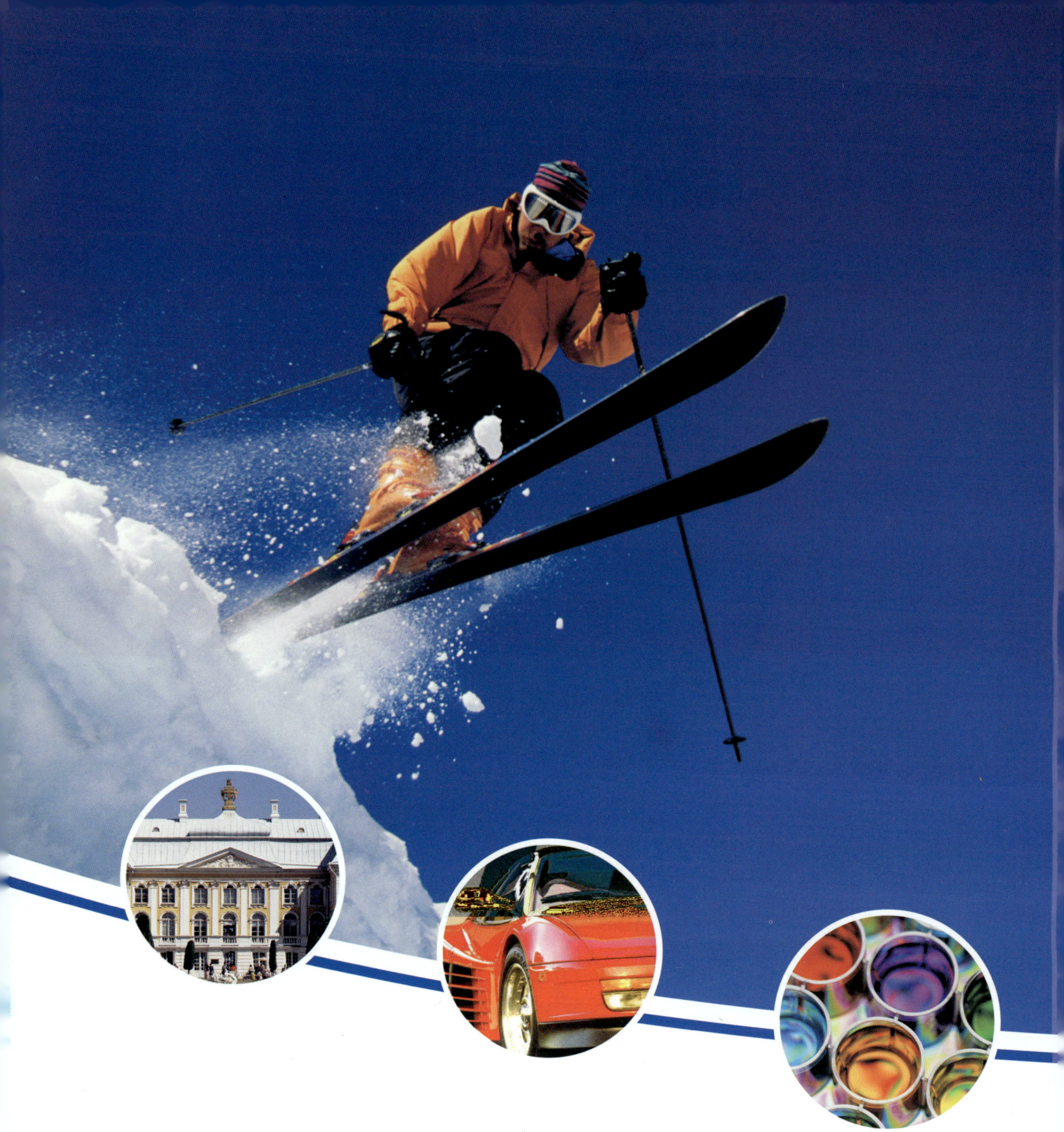

海川新材手机云

海川新材网站

海川新材微信云

技术支持：海川博士后科研工作站、海川院士专家企业工作站